t.

TRAUNER VERLAG
OÖ PUBLIKATIONEN

300 OBSTSORTEN

Ein Streifzug durch die oberösterreichische Obstbaumvielfalt

SIEGFRIED BERNKOPF

2. Auflage 2022

Lektorat und Produktmanagement: Birgit Prammer, Mag. Flora Stickler
Korrektorat: Johann Schlapschi
Grafik und Gestaltung: Andrea Aichhorn, Michael Wenigwieser
Cover: Bettina Victor
Fotos S. 6 © Wakolbinger, alle anderen Fotos und Grafiken wurden von Dr. Siegfried Bernkopf zur Verfügung gestellt bzw. sind Eigentum des Trauner Verlages.
Druck: Gutenberg-Werbering Gesellschaft m.b.H., Anastasius-Grün-Straße 6, 4020 Linz
ISBN 978-3-99113-169-4

300 **Obstsorten**

Ein Streifzug durch die oberösterreichische Obstbaumvielfalt

SIEGFRIED BERNKOPF

Inhaltsverzeichnis

Dr. Siegfried Bernkopf

Geboren am 26. 9. 1945 in der obersteirischen Gemeinde St. Michael; Großvater und Vater aus Schlierbach (Oberösterreich); Studium „Gärungstechnik und Lebensmitteltechnologie" an der Hochschule für Bodenkultur Wien; 1979 Eintritt in die Landwirtschaftlich-chemische Bundesanstalt Linz; Arbeiten im Bereich Mikrobiologie von landwirtschaftlichen Kulturpflanzen, Zertifizierung von Saatgut, Studium und Erhaltung pflanzengenetischer Ressourcen; 1981–1987 Sortenkartierungen in primär bäuerlichen Obstgärten Oberösterreichs; 1984–1988 Dissertation am Obstbauinstitut der Universität für Bodenkultur über Obstlandsorten Oberösterreichs; 1990–2000 Aufbau der Obstsortenerhaltungsanlage (Obstgenbank) Ritzlhof, Leiter der Anlage bis Ende 2007; 1991 Co-Autor der Pomologie „Neue Alte Obstsorten"; 1994–1999 Leiter der staatlichen Begutachtung von Obstwein im Rahmen des Weingesetzes; 1996–2006 Vertreter Österreichs in der Malus-/Pyrus Working Group des ECP/GR (Arbeitsgruppe Apfel/Birne im europäischen Programm für genetische Ressourcen); Leiter von Pomologie-Schulungen im Rahmen der Mostsommelierausbildung des LFI Ober- und Niederösterreich (ab 2004), des Landesobst- und Gartenbauverbandes Oberösterreich (ab 2006) und des Tiroler Baumwärterverbandes (2006–2015); seit Sept. 2008 in Pension; 2011 Veröffentlichung der Pomologie „Von Rosenäpfeln und Landlbirnen"

Ein herzliches Dankeschön

Für Fruchtmuster u. Ä. sei in besonderer Weise folgenden Personen gedankt:
Franz Aschauer (Bad Schallerbach), Gabi und Klaus Strasser (Ohlsdorf), Franz Wörister (Unterweitersdorf), ÖR Josef Dieplinger (Obernberg/Inn), Fritz Stöger (Gaspoltshofen), Helga Prehofer und DI Rainer Silber (St. Marienkirchen/Polsenz), Andreas Ranseder (Ort/Innkreis), Hubert Winkelmeier (Lengau), Josef Schmidbauer und Bert Draxler (Braunau-Ranshofen), Horst Hubmer (Scharten), Johann Eitzinger (Lohnsburg), Hans Hartl (Kirchheim), Hans Edtmayr (St. Lorenz), Brigitte Himmelbauer und Alois Kollross (Wartberg/Aist), Werner Beivl (Micheldorf), Johann Peterseil (Naarn) und nicht zuletzt meiner Familie (Christl, Marie, Ulla)

Siegfried Bernkopf

Unsere Obstsortenvielfalt – ein Schatz für Generationen

Landeshauptmann
Mag. Thomas Stelzer

Agrar-Landesrat
Max Hiegelsberger

In der von Streuobstbeständen geprägten Landschaft Oberösterreichs zeigt sich die jahrhundertelange Arbeit engagierter Menschen. Viele Regionen oder auch einzelne Gemeinden weisen eigene Apfel- oder Birnensorten auf. Diese Vielfalt der Obstsorten ist ein großer Schatz, für den wir Verantwortung tragen.

Die in Streuobstwiesen kultivierten Obstsorten hatten besonders Anfang des 20. Jahrhunderts einen hohen finanziellen Wert. So prangt der Spruch „Dieses Haus hat der Most gebaut" auf vielen stolzen Vierkantern. Heute weisen unsere Obstbäume in erster Linie eine hohe landeskulturelle und ökologische Bedeutung auf. Die üppig blühenden Bäume prägen das Landschaftsbild und bilden den Lebensraum für viele Pflanzen- und Tierarten. Die Erhaltung dieser Landschaftselemente und die Neupflanzung von Bäumen ist selten wirtschaftlich motiviert, umso wichtiger ist daher die Begeisterung für unsere heimischen Obstsorten.

Genau diese Begeisterung begegnet uns im vorliegenden Buch auf jeder Seite. 300 Obstsorten, von Birnen, Äpfeln bis zu den heimischen Kirschensorten, werden detailliert vorgestellt. Für diese umfangreiche Arbeit gebührt dem Autor Dr. Siegfried Bernkopf großer Dank. Die wissenschaftliche Beschäftigung mit den Bäumen und ihrer enormen Sortenvielfalt ist eine wichtige Voraussetzung, um diesen Schatz auch in Zukunft zu erhalten.

In Privatgärten werden mittlerweile immer öfter alte Sorten statt der weltweiten Einheitssorten gepflanzt. Überalterte Streuobstbestände auf landwirtschaftlichen Flächen werden nachgepflanzt und es hat sich eine neue Mostkultur etabliert, die eine rentable Nutzung der Bäume ermöglicht. Das alles sind Anzeichen eines Wertewandels, einer wiedergefundenen Wertschätzung für die übers Land verstreuten Obstbäume. Das vorliegende Sortenbuch wird diese Entwicklung weiter verstärken.

Viel Freude damit und ein großes Dankeschön an alle, die sich für die Obstsortenvielfalt engagieren. Sie sichern damit ein Stück Lebensqualität in unserem schönen Oberösterreich!

Mag. Thomas Stelzer
Landeshauptmann

Max Hiegelsberger
Agrar-Landesrat

Einführung

Ernte eines alten Hausgartens

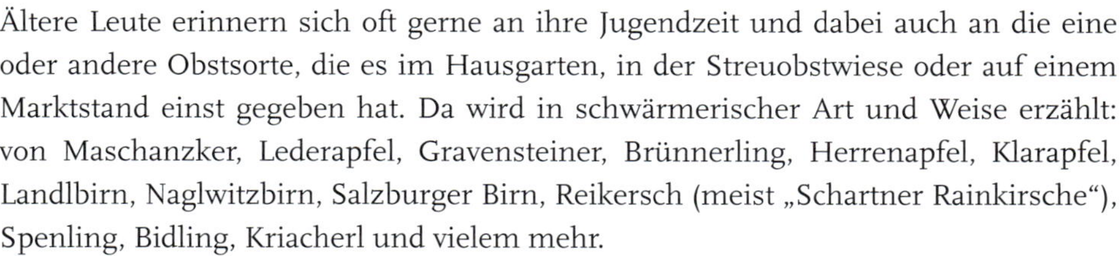

Ältere Leute erinnern sich oft gerne an ihre Jugendzeit und dabei auch an die eine oder andere Obstsorte, die es im Hausgarten, in der Streuobstwiese oder auf einem Marktstand einst gegeben hat. Da wird in schwärmerischer Art und Weise erzählt: von Maschanzker, Lederapfel, Gravensteiner, Brünnerling, Herrenapfel, Klarapfel, Landlbirn, Naglwitzbirn, Salzburger Birn, Reikersch (meist „Schartner Rainkirsche"), Spenling, Bidling, Kriacherl und vielem mehr.

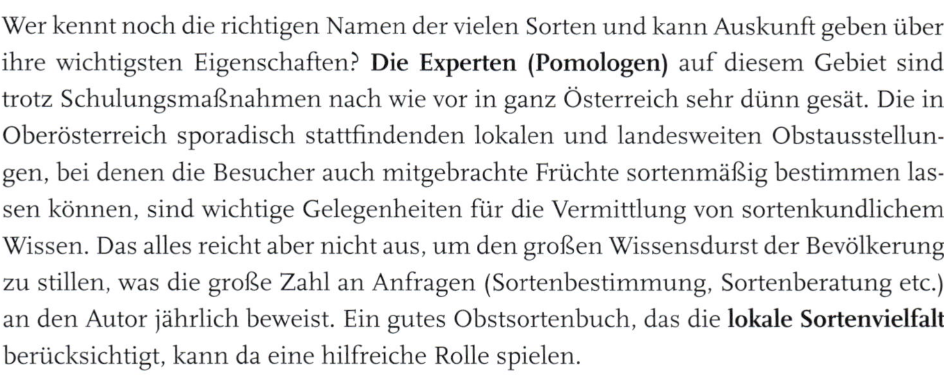

Aber auch die jüngere Generation interessiert sich mehr und mehr für die Vielfalt an Obstsorten und hochwertigen Obstprodukten. Es wird dann oft die Frage gestellt, ob es diese alten Sorten noch irgendwo zu kaufen gibt. Nun ist es so, dass die Obstsortenvielfalt in Oberösterreich in den letzten 100 Jahren aus vielerlei Gründen stark abgenommen hat. Die verbliebene Vielfalt ist trotz allem beachtlich, aber durch Überalterung der Bäume, diverse Krankheiten und Schädlinge, Klimawandel etc. stark gefährdet. Neben dieser genetischen Erosion im Obstbereich gibt es eine nicht unbeträchtliche Erosion des pomologischen (obstsortenkundlichen) Wissens.

Lokale Sortenvielfalt

Wer kennt noch die richtigen Namen der vielen Sorten und kann Auskunft geben über ihre wichtigsten Eigenschaften? **Die Experten (Pomologen)** auf diesem Gebiet sind trotz Schulungsmaßnahmen nach wie vor in ganz Österreich sehr dünn gesät. Die in Oberösterreich sporadisch stattfindenden lokalen und landesweiten Obstausstellungen, bei denen die Besucher auch mitgebrachte Früchte sortenmäßig bestimmen lassen können, sind wichtige Gelegenheiten für die Vermittlung von sortenkundlichem Wissen. Das alles reicht aber nicht aus, um den großen Wissensdurst der Bevölkerung zu stillen, was die große Zahl an Anfragen (Sortenbestimmung, Sortenberatung etc.) an den Autor jährlich beweist. Ein gutes Obstsortenbuch, das die **lokale Sortenvielfalt** berücksichtigt, kann da eine hilfreiche Rolle spielen.

Das nun vorliegende Buch soll mit dazu beitragen, sortenkundliches Wissen einer möglichst breiten Bevölkerung zu vermitteln. Es enthält eine bunte Mischung von insgesamt 300 Sorten: alte, neuere, solche mit weiter oder nur lokaler Verbreitung, Tafelobstsorten, Sorten für die Küche und welche für die Verarbeitung. Es ist **für den interessierten Laien genauso gedacht wie für den angehenden Pomologen.**

Obstsortenvielfalt in Oberösterreich im historischen Kontext

Erste Anfänge

Die Beantwortung der Frage, seit wann in Oberösterreich überhaupt Obstbau betrieben worden ist, führt uns in die **Antike.** Die **Römer** hatten vom 1. bis zum 5. Jahrhundert nach Christus unser Gebiet nicht nur militärisch besetzt, sondern siedelten auch viele Zivilisten an, die von der Landwirtschaft lebten. Wie archäologische Funde von Kernen verschiedener Obstarten bezeugen, muss es bei uns bereits damals eine bescheidene Form des Obstbaues gegeben haben.

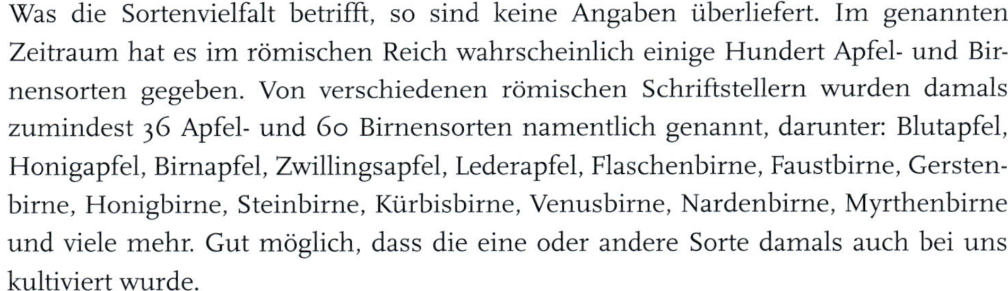

Antike römische Wandmalerei

Was die Sortenvielfalt betrifft, so sind keine Angaben überliefert. Im genannten Zeitraum hat es im römischen Reich wahrscheinlich einige Hundert Apfel- und Birnensorten gegeben. Von verschiedenen römischen Schriftstellern wurden damals zumindest 36 Apfel- und 60 Birnensorten namentlich genannt, darunter: Blutapfel, Honigapfel, Birnapfel, Zwillingsapfel, Lederapfel, Flaschenbirne, Faustbirne, Gerstenbirne, Honigbirne, Steinbirne, Kürbisbirne, Venusbirne, Nardenbirne, Myrthenbirne und viele mehr. Gut möglich, dass die eine oder andere Sorte damals auch bei uns kultiviert wurde.

Im 5. Jahrhundert nach Christus konnte die bei uns stationierte römische Armee dem Druck der germanischen Stämme entlang des Donau-Limes nicht mehr standhalten und zog sich immer mehr in Richtung Süden zurück. Große Teile der nun ungeschützten Zivilbevölkerung verließen gleichzeitig oder bald danach ihre Siedlungen und folgten der Armee. Zurück blieb ein nahezu entvölkertes und total verwüstetes Land. Es ist davon auszugehen, dass vom ehemaligen Obstbau nichts erhalten geblieben ist.

Äpfelbäume im Klostergarten

Die Rolle der Klöster und adeligen Herrschaftshäuser im Mittelalter

Nach dem Niedergang des weströmischen Reiches und dem Ende der sogenannten Völkerwanderung war unser Land primär von Bayern und Slawen besiedelt. Im Jahre 777 wurde auf Betreiben des Bischofs von Passau in Kremsmünster ein Benediktinerkloster gegründet.

Der Benediktinerorden hat seinen Ursprung in Nursia (Italien). Viele Jahre später folgten in Oberösterreich weitere Klostergründungen: Augustiner Chorherrenstift St. Florian bei Linz (1071), die Zisterzienserstifte Wilhering und Schlierbach (1146 bzw. 1355) und einige mehr. Nahezu allen Klöstern war gemeinsam, dass sich die Geistlichen neben Gebet und Erbauung mit profanen Dingen wie Gartenbau bzw. Land- und Forstwirtschaft beschäftigten. Auch der Obstbau und die Obstverarbeitung (Saft, Most, Schnaps, Dörren etc.) spielten sehr bald eine zunehmende Rolle. Die Tatsache, dass die einzelnen Ordensklöster im In- und Ausland nachweislich gute Kontakte zueinander hatten, führte u. a. auch zu einem regen Austausch von Pflanzen (Kräutern, Bäumen, Sträuchern, Samen, Edelreisern etc.). In den romanischen Ländern wie Italien und Frankreich, woher z. B. die **Orden der Benediktiner und Zisterzienser** stammen, dürften doch Teile des einst hochstehenden römischen Obstbaues und damit auch eine gewisse Sortenvielfalt das Ende des weströmischen Reiches überdauert haben und sind in der Folge weiterentwickelt worden. Auf dem Weg der erwähnten Kontakte kamen Edelreiser von geschmackvollen Tafelobstsorten nach Mitteleuropa und somit auch nach Oberösterreich.

Veredelung von Obstbäumen; aus W. H. von Hohberg „Georgica Curiosa", 1687

Die adeligen Herrschaftshäuser trachteten schon immer danach, durch Heirat im In- und Ausland zu Macht, Einfluss und Besitz zu kommen. Das galt sowohl für den Hochadel (Kaiser, Könige, Herzöge, Fürsten) wie auch für den niederen Adel (Grafen, Freiherren etc.). **Die Schlösser verfügten meist über ausgedehnte Obstgärten.** Die Schlossgärtner hatten meist Kenntnisse im Veredeln der Bäume. Die Sortenvielfalt wurde durch Tausch und Kauf von Edelreisern im In- und Ausland ständig erweitert. Beweise dafür finden sich sporadisch in den diversen Herrschaftsakten, die im oberösterreichischen Landesarchiv verwahrt werden.

Erste Sortennennungen

Regelbirne

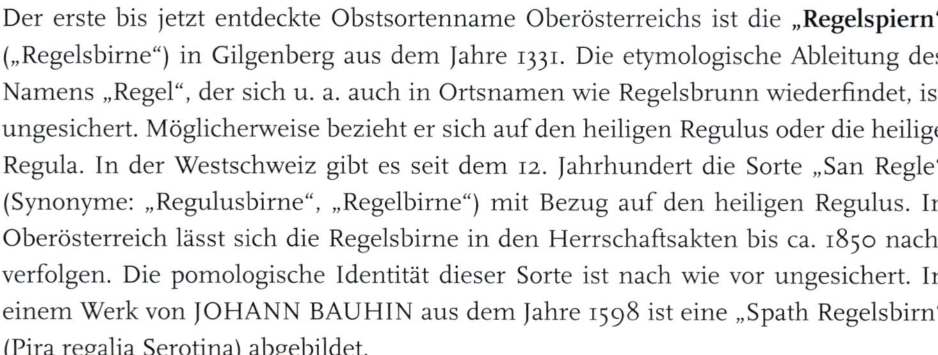

Der erste bis jetzt entdeckte Obstsortenname Oberösterreichs ist die **„Regelspiern"** („Regelsbirne") in Gilgenberg aus dem Jahre 1331. Die etymologische Ableitung des Namens „Regel", der sich u. a. auch in Ortsnamen wie Regelsbrunn wiederfindet, ist ungesichert. Möglicherweise bezieht er sich auf den heiligen Regulus oder die heilige Regula. In der Westschweiz gibt es seit dem 12. Jahrhundert die Sorte „San Regle" (Synonyme: „Regulusbirne", „Regelbirne") mit Bezug auf den heiligen Regulus. In Oberösterreich lässt sich die Regelsbirne in den Herrschaftsakten bis ca. 1850 nachverfolgen. Die pomologische Identität dieser Sorte ist nach wie vor ungesichert. In einem Werk von JOHANN BAUHIN aus dem Jahre 1598 ist eine „Spath Regelsbirn" (Pira regalia Serotina) abgebildet.

Laut verschiedenen Autoren dieser Zeit soll es sich bei der Regelsbirne um die „Winterapothekerbirne“ handeln, die ursprünglich aus Kalabrien gekommen sein soll. Die „Winterapothekerbirne“ soll es heute nur noch extrem selten geben. Ihre Identität bedarf aber noch einer genauen Überprüfung.

Nagowitzbirne

Für das Jahr 1533 ist in Steyregg eine **„Näkhowitzbirn“** nachgewiesen. Spätere Schreibweisen: „Nakowitzbirn“, „Näkhawitzbirn“, „Näglwizpiern“, „Nagowitzbirne“. Ob es sich dabei um die heute in Oberösterreich eher seltener vorkommende „Nagowitzbirne“ oder um die bei uns noch häufig anzutreffende „Naglwitzbirne“ gehandelt hat, kann aus Mangel an frühen Sortenbeschreibungen nicht gesagt werden.

Einige weitere Sortennennungen in den Herrschaftsakten: „Große Laitschpiern“ (1560), „Haberpiern“ (1635), „Zwietenerpiern“ (1637), „Stecklpiern“ (1639), „Weisspracher“ und Salzburgerpiern“ (1643), „Zwypozenpiern“ (1673), „Paumgärttling“ (1688); „Fraunpiern“, „Pamerantschenöpfl“, „Jochpiern“ (alle 1691).

Die meisten frühen Sortennennungen von Kern- und Steinobst befinden sich im Stiftungsbüchl des Nonnenklosters Windhaag bei Perg aus dem Jahre 1694: 26 Apfelsorten, 19 Birnensorten, 11 Kirschen- und Weichselsorten, 9 Pflaumensorten, je 3 Marillen- und Pfirsichsorten. Ein kleiner Auszug (in Klammer der heute wahrscheinliche Name): „Große schene Bruner Oepfel“ und „Kleine Bruner Oepfel“ („Großer und Kleiner Brünnerling“), „Lemoni Oepfel“, „Paradeis Oepfel“ („Paradeiser“), „Musänscar“ („Maschanzker“), „Pässämäner“ („Passamaner“), „Nägäwitz Biern“, „Saltzburger Biern“, „Große Blutzer Biern“ („Sommerapothekerbirne“), „Henig Bierndl“ („Honigbirne“), „Kersch Biern“ („Kirschbirne“), „Regls Biern“, „Schwartz Beltz-Kerschen“, „Große spänische Amarelln“, „Große Gelbe Pfludern“, „Mirabelani“, „Kriechen“, „Spenling“, „Marilln mit sießn Kern“, „Rotte große Duräntschen Pferschi“

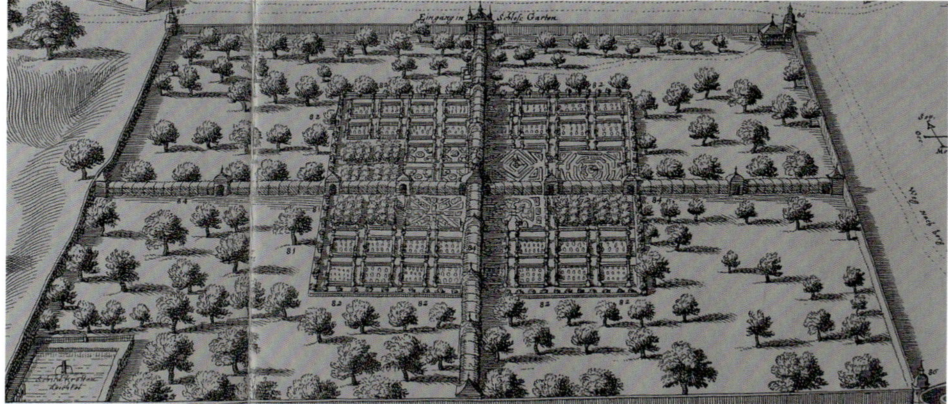

Schloss- und späterer Klostergarten Windhaag, Ausschnitt aus „Topographia Windhagiana Aucta“ 1673

Die Rolle der Baumschulen im Zeitraum 1780–1860

Mostbirnblüte

Ende des 17. Jahrhunderts bis zum Beginn des 19. Jahrhunderts gab es in Oberösterreich bedeutend kühleres Wetter als im Hochmittelalter. Hatte man früher fast im ganzen Land Weinbau betrieben, so kam dieser wegen des kühlen Klimas allmählich ganz zum Erliegen. Damit verbunden war, dass der damals auf dem Lande übliche Wein als Haustrunk zur Mangelware wurde und nur langsam durch Obstwein (Most) ersetzt werden konnte, weil die erforderlichen Mengen an Mostobst fehlten. Der Streuobstbau war damals total unterentwickelt und es bedurfte zunächst großer Anstrengungen, um die Produktion von Obstbäumen zu forcieren. Die starke Nachfrage nach Obstbäumen wurde von Hunderten Bauern genutzt, die in der Baumproduktion einen wichtigen Nebenerwerb sahen. Teils sammelten sie aus den Küchenabfällen die Obstkerne, teils trockneten sie die samenreichen Presstrebern aus der Saftgewinnung. Ausgesät wurde auf gut rigolten und gedüngten Äckern. Nach ca. 5 Jahren wurden von den Bäumen die Kronen abgeschnitten und die bewurzelten „Stöcke“ als sogenannte „Welserstangen“ meist auf dem Welser Baummarkt oder ab Hof verkauft.

Anfangs wurde Obst meist zu Saft, Most oder Schnaps verarbeitet

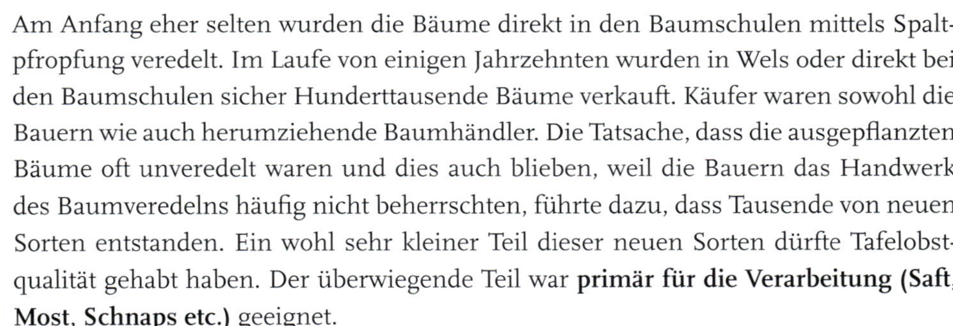

Am Anfang eher selten wurden die Bäume direkt in den Baumschulen mittels Spaltpfropfung veredelt. Im Laufe von einigen Jahrzehnten wurden in Wels oder direkt bei den Baumschulen sicher Hunderttausende Bäume verkauft. Käufer waren sowohl die Bauern wie auch herumziehende Baumhändler. Die Tatsache, dass die ausgepflanzten Bäume oft unveredelt waren und dies auch blieben, weil die Bauern das Handwerk des Baumveredelns häufig nicht beherrschten, führte dazu, dass Tausende von neuen Sorten entstanden. Ein wohl sehr kleiner Teil dieser neuen Sorten dürfte Tafelobstqualität gehabt haben. Der überwiegende Teil war **primär für die Verarbeitung (Saft, Most, Schnaps etc.)** geeignet.

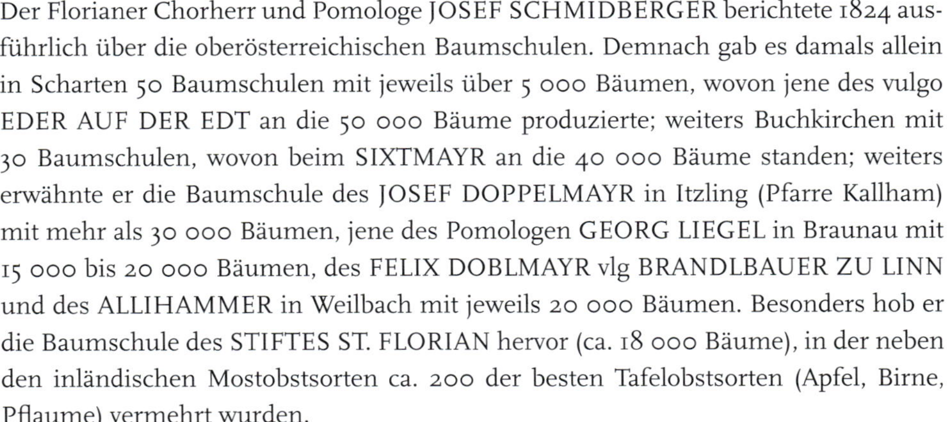

Der Florianer Chorherr und Pomologe JOSEF SCHMIDBERGER berichtete 1824 ausführlich über die oberösterreichischen Baumschulen. Demnach gab es damals allein in Scharten 50 Baumschulen mit jeweils über 5 000 Bäumen, wovon jene des vulgo EDER AUF DER EDT an die 50 000 Bäume produzierte; weiters Buchkirchen mit 30 Baumschulen, wovon beim SIXTMAYR an die 40 000 Bäume standen; weiters erwähnte er die Baumschule des JOSEF DOPPELMAYR in Itzling (Pfarre Kallham) mit mehr als 30 000 Bäumen, jene des Pomologen GEORG LIEGEL in Braunau mit 15 000 bis 20 000 Bäumen, des FELIX DOBLMAYR vlg BRANDLBAUER ZU LINN und des ALLIHAMMER in Weilbach mit jeweils 20 000 Bäumen. Besonders hob er die Baumschule des STIFTES ST. FLORIAN hervor (ca. 18 000 Bäume), in der neben den inländischen Mostobstsorten ca. 200 der besten Tafelobstsorten (Apfel, Birne, Pflaume) vermehrt wurden.

Schmidberger kritisierte, dass die meisten Baumschulen es mit der Sortenechtheit nicht allzu genau nahmen. Die Baumschulen des Georg Liegel und des Stiftes St. Florian sind besonders hervorzuheben, weil dort auf Sortenechtheit und Baumqualität besonders geachtet wurde und der Schwerpunkt der Produktion bei den Tafelobstsorten lag.

Liebhaberobstbau und Sortenvielfalt im 19. Jahrhundert

250–300 Jahre alte Bäume der Sorte „Grüne Pichlbirne" mit einer Baumhöhe von 35–40 Metern

Das 19. Jahrhundert galt zumindest in Deutschland und Österreich als goldenes Zeitalter der Pomologie (Obstsortenkunde). Schlossgärtner, Stiftsgärtner, Priester, reiche Bürger, Schullehrer etc. beschäftigten sich aus reiner Liebhaberei mit alten und neuen Tafelobstsorten und erfreuten sich an deren Vielfalt in den Obstgärten. Die wirtschaftliche Bedeutung dieser Art des Obstbaues war eher gering. Es galt, möglichst viele Sorten durch Austausch oder Kauf von Edelreisern und Bäumen im In- und Ausland zu bekommen. Man studierte die Obstsortenliteratur, nahm Kontakt mit den führenden Pomologen auf, trat Pomologenvereinen bei, besuchte Obstausstellungen – kurz und gut, man machte mit Begeisterung alles, um das eigene Wissen und die Sortenvielfalt im Garten zu vermehren. Da man damals schon wusste, dass man aus Kernen von Tafeläpfeln und Tafelbirnen neue Sorten kreieren konnte, die mit sehr viel Glück auch Tafelqualität aufwiesen, wurde es für viele Obstliebhaber zu einem Hobby, Kerne auszusäen, die Sämlinge hochzuziehen, davon jene mit Tafelfrüchten mit einem Namen zu versehen und mit Stolz der Öffentlichkeit bei Obstausstellungen, pomologischen Kongressen etc. zu präsentieren.

Bäume der „Gemeinen Kochbirne" im Winter

Es ist davon auszugehen, dass es **in dieser Zeit in Oberösterreich einige Tausend Sorten von Kern- und Steinobst** gegeben hat, wovon der Großteil Sorten für die Obstverarbeitung waren. Dass der Anteil an Tafelobstsorten im Vergleich zu heute dennoch nicht unbeträchtlich war, zeigen allein schon die Baumschulkataloge der Stifte St. Florian und Kremsmünster. Die STIFTSBAUMSCHULE ST. FLORIAN hatte 1871 Bestände von 809 Kern- und Steinobstsorten (Apfel 392, Birne 252, Pfirsich 64, Pflaumen 51, Kirsche/Weichsel 50). Die STIFTSBAUMSCHULE KREMSMÜNSTER hatte 1867 672 Kern- und Steinobstsorten (Apfel 319, Birne 212, Pflaumen 57, Kirsche/Weichsel 41, Pfirsich 25, Marille/Aprikose 18) im Bestand. Die Baumschule des 1861 verstorbenen DR. GEORG LIEGEL aus Braunau beherbergte einst über 1 000 Tafelobstsorten, davon alleine an die 400 Pflaumensorten.

Was die Entstehung der Sortenvielfalt in Oberösterreich betrifft, so dürfen die Einflüsse aus den unmittelbaren Nachbarländern nicht unberücksichtigt bleiben.

So gab es z. B. nicht weit von Oberösterreichs Grenze entfernt in Bayern die GARTENBAUGESELLSCHAFT ZU FRAUENDORF, die eine Baumschule mit über 1 000 Sorten führte und viele Bäume auch nach Oberösterreich lieferte.

Gegen Ende des 19. Jahrhunderts gab es auch in Oberösterreich zunehmend Bestrebungen, den heimischen Obstbau zu einem wichtigen Wirtschaftsfaktor zu machen: also weg vom Liebhaberobstbau, weg von Tausenden Sorten und hin zum Erwerbsobstbau mit wenigen ausgesuchten Sorten. Dieser Wandel brauchte im Erwerbsobstbau (Tafelobstbau) einige Jahrzehnte und resultierte letztlich aus marktrelevanten Gründen im Minimalangebot von Tafelobst in den Supermärkten.

Sortenvielfalt heute

Die heute in Oberösterreich noch vorhandene Sortenvielfalt ist aus vielerlei Gründen (Überalterung der Obstbäume, Krankheiten, Schädlinge, Klimawandel, Rückgang bei den Auspflanzungen etc.) stark gefährdet. Allein durch Birnenverfall, Feuerbrand und Trockenheit verlieren wir in Oberösterreich jedes Jahr Tausende Bäume und damit reduziert sich auch die Sortenvielfalt. Letztere lässt sich aufgrund des Fehlens flächendeckender Kartierungen in den Obstgärten zahlenmäßig sehr schwer schätzen. Der Autor verfügt zwar auf Basis von pomologischen Prospektionen in den Gärten und von Kenntnissen aus Obstausstellungen der letzten Jahre diesbezüglich über eine sehr grobe Übersicht, konkrete Zahlen zu nennen bleibt dennoch ein großes Wagnis.

Eine ganz grobe Schätzung soll im Folgenden trotzdem gemacht werden, ohne die öffentlichen und privaten Sortensammlungen zu berücksichtigen:
Apfelsorten: über 1 000; davon über 60 % meist namenlose Mostapfelsorten
Birnensorten: über 800; davon über 60 % meist namenlose Mostbirnensorten
Pflaumensorten: ca. 60 mit offiziellen pomologischen Namen; ca. 40 Sorten mit inoffiziellen lokalen Namen; namenlose Zufallssämlinge (z. B. solche aus Kreuzungen mit Kirschpflaumen) zu zahlreich, daher nicht schätzbar
Kirschen-/Weichselsorten: ca. 30; namenlose Zufallssämlinge bzw. solche aus Kreuzungen mit der Vogelkirsche zu zahlreich, daher nicht schätzbar
Marillensorten: ca. 20; namenlose Zufallssämlinge (durch Aussaaten der Fruchtsteine) nicht schätzbar
Pfirsichsorten: ca. 15; namenlose Zufallssämlinge (durch Aussaaten der Fruchtsteine) nicht schätzbar

Gesunder Birnenertrag

Sortenvielfalt in den Baumschulen von heute

Baumschule

Die Zahl der Baumschulen, die in Oberösterreich noch Obstbäume selbst produzieren, ist in den letzten Jahrzehnten stark geschrumpft. Einerseits ist die Nachfrage gesunken, andererseits ist die Konkurrenz aus dem Ausland (Verkauf über Baumärkte etc.) stärker geworden. Die Herstellung ist im Vergleich zu vielen anderen Baumschulprodukten generell aufwändiger und deshalb kostenintensiver, weshalb so manche Baumschule die Obstbaumproduktion eingestellt hat und Bäume zukauft.

Die Sortenvielfalt ist bei den meisten Baumschulen eher bescheiden. Aber ein paar wenige von ihnen haben mehr als 100 Obstsorten im Programm. Insgesamt ist deshalb nach grober Zählung (bei einer Auswahl der Baumschulen) die Situation gar nicht so schlecht: ca. 320 Apfelsorten, ca. 120 Birnensorten, ca. 25 Pflaumensorten (einschließlich Zwetschken-, Renekloden-, also Ringlotten- und Mirabellensorten), ca. 20 Kirschen- bzw. Weichselsorten sowie ca. 8 Marillen- und 8 Pfirsichsorten. Summa summarum also **an die 500 Sorten.**

Damit könnte man, insbesondere bei zukünftigen Auspflanzaktionen, die Vielfalt in den heimischen Obstgärten wesentlich verbessern. Warum dies in der Vergangenheit selten geschehen ist, hängt vielfach damit zusammen, dass die Baumschulen mit den vielen Sorten teils zu wenig bekannt sind, teils weil es nicht leicht ist, dem Käufer über die wichtigsten Eigenschaften von Hunderten Sorten Auskunft geben zu können. Die Betreiber der oberösterreichischen Baumschulen sind keine allwissenden Sortenexperten. Das verwendete Reisermaterial stammt nicht immer aus pomologisch geprüften Reiserschnittgärten, sondern aus allen möglichen in- und ausländischen Quellen. Diese Tatsache führte in letzter Zeit gar nicht selten dazu, dass so mancher Baum mit falschem Sortennamen verkauft und somit das Vertrauen des Kunden enttäuscht wurde. Hier wäre mehr Sorgfalt wünschenswert.

Neben den weitgehend etablierten größeren Baumschulen gibt es in Oberösterreich einige wenige Mini-Baumschulen, die von Landwirten betrieben werden, die sich mit Begeisterung der Vermehrung der Obstsortenvielfalt verschrieben haben. Als Beispiel soll hier der Landwirt Johann Peterseil in Naarn genannt sein, der mit pomologischem Sachverstand und Eifer alte regionale Sorten vermehrt. Erwähnenswert ist in diesem Zusammenhang auch die Projektinitiative „ObstBaumKultur – Augarten Enns“, die vom Ennser Landwirt Hans Schillinger zusammen mit dem Permakultur- und Obstbaumexperten Richard Mahringer betrieben wird. Dabei geht es nicht nur um die Produktion und Auspflanzung von alten Obstbaumsorten, sondern auch um Beratung bzw. Schulungstätigkeit (z. B. Veredelungskurse, Obstbaumschnitt).

Situation im Streuobstbau

Streuobstwiese im Frühling

Die **rapide Abnahme der Sortenvielfalt** im Streuobstbau, in dem primär Mostobstbäume stehen, setzte sich nach dem 2. Weltkrieg durch den Strukturwandel in der Landwirtschaft, durch kurzsichtige Obstgartenentrümpelungsaktionen der Landwirtschaftskammer (Rodung von ca. 1 Million Bäumen), durch Preisverfall bei Pressobst, Überalterung der Bäume etc. weiter fort. Dazu kamen in den letzten 20 Jahren Krankheiten wie Feuerbrand und Birnenverfall, die Tausende Bäume dahinrafften und dies teilweise noch immer tun. Die klimawandelbedingte Austrocknung der Böden steigert sich von Jahr zu Jahr und setzt den Streuobstbäumen immens zu.

Häufigere Sorten

Apfel: Weißer Klarapfel, Apfel aus Croncels, Brünnerling, Rheinischer Bohnapfel, Gravensteiner, Berner Rosen, James Grieve, Jakob Lebel, Jakob Fischer, Rheinischer Winterrambour, Eifeler Rambour, Jonathan, Jonagold, Danziger Kantapfel, Ontario, Erbachhofer, Weißer Griesapfel, Weberbartlapfel
Birne: Naglwitzbirne, Doppelte Philippsbirne, Gute Luise, Pastorenbirne, Gräfin von Paris, Boscs Flaschenbirne, Köstliche von Charneu, Kleine Landlbirne, Speckbirne, Grüne Winawitzbirne, Gemeine Kochbirne, Schmotzbirne, Schweizer Wasserbirne, Rote Landlbirne, Leidlbirne, Grüne Pichlbirne
Pflaume: Hauszwetschke, Gelber Spenling, Gelber Bidling, Große Grüne Reneklode, Ouillins Reneklode, Schöne von Löwen, Wangenheims Frühzwetschke, Nancy Mirabelle, verschiedene Kriecherlsorten (Rote Krieche, Blaue Krieche, Weiße Krieche etc.)
Kirsche: Große Hedelfinger, Große Prinzessinkirsche, Schartner Rainkirsche, Köröser Weichsel

Situation in den Hausgärten

Marillenspalier im Hausgarten

In den alten und meist größeren Obstgärten ist eine gewisse Vielfalt an alten Tafelobstsorten erhalten geblieben und es finden auch immer wieder Nachpflanzungen statt, wobei man gerne auf traditionelle Sorten zurückgreift. In den kleineren Hausgärten findet man platz- und einstellungsbedingt im Vergleich zu früher immer weniger Obstbäume. Möglichst viel Rasen, ein paar wenige Ziersträucher, ein Hochbeet für Suppenkräuter etc., ein paar Miniaturbeete mit Blumen und maximal ein oder zwei kleinwüchsige Obstbäume; möglichst wenig Laub im Herbst, alles muss pflegeleicht sein. Es gibt aber auch Ausnahmen.

Häufigere Sorten

Apfel: Topaz, Gala, Braeburn, Schweizer Orangenapfel, Jonagold, Ontario, Mutsu, Orion, Kronprinz Rudolf, Rewena, Pinova

Birne: Alexander Lucas, Conference, Boscs Flaschenbirne, Gute Luise, Williams Christ, Gräfin von Paris, David, Clapps Liebling, Präsident Drouard, Herzogin Elsa
Pflaumen: Hauszwetschke, Wangenheims Frühzwetschke, Ersinger Frühzwetschke, Anna Späth, Graf Althanns Reneklode, Große Grüne Reneklode
Marille: Ungarische Beste, Klosterneuburger, Hargrand, Goldrich, Leskora, Tsunami, Dürckheimer Goldaprikose
Pfirsich: Red Haven, Eiserner Kanzler, Kernechter vom Vorgebirge, Roter Weinbergpfirsich, Flamingo, Proskauer

Situation im Plantagenobstbau

Apfelplantage

Die Sortenvielfalt ist hier aus marktrelevanten Gründen sehr niedrig. Die meisten der in den letzten Jahrzehnten gezüchteten **Tafelapfelsorten basieren genetisch nur auf sechs und noch dazu auf stark krankheitsanfälligen Sorten** (Schorf, Mehltau, Monilia etc.): Jonathan, Golden Delicious, Cox Orange, Red Delicious, Mac Intosh, James Grieve. Diese genetische Enge verheißt für die Zukunft nichts Gutes und der sortenspezifisch hohe Aufwand für den Pflanzenschutz in den Apfelplantagen sollte uns aus ökologischen Gründen auch zu denken geben. Es gibt zwar krankheitsresistente Sorten, deren Resistenzen aber nicht immer dauerhaft zu sein scheinen und vereinzelt schon aufgebrochen sind.

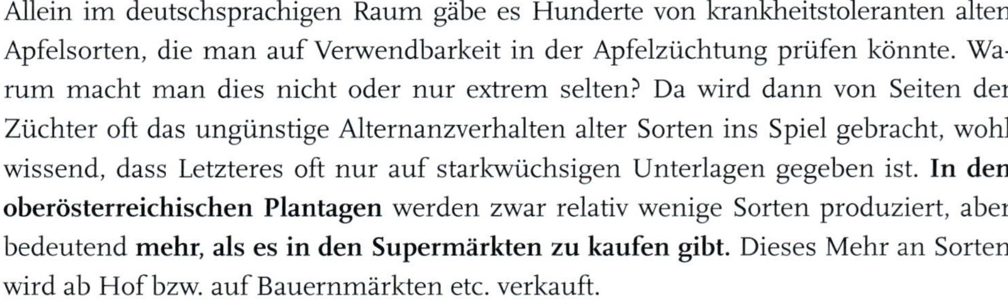

Allein im deutschsprachigen Raum gäbe es Hunderte von krankheitstoleranten alten Apfelsorten, die man auf Verwendbarkeit in der Apfelzüchtung prüfen könnte. Warum macht man dies nicht oder nur extrem selten? Da wird dann von Seiten der Züchter oft das ungünstige Alternanzverhalten alter Sorten ins Spiel gebracht, wohl wissend, dass Letzteres oft nur auf starkwüchsigen Unterlagen gegeben ist. **In den oberösterreichischen Plantagen** werden zwar relativ wenige Sorten produziert, aber bedeutend **mehr, als es in den Supermärkten zu kaufen gibt.** Dieses Mehr an Sorten wird ab Hof bzw. auf Bauernmärkten etc. verkauft.

Häufigere Sorten

Apfel: Golden Delicious, Gala, Braeburn, Jonagold, Idared, Kronprinz Rudolf, Mc Intosh
Birne: Williams Christ, Dr. Jules Guyot, Nordhäuser Winterforellenbirne, Conference, Concorde, Boscs Flaschenbirne, Uta, Abate Fetel, Packham's Triumph
Pflaume: Tophit, Topfirst, Hanita, Haganta, Cacaks Schöne, Cacaks Fruchtbare, Hauszwetschke
Kirsche/Weichsel: Regina, Kordia, Bellise, Burlat, Samba, Karneol
Marille: Aurora, Bergeron, Goldrich, Orangered, Tsunami, Silvercot, Pincot, Spring Blush, Sweet Red, Pricia
Pfirsich: Dixired, Redhaven, Ufo 4, Benedicta, Red Robin

Sortensammlungen

Obstgenbank Ritzlhof 2011 zum Zeitpunkt der Landesgartenschau

In den Jahren 1990–2000 errichtete Siegfried Bernkopf als Mitarbeiter des Bundesamtes für Agrarbiologie in Linz mit seiner Abteilung auf einem Pachtgrund des **Landesgutes Ritzlhof einen Obstsortenerhaltungsgarten (Obstgenbank)** mit 230 Sorten und 20 Sämlingen von Wildapfel und Wildbirne. Die Basis dafür waren pomologische Prospektionen (1981–1987) des Autors in primär landwirtschaftlichen Obstgärten Oberösterreichs. Im Jahre 2014 wurde diese Anlage vom Land Oberösterreich übernommen. Parallel dazu wurde vom Autor im **Areal des Bundesamtes für Agrarbiologie Linz (heute AGES) eine größere Sortenkollektion** aufgebaut.

Diesen pionierhaften Beispielen folgten Jahre später die OBSTBAUVEREINE ST. MARIENKIRCHEN AN DER POLSENZ und LOHNSBURG, die HORTUS-GESELLSCHAFT BRAUNAU-RANSHOFEN und zuletzt der NATURPARK ATTERSEE-TRAUNSEE sowie der VEREIN „KIRCHHEIMER ZUKUNFT" in Kirchheim/Innkreis, wobei primär regionale Lokalsorten in die Sammlungen aufgenommen wurden. Auch die Städte Linz und Steyr errichteten große Sortengärten, die als frei zugängliche „Naschgärten" für die Bevölkerung konzipiert sind.

Ganz besonders soll auf die **Leistungen von Privatpersonen** hingewiesen werden, die in den letzten 20 Jahren als begeisterte Obstliebhaber und Hobby-Pomologen nicht nur aus ihrem regionalen oder nationalen Umfeld, sondern teils aus halb Europa primär Tafelobstsorten zusammengetragen haben. Mittlerweile dürfte es sich dabei um 2 000–3 000 Sorten handeln.

Die größte Sortensammlung befindet sich in **Ohlsdorf**, errichtet von Gabi und Klaus STRASSER (OSOGO). Ihre Obstanlage fungiert primär als Schau- und Naschgarten.

Gabi und Klaus Strasser, OSOGO, Ohlsdorf

Weitere umfangreiche Sortenkollektionen gibt es unter anderem in **Bad Schallerbach** (Franz ASCHAUER), **Unterweitersdorf** (Franz WÖRISTER), **Gaspoltshofen** (Fritz STÖGER), **Obernberg/Inn** (ÖR Sepp DIEPLINGER), **Schiedlberg** (Andreas KÖNIG und Johann WEIGL), **Ranshofen** (Sepp SCHMIDBAUER), **St. Marienkirchen/Polsenz** (Helga PREHOFER), **Wartberg/Aist** (Alois KOLLROSS und Brigitte HIMMELBAUER) und in **Naarn** (Johann PETERSEIL).

All diese Sortensammlungen dienen nicht nur der Erhaltung und Vermehrung der Sortenvielfalt, sondern bieten auch die Basis für pomologische Studien, Obstausstellungen und Verkostungen für interessierte Obstliebhaber.

Franz Wörister, Unterweitersdorf

Franz Aschauer, Bad Schallerbach: Pflaumenspezialist, langjähriger Freund von Siegfried Bernkopf

Fritz Stöger, Gaspoltshofen

Schlussbetrachtungen

Die **Obstsortenvielfalt** in Oberösterreich hat im Laufe der letzten 400 Jahre einen starken Wandel durchgemacht, weist aus den bereits genannten Gründen einen stark negativen Trend auf und befindet sich deshalb **auf einem Scheideweg.** Wird es uns gelingen, diesen Trend zu stoppen oder zumindest zu verlangsamen? Werden sich Bund und Land Oberösterreich beim Kampf zur Rettung dieses wertvollen, primär nationalen und regionalen Kulturgutes entsprechend einbringen? Möglichkeiten dazu gäbe es viele. Die existenzsichernde Förderung von Obstsortenerhaltungsanlagen (z. B. Obstgenbank Ritzlhof) ist eine davon. Unterstützung bei Auspflanzaktionen mit Fokus auf Sortenvielfalt eine von vielen anderen.

Oberösterreich kann sich glücklich schätzen, so viele sortenbegeisterte Obstliebhaber zu haben, die sich unermüdlich und mit Einsatz nicht unbeträchtlicher Opfer an Zeit und Geld in den Dienst der Sortenerhaltung stellen. Diese Leistung würde sich mehr Anerkennung und Unterstützung durch die öffentliche Hand verdienen. Die Zukunft wird uns weisen, ob es uns gelingen wird, dieses wertvolle und im Bestand stark gefährdete Kulturgut zum Wohle und Nutzen kommender Generationen zu bewahren.

Sortenkundliche Erläuterungen

Es würde zu weit führen und den Rahmen eines für die breite Öffentlichkeit bestimmten Sortenwerkes sprengen, die Beschreibungsparameter bis ins letzte Detail zu erläutern. Es scheint daher ausreichend, diesen Punkt als grobe Übersicht darzulegen.

Sortennamen und Synonyme

Es gibt Sorten, die konzentriert nur in einigen wenigen Ortschaften vorkommen, wie z. B. der Weberbartlapfel. Andere wiederum sind mehr oder weniger verstreut im ganzen Bundesland anzutreffen.

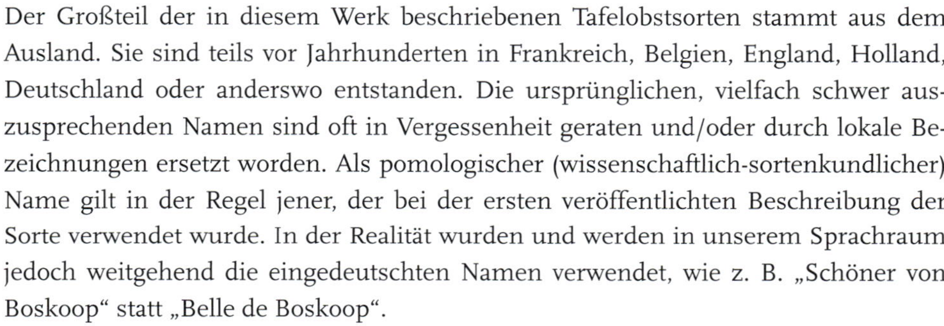

Der Großteil der in diesem Werk beschriebenen Tafelobstsorten stammt aus dem Ausland. Sie sind teils vor Jahrhunderten in Frankreich, Belgien, England, Holland, Deutschland oder anderswo entstanden. Die ursprünglichen, vielfach schwer auszusprechenden Namen sind oft in Vergessenheit geraten und/oder durch lokale Bezeichnungen ersetzt worden. Als pomologischer (wissenschaftlich-sortenkundlicher) Name gilt in der Regel jener, der bei der ersten veröffentlichten Beschreibung der Sorte verwendet wurde. In der Realität wurden und werden in unserem Sprachraum jedoch weitgehend die eingedeutschten Namen verwendet, wie z. B. „Schöner von Boskoop“ statt „Belle de Boskoop“.

Was die heimischen Most- und Wirtschaftsobstsorten betrifft, so haben viele in Österreich, speziell auch in Oberösterreich, ihren Ursprung. Nur sehr wenige Sorten sind tatsächlich wissenschaftlich erforscht und tragen einen pomologischen Namen. Für ein und dieselbe Sorte gibt es jedoch oft mehrere, regional unterschiedliche Synonyme.

Herkunft und Verbreitung

Gesicherte Aussagen darüber, wo, wie und wann eine Sorte entstanden ist, sind vor allem bei den alten Sorten meist schwer zu treffen. Man ist dabei auf die Glaubwürdigkeit der Angaben in der klassischen Literatur angewiesen. So wurde z. B. vor etwa 200 Jahren ein uralter Apfelbaum von einem französischen Gärtner entdeckt, und die unbekannte Sorte wurde nach ihm benannt. War der Baum veredelt? Wenn ja, woher kam das Edelreis? Oder war der Baum zufällig aus einem Kern entstanden? Fragen, die oft schwer zu beantworten sind.

Rege Verbreitung der Sorten durch Bezug und Austausch von Edelreisern über Landesgrenzen hinweg fand in Europa bereits vor einigen Jahrhunderten statt. Herkunftsangaben in den Sortennamen selbst bedeuten jedoch nicht unbedingt, dass die jeweilige Sorte auch tatsächlich von dort stammt. So kommt z. B. der „Lavanttaler Bananenapfel“ ursprünglich aus Amerika, während der „Böhmische Brünnerling“ oberösterreichische Wurzeln hat.

Bei neueren Sorten ist deren Entstehung relativ gut dokumentiert, und die Angaben der Züchter gelten als weitgehend gesichert. Mit den bei modernen Obstzüchtungen vielfach angeführten Kreuzungskomplexen – mit Nummern versehenen Zuchtstämmen etc. – können allerdings nur mehr die Spezialisten etwas anfangen. Was die Verbreitung der Sorten in Oberösterreich betrifft, so stützen sich die Angaben auf die vom Autor seit 1981 gemachten Sortenkartierungen sowie auf die Kenntnisse, die er bei unzähligen regionalen Obstausstellungen gewonnen hat.

Spenderbaum für Fruchtmuster

Herkunft der hier beschriebenen Fruchtmuster

In den meisten Pomologien (Obstsortenbestimmungsbüchern) wird nicht erwähnt, woher die beschriebenen Sortenmuster stammen. Größe, Form, Ausfärbung etc. der Früchte hängen u. a. von der verwendeten Unterlage und Baumerziehungsform sowie vom Alter und Standort des Baumes ab. Es schien daher zweckmäßig, diesbezüglich Angaben in diesem Werk zu machen.

Fruchtmerkmale

Die Beschreibungen basieren auf Fruchtmustern von konkreten Einzelbäumen. Die Fruchtmuster bestanden aus jeweils zehn Früchten im primär erntereifen Zustand.

Größe

Es wurden sowohl die Höhe als auch der größte Durchmesser (Breite) der Früchte mit der Schublehre vermessen, zusätzlich wurde auch das Gewicht festgestellt.

Form

In den folgenden Abbildungen sind die jeweiligen Hauptfruchtformen von Apfel und Birne dargestellt. Von diesen Hauptfruchtformen lassen sich die weiteren verwendeten Formen ableiten.

Apfelformen

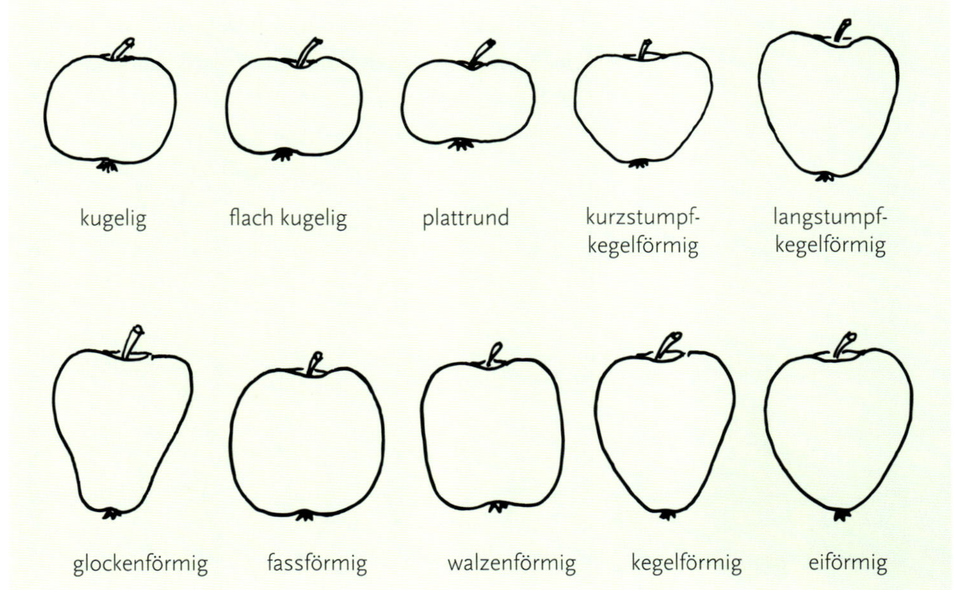

Birnenformen

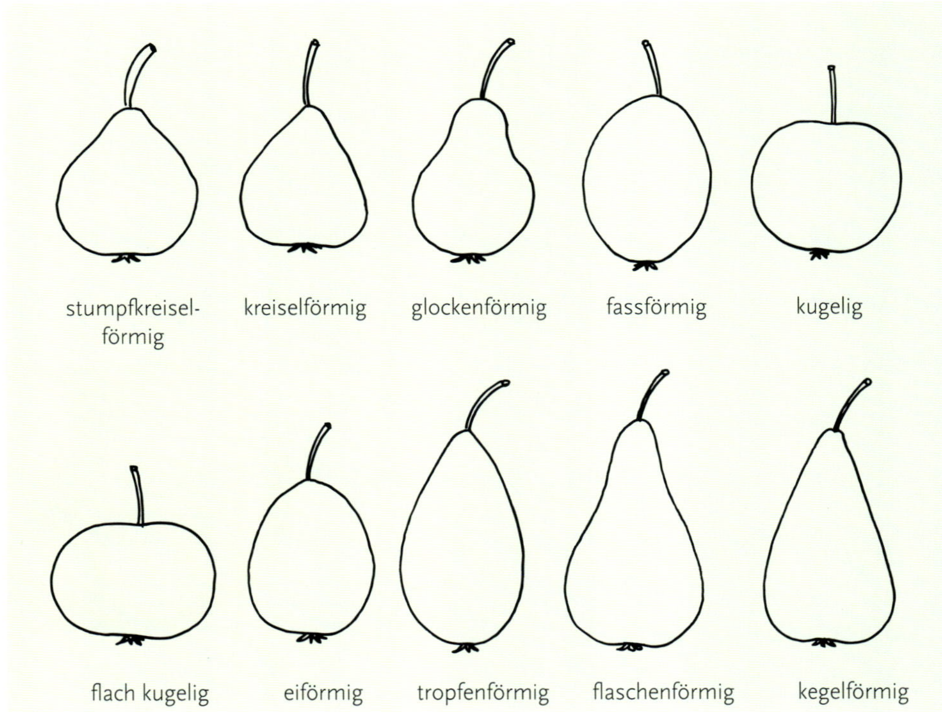

Steinobstformen

Die fruchtmorphologischen Begriffe wie Vorderansicht, Seitenansicht, Länge, Breite und Dicke sind bei den hier beschriebenen Steinobstarten gleich definiert. Die Hauptfruchtformen sind trotz gewisser Unterschiede zwischen den Arten der Einfachheit halber gemeinsam dargestellt.

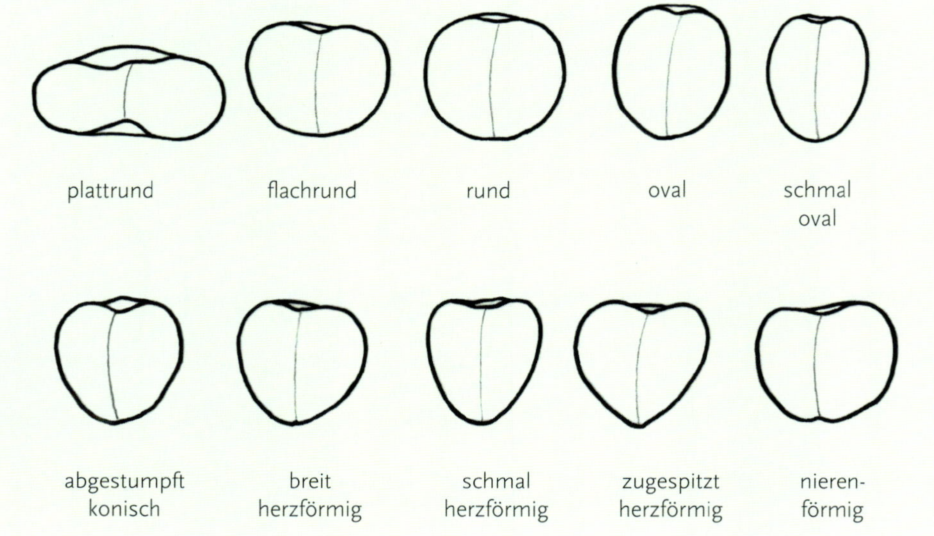

Siegfried Bernkopf beim Beschreiben der Fruchtmuster

Fruchtparameter im Fruchtlängsschnitt beim Kernobst am Beispiel „Florianer Rosmarin“

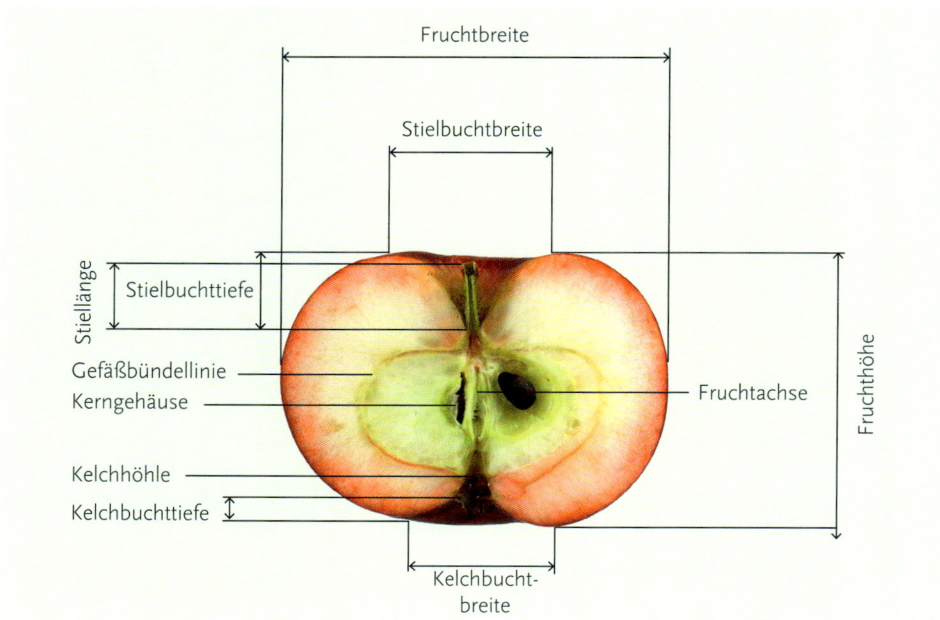

Fruchtparameter Länge-Breite-Dicke beim Steinobst am Beispiel „Geißdutte“

Beim Sternapi sieht man genau den fünfeckigen Querschnitt und das Relief mit flachen Kanten

Die Neue Poiteau ist beispielsweise ungleichhälftig

Querschnitt

Wenn man von oben gerade auf die Stiel- oder Kelchseite bzw. auf den horizontalen Schnitt der Frucht blickt, sieht man den Umriss der Frucht, der z. B. rund oder schwach eckig sein kann.

Relief

Die Frucht kann Rippen, Kanten, Beulen, Bauchfurchen und vertikale Bauchnähte aufweisen. Die Rippen können unterschiedlich erhaben und breit sein (z. B. flachrippig, grobrippig, feinrippig), nur auf die Kelchseite konzentriert sein bzw. sich bis zur Stielbucht fortsetzen.

Lage des größten Durchmessers

Der größte Durchmesser der Frucht kann mehr kelchseitig, in der Mitte oder mehr stielseitig liegen, weshalb man von „kelchbauchig“, „mittelbauchig“ und „stielbauchig“ spricht.

Gleichhälftigkeit, Ungleichhälftigkeit

Wenn im Fruchtlängsschnitt die Fruchthälften auf beiden Seiten der Fruchtachse etwa gleich hoch und breit sind, spricht man von „gleichhälftig“; ist dies nicht der Fall, von „ungleichhälftig“.

Der Rote Herbstkalvill hat eine glatte, glänzende, gelagert stark fettige Oberfläche. Die Grundfarbe ist grünlich gelb, während die Deckfarbe dunkelrot bis bläulich rot ist und einen Deckungsgrad von 95 bis 100 % aufweist.

Schale beim Kernobst

Oberfläche

Glattheit, Glanz, Duft, Anwesenheit von Fettigkeit und Bereifung (abwischbarer dünner weißer bis färbiger Belag)

Grundfarbe

Farbtyp und Farbintensität

Deckfarbe

Farbtyp und Farbintensität, Ausbildung der Farbe (z. B. verwaschen, gestreift), weiters der Deckungsgrad (Deckfarbe geschätzt in % der gesamten Oberfläche)

Lentizellen (Schalenpunkte)

Größe, Farbe, Umhofung, Häufigkeit, Auffälligkeit

Dicke, Konsistenz

Berostung

Art (z. B. flächig), Farbe und Intensität. Hier wird nur die Berostung mit Ausnahme jener der Stiel- und Kelchbucht beschrieben. Auf Letztere wird nachfolgend näher eingegangen

Fruchthaut beim Steinobst

Dicke, Geschmack, Duft

Oberfläche

Glattheit, Behaarung („Bewollung“)

Grundfarbe, Deckfarbe, Berostung etc.

Stielbucht

beim Kernobst: Existenz, Beschaffenheit, fallweise spezielle Farbe, Berostung und Relief des Randes

beim Steinobst: Tiefe, Breite, Form, Existenz von Eintiefungen (Einkerbungen)

Stiel

beim Kernobst: Länge, Dicke, Ausformung und Farbe

beim Steinobst: Länge, Dicke, Farbe, Konsistenz (holzig, fleischig)

Stielsitz bei Birnen

Anbindung des Stiels an die Frucht: z. B. aufsitzend, in Stielbucht eingesteckt etc.

Kelchbucht

Existenz, Beschaffenheit, Berostung und Relief des Randes

Kelch

Größe, Öffnung, Beschaffenheit und Farbe der Kelchblätter

Kelchhöhle

Größe, Form

Stempelpunkt beim Steinobst

Definition: Rest der Stempelbasis der Blüte

Größe, Form, Farbe, Festigkeit, aufsitzend oder in Grübchen vertieft

Kerngehäuse

Definition: Summe aller Kernfächer

Größe, Lage auf der Fruchtachse

Öffnung der Fruchtachse

Kammern: Größe, Öffnung, Form und Oberfläche der Wände, mittelstark oder stark gerissen

Kerne: Vorkommen, Größe, Form, Ausbildung (z. B. Taubheit)

Kernhauswändeformen

Bei der Bestimmung der Kernhauswandform im Fruchtlängsschnitt wird der Apfel mit der Stielseite nach unten betrachtet.

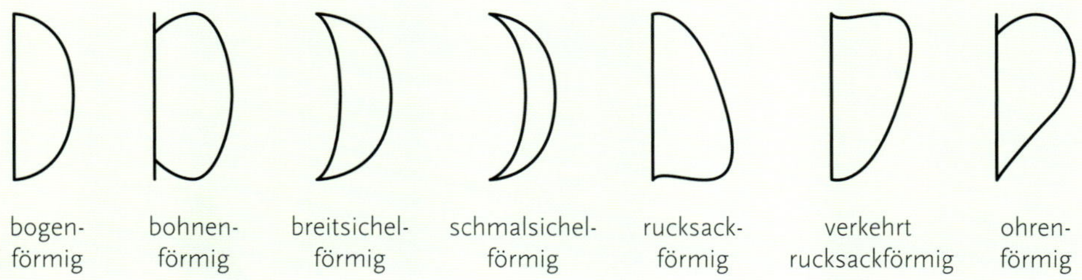

Die Gefäßbündellinie des Berner Rosenapfels ist herzförmig

Gefäßbündelform im Fruchtlängsschnitt, fallweise im Fruchtquerschnitt (Apfel)

Breite, Form (z. B. herz- oder zwiebelförmig)

Steinkranz im Fruchtlängsschnitt (Birne)

Breite, Form (z. B. spindelförmig), Granulation

Fruchtfleisch

beim Kernobst: Farbe, Textur (z. B. feinzellig), Festigkeit, Konsistenz (z. B. schmelzend bei der Birne), Saftigkeit, Geschmack und Zuckergehalt in Oechslegraden. Unter „Würze“ bzw. „gewürzt“ ist in den Beschreibungen ein besonderer sortentypischer Geschmack zu verstehen, egal ob dieser benannt werden kann (z. B. muskatartig, bananenartig) oder nicht.

beim Steinobst: Festigkeit, Farbe, Saftigkeit, Geschmack, Steinlöslichkeit, Zuckergehalt

Fruchtstein beim Steinobst

sehr wichtig für die Sortenverifizierung; 10 Fruchtsteine als Basis der Beschreibung

1 = Seitenansicht; 2 = Vorderansicht; 3 = Rückenansicht

Fruchtsteinmerkmale beim Steinobst am Beispiel „Gelber Spenling"

Gelber Spenling

Erntereife

Der sonst übliche Begriff Pflückreife ist hier nicht anwendbar, da auch Mostobst beschrieben wird und dieses in der Regel manuell oder maschinell geklaubt wird. Die Erntereife ist sortenspezifisch sehr unterschiedlich und hängt von vielen weiteren Faktoren (Unterlage, Klima, Boden, Baumpflege etc.) ab. Die im Buch angeführten Erntezeiten beziehen sich auf den Standort des angegebenen Fruchtmusters.

Genussreife

Darunter werden der Beginn und das Ende der optimalen Genussfähigkeit von Tafel- bzw. Küchenobst auf Naturlager verstanden. Angaben sind nicht ganz unproblematisch, weil Temperatur und Luftfeuchtigkeit während der teils monatelangen Lagerung in der Regel nicht definiert sind. Es kann sich hier daher nur um grobe Richtwerte handeln.

Baummerkmale

Baum in voller Blüte

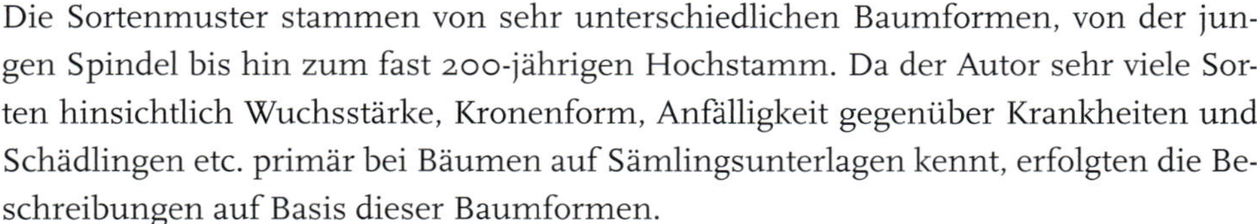

Die Sortenmuster stammen von sehr unterschiedlichen Baumformen, von der jungen Spindel bis hin zum fast 200-jährigen Hochstamm. Da der Autor sehr viele Sorten hinsichtlich Wuchsstärke, Kronenform, Anfälligkeit gegenüber Krankheiten und Schädlingen etc. primär bei Bäumen auf Sämlingsunterlagen kennt, erfolgten die Beschreibungen auf Basis dieser Baumformen.

Bei Marillen und Pfirsichen wird zusätzlich die Blütezeit am Standort des angegebenen Fruchtmusters aufgezeigt, da diese sehr frostempfindlich sind und daher ein passender Standort umso wichtiger ist.

Verwendung

Beschrieben ist hier die in Oberösterreich übliche primäre Verwendung der Sorten, wohl wissend, dass man die meisten Tafelobstsorten auch zu hervorragenden Produkten verarbeiten kann.

ÄPFEL

Adams Parmäne

Synonyme, Herkunft, Verbreitung

„Norfolk Pippin"; England, 1826 von ADAMS (in Norfolk) aus Samen gezogen; in Oberösterreich selten vorkommend

Baum

Wuchs: mittelstark; Krone auf Sämling hoch kugelig bis hoch pyramidal

Sonstige Eigenschaften: relativ robust

Erntereife

Anfang bis Mitte Oktober

Genussreife

November bis März

Verwendung

Tafel, Küche

Frucht

- **Fruchtmuster:** ca. 34-jähriger Hochstamm auf Sämling, Gemeinde Linz
- **Größe:** mittelgroß; 59–66 mm hoch, 56–64 mm breit, 98–121 g schwer
- **Form:** lang stumpfkegelförmig, stielbauchig; teils gering ungleichhälftig; Querschnitt rund bis rundlich; Relief glatt bis gering kelchrippig
- **Schale:** glatt bis feinrau, mitteldick, zäh; Grundfarbe grünlich gelb bis hellgelb; Deckfarbe braunrot bis orangerot verwaschen bis deckend, stielwärts teils diffus gestreift, Deckungsgrad 50–80 %; Lentizellen groß, weißlich bis hellgelb, erhaben, stark auffällig; Berostung mittelstark, punktförmig, netzartig, flächig, graubraun; vereinzelt Warzen
- **Stielbucht:** mitteltief bis tief, eng bis mittelweit, dünn hell graubraun langstrahlig berostet; Rand glatt
- **Stiel:** mittellang, 17–30 mm, dünn, holzig, graubraun
- **Kelchbucht:** mitteltief, teils flach, mittelweit, faltig bis gerippt; Rand fein- bis grobrippig
- **Kelch:** mittelgroß, geschlossen bis halb offen; Blättchen aufrecht, schmal, mittellang, an der Basis hellgrün und vereint; Spitzen grau, halb lang zurückgebogen
- **Kelchhöhle:** mittelgroß, stumpfkegelförmig
- **Kerngehäuse:** mittelgroß, stielständig; Achse hohl; Kammern mittelgroß, geschlossen bis schlitzartig offen; Wände rucksackförmig, glatt bis gering gerissen; viele Kerne, mittelgroß, länglich oval, teils lang zugespitzt, braun, mittelgut ausgebildet
- **Gefäßbündel im Fruchtlängsschnitt:** herzförmig
- **Fleisch:** hellgelblich, mittelfest, mittelfeinzellig, saftig; angenehm säuerlich-süß, mittelstark gewürzt
- **Zuckergehalt:** 12,6–13,4° KMW; 61–65° Oechsle; 14,4–15,3° Brix

Alkmene

Synonyme, Herkunft, Verbreitung

Deutschland; Kreuzung „Geheimrat Dr. Oldenburg“ x „Cox Orange“, seit 1961 im Handel; in Oberösterreich weit verbreitet

Baum

Wuchs: mittelstark bis stark; Krone auf Sämling pyramidal bis hoch pyramidal

Sonstige Eigenschaften: anfällig für Blütenfrost, sonst relativ robust

Erntereife

Mitte bis Ende September

Genussreife

Oktober bis November

Verwendung

Tafel, Küche

Frucht

- **Fruchtmuster:** ca. 50-jährige Hecke auf M7, Gemeinde Obernberg/Inn
- **Größe:** mittelgroß; 55–61 mm hoch, 68–74 mm breit, 115–134 g schwer
- **Form:** kugelig, teils kurz stumpfkegelförmig, seltener flach kugelig, mittelbauchig; oft etwas ungleichhälftig; Querschnitt rund bis rundlich; Relief glatt
- **Schale:** glatt, teils feinrau, teils matt glänzend, trocken, mitteldick, mittelzäh; Grundfarbe hellgelb bis hellorange; Deckfarbe gelborange bis orangerot verwaschen bis marmoriert, darüber orangerot bis rot gestreift, Deckungsgrad 60–90 %; Lentizellen teils zahlreich, mittelgroß, grau, breit hellgelb bis hellbraun umhoft, auffällig; Berostung fehlend, teils gering, punktförmig
- **Stielbucht:** tief bis mitteltief, mittelweit, strahlig grünlich grau durchscheinend berostet; Rand glatt bis schwach grobrippig
- **Stiel:** kurz bis mittellang, 10–16 mm, mitteldick, holzig, grünlich grau
- **Kelchbucht:** mitteltief, eng bis mittelweit, glatt bis gering faltig; Rand meist glatt
- **Kelch:** mittelgroß, geschlossen; Blättchen aufrecht, zusammengeneigt, schmal, an der Basis grünlich grau und vereint; Spitzen grau, kurz zurückgebogen
- **Kelchhöhle:** mittelgroß, kegelförmig
- **Kerngehäuse:** mittelgroß, mittelständig; Achse meist hohl; Kammern mittelgroß, geschlossen; Wände bogenförmig, meist glatt; viele Kerne, mittelgroß, oval, braun, gut ausgebildet
- **Gefäßbündel im Fruchtlängsschnitt:** zwiebelförmig
- **Fleisch:** cremefarben bis gelblich weiß, mittelfest, mittelfeinzellig, saftig; angenehm säuerlich-süß, mittelstark gewürzt
- **Zuckergehalt:** 10,1–11,5° KMW; 49–56° Oechsle, 11,5–13,2° Brix

Ananas-Renette

Verwechslersorte: Zuccalmaglio-Renette

Synonyme, Herkunft, Verbreitung

Herkunft unbekannt, entstanden vor 1800; in Oberösterreich gering verbreitet

Baum

Wuchs: schwach; Krone auf Sämling hoch pyramidal

Sonstige Eigenschaften: etwas anfällig für Mehltau und Obstbaumkrebs; Neigung zur Kleinfruchtigkeit

Erntereife

Mitte bis Ende Oktober

Genussreife

November bis Februar

Verwendung

Tafel, Küche

Frucht

- **Fruchtmuster:** ca. 20-jähriger Hochstamm auf Sämling, Gemeinde Schlierbach
- **Größe:** klein; 51–59 mm hoch, 57–62 mm breit, 78–108 g schwer
- **Form:** fassförmig bis kugelig, mittelbauchig; meist gleichhälftig; Querschnitt rundlich; Relief glatt bis schwach kelchrippig
- **Schale:** glatt, teils feinrau, matt glänzend, teils trocken, mitteldick, zäh; Grundfarbe vollreif gelb; Deckfarbe meist fehlend, orange, verwaschen, Deckungsgrad 0–40 %; Lentizellen zahlreich, mittelgroß, meist typisch eckig, teils grün umhoft, stark auffällig; Berostung gering, punktförmig, hellbraun
- **Stielbucht:** mitteltief, mittelweit bis eng, grün; strahlig hell graubraun durchscheinend berostet; Rand glatt
- **Stiel:** kurz bis mittellang, 5–16 mm, dünn, holzig, grünlich grau bis graubraun
- **Kelchbucht:** flach, mittelweit, faltig; teils hellgrau langstrahlig durchscheinend berostet; Rand glatt bis schwach grobrippig
- **Kelch:** mittelgroß, geschlossen bis halb offen; Blättchen aufrecht, mittellang, schmal, an der Basis hellgrün und vereint; Spitzen lang zurückgebogen
- **Kelchhöhle:** klein, kegel- bis stumpfkegelförmig
- **Kerngehäuse:** mittelgroß, mittelständig; Achse offen; Kammern mittelgroß, geschlossen bis schlitzartig offen; Wände meist bogenförmig, glatt bis mäßig gerissen; viele Kerne, mittelgroß, oval, braun, gut ausgebildet
- **Gefäßbündel im Fruchtlängsschnitt:** herzförmig
- **Fleisch:** gelblich weiß bis hellgelblich, mittelfest, mittelfeinzellig, mäßig saftig; süß-säuerlich, mittelstark zitronenartig gewürzt
- **Zuckergehalt:** 9,3–11,5° KMW; 45–51° Oechsle; 10,6–12,0° Brix

Antonowka

Synonyme, Herkunft, Verbreitung

„Possarts Nalivia"; Russland vor 1800; in Oberösterreich sehr selten

Baum

Wuchs: stark; Krone auf Sämling breit pyramidal
Sonstige Eigenschaften: tolerant gegen Holz- und Blütenfrost, etwas anfällig für Mehltau; auch für raue Lagen

Erntereife

Ende September bis Anfang Oktober

Genussreife

Oktober bis Dezember

Verwendung

Tafel, Küche

Frucht

- **Fruchtmuster:** ca. 20-jähriger Hochstamm auf Sämling, Gemeinde Weitersfelden
- **Größe:** sehr groß bis groß; 65–83 mm hoch, 85–102 mm breit, 202–297 g schwer
- **Form:** flach kugelig bis kugelig, meist mittelbauchig; oft ungleichhälftig; Querschnitt eckig; Relief stark rippig, 3/4–4/4
- **Schale:** glatt, matt glänzend, mitteldick, zäh; Grundfarbe hell gelblich weiß; Deckfarbe fehlend; Lentizellen zahlreich, sehr klein, braun, diffus weißlich umhoft, nicht auffällig; Berostung fehlend, teils gering, netzartig, kleinfleckig, zimtbraun
- **Stielbucht:** tief, weit; durch Wulst teils eingeengt, typisch hell graubraun langstrahlig berostet; Rand grobrippig
- **Stiel:** mittellang, 18–24 mm, mitteldick, holzig, hell grünlichgelb
- **Kelchbucht:** mitteltief, eng bis mittelweit, rippig; Rand stark feinrippig
- **Kelch:** groß, halb offen bis geschlossen; Blättchen aufrecht, mittellang, schmal, hellgrün bis grau, an der Basis vereint; Spitzen mittellang zurückgebogen
- **Kelchhöhle:** sehr groß, breit zylinderförmig
- **Kerngehäuse:** groß, mittelständig; Achse hohl; Kammern groß, schlitzartig offen; Wände meist bohnenförmig, stark gerissen; viele Kerne, klein bis mittelgroß, länglich oval, teils lang zugespitzt, braun, gut ausgebildet
- **Gefäßbündel im Fruchtlängsschnitt:** herzförmig
- **Fleisch:** cremefarben, weich, feinzellig, mäßig saftig; erfrischend säuerlich-süß, nicht bis gering gewürzt
- **Zuckergehalt:** 10,3–11,1° KMW; 50–54° Oechsle; 11,8–12,7° Brix

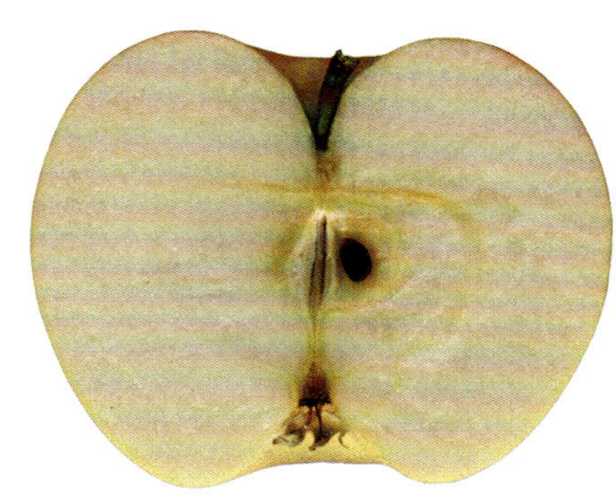

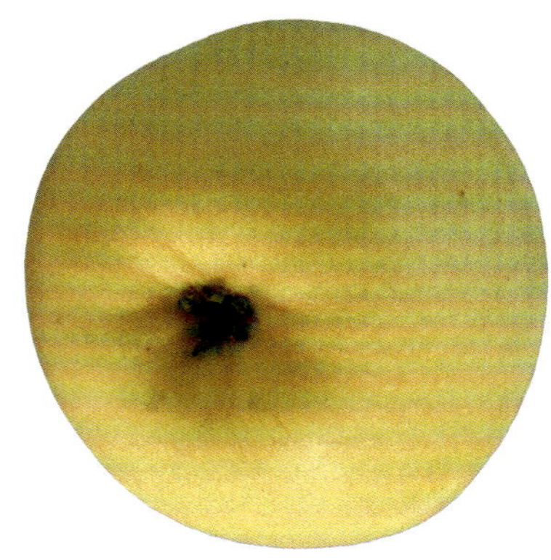

Apfel aus Croncels

Synonyme, Herkunft, Verbreitung

„Transparente de Croncels", „Semmelapfel"; Frankreich 1869; in Oberösterreich sehr stark verbreitet

Baum

Wuchs: mittelstark; Krone auf Sämling kugelig, später hoch kugelig

Sonstige Eigenschaften: anfällig für Schorf, Mehltau, Krebs

Erntereife

Anfang bis Mitte September

Genussreife

September bis Oktober

Verwendung

Tafel, Küche

Frucht

- **Fruchtmuster:** ca. 45-jähriger Hochstamm auf Sämling, Gemeinde Wartberg/Aist
- **Größe:** mittelgroß bis groß; 67–78 mm hoch, 75–91 mm breit, 145–226 g schwer
- **Form:** kugelig, teils flach kugelig, mittelbauchig; oft ungleichhälftig; Querschnitt rundlich; Relief glatt bis gering flachkantig; teils kelchrippig
- **Schale:** glatt, glänzend, später gering fettig, mittelstark duftend, mitteldick, zäh; Grundfarbe hellgelb; Deckfarbe rotorange bis orangerot, verwaschen, Deckungsgrad 0–30 %; Lentizellen zahlreich, klein, hell grünlich, oft typisch diffus kreidig bis breit rötlich umhoft, auffällig; teils Schorfflecken
- **Stielbucht:** tief bis mitteltief, mittelbreit, meist kurzstrahlig graubraun berostet; Rand glatt bis gering grobrippig
- **Stiel:** kurz bis mittellang, 10–18 mm, dünn bis mitteldick, holzig, braun
- **Kelchbucht:** tief bis mitteltief, breit, rundlich, faltig bis rippig; Rand grobrippig
- **Kelch:** klein, geschlossen, teils halb offen; Blättchen aufrecht, zusammengeneigt, kurz, mittelbreit, an der Basis hellgrün und vereint; Spitzen grau, kurz zurückgebogen
- **Kelchhöhle:** groß, stumpfkegelförmig
- **Kerngehäuse:** klein, mittelständig; Achse geschlossen bis gering hohl; Kammern klein, geschlossen bis schlitzartig offen; Wände bogenförmig, glatt bis gering gerissen; viele Kerne, mittelgroß, länglich oval, teils lang zugespitzt, dunkelbraun, gut ausgebildet
- **Gefäßbündel im Fruchtlängsschnitt:** zwiebelförmig
- **Fleisch:** cremefarben, weich, feinzellig, saftig; angenehm säuerlich-süß, ohne Würze
- **Zuckergehalt:** 9,3–12,8° KMW; 45–62° Oechsle; 10,6–14,6° Brix

Batullenapfel

Synonyme, Herkunft, Verbreitung

„Batul Alma"; wahrscheinlich Rumänien oder Ungarn; in Oberösterreich gering verbreitet

Baum

Wuchs: mittelstark; Krone auf Sämling kugelig, später hoch kugelig

Sonstige Eigenschaften: robust gegenüber Krankheiten

Erntereife

Anfang bis Mitte Oktober

Genussreife

November bis März

Verwendung

Tafel, Küche

Frucht

- **Fruchtmuster:** ca. 34-jähriger Hochstamm auf Sämling, Gemeinde Linz
- **Größe:** klein; 49–57 mm hoch, 58–65 mm breit, 76–111 g schwer
- **Form:** fassförmig, mittelbauchig; oft ungleichhälftig; Querschnitt rundlich; Relief glatt
- **Schale:** glatt, matt glänzend, mitteldick, mittelzäh; Grundfarbe hell grünlich gelb; Deckfarbe teils fehlend, orangerot, verwaschen, Deckungsgrad 0–30 %; Lentizellen wenige, mittelgroß, cremefarben, besonders in Stielbucht auffällig
- **Stielbucht:** mitteltief, seltener tief, eng bis mittelbreit, meist grün; Rand glatt
- **Stiel:** kurz, 9–13 mm, dünn, holzig, braun
- **Kelchbucht:** mitteltief bis tief, eng bis mittelbreit, oft strahlig bis flächig hellbraun berostet; Rand glatt
- **Kelch:** sehr klein, geschlossen; Blättchen unregelmäßig aufrecht, kurz, hell gelblich grün, an der Basis meist vereint; Spitzen dunkelgrau, teils kurz zurückgebogen
- **Kelchhöhle:** klein, lang spitzkegelförmig
- **Kerngehäuse:** klein, mittelständig; Achse geschlossen bis gering hohl; Kammern klein, geschlossen; Wände bogen- bis bohnenförmig, glatt; viele Kerne, klein, länglich oval, teils kurz zugespitzt, dunkelbraun, gut ausgebildet
- **Gefäßbündel im Fruchtlängsschnitt:** zwiebelförmig
- **Fleisch:** cremefarben bis gelblich weiß, fest, mittelfeinzellig, saftig, säuerlich-süß, ohne Würze
- **Zuckergehalt:** 10,1–12,8° KMW; 49–53° Oechsle; 11,5–12,5° Brix

Berner Rosenapfel

Verwechslersorten: Florina, Roter Eiserapfel, Oberländer Himbeerapfel

Synonyme, Herkunft, Verbreitung
„Berner Rose"; Schweiz 1888; in Oberösterreichs Bauerngärten weit verbreitet

Baum
Wuchs: zuerst stark, später mittelstark; Krone auf Sämling hoch kugelig
Sonstige Eigenschaften: anfällig für Schorf, Mehltau, Krebs, Blutlaus

Erntereife
Anfang bis Mitte Oktober

Genussreife
November bis Februar

Verwendung
Tafel, Küche

Frucht

- **Fruchtmuster:** ca. 8-jähriger Halbstamm auf Sämling, Gemeinde Ort/Innkreis
- **Größe:** groß bis mittelgroß; 54–68 mm hoch, 63–75 mm breit, 96–155 g schwer
- **Form:** kugelig, teils fassförmig, seltener kurz stumpfkegelförmig, mittel- bis schwach stielbauchig, meist gleichhälftig; Querschnitt rundlich; Relief glatt, teils gering kelchrippig
- **Schale:** glatt, glänzend, meist ganzflächig hellblau bereift, mitteldick, mittelzäh; Grundfarbe blaurot, deckend, partiell dunkelrot verwaschen und darüber dunkler rot diffus gestreift, Deckungsgrad 90–100 %; Lentizellen zahlreich, mittelgroß, eingesenkt, cremefarben bis grau, bläulich rot umhoft, stark auffällig; oft stärker schorffleckig
- **Stielbucht:** tief bis mitteltief, eng bis mittelbreit, teils kurzstrahlig hell braunrot durchscheinend berostet; Rand glatt bis schwach grobrippig
- **Stiel:** kurz, seltener mittellang, 9–18 mm, dünn, holzig, teils schwach knopfig, braunrot bis rotbraun
- **Kelchbucht:** mitteltief, eng bis mittelbreit, faltig bis gerippt; Rand teils gering feinrippig
- **Kelch:** mittelgroß, geschlossen, teils halb offen; Blättchen aufrecht, zusammengeneigt, mittelgroß, schmal, an der Basis grünlich grau und vereint
- **Kelchhöhle:** groß, teils trichterförmig mit mittelbreiter Röhre, teils kegelförmig
- **Kerngehäuse:** mittelgroß, mittelständig; Achse gering hohl; Kammern mittelgroß, geschlossen bis schlitzartig offen; Wände bogen- bis bohnenförmig, schwach gerissen; viele Kerne, klein, länglich oval, dunkelbraun, gut ausgebildet
- **Gefäßbündel im Fruchtlängsschnitt:** herzförmig
- **Fleisch:** cremefarben, teils randnah rot geädert, mittelfest, mittelfeinzellig, saftig; erfrischend säuerlich-süß, ohne Würze
- **Zuckergehalt:** 9,3–10,3° KMW; 45–50° Oechsle; 10,6–11,8° Brix

Böhmischer Baumgartling

Synonyme, Herkunft, Verbreitung

Herkunft unbekannt; in den Bezirken Eferding und Grieskirchen seit mindestens 1870 vereinzelt vorkommend, jetzt sehr selten

Baum

Wuchs: stark; Krone auf Sämling hoch kugelig

Sonstige Eigenschaften: robust, auch für raue Lagen

Erntereife

Mitte bis Ende August

Genussreife

August bis November

Verwendung

Tafel, Küche, Saft, Most

Frucht

- **Fruchtmuster:** ca. 35-jähriger Hochstamm auf Sämling, Gemeinde Linz
- **Größe:** groß bis mittelgroß; 54–65 mm hoch, 70–79 mm breit, 111–158 g schwer
- **Form:** kugelig bis flach kugelig, mittelbauchig, teils gering ungleichhälftig; Querschnitt rund bis rundlich; Relief glatt, selten gering kelchrippig
- **Schale:** glatt, matt glänzend, mitteldick, mittelzäh; Grundfarbe hell grünlich gelb bis hellgelb; Deckfarbe rot gestreift bis geflammt, teils deckend; Deckungsgrad 60–90 %; Lentizellen zahlreich, klein, hellgrau, wenig auffällig
- **Stielbucht:** mitteltief, mittelbreit; grünlich grau bis graubraun langstrahlig berostet; Rand glatt
- **Stiel:** kurz, seltener mittellang, 5–10 mm, dünn, holzig, graubraun
- **Kelchbucht:** mitteltief, eng bis mittelbreit, schüsselförmig; Rand glatt, selten gering grobrippig
- **Kelch:** mittelgroß, geschlossen, teils halb offen; Blättchen aufrecht, zusammengeneigt, klein, kurz, an der Basis hellgrün und teils getrennt; Spitzen teils graubraun, kurz zurückgebogen
- **Kelchhöhle:** groß, teils trichterförmig mit dünner Röhre, teils kegelförmig
- **Kerngehäuse:** klein, mittelständig; Achse gering hohl; Kammern klein, teils schlitzartig offen; Wände ohrenförmig, glatt; viele Kerne, klein, länglichoval, dunkelbraun, teils lang zugespitzt, mittelgut ausgebildet
- **Gefäßbündel im Fruchtlängsschnitt:** zwiebelförmig
- **Fleisch:** cremefarben, mittelfest, mittelfeinzellig, sehr saftig; erfrischend süßsäuerlich, ohne Würze
- **Zuckergehalt:** 8,6–10,3° KMW; 42–50° Oechsle; 9,9–11,8° Brix

Böhmischer Rosenapfel

Synonyme, Herkunft, Verbreitung

„Großer Böhmischer Sommer-Rosenapfel"; Herkunft unbekannt, vermutlich Böhmen vor 1800; in Oberösterreich sehr selten vorkommend

Baum

Wuchs: stark; Krone auf Sämling breit kugelig

Sonstige Eigenschaften: relativ robust

Erntereife

Mitte bis Ende August

Genussreife

August bis November

Verwendung

Tafel, Küche

Frucht

- **Fruchtmuster:** ca. 10-jährige Spindel auf M26, Gemeinde Ohlsdorf
- **Größe:** sehr groß; 56–74 mm hoch, 74–95 mm breit, 160–245 g schwer
- **Form:** flach kugelig, mittelbauchig, meist ungleichhälftig; Querschnitt schwach eckig; Relief flach kantig, flach rippig 2/4–4/4
- **Schale:** glatt, glänzend, oft dünn hellblau bereift, mitteldick, mittelzäh; Grundfarbe grünlichgelb; Deckfarbe dunkelrot deckend, teils diffus gestreift bis geflammt, Deckungsgrad 90–100 %; Lentizellen wenige, mittelgroß, hellbraun, auffällig
- **Stielbucht:** tief, breit; graubraun langstrahlig berostet; Rand flach grobrippig
- **Stiel:** kurz, 5–9 mm, mitteldick, holzig, graubraun
- **Kelchbucht:** mitteltief, mittelbreit, gerippt; Rand stärker grobrippig
- **Kelch:** groß, geschlossen; Blättchen aufrecht, zusammengeneigt, kurz, breit, grau, an der Basis vereint
- **Kelchhöhle:** groß, lang und breit stumpfkegelförmig
- **Kerngehäuse:** mittelgroß bis groß, mittelständig; Achse hohl; Kammern mittelgroß bis groß, schlitzartig offen; Wände bohnen- bis verkehrt rucksackförmig, glatt bis gering gerissen; viele Kerne, mittelgroß, länglich oval, dunkelbraun, gut ausgebildet
- **Gefäßbündel im Fruchtlängsschnitt:** teils rötlich, zwiebelförmig
- **Fleisch:** cremefarben bis gelblich weiß, in Schalennähe teils rötlich, mittelfest, mittelfeinzellig, saftig, säuerlich-süß, ohne Würze
- **Zuckergehalt:** 9,3–11,5° KMW; 45–56° Oechsle; 10,6–13,2° Brix

Braunauer Rosmarin

Verwechslersorten: Doppelter Prinzenapfel, Prinzenapfel

Synonyme, Herkunft, Verbreitung

„Rosmarie"; im Innviertel um 1800 bereits vorkommend; von Dr. LIEGEL 1851 erstmals beschrieben; heute Streuvorkommen in den Bezirken Schärding, Ried und Braunau

Baum

Wuchs: mittelstark; Krone auf Sämling kugelig, später breit kugelig

Sonstige Eigenschaften: anfällig für Mehltau

Erntereife

Mitte bis Ende Oktober

Genussreife

Dezember bis April

Verwendung

Tafel, Küche

Frucht

- **Fruchtmuster:** ca. 7-jähriger Halbstamm auf Sämling, Gemeinde Brunnenthal
- **Größe:** groß; 66–78 mm hoch, 62–73 mm breit, 105–158 g schwer
- **Form:** lang stumpfkegelförmig bis fassförmig, meist gering stielbauchig, teils mittelbauchig, meist ungleichhälftig; Querschnitt unregelmäßig rund; Relief kelchrippig bis rippig 1/3
- **Schale:** glatt, matt glänzend, mitteldick, mäßig zäh; teils dünn hellblau bereift; Grundfarbe grünlich gelb, vollreif hellgelb; Deckfarbe orange bis orangerot verwaschen, darüber rot gestreift bis geflammt; Deckungsgrad 40–70 %; Lentizellen nicht auffällig
- **Stielbucht:** tief bis mitteltief, eng, oft grün, meist dünn grau bis graubraun kurz- bis langstrahlig berostet; Rand meist glatt
- **Stiel:** mittellang, 14–23 mm, dünn, holzig, graugrün bis grüngrau
- **Kelchbucht:** mitteltief, eng, faltig bis gerippt; Rand fein- bis grobrippig
- **Kelch:** klein bis mittelgroß, offen; Blättchen aufrecht, schmal, mittellang, hellgrün bis graugrün, an der Basis vereint
- **Kelchhöhle:** klein; spitzkegelförmig, teils trichterförmig mit langer dünner Röhre
- **Kerngehäuse:** groß, mittelständig; Achse ganz hohl; Kammern groß, ganz offen; Wände sichelförmig, stark gerissen; viele Kerne, klein, länglich oval, lang zugespitzt, dunkelbraun, gut ausgebildet
- **Gefäßbündel im Fruchtlängsschnitt:** herzförmig
- **Fleisch:** weißlich, cremefarben, mittelfest, mittelfeinzellig, saftig; säuerlich-süß, ohne Würze
- **Zuckergehalt:** 9,7–10,7° KMW; 47–52° Oechsle; 11,1–12,2° Brix

Brauner Matapfel

Verwechslersorte: Purpurroter Zwiebelapfel

Äpfel

Synonyme, Herkunft, Verbreitung

„Mohrenapfel"; Deutschland vor 1800; in Oberösterreich selten vorkommend

Baum

Wuchs: sehr stark; Krone auf Sämling kugelig, später hoch kugelig

Sonstige Eigenschaften: ziemlich robust, auch für raue Lagen

Erntereife

Mitte bis Ende Oktober

Genussreife

Dezember bis April

Verwendung

Tafel, Küche

Frucht

- **Fruchtmuster:** ca. 26-jähriger Hochstamm auf Sämling, Gemeinde Ansfelden
- **Größe:** mittelgroß; 56–67 mm hoch, 67–78 mm breit, 113–167 g schwer
- **Form:** kugelig, kelchwärts etwas stärker verjüngt, mittelbauchig, meist ungleichhälftig; Querschnitt rundlich; Relief glatt
- **Schale:** glatt, matt glänzend, teils trocken, seltener feinrau, mitteldick, zäh; Grundfarbe hell grünlich gelb, vollreif hellgelb; Deckfarbe rotbraun marmoriert bis deckend, darüber dunkler rot gestreift; Deckungsgrad 80–100 %; Lentizellen wenige bis viele, graubraun, hell rötlich braun umhoft, auffällig; Berostung gering bis mittelstark, sehr dünn, durchscheinend, hellbraun
- **Stielbucht:** mitteltief, eng bis mittelbreit; meist dünn hellbraun langstrahlig berostet; Rand glatt
- **Stiel:** sehr kurz, 3–5 mm, mitteldick bis dick, oft fleischig, seltener holzig, hell graubraun
- **Kelchbucht:** mitteltief, eng bis mittelbreit, schüsselförmig, faltig; Rand glatt bis gering grobrippig
- **Kelch:** mittelgroß, halb offen bis offen; Blättchen aufrecht, mittelgroß, breit, graugrün, an der Basis teils vereint, teils getrennt; Spitzen kurz zurückgebogen
- **Kelchhöhle:** groß, stumpfkegelförmig, teils trichterförmig mit sehr dünner Röhre
- **Kerngehäuse:** sehr klein, mittelständig; Achse minimal hohl; Kammern sehr klein, geschlossen; Wände bohnen- bis ohrenförmig, glatt; viele Kerne, sehr klein, oval, teils kurz zugespitzt, braun, gut ausgebildet
- **Gefäßbündel im Fruchtlängsschnitt:** herzförmig
- **Fleisch:** hell gelblichweiß, mittelfest, mittelfeinzellig, saftig; säuerlich-süß, gering gewürzt
- **Zuckergehalt:** 10,3–11,9° KMW; 50–58° Oechsle; 11,8–13,6° Brix

Brünnerling

Verwechslersorten: Salzburger Rosmarin, Brettacher

Synonyme, Herkunft, Verbreitung

„Brunner“; „Oberösterreichischer Brünnerling“, „Böhmischer Brünnerling“, „Welschisner“ etc.; wahrscheinlich Oberösterreich vor 1600; in Oberösterreich sehr stark verbreitet

Baum

Wuchs: stark; Krone auf Sämling kugelig, später teils flach kugelig bis schirmförmig, seltener auch hoch kugelig

Sonstige Eigenschaften: anfällig für Schorf und Krebs, frosttolerant

Erntereife

Mitte bis Ende Oktober

Genussreife

Dezember bis Mai

Verwendung

Küche, Saft, Most, Schnaps

Frucht

- **Fruchtmuster:** ca. 35-jähriger Hochstamm auf Sämling, Gemeinde Linz
- **Größe:** groß; 58–67 mm hoch, 72–80 mm breit, 138–189 g schwer
- **Form:** kugelig, seltener flach kugelig, mittelbauchig; teils ungleichhälftig; Querschnitt rund bis unregelmäßig rund; Relief glatt, teils schwach kelchrippig
- **Schale:** glatt, matt glänzend, sehr dick, sehr zäh; Grundfarbe grün, später gelbgrün bis grüngelb; Deckfarbe rot verwaschen bis deckend, Deckungsgrad 30–70 %; Lentizellen zahlreich, klein, hellgrau, grün bis dunkelrot (in Deckfarbe) umhoft, mäßig auffällig
- **Stielbucht:** mitteltief, teils tief, mittelbreit bis breit, kurzstrahlig graubraun berostet; Rand meist glatt
- **Stiel:** kurz, 6–16 mm, mitteldick, holzig, seltener gering fleischig, hellgrün bis graubraun
- **Kelchbucht:** flach bis mitteltief, mittelbreit bis eng, oft schiefachsig, faltig bis gering gerippt; Rand grobrippig
- **Kelch:** mittelgroß, geschlossen; Blättchen aufrecht, mittellang, schmal, an der Basis grünlich grau, vereint bis partiell getrennt; Spitzen dunkelgrau, kurz bis lang zurückgebogen
- **Kelchhöhle:** mittelgroß, kegelförmig
- **Kerngehäuse:** mittelgroß, mittelständig; Achse gering hohl; Kammern mittelgroß, geschlossen bis schlitzartig offen; Wände bogenförmig, mittelstark gerissen; viele Kerne, mittelgroß, länglich oval, dunkelbraun, mittelgut bis schlecht ausgebildet
- **Gefäßbündel im Fruchtlängsschnitt:** zwiebelförmig
- **Fleisch:** grünlich weiß bis cremefarben, fest, grob- bis mittelfeinzellig, sehr saftig; süß-säuerlich bis säuerlich-süß, ohne Würze
- **Zuckergehalt:** 10,9–11,9° KMW; 53–58° Oechsle; 12,5–13,6° Brix

Cellini

Verwechslersorte: Prinz Albrecht von Preußen

Synonyme, Herkunft, Verbreitung

Vauxhall (London) 1828; im Salzburger Lungau häufiger, in Oberösterreich seltener anzutreffen

Baum

Wuchs: stark; Krone auf Sämling kugelig, später hoch kugelig

Sonstige Eigenschaften: eher für raue Lagen, frosttolerant; Frucht neigt zu Monilia-Fäule

Erntereife

Anfang bis Mitte September

Genussreife

September bis Dezember

Verwendung

Tafel, Küche

Frucht

- **Fruchtmuster:** ca. 30-jähriger Halbstamm auf Sämling, Gemeinde Gallneukirchen
- **Größe:** mittelgroß, seltener groß; 52–63 mm hoch, 63–73 mm breit, 92–142 g schwer
- **Form:** kugelig, teils kurz stumpfkegelförmig, mittelbauchig; meist gleichhälftig; Querschnitt rund; Relief glatt, seltener schwach kelchrippig
- **Schale:** glatt, matt glänzend, teils dünn hellblau bereift, mitteldick, mittelzäh; Grundfarbe hell- gelblich; Deckfarbe rot verwaschen, kelchseitig auch deckend, darüber dunkler rot gestreift, Deckungsgrad 60–100 %; Lentizellen zahlreich, klein bis mittelgroß, hellgrau, auffällig
- **Stielbucht:** mitteltief, eng, kurzstrahlig grünlich grau berostet; Rand glatt
- **Stiel:** kurz, teils mittellang, 10–17 mm, mitteldick, holzig, graubraun
- **Kelchbucht:** mitteltief, mittelbreit, schüsselförmig, faltig bis gering gerippt; Rand fein- bis grobrippig
- **Kelch:** groß, weit offen; Blättchen aufrecht, kurz, breit, graugrün, an der Basis getrennt
- **Kelchhöhle:** groß, kegelförmig
- **Kerngehäuse:** klein, mittelständig; Achse geschlossen bis gering hohl; Kammern klein, geschlossen; Wände rucksack- bis bohnenförmig, glatt; viele Kerne, klein, oval, dunkelbraun, gut ausgebildet
- **Gefäßbündel im Fruchtlängsschnitt:** herzförmig
- **Fleisch:** weißlich bis cremefarben, mittelfest, mittelfeinzellig, sehr saftig; süßsäuerlich bis säuerlich-süß, ohne Würze
- **Zuckergehalt:** 10,7–11,7° KMW; 52–57° Oechsle; 12,2–13,4° Brix

Champagner-Renette

Verwechslersorte: Weißer Wintertaffetapfel

Synonyme, Herkunft, Verbreitung
„Loskrieger", vermutlich Champagne (Frankreich) vor 1800; in Oberösterreich eher selten anzutreffen

Baum
Wuchs: stark, später mittelstark; Krone auf Sämling pyramidal, später breit pyramidal
Sonstige Eigenschaften: auf kalten schweren Böden krebs- und schorfanfällig

Erntereife
Ende Oktober bis Anfang November

Genussreife
Jänner bis Mai

Verwendung
Tafel, Küche

Frucht

- **Fruchtmuster:** ca. 20-jähriger Hochstamm auf Sämling, Gemeinde Lohnsburg
- **Größe:** mittelgroß; 53–59 mm hoch, 69–75 mm breit, 115–162 g schwer
- **Form:** plattrund, teils flach kugelig, mittelbauchig; teils gering ungleichhälftig; Querschnitt rund bis schwach eckig; Relief: gering flach kantig, häufig vertikale Bauchfurchen
- **Schale:** glatt, matt glänzend, dünn, mäßig zäh; Grundfarbe grünlich gelb, später hell gelblich; Deckfarbe oft fehlend, teils hell orangerot bis hellrot verwaschen, Deckungsgrad 0–50 %; Lentizellen nicht auffällig
- **Stielbucht:** tief, mittelbreit bis breit, meist langstrahlig graubraun berostet; Rand grobrippig
- **Stiel:** kurz bis mittellang, 10–22 mm, dünn, holzig, hell grünlich grau
- **Kelchbucht:** flach bis mitteltief, mittelbreit; Rand glatt bis grobrippig
- **Kelch:** klein, teils mittelgroß, geschlossen; Blättchen aufrecht, mittellang, schmal, grau, an der Basis hellgrün, teils partiell getrennt; Spitzen halb lang zurückgebogen
- **Kelchhöhle:** mittelgroß, kegelförmig
- **Kerngehäuse:** mittelgroß, mittelständig; Achse gering hohl; Kammern mittelgroß, geschlossen bis schlitzartig offen; Wände bogen- bis bohnenförmig, glatt; wenige Kerne, mittelgroß, oval bis länglich oval, dunkelbraun, gut ausgebildet
- **Gefäßbündel im Fruchtlängsschnitt:** zwiebelförmig
- **Fleisch:** weißlich, teils cremefarben, mittelfest, mittelfeinzellig, saftig; süß-säuerlich, ohne Würze
- **Zuckergehalt:** 10,9–11,7° KMW; 53–57° Oechsle; 12,5–13,4° Brix

Cornwalliser Nelkenapfel

Synonyme, Herkunft, Verbreitung

„Cornish Gilliflower"; Truro, Cornwall um 1800; in Oberösterreich selten anzutreffen

Baum

Wuchs: mittelstark; Krone auf Sämling kugelig mit dünnen hängenden Ästen

Sonstige Eigenschaften: relativ robust, auch für raue Lagen

Erntereife

Anfang bis Mitte Oktober

Genussreife

November bis März

Verwendung

Tafel, Küche

Frucht

- **Fruchtmuster:** ca. 20-jähriger Viertelstamm auf Sämling, Gemeinde Gallneukirchen
- **Größe:** mittelgroß, teils groß; 62–69 mm hoch, 61–67 mm breit, 113–133 g schwer
- **Form:** fassförmig, mittelbauchig; meist ungleichhälftig; Querschnitt rundlich bis schwach eckig; Relief meist flach kantig, teils gering beulig, oft kelchrippig
- **Schale:** glatt bis feinrau, teils matt glänzend, mitteldick, mittelzäh; Grundfarbe gelblich grün bis grünlich gelb, später hellgelb; Deckfarbe rotorange verwaschen, darüber rot bis braunrot gestreift bis geflammt, Deckungsgrad 30–60 %; Lentizellen zahlreich, sehr klein, hellgrau, teils grünlich umhoft, kaum auffällig; Berostung mittelstark, netzartig bis kleinfleckig, graubraun; teils Warzen
- **Stielbucht:** mitteltief, teils tief, eng; Rand glatt, teils wulstig
- **Stiel:** mittellang, 10–17 mm, mitteldick, holzig, graubraun, astseitig oft knopfig
- **Kelchbucht:** mitteltief, eng, faltig bis gering gerippt; kurzstrahlig graubraun berostet; Rand fein- bis grobrippig
- **Kelch:** mittelgroß, geschlossen; Blättchen aufrecht, zusammengeneigt, mittellang, mittelbreit, graugrün, an der Basis vereint
- **Kelchhöhle:** mittelgroß, kegelförmig
- **Kerngehäuse:** mittelgroß, mittelständig; Achse gering hohl; Kammern mittelgroß, geschlossen; Wände hellgrün, später gelblich, bogenförmig, mittelstark ausgeblüht gerissen; viele Kerne, mittelgroß, länglich oval, dunkelbraun, schlecht ausgebildet
- **Gefäßbündel im Fruchtlängsschnitt:** zwiebelförmig
- **Fleisch:** grünlich weiß, vollreif hellgelb, mittelfest, mittelfeinzellig, saftig; säuerlich-süß, mittelstark gewürzt
- **Zuckergehalt:** 11,5–12,8° KMW; 56–62° Oechsle; 13,2–14,6° Brix

Coulons Renette

Verwechslersorten: Damason-Renette, Zabergäu-Renette, Schöner von Boskoop, Graue Herbstrenette

Synonyme, Herkunft, Verbreitung

Züchtung der Baumschule COULON in Lüttich (Belgien) um 1856; in Oberösterreich selten anzutreffen

Baum

Wuchs: stark, später mittelstark; Krone auf Sämling pyramidal, später breit pyramidal

Sonstige Eigenschaften: in feuchten Lagen krebsanfällig

Erntereife

Anfang bis Mitte Oktober

Genussreife

Dezember bis März

Verwendung

Tafel, Küche

Frucht

- **Fruchtmuster:** ca. 20-jähriger Hochstamm auf Sämling, Gemeinde Schlierbach
- **Größe:** mittelgroß, teils groß; 53–63 mm hoch, 78–83 mm breit, 161–197 g schwer
- **Form:** plattrund, mittelbauchig; oft ungleichhälftig; Querschnitt rund bis rundlich; Relief glatt
- **Schale:** feinrau, partiell glänzend, dick, zäh; Grundfarbe grün bis gelblich grün; Deckfarbe orangerot bis braunrot verwaschen, Deckungsgrad 10–40 %; Lentizellen zahlreich, klein, hellgrau bis hellbraun, auffällig; Berostung mittelstark, netzartig, kleinfleckig, flächig, punktförmig, graubraun
- **Stielbucht:** tief, breit; graubraun schuppig oder teils konzentrisch gestrichelt berostet; Rand glatt
- **Stiel:** mittellang, 10–22 mm, mitteldick, holzig, grünlich grau bis graubraun
- **Kelchbucht:** flach bis mitteltief, mittelbreit, schüsselförmig, konzentrisch graubraun berostet; Rand glatt, seltener gering grobrippig
- **Kelch:** mittelgroß, geschlossen; Blättchen aufrecht, zusammengeneigt, mittellang, mittelbreit, an der Basis hellgrün und vereint; Spitzen grau, kurz zurückgebogen
- **Kelchhöhle:** groß, stumpfkegelförmig
- **Kerngehäuse:** klein bis mittelgroß, mittelständig; Achse meist geschlossen; Kammern klein bis mittelgroß, geschlossen; Wände bogen- bis verkehrt rucksackförmig, glatt bis gering gerissen; wenige Kerne, mittelgroß, länglich oval, dunkelbraun, schlecht ausgebildet
- **Gefäßbündel im Fruchtlängsschnitt:** zwiebelförmig
- **Fleisch:** hell grünlich gelb, vollreif hellgelb, weich, feinzellig, sehr saftig; säuerlich-süß, gering gewürzt
- **Zuckergehalt:** 11,3–12,3° KMW; 55–60° Oechsle; 12,7–14,1° Brix

Cox Orange

Verwechslersorten: Cherry Cox, Muskatrenette

Synonyme, Herkunft, Verbreitung

„Cox's Orange Pippin"; um 1830 Sämling von „Ribston Pepping" des Züchters COX aus Colnbrook-Lawn (England); mehrere Mutanten in Oberösterreich häufig anzutreffen

Baum

Wuchs: stark, später mittelstark; Krone auf Sämling kugelig, später breit ausladend
Sonstige Eigenschaften: anfällig für Pilz- und Bakterienkrankheiten

Erntereife

Ende September bis Anfang Oktober

Genussreife

Oktober bis Jänner

Verwendung

Tafel, Küche

Frucht

- **Fruchtmuster:** ca. 30-jähriger Halbstamm auf Sämling, Gemeinde Kaltenberg
- **Größe:** mittelgroß; 48–53 mm hoch, 64–68 mm breit, 96–115 g schwer
- **Form:** flach kugelig, mittelbauchig, teils gering ungleichhälftig; Querschnitt rund bis rundlich; Relief glatt
- **Schale:** glatt, matt glänzend, mitteldick, mittelzäh; Grundfarbe hellgelb; Deckfarbe hell orangerot verwaschen bis marmoriert, darüber dunkler rot gestreift bis geflammt, Deckungsgrad 60–100 %; Lentizellen nicht auffällig; Berostung gering, punktförmig, graubraun
- **Stielbucht:** mitteltief bis tief, mittelbreit; meist kurz- bis langstrahlig, dünn, grau, berostet; Rand glatt
- **Stiel:** mittellang, 11–20 mm, dünn bis mitteldick, holzig, grünlich grau bis graubraun
- **Kelchbucht:** flach, teils mitteltief eng bis mittelbreit; Rand glatt
- **Kelch:** klein bis mittelgroß, geschlossen bis halb offen; Blättchen aufrecht, mittellang bis lang, schmal, hellgrün, an der Basis vereint; Spitzen lang zurückgebogen
- **Kelchhöhle:** klein, kegelförmig
- **Kerngehäuse:** mittelgroß, mittelständig; Achse gering hohl; Kammern mittelgroß, teils schlitzartig offen; Wände bogenförmig, mittelstark gerissen; viele Kerne, mittelgroß, länglich oval, dunkelbraun, schlecht ausgebildet
- **Gefäßbündel im Fruchtlängsschnitt:** zwiebelförmig
- **Fleisch:** hellgelb, weich, mittelfeinzellig, saftig; säuerlich-süß, mittelstark bis stark gewürzt
- **Zuckergehalt:** 10,9–12,3° KMW; 53–60° Oechsle; 12,5–14,1° Brix

Danziger Kantapfel

Synonyme, Herkunft, Verbreitung

in Oberösterreich „Roter Passamaner", „Roter Taffetapfel"; Herkunft unbekannt, vor 1760 entstanden; in Oberösterreich weit verbreitet

Baum

Wuchs: schwach bis stark; Krone auf Sämling kugelig, später hoch kugelig

Sonstige Eigenschaften: anfällig für Krebs und Schorf, sonst ziemlich robust

Erntereife

Ende September bis Anfang Oktober

Genussreife

Oktober bis Dezember

Verwendung

Tafel, Küche, Saft, Most

Frucht

- **Fruchtmuster:** ca. 80-jähriger Hochstamm auf Sämling, Gemeinde Obernberg/Inn
- **Größe:** mittelgroß, 55–63 mm hoch, 67–75 mm breit, 105–141 g schwer
- **Form:** flach kugelig bis kugelig, mittelbauchig, teils ungleichhälftig; Querschnitt rundlich bis schwach eckig; Relief flach kantig, kelchrippig bis rippig 2/3; vereinzelt vertikale Naht
- **Schale:** glatt, glänzend, bald fettig, mitteldick, mittelzäh; Grundfarbe grünlich gelb bis hellgelb; Deckfarbe dunkelrot, deckend bis verwaschen, Deckungsgrad 80–100 %; Lentizellen zahlreich, klein bis mittelgroß, hellgrau, hell umhoft, auffällig
- **Stielbucht:** mitteltief bis tief, mittelbreit; kurzstrahlig dünn graubraun berostet; Rand grobrippig
- **Stiel:** mittellang, 13–24 mm, dünn, holzig, braunrot bis graubraun
- **Kelchbucht:** mitteltief, mittelbreit, faltig bis gerippt; Rand meist stark grobrippig
- **Kelch:** mittelgroß, geschlossen; Blättchen aufrecht, zusammengeneigt, kurz, grau, breit, an der Basis hellgrün und vereint bis partiell getrennt
- **Kelchhöhle:** mittelgroß, kegelförmig
- **Kerngehäuse:** mittelgroß, mittelständig; Achse gering hohl; Kammern mittelgroß, schlitzartig offen; Wände bohnenförmig, mittelstark gerissen; viele Kerne, klein, oval, braun, gut ausgebildet
- **Gefäßbündel im Fruchtlängsschnitt:** zwiebelförmig, teils rötlich
- **Fleisch:** cremefarben, randnah hellrot geädert, weich, mittelfeinzellig, sehr saftig; angenehm säuerlich-süß, ohne Würze
- **Zuckergehalt:** 9,9–11,5° KMW; 48–56° Oechsle; 11,3–13,2° Brix

Deans Küchenapfel

Synonyme, Herkunft, Verbreitung

„Deans Codlin"; um 1870 in England aufgefunden; in Oberösterreich selten

Baum

Wuchs: mittelstark; Krone auf Sämling kugelig, später hoch kugelig

Sonstige Eigenschaften: auf schweren nassen Böden anfällig für Krebs und Schorf

Erntereife

Anfang bis Mitte September

Genussreife

September bis Dezember

Verwendung

Tafel, Küche, Saft, Most

Frucht

- **Fruchtmuster:** ca. 10-jährige Spindel auf M26, Gemeinde Ohlsdorf
- **Größe:** mittelgroß, 60–74 mm hoch, 64–76 mm breit, 106–133 g schwer
- **Form:** kugelig bis fassförmig, mittelbauchig, teils ungleichhälftig; Querschnitt rundlich, seltener schwach eckig; Relief gering flachkantig, gering kelchrippig
- **Schale:** glatt, glänzend, mitteldick, mittelzäh; Grundfarbe gelblich grün bis grünlich gelb, später hellgelb; Deckfarbe fehlt; Lentizellen zahlreich, hellbraun, grünlich umhoft, wenig auffällig
- **Stielbucht:** tief bis mitteltief, eng bis mittelbreit; teils langstrahlig graubraun berostet; Rand glatt
- **Stiel:** mittellang, 12–17 mm, mitteldick, holzig, grünlich grau bis graubraun
- **Kelchbucht:** mitteltief, mittelbreit, faltig bis gerippt; Rand flach grobrippig
- **Kelch:** mittelgroß, geschlossen; Blättchen aufrecht, zusammengeneigt, lang, schmal, an der Basis hellgrün und vereint, Spitzen grau und halb lang zurückgebogen
- **Kelchhöhle:** mittelgroß, kegelförmig, teils trichterförmig mit dünner bis mittelbreiter Röhre
- **Kerngehäuse:** mittelgroß, mittelständig; Achse hohl; Kammern mittelgroß, offen; Wände bogen- bis breit sichelförmig, gering gerissen; viele Kerne, klein bis mittelgroß, länglich oval, braun, gut ausgebildet
- **Gefäßbündel im Fruchtlängsschnitt:** zwiebelförmig
- **Fleisch:** cremefarben, randnah hellrot geädert, weich, mittelfeinzellig, sehr saftig; angenehm säuerlich-süß, ohne Würze
- **Zuckergehalt:** 9,9–11,5° KMW; 48–56° Oechsle; 11,3–13,2° Brix

Discovery

Synonyme, Herkunft, Verbreitung

„Thurston August"; England 1949; Kreuzung aus „Worcester Parmäne" x „Schöner aus Bath"; in Oberösterreich häufig anzutreffen

Baum

Wuchs: schwach; Krone auf Sämling kugelig

Sonstige Eigenschaften: gering schorf- und mehltauanfällig, jedoch anfällig für Krebs

Erntereife

Mitte bis Ende August

Genussreife

Mitte August bis Mitte September

Verwendung

Tafel, Küche

Frucht

- **Fruchtmuster:** ca. 35-jähriger Halbstamm auf Sämling, Gemeinde Naarn
- **Größe:** mittelgroß, teils klein; 48–57 mm hoch, 65–73 mm breit, 92–129 g schwer
- **Form:** flach kugelig bis plattrund, mittelbauchig; meist gleichhälftig; Querschnitt rund; Relief glatt
- **Schale:** glatt, matt glänzend, teils gering weißlich bereift, dünn bis mitteldick, mäßig zäh; Grundfarbe hell grünlich gelb bis hellgelb; Deckfarbe rosa bis rot, verwaschen, teils deckend, Deckungsgrad 90–100 %; Lentizellen zahlreich, klein, hellgrau, meist von großen Rostpunkten überlagert; Berostung mittelstark, punktförmig, netzartig bis kleinfleckig, hell graubraun
- **Stielbucht:** tief bis mitteltief, mittelbreit, langstrahlig durchscheinend hell grünlich grau berostet; Rand glatt
- **Stiel:** kurz, 6–10 mm, mitteldick, holzig, hellbraun
- **Kelchbucht:** mitteltief, mittelbreit; Rand glatt
- **Kelch:** klein, geschlossen, teils halb offen; Blättchen aufrecht, zusammengeneigt, kurz, schmal; hellgrün, an der Basis vereint; Spitzen grau, halb lang bis lang zurückgebogen
- **Kelchhöhle:** klein bis mittelgroß, stumpfkegelförmig
- **Kerngehäuse:** klein bis mittelgroß, mittelständig; Achse gering hohl; Kammern klein bis mittelgroß, meist geschlossen; Wände bohnen- bis rucksackförmig, schwach gerissen; viele Kerne, mittelgroß, länglich oval, braun, gut ausgebildet
- **Gefäßbündel im Fruchtlängsschnitt:** zwiebel- bis herzförmig
- **Fleisch:** weißlich; teils randnah bis fast vollständig rötlich, mittelfest, mittelfeinzellig, mäßig saftig; mild säuerlich-süß, nicht bis gering gewürzt
- **Zuckergehalt:** 10,7–11,7° KMW; 52–57° Oechsle; 12,2–13,4° Brix

Doppelter Prinzenapfel

Verwechslersorten: Braunauer Rosmarin, Prinzenapfel, Rolling

Synonyme, Herkunft, Verbreitung

„Doppelter Melonenapfel"; vermutlich aus Norddeutschland; Sämling von „Prinzenapfel", vor 1890 entstanden; in Oberösterreich selten

Baum

Wuchs: schwach, später mittelstark; Krone auf Sämling kugelig mit hängenden Ästen

Sonstige Eigenschaften: gering anfällig für Krebs; auch für Höhenlagen

Erntereife

Ende September

Genussreife

Oktober bis November (Dezember)

Verwendung

Küche, Saft

Frucht

- **Fruchtmuster:** ca. 25-jähriger Halbstamm auf Sämling, Gemeinde Kaltenberg
- **Größe:** sehr groß; 81–99 mm hoch, 85–97 mm breit, 247–348 g schwer
- **Form:** walzenförmig, fassförmig; mittelbauchig; meist gleichhälftig; Querschnitt rundlich; Relief kelchrippig, teils rippig 1/3
- **Schale:** glatt, matt glänzend, mitteldick, zäh; Grundfarbe hell grünlich gelb bis hellgelb; Deckfarbe orangerot marmoriert, darüber rot gefleckt bis diffus geflammt, Deckungsgrad 50–90 %; Lentizellen nicht auffällig
- **Stielbucht:** mitteltief, mittelbreit, seltener eng, langstrahlig hell grünlich grau bis graubraun langstrahlig berostet; Rand gering feinrippig
- **Stiel:** kurz, teils mittellang, 9–17 mm, dünn bis mitteldick, holzig, grünlich grau bis graubraun
- **Kelchbucht:** mitteltief, mittelbreit, faltig bis gerippt; Rand grobrippig
- **Kelch:** mittelgroß bis groß, geschlossen bis halb offen; Blättchen aufrecht, zusammengeneigt, mittellang, schmal, hellgrün, an der Basis teils getrennt; Spitzen mittellang zurückgebogen
- **Kelchhöhle:** groß, stumpfkegelförmig
- **Kerngehäuse:** sehr groß, mittelständig; Achse breit hohl; Kammern groß, ganz offen; Wände sichelförmig, stark ausgeblüht gerissen; viele Kerne, mittelgroß, länglich oval, lang zugespitzt, braun, mittelgut bis schlecht ausgebildet
- **Gefäßbündel im Fruchtlängsschnitt:** hoch zwiebelförmig
- **Fleisch:** weißlich; weich, mittelfeinzellig, saftig, bald mürbe; mild süß-säuerlich, nicht gewürzt;
- **Zuckergehalt:** 8,6–9,9° KMW; 42–48° Oechsle; 9,9–11,3° Brix

Dülmener Rosenapfel

Verwechslersorten: Gravensteiner, Geflammter Kardinal, James Grieve

Synonyme, Herkunft, Verbreitung

Sämling von „Gravensteiner“, um 1870 in Dülmen (Westfalen, Deutschland) aufgefunden; in Oberösterreich seltener anzutreffen

Baum

Wuchs: mittelstark; Krone auf Sämling kugelig bis breit ausladend

Sonstige Eigenschaften: gering anfällig für Schorf und Mehltau; auch für Höhenlagen

Erntereife

ab Mitte September

Genussreife

Mitte September bis November

Verwendung

Tafel, Küche, Saft

Frucht

- **Fruchtmuster:** ca. 10-jährige Spindel auf M26, Gemeinde Ohlsdorf
- **Größe:** groß; 65–75 mm hoch, 84–93 mm breit, 181–254 g schwer
- **Form:** flach kugelig, teils kugelig; mittelbauchig; meist ungleichhälftig; Querschnitt meist unregelmäßig rund; Relief glatt, teils flach kantig, kelchrippig
- **Schale:** glatt, matt glänzend, später fettig, mitteldick, zäh; Grundfarbe hell grünlich gelb bis hellgelb; Deckfarbe orangerot bis rot, diffus bis gestrichelt gestreift, oft geflammt, Deckungsgrad 30–60 %; Lentizellen nicht auffällig
- **Stielbucht:** mitteltief, mittelbreit, teils strahlig graubraun berostet; Rand glatt
- **Stiel:** kurz, 5–11 mm, mitteldick, holzig, graugrün
- **Kelchbucht:** tief, teils mitteltief, mittelbreit bis eng, unregelmäßig; Rand grobrippig
- **Kelch:** klein bis mittelgroß, meist geschlossen, teils halb offen; Blättchen aufrecht, meist kurz, hellgrün, an der Basis vereint; Spitzen mittellang zurückgebogen
- **Kelchhöhle:** groß, meist typisch trichterförmig mit breiter langer Röhre, teils bis Kernhaus
- **Kerngehäuse:** mittelgroß, mittelständig; Achse hohl; Kammern mittelgroß, meist offen; Wände bohnenförmig, mittelstark gerissen; viele Kerne, mittelgroß, länglich oval, braun, mittelgut ausgebildet
- **Gefäßbündel im Fruchtlängsschnitt:** zwiebelförmig
- **Fleisch:** gelblich weiß; mittelfest, mittelfeinzellig, sehr saftig; angenehm säuerlich-süß, gering gewürzt
- **Zuckergehalt:** 10,7–11,5° KMW; 52–56° Oechsle; 12,2–13,2° Brix

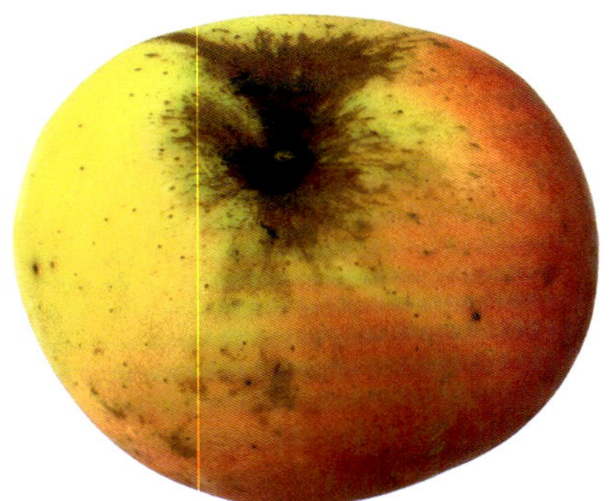

Edelrambour von Winnitza

Synonyme, Herkunft, Verbreitung

„Großer Taffetapfel“ und „Kaiserapfel“ im Innviertel, „Herrenapfel“ im Mühlviertel; Winnitza (früher Galizien, heute Ukraine) vor 1880; verstreut in den bäuerlichen Gärten Oberösterreichs vorkommend

Baum

Wuchs: stark; Krone auf Sämling kugelig, später hoch kugelig

Sonstige Eigenschaften: robust, geringe Standortansprüche

Erntereife

Mitte bis Ende Oktober

Genussreife

Dezember bis März

Verwendung

Küche, Tafel

Frucht

- **Fruchtmuster:** ca. 25-jähriger Hochstamm auf Sämling, Gemeinde Ansfelden
- **Größe:** groß, seltener sehr groß; 61–76 mm hoch, 78–90 mm breit, 168–250 g schwer
- **Form:** flach kugelig bis kugelig, mittelbauchig; meist ungleichhälftig; Querschnitt unregelmäßig rund bis rundlich; Relief oft kelchrippig, seltener rippig 1/3–1/2
- **Schale:** glatt, matt glänzend bis glänzend, mitteldick, zäh; Grundfarbe hellgelb; Deckfarbe rot, verwaschen, seltener deckend, Deckungsgrad 30–60 %; Lentizellen zahlreich, klein, braun, mäßig auffällig; Berostung gering, flächig bis kleinfleckig, graubraun; vereinzelt Warzen
- **Stielbucht:** mitteltief, teils flach, eng bis mittelbreit, selten auch fehlend, lang- bis kurzstrahlig dunkelbraun berostet; Rand teils wulstig, teils gering grobrippig
- **Stiel:** kurz bis mittellang, 5–22 mm, mitteldick bis dick, oft fleischig knopfig, teils holzig, hellbraun
- **Kelchbucht:** mitteltief, mittelbreit, oft schiefachsig, faltig bis gerippt; Rand meist grobrippig
- **Kelch:** mittelgroß, offen bis halb offen; Blättchen aufrecht, zusammengeneigt, kurz, breit; an der Basis hellgrün, teils getrennt; Spitzen dunkelgrau
- **Kelchhöhle:** mittelgroß, spitzkegelförmig, teils trichterförmig mit dünner Röhre
- **Kerngehäuse:** mittelgroß, mittelständig; Achse gering hohl bis geschlossen; Kammern mittelgroß, geschlossen bis schlitzartig offen; Wände meist ohren- bis verkehrt rucksackförmig, glatt; viele Kerne, klein, oval, braun, mittelgut ausgebildet
- **Gefäßbündel im Fruchtlängsschnitt:** zwiebelförmig bis breit herzförmig
- **Fleisch:** cremefarben bis weißlich, mittelfest, mittelfeinzellig, mäßig saftig; mild säuerlich-süß, ohne Würze
- **Zuckergehalt:** 10,5–11,5° KMW; 51–56° Oechsle; 12,0–13,2° Brix

Eifeler Rambour

Verwechslersorte: Rheinischer Winterrambour

Synonyme, Herkunft, Verbreitung

„Winterrambour“, „Gestreifter Winterrambour“; Herkunft unbekannt, vermutlich Deutschland vor 1800; 1904 als Name festgelegt; in Oberösterreich häufig anzutreffen

Baum

Wuchs: stark; Krone auf Sämling kugelig, später hoch kugelig

Sonstige Eigenschaften: robust, geringe Standortansprüche; auch für hohe Lagen

Erntereife

Mitte bis Ende Oktober

Genussreife

Jänner bis Mai

Verwendung

Küche, Tafel, Saft

Frucht

- **Fruchtmuster:** ca. 90-jähriger Hochstamm auf Sämling, Gemeinde Obernberg/Inn
- **Größe:** groß, 63–79 mm hoch, 80–92 mm breit, 187–249 g schwer
- **Form:** breit stumpfkegelförmig, seltener kugelig, meist stielbauchig, seltener mittelbauchig; meist ungleichhälftig; Querschnitt unregelmäßig rund bis gering eckig; Relief rippig 1/3–1/2
- **Schale:** glatt, matt glänzend, mitteldick, zäh; Grundfarbe gelblich grün bis grünlich gelb; Deckfarbe rot bis braunrot breit gestreift bis geflammt, Deckungsgrad 60–90 %; Lentizellen zahlreich, klein, graubraun, nicht bis mäßig auffällig
- **Stielbucht:** mitteltief, eng bis mittelbreit; Rand glatt
- **Stiel:** kurz, 5–11 mm, mitteldick, teils holzig, teils gering fleischig, astseitig oft knopfig, braun
- **Kelchbucht:** mitteltief, mittelbreit, unregelmäßig, faltig bis gerippt; Rand stark grobrippig
- **Kelch:** groß, offen bis halb offen; Blättchen aufrecht, groß, kurz, breit; an der Basis hellgrün, meist getrennt; Spitzen grau, lang zurückgebogen
- **Kelchhöhle:** groß, breit kegelförmig
- **Kerngehäuse:** mittelgroß, meist gering stielständig; Achse gering hohl; Kammern mittelgroß, schlitzartig offen; Wände meist bogen- bis breit sichelförmig, stark ausgeblüht gerissen; viele Kerne, klein, länglich oval, braun, gut ausgebildet
- **Gefäßbündel im Fruchtlängsschnitt:** herzförmig
- **Fleisch:** hell grünlich weiß, fest, mittelfeinzellig, saftig, säuerlich-süß, ohne Würze
- **Zuckergehalt:** 10,9–12,3° KMW; 53–60° Oechsle; 12,5–14,1° Brix

Elstar

Synonyme, Herkunft, Verbreitung

Holland 1955, Kreuzung aus „Golden Delicious“ x „Ingrid Marie“, seit 1975 im Handel; in Oberösterreich primär im Plantagenobstbau vertreten

Baum

Wuchs: mittelstark bis stark; Krone auf Sämling kugelig, später hoch kugelig
Sonstige Eigenschaften: robust, geringe Standortansprüche

Erntereife

Anfang bis Mitte Oktober

Genussreife

Oktober bis Dezember

Verwendung

Tafel, Küche

Frucht

- **Fruchtmuster:** 10-jährige Spindel auf M26, Gemeinde Ohlsdorf
- **Größe:** mittelgroß bis groß; 57–63 mm hoch, 68–75 mm breit, 123–159 g schwer
- **Form:** kugelig, teils kurz stumpfkegelförmig, mittel- bis schwach stielbauchig, meist gleichhälftig; Querschnitt rund bis rundlich; Relief glatt
- **Schale:** glatt, glänzend, dünn bis mitteldick, mäßig zäh; Grundfarbe gelbgrün bis grünlich gelb; Deckfarbe rot, verwaschen, teils diffus gestreift, teils deckend, Deckungsgrad 30–50 %; Lentizellen zahlreich, klein, grau, grünlich bis rötlich umhoft, auffällig; Berostung gering, punktförmig bis kleinfleckig, hellbraun
- **Stielbucht:** mitteltief bis tief, mittelbreit, oft grün, kurz- bis langstrahlig durchscheinend grau berostet; Rand glatt
- **Stiel:** mittellang, 15–26 mm, mitteldick, holzig, hellbraun bis hellgrün
- **Kelchbucht:** mitteltief, eng, teils mittelbreit, gering faltig; Rand glatt, teils gering grobrippig
- **Kelch:** mittelgroß, teils halb offen, teils geschlossen; Blättchen aufrecht, schmal, lang, hellgrün, an der Basis vereint; Spitzen teils grau, kurz zurückgebogen
- **Kelchhöhle:** mittelgroß, kegelförmig, teils trichterförmig mit langer mittelbreiter Röhre
- **Kerngehäuse:** mittelgroß, mittelständig; Achse gering hohl; Kammern klein, geschlossen bis schlitzartig offen; Wände bogen- bis verkehrt rucksackförmig, mittelstark gerissen; viele Kerne, mittelgroß, länglich oval, braun, schlecht bis mittelgut ausgebildet
- **Gefäßbündel im Fruchtlängsschnitt:** zwiebelförmig
- **Fleisch:** cremefarben, mittelfest, feinzellig, sehr saftig; angenehm säuerlich-süß, gering gewürzt
- **Zuckergehalt:** 10,5–11,5° KMW; 51–56° Oechsle; 12,0–13,2° Brix

Englische Spitalrenette

Synonyme, Herkunft, Verbreitung

vor 1800 in Syke-House (England) aufgefunden; in Oberösterreich selten anzutreffen

Baum

Wuchs: mittelstark bis stark; Krone auf Sämling kugelig, später hoch kugelig

Sonstige Eigenschaften: relativ robust, auch für höhere Lagen

Erntereife

Anfang bis Mitte Oktober

Genussreife

November bis März

Verwendung

Tafel, Küche

Frucht

- **Fruchtmuster:** 10-jähriger Halbstamm auf Sämling, Gemeinde Unterweitersdorf
- **Größe:** klein bis mittelgroß; 45–54 mm hoch, 58–65 mm breit, 80–108 g schwer
- **Form:** flach kugelig, mittelbauchig, teils ungleichhälftig; Querschnitt rund; Relief glatt
- **Schale:** feinrau, partiell glatt und matt glänzend, mitteldick, mittelzäh; Grundfarbe gelb; Deckfarbe orange, verwaschen, Deckungsgrad 0–10 %; Lentizellen zahlreich, mittelgroß, erhaben, grau, auffällig; Berostung stark, netzartig, flächig, zimtbraun
- **Stielbucht:** mitteltief, eng bis mittelbreit, flächig zimtbraun berostet; Rand glatt
- **Stiel:** kurz bis mittellang, 11–18 mm, meist dünn, holzig, grünlich grau bis graubraun
- **Kelchbucht:** mitteltief, mittelbreit, gering faltig, meist flächig zimtbraun berostet; Rand glatt
- **Kelch:** klein, geschlossen, teils halb offen; Blättchen aufrecht, mittellang, an der Basis hellgrün und vereint; Spitzen grau, mittellang zurückgebogen
- **Kelchhöhle:** klein, kegelförmig
- **Kerngehäuse:** klein, mittelständig; Achse geschlossen; Kammern klein, geschlossen; Wände bogenförmig, mittelstark gerissen; viele Kerne, mittelgroß, länglich oval, braun, gut ausgebildet
- **Gefäßbündel im Fruchtlängsschnitt:** herzförmig
- **Fleisch:** gelblich weiß, mittelfest, feinzellig, saftig; angenehm säuerlich-süß, nicht bis gering gewürzt
- **Zuckergehalt:** 12,3–13,4° KMW; 60–65° Oechsle; 14,1–15,3° Brix

Erbachhofer

Verwechslersorte: Roter Trierscher Weinapfel

Synonyme, Herkunft, Verbreitung
Deutschland, Selektion aus „Roter Trierscher Weinapfel“, seit 1925 im Handel; in Oberösterreich seit etwa 1970 verstärkt ausgepflanzt

Baum
Wuchs: mittelstark; Krone auf Sämling breit pyramidal
Sonstige Eigenschaften: robust, geringe Standortansprüche

Erntereife
Mitte bis Ende Oktober

Verwendung
Saft, Most, Schnaps

Frucht

- **Fruchtmuster:** ca. 30-jähriger Hochstamm auf Sämling, Gemeinde Ansfelden
- **Größe:** klein, teils mittelgroß; 59–71 mm hoch, 53–68 mm breit, 70–127 g schwer
- **Form:** lang stumpfkegelförmig bis kegelförmig, teilweise tailliert, stielbauchig; oft etwas ungleichgleichhälftig; Querschnitt rund bis rundlich; Relief glatt
- **Schale:** glatt, glänzend, sehr dick, sehr zäh; Grundfarbe hellgelblich; Deckfarbe dunkelrot, deckend, teils marmoriert und diffus gestreift, Deckungsgrad 90–100 %; Lentizellen zahlreich, klein, hellgrau, nicht oder mäßig auffällig; Berostung gering, punktförmig bis kleinfleckig, hellbraun
- **Stielbucht:** mitteltief, eng bis mittelbreit, teils flächig bis kurzstrahlig hell graubraun berostet; Rand glatt
- **Stiel:** kurz, 6–12 mm, dünn, holzig, braun
- **Kelchbucht:** flach, teils mitteltief, eng, meist schiefachsig, gering faltig; Rand oft grobrippig
- **Kelch:** klein, geschlossen bis halb offen; Blättchen aufrecht, sehr klein, kurz, grau, an der Basis vereint; Spitzen teils kurz zurückgebogen
- **Kelchhöhle:** klein, kegelförmig, teils trichterförmig mit langer sehr dünner Röhre
- **Kerngehäuse:** mittelgroß, schwach stielständig, teils mittelständig; Achse hohl; Kammern mittelgroß, offen; Wände bogen- bis verkehrt rucksackförmig, meist glatt; viele Kerne, mittelgroß, oval bis länglich oval, dunkelbraun, mittelgut ausgebildet
- **Gefäßbündel im Fruchtlängsschnitt:** schmal herzförmig
- **Fleisch:** gelblich weiß, fest, mittelfein- bis grobzellig, sehr saftig; säuerlich-süß, gering bitter, ohne Würze
- **Zuckergehalt:** 9,1–10,7° KMW; 44–52° Oechsle; 10,4–12,2° Brix

Falchs Gulderling

Synonyme, Herkunft, Verbreitung

„Tratzberger Apfel"; Herkunft unbekannt; Mutterbaum stand ab ca. 1880 am Gut Tratzberg bei Jenbach (Tirol), von ANTON FALCH entdeckt und 1929 offiziell benannt; in Tirol stärker, in Oberösterreich gering verbreitet

Baum

Wuchs: mittelstark; Krone auf Sämling breit pyramidal
Sonstige Eigenschaften: robust, geringe Standortansprüche

Erntereife

Mitte bis Ende Oktober

Genussreife

Dezember bis April

Verwendung

Tafel, Küche

Frucht

- **Fruchtmuster:** ca. 8-jähriger Halbstamm auf Sämling, Gemeinde Ort/Innkreis
- **Größe:** groß; 59–73 mm hoch, 71–81 mm breit, 136–190 g schwer
- **Form:** meist kugelig, teils schwach stumpfkegelförmig, mittel- bis gering stielbauchig; teils etwas ungleichhälftig; Querschnitt rundlich; Relief glatt, seltener gering kelchrippig
- **Schale:** glatt, glänzend, mitteldick, mittelzäh; Grundfarbe gelblich grün bis grünlich gelb; Deckfarbe braunrot bis dunkelrot, verwaschen bis deckend, darüber teils diffus schwarzrot gestreift bis gefleckt, Deckungsgrad 90–100 %; Lentizellen zahlreich, klein, hellgrau, mäßig auffällig; Berostung gering, punktförmig, kleinfleckig, netzartig, hellbraun
- **Stielbucht:** tief, eng, oft hellgrün; teils dünn kurzstrahlig hell graugrün berostet; Rand glatt bis gering grobrippig
- **Stiel:** kurz, 5–11 mm, mitteldick, holzig, braun
- **Kelchbucht:** mitteltief, mittelbreit, faltig; teils hellbraun kurzstrahlig berostet; Rand feinrippig
- **Kelch:** klein, geschlossen; Blättchen aufrecht, zusammengeneigt, kurz, schmal, grau, an der Basis vereint; Spitzen meist kurz zurückgebogen
- **Kelchhöhle:** mittelgroß, kegelförmig, selten trichterförmig mit mittelbreiter Röhre
- **Kerngehäuse:** mittelgroß, mittelständig; Achse gering hohl; Kammern mittelgroß, geschlossen; Wände bohnenförmig, stark ausgeblüht gerissen; viele Kerne, mittelgroß, rundlich bis oval, braun, mittelgut ausgebildet
- **Gefäßbündel im Fruchtlängsschnitt:** hell gelblich grün, zwiebelförmig
- **Fleisch:** grünlich weiß bis gelblich weiß, fest, mittelfeinzellig, saftig; säuerlichsüß, ohne Würze
- **Zuckergehalt:** 10,7–11,9° KMW; 52–58° Oechsle; 12,2–13,6° Brix

Fießers Erstling

Synonyme, Herkunft, Verbreitung

Herkunft ungesichert; um 1890 vom Gärtner FIESSER (Baden-Baden, Deutschland) aufgefunden; in Oberösterreich selten

Baum

Wuchs: mittelstark; Krone auf Sämling kugelig bis hoch kugelig

Sonstige Eigenschaften: gering anfällig für Schorf, sonst relativ robust

Erntereife

Ende September bis Anfang Oktober

Genussreife

Oktober bis Jänner

Verwendung

Tafel, Küche

Frucht

- **Fruchtmuster:** ca. 25-jähriger Hochstamm auf Sämling, Gemeinde Ansfelden
- **Größe:** groß; 60–65 mm hoch, 65–74 mm breit, 107–143 g schwer
- **Form:** meist kugelig, teils stumpfkegelförmig, mittel- bis gering stielbauchig; meist gleichhälftig; Querschnitt rund; Relief glatt, teils gering kelchrippig
- **Schale:** glatt, matt glänzend, später fettig, mitteldick, zäh; Grundfarbe hell grünlich gelb bis hellgelb; Deckfarbe orangerot bis rot verwaschen, darüber teils dunkler rot gestreift, Deckungsgrad 70–90 %; Lentizellen zahlreich, klein, hellbraun, teils rötlich umhoft, mäßig auffällig
- **Stielbucht:** tief, eng; langstrahlig hellbraun berostet; Rand meist grobrippig
- **Stiel:** sehr kurz, 4–7 mm, mitteldick, holzig, teils gering fleischig, grünlich grau
- **Kelchbucht:** flach, eng bis mittelbreit, faltig bis gerippt; Rand feinrippig
- **Kelch:** mittelgroß, geschlossen; Blättchen aufrecht, lang, schmal, graugrün, an der Basis vereint; Spitzen graubraun, lang zurückgebogen
- **Kelchhöhle:** mittelgroß, stumpfkegelförmig, selten trichterförmig mit mittelbreiter Röhre
- **Kerngehäuse:** groß, mittelständig; Achse meist geschlossen; Kammern groß, geschlossen; Wände rucksackförmig, mittelstark gerissen; viele Kerne, klein, oval bis länglich oval, teils zugespitzt, braun, gut ausgebildet
- **Gefäßbündel im Fruchtlängsschnitt:** herzförmig
- **Fleisch:** cremefarben bis gelblich weiß, fest, mittelfeinzellig, saftig; säuerlich-süß, gering gewürzt
- **Zuckergehalt:** 11,9–13,2° KMW; 58–64° Oechsle; 13,6–15,1° Brix

Florianer Rosmarin

Synonyme, Herkunft, Verbreitung

„Rosmarie"; wahrscheinlich vor 1860 in St. Florian bei Linz entstanden; früher stark in dieser Region verbreitet, leider seltener geworden

Baum

Wuchs: mittelstark bis stark; Krone auf Sämling kugelig, später hoch kugelig

Sonstige Eigenschaften: robust (feuerbrandtolerant), geringe Standortansprüche

Erntereife

Ende September bis Anfang Oktober

Genussreife

Oktober bis November

Verwendung

Universalapfel für Saft, Most, Küche und Tafel

Frucht

- **Fruchtmuster:** ca. 50-jähriger Hochstamm auf Sämling, Gemeinde St. Florian bei Linz
- **Größe:** mittelgroß; 54–58 mm hoch, 68–73 mm breit, 108–125 g schwer
- **Form:** flach kugelig, teils plattrund, mittelbauchig, teils ungleichhälftig; Querschnitt meist rund; Relief gering kelchrippig, seltener rippig 1/3–1/2; gehäuft 1–3 vertikale Bauchnähte
- **Schale:** glatt, glänzend, teils dünn hellblau bereift, später etwas fettig, mitteldick, mittelzäh; Grundfarbe hellgelb; Deckfarbe hell orangerot bis hellrot verwaschen, darüber dunkler rot diffus gestreift bis gefleckt, Deckungsgrad 70–100 %; Lentizellen wenige, klein, hellbraun, mäßig auffällig
- **Stielbucht:** sehr tief, mittelbreit, oft kurzstrahlig hell graubraun berostet; Rand gering feinrippig
- **Stiel:** mittellang, 11–18 mm, dünn, holzig, graugrün bis hell graubraun
- **Kelchbucht:** mitteltief bis flach, mittelweit bis eng, faltig bis gerippt; Rand feinrippig
- **Kelch:** klein, geschlossen; Blättchen aufrecht, zusammengeneigt, mittellang, schmal, graugrün, bis graubraun, an der Basis vereint
- **Kelchhöhle:** mittelgroß, kegelförmig
- **Kerngehäuse:** mittelgroß, mittelständig; Achse gering hohl; Kammern mittelgroß, schlitzartig offen; Wände bogen- bis bohnenförmig, gering gerissen, hellgrün; viele Kerne, groß, länglich oval, dunkelbraun, gut ausgebildet
- **Gefäßbündel im Fruchtlängsschnitt:** hellgrün, zwiebelförmig
- **Fleisch:** cremefarben, vollreif oft rötlich von den Gefäßbündeln bis zum Schalenrand, weich, mittelfeinzellig, saftig; angenehm säuerlich-süß, ohne Würze
- **Zuckergehalt:** 10,3–11,3° KMW; 50–55° Oechsle; 11,8–12,9° Brix

Freiherr von Berlepsch

Synonyme, Herkunft, Verbreitung

„Goldrenette Freiherr von Berlepsch“; Kreuzung „Ananas-Renette“ x „Ribston Pepping“; 1880 von DIETER UHLHORN in Grevenbroich gezüchtet; in Oberösterreich häufig anzutreffen

Baum

Wuchs: stark bis mittelstark; Krone auf Sämling pyramidal bis kugelig

Sonstige Eigenschaften: anfällig für Krebs, Mehltau, Schorf, Kragenfäule

Erntereife

Anfang bis Mitte Oktober

Genussreife

Oktober bis März

Verwendung

Tafel, Küche

Frucht

- **Fruchtmuster:** ca. 50-jährige Hecke auf M7, Gemeinde Obernberg/Inn
- **Größe:** mittelgroß, teils klein; 48–59 mm hoch, 61–75 mm breit, 88–143 g schwer
- **Form:** flach kugelig, mittelbauchig; meist gleichhälftig; Querschnitt rund; Relief kelchrippig bis rippig 1/4
- **Schale:** glatt, trocken; mitteldick, mittelzäh; Grundfarbe gelb; Deckfarbe orange bis rotorange, marmoriert, darüber teils diffus rot gestreift bis gefleckt; Deckungsgrad 70–100 %; Lentizellen nicht auffällig; Beroostung gering, netzartig bis punktförmig, grau
- **Stielbucht:** tief, eng bis mittelbreit; kurzstrahlig graubraun berostet; Rand glatt
- **Stiel:** kurz bis mittellang, 11–18 mm, dünn, astseitig teils knopfig, holzig, graugrün bis grünlich grau
- **Kelchbucht:** mitteltief, mittelbreit, faltig bis gerippt; Rand grobrippig
- **Kelch:** klein, geschlossen bis halb offen; Blättchen zusammengeneigt, kurz bis mittellang, schmal, hellgrün, an der Basis vereint; Spitzen teils grau
- **Kelchhöhle:** mittelgroß, stumpf kegelförmig, teils trichterförmig mit breiter Röhre
- **Kerngehäuse:** klein, mittelständig; Achse hohl; Kammern klein, geschlossen, teils schlitzartig offen; Wände breit bohnenförmig, mittelstark gerissen; viele Kerne, klein, länglich oval, braun, gut ausgebildet
- **Gefäßbündel im Fruchtlängsschnitt:** zwiebelförmig
- **Fleisch:** gelblich weiß bis hellgelblich, mittelfest, mittelfeinzellig, saftig; angenehm säuerlich-süß, mittelstark gewürzt
- **Zuckergehalt:** 10,3–11,5° KMW; 50–56° Oechsle; 11,8–13,2° Brix

Gala

Synonyme, Herkunft, Verbreitung

Neuseeland 1934, Kreuzung aus „Kidds Orange“ x „Golden Delicious“, seit 1960 im Handel; in Oberösterreich primär in den Obstplantagen, teils in Hausgärten, mehrere Mutanten im Handel

Baum

Wuchs: mittelstark; Krone auf Sämling pyramidal bis kugelig

Sonstige Eigenschaften: anfällig für Schorf und Krebs, benötigt wärmere Standorte

Erntereife

Mitte September bis Anfang Oktober

Genussreife

Oktober bis Dezember

Verwendung

Tafel, Küche

Frucht

- **Fruchtmuster:** ca. 30-jährige Spindel auf M9, Gemeinde Leonding
- **Größe:** mittelgroß; 58–64 mm hoch, 65–72 mm breit, 119–156 g schwer
- **Form:** kugelig, mittelbauchig; teils gering ungleichhälftig; Querschnitt rund; Relief glatt, teils gering kelchrippig
- **Schale:** glatt, matt glänzend, dünn, mittelzäh; Grundfarbe hellgelb; Deckfarbe orangerot bis rot, marmoriert, teils diffus gestreift, Deckungsgrad 80–100 %; Lentizellen zahlreich, mittelgroß, hellgrau, auffällig; Berostung gering, punktförmig, hell grünlich grau
- **Stielbucht:** tief, eng bis mittelbreit; teils kurz- bis langstrahlig graubraun berostet; Rand glatt
- **Stiel:** lang, teils mittellang, 21–32 mm, dünn bis mitteldick, holzig, hellgrün bis hellbraun
- **Kelchbucht:** mitteltief, mittelbreit, faltig bis gerippt; Rand fein- bis grobrippig
- **Kelch:** mittelgroß, geschlossen; Blättchen aufrecht, lanzettlich, lang, hellgrün; an der Basis teils getrennt; Spitzen teils grau, lang zurückgebogen
- **Kelchhöhle:** mittelgroß, kegel- bis stumpfkegelförmig, teils trichterförmig mit mittelbreiter Röhre
- **Kerngehäuse:** mittelgroß, mittelständig; Achse hohl; Kammern mittelgroß, offen; Wände rucksackförmig, stark gerissen; viele Kerne, mittelgroß, länglich oval, dunkelbraun, meist schlecht ausgebildet
- **Gefäßbündel im Fruchtlängsschnitt:** herzförmig
- **Fleisch:** hellgelblich, mittelfest, mittelfein- bis feinzellig, sehr saftig; angenehm säuerlich-süß, gering bis mittelstark gewürzt, wenig Säure
- **Zuckergehalt:** 10,5–11,3° KMW; 51–55° Oechsle; 12,0–12,9° Brix

Galloway Pepping

Verwechslersorten: Fromms Renette, Landsberger Renette, Oberdiecks Renette

Synonyme, Herkunft, Verbreitung

„Galloway Pippin"; vor 1871 in Wigtown, Galloway (Südwest-Schottland) aufgefunden; in Oberösterreich verstreut vorkommend

Baum

Wuchs: stark; Krone auf Sämling kugelig bis breit kugelig

Sonstige Eigenschaften: tolerant gegenüber Schorf, Mehltau, Krebs; für raue Lagen

Erntereife

Mitte bis Ende Oktober

Genussreife

November bis März

Verwendung

Tafel, Küche

Frucht

- **Fruchtmuster:** ca. 25-jähriger Hochstamm auf Sämling, Gemeinde Ansfelden
- **Größe:** mittelgroß, teils groß; 57–68 mm hoch, 72–86 mm breit, 136–209 g schwer
- **Form:** flach kugelig, mittelbauchig; meist gleichhälftig; Querschnitt rund bis rundlich; Relief glatt
- **Schale:** glatt, matt glänzend, mitteldick, mittelzäh; Grundfarbe grünlich gelb bis hellgelb; Deckfarbe hellrot verwaschen, Deckungsgrad 0–20 %; Lentizellen zahlreich, groß, grau, oft sternförmig, stark auffällig; teils Warzen
- **Stielbucht:** mitteltief, eng bis mittelbreit, oft hellgrün, teils durchscheinend kurzstrahlig hell graubraun berostet; Rand glatt
- **Stiel:** sehr kurz bis kurz, 4–10 mm, dick bis mitteldick, oft fleischig knopfig, hellbraun
- **Kelchbucht:** flach, eng bis mittelbreit, schüsselförmig; Rand glatt bis gering grobrippig
- **Kelch:** groß, meist offen; Blättchen zusammengeneigt, schmal, mittellang, an der Basis hellgrün und getrennt; Spitzen grau, lang zurückgebogen
- **Kelchhöhle:** mittelgroß, kegelförmig
- **Kerngehäuse:** klein, mittelständig; Achse geschlossen bis gering hohl; Kammern klein, geschlossen; Wände verkehrt rucksack- bis ohrenförmig, glatt; wenige Kerne, mittelgroß, länglich oval, teils lang zugespitzt, dunkelbraun, mittelgut bis schlecht ausgebildet
- **Gefäßbündel im Fruchtlängsschnitt:** zwiebelförmig
- **Fleisch:** cremefarben, mittelfest, später mürbe, mittelfeinzellig, mäßig saftig; süß-säuerlich, ohne Würze
- **Zuckergehalt:** 9,9–10,9° KMW; 48–53° Oechsle; 11,3–12,5° Brix

Geflammter Kardinal

Verwechslersorten: Gravensteiner, Dülmener Rosenapfel

Synonyme, Herkunft, Verbreitung

„Bischofsmütze“, „Pfaffenkapperl“; Deutschland vor 1800; in Oberösterreich verstreut in den bäuerlichen Obstgärten

Baum

Wuchs: stark; Krone auf Sämling flach kugelig

Sonstige Eigenschaften: robust, geringe Standortansprüche; für raue Lagen

Erntereife

Mitte September

Genussreife

Oktober bis Dezember

Verwendung

Tafel, Küche

Frucht

- **Fruchtmuster:** ca. 60-jähriger Hochstamm auf Sämling, Gemeinde Oberranna
- **Größe:** mittelgroß, teils groß; 64–74 mm hoch, 66–85 mm breit, 101–198 g schwer
- **Form:** stark variabel, kugelig, teils fassförmig, mittelbauchig bis schwach stielbauchig; stark ungleichhälftig; Querschnitt eckig (teils dreieckig) bis unregelmäßig rund; Relief flach gerippt bis kantig
- **Schale:** glatt, glänzend, bald fettig, mitteldick, zäh; Grundfarbe hellgelb; Deckfarbe rot, gestreift bis geflammt, sonnseitig teils verwaschen bis schwach deckend, Deckungsgrad 60–80 %; Lentizellen zahlreich, klein, hellbraun, mäßig auffällig; vereinzelt Warzen
- **Stielbucht:** mitteltief, eng, durch Fleischwulst meist eingeengt; teils kurzstrahlig hellbraun berostet; Rand typisch stark höckrig (meist 3 Höcker)
- **Stiel:** kurz, 5–11 mm, mitteldick bis dick, holzig, teils fleischig, braun
- **Kelchbucht:** flach bis mitteltief, eng, teils dreieckig; Rand wulstig bis grobrippig
- **Kelch:** mittelgroß, geschlossen; Blättchen aufrecht, zusammengeneigt, mittellang, an der Basis hellgrün und vereint; Spitzen dunkelgrau, kurz zurückgebogen
- **Kelchhöhle:** groß, lang kegelförmig
- **Kerngehäuse:** groß, mittelständig; Achse hohl; Kammern groß, offen; Wände breit sichelförmig, mittelstark gerissen; wenige Kerne, mittelgroß, länglich oval, teils lang zugespitzt, braun, schlecht ausgebildet
- **Gefäßbündel im Fruchtlängsschnitt:** hoch zwiebelförmig
- **Fleisch:** cremefarben, mittelfest, mittelfeinzellig, mäßig saftig; säuerlich-süß, ohne Würze
- **Zuckergehalt:** 10,3–11,3° KMW; 50–55° Oechsle; 11,8–12,9° Brix

Geheimrat Dr. Oldenburg

Verwechslersorte: Goldparmäne

Synonyme, Herkunft, Verbreitung

„Oldenburg"; Deutschland 1897, Kreuzung „Minister von Hammerstein" x „Baumanns Renette"; in Oberösterreich stark verbreitet

Baum

Wuchs: mittelstark; Krone auf Sämling pyramidal

Sonstige Eigenschaften: frostempfindlich, anfällig für Schorf und Mehltau

Erntereife

Mitte bis Ende September

Genussreife

Mitte September bis Dezember

Verwendung

Tafel, Küche

Frucht

- **Fruchtmuster:** ca. 45-jähriger Hochstamm auf Sämling, Gemeinde Engerwitzdorf
- **Größe:** mittelgroß; 63–73 mm hoch, 67–77 mm breit, 127–187 g schwer
- **Form:** lang-stumpfkegelförmig, meist schwach stielbauchig, etwas ungleichhälftig; Querschnitt rundlich; Relief glatt
- **Schale:** glatt, matt glänzend, bald fettig, mitteldick, mittelzäh; mittelstark duftend; Grundfarbe hellgelb bis gelb; Deckfarbe orangerot, marmoriert, darüber etwas dunkler rot breit diffus gestreift bis gefleckt, Deckungsgrad 70–90 %; Lentizellen nicht auffällig
- **Stielbucht:** tief bis mitteltief, mittelbreit, oft hellgrün; teils dünn flächig bis kurzstrahlig grünlich grau berostet; Rand glatt, teils schwach grobrippig
- **Stiel:** mittellang, 16–27 mm, dünn bis mitteldick, holzig, braun
- **Kelchbucht:** flach, teils mitteltief, mittelbreit, teils schiefachsig, faltig; Rand schwach grobrippig
- **Kelch:** mittelgroß, halb offen bis geschlossen; Blättchen aufrecht, zusammengeneigt, mittellang, an der Basis hellgrün und vereint; Spitzen grau, teils kurz zurückgebogen
- **Kelchhöhle:** klein, kegelförmig
- **Kerngehäuse:** mittelgroß, mittelständig; Achse hohl; Kammern mittelgroß, meist schlitzartig offen; Wände bohnen- bis breit sichelförmig, stark gerissen; wenige Kerne, mittelgroß, länglich oval, oft lang zugespitzt, braun, gut ausgebildet
- **Gefäßbündel im Fruchtlängsschnitt:** herz- bis hoch zwiebelförmig
- **Fleisch:** cremefarben bis gelblich weiß, mittelfest, fein- bis mittelfeinzellig, saftig; angenehm säuerlich-süß, gering gewürzt
- **Zuckergehalt:** 10,3–11,1° KMW; 50–54° Oechsle; 11,8–12,7° Brix

Geistapfel

Synonyme, Herkunft, Verbreitung

Herkunft unbekannt; im Bezirk Grieskirchen, speziell in Natternbach und Umgebung früher häufiger, jetzt seltener vorkommend

Baum

Wuchs: mittelstark; Krone auf Sämling breit kugelig
Sonstige Eigenschaften: relativ robust gegenüber Krankheiten; auch für rauere Lagen

Erntereife

Ende September bis Anfang Oktober

Genussreife

Oktober bis Dezember

Verwendung

Tafel, Küche

Frucht

- **Fruchtmuster:** ca. 60-jähriger Hochstamm auf Sämling, Gemeinde Natternbach
- **Größe:** mittelgroß; 53–70 mm hoch, 58–70 mm breit, 81–121 g schwer
- **Form:** stumpfkegelförmig, selten kugelig bis fassförmig, schwach stiel- bis mittelbauchig, meist gleichhälftig; Querschnitt rundlich; Relief glatt, teils schwach kelchrippig
- **Schale:** glatt, glänzend, teils dünn hellblau bis weißlich bereift, mitteldick, mittelzäh; Grundfarbe grünlich gelb bis gelb; Deckfarbe rot bis orangerot, verwaschen bis gering deckend, teils diffus gestreift, Deckungsgrad 30–60 %; Lentizellen meist wenige, klein, hellgrau, wenig auffällig; teils Warzen
- **Stielbucht:** sehr tief, eng bis mittelbreit; teils kurzstrahlig dünn hellgrau berostet; Rand glatt
- **Stiel:** kurz bis mittellang, 12–17 mm, dünn bis mitteldick, holzig, graugrün
- **Kelchbucht:** mitteltief, eng bis mittelbreit, faltig bis gerippt; Rand oft schwach grobrippig
- **Kelch:** mittelgroß, halb offen bis geschlossen; Blättchen aufrecht, lang, schmal, grün, an der Basis teils getrennt; Spitzen graubraun, teils mittellang zurückgebogen
- **Kelchhöhle:** klein, kegelförmig, teils trichterförmig mit mittelbreiter bis breiter Röhre
- **Kerngehäuse:** klein, mittelständig; Achse gering hohl; Kammern klein, geschlossen; Wände bogenförmig, gering gerissen; wenige Kerne, mittelgroß, oval bis länglich oval, teils kurz zugespitzt, braun, gut ausgebildet
- **Gefäßbündel im Fruchtlängsschnitt:** herz- bis zwiebelförmig
- **Fleisch:** cremefarben bis gelblich weiß, weich, locker, mittelfeinzellig, saftig bis mäßig saftig; säuerlich-süß, ohne Würze
- **Zuckergehalt:** 9,9–10,9° KMW; 48–53° Oechsle; 11,3–12,5° Brix

Gelber Bellefleur

Synonyme, Herkunft, Verbreitung

„Yellow Bellflower"; Burlington, New Jersey (USA) vor 1800; in Oberösterreich mittelstark verbreitet

Baum

Wuchs: stark; Krone auf Sämling kugelig, bald hoch kugelig

Sonstige Eigenschaften: frosttolerant; anfällig für Schorf, Mehltau, Krebs

Erntereife

Mitte bis Ende Oktober

Genussreife

November bis März

Verwendung

Tafel, Küche

Frucht

- **Fruchtmuster:** ca. 26-jähriger Viertelstamm auf Sämling, Gemeinde Gallneukirchen
- **Größe:** mittelgroß bis groß; 68–75 mm hoch, 69–78 mm breit, 138–185 g schwer
- **Form:** stark variabel, lang-stumpfkegelförmig, hoch kugelig, fassförmig, kelchwärts stärker verjüngt, meist stielbauchig, oft ungleichhälftig; Querschnitt rundlich, teils schwach eckig; Relief flachkantig, kelchrippig
- **Schale:** glatt, matt glänzend, trocken, mitteldick, zäh; Grundfarbe grünlich gelb, später hellgelb bis gelb; Deckfarbe orangerot bis rot, verwaschen, teils partiell breit diffus gestreift, Deckungsgrad 10–50 %; Lentizellen zahlreich, groß, graubraun, typisch breit rot umhoft, stark auffällig
- **Stielbucht:** tief bis mitteltief, mittelbreit, seltener durch Wulst eingeengt; dünn langstrahlig graubraun berostet; Rand oft gering grobrippig
- **Stiel:** mittellang, 15–28 mm, mitteldick, holzig, seltener gering fleischig, graubraun
- **Kelchbucht:** mitteltief, teils flach, eng, gerippt; Rand grobrippig
- **Kelch:** mittelgroß, geschlossen; Blättchen aufrecht, mittellang bis lang, schmal, an der Basis hellgrün und vereint; Spitzen grau, teils kurz zurückgebogen
- **Kelchhöhle:** groß, trichterförmig mit mittelbreiter langer Röhre
- **Kerngehäuse:** mittelgroß, mittelständig; Achse hohl; Kammern mittelgroß, geschlossen bis schlitzartig offen; Wände bogen- bis verkehrt rucksackförmig, stark ausgeblüht gerissen; wenige Kerne, groß, länglich oval, teils lang zugespitzt, braun, mittelgut ausgebildet
- **Gefäßbündel im Fruchtlängsschnitt:** herzförmig
- **Fleisch:** cremefarben bis gelblich weiß, mittelfest, mittelfeinzellig, saftig; angenehm süß-säuerlich, gering gewürzt
- **Zuckergehalt:** 11,7–14,0° KMW; 57–68° Oechsle; 13,4–16,0° Brix

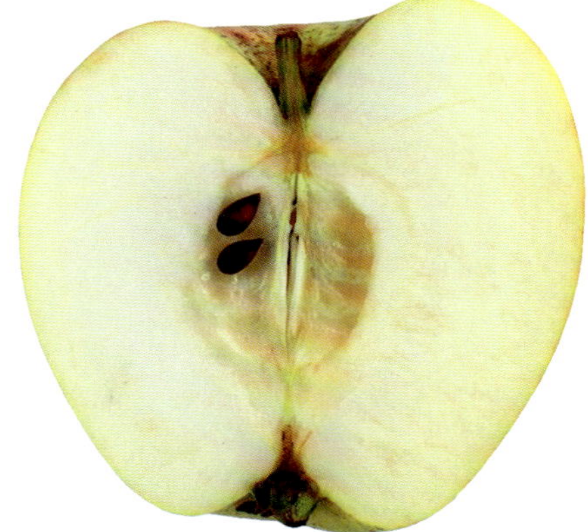

Gelber Richard

Verwechslersorte: Odenwälder

Synonyme, Herkunft, Verbreitung

„Grand Richard"; vermutlich vor 1800 in Körchow (Mecklenburg, Deutschland) entstanden; in Oberösterreich selten

Baum

Wuchs: stark; Krone auf Sämling breit kugelig

Sonstige Eigenschaften: anfällig für Schorf, Krebs

Erntereife

Anfang bis Mitte Oktober

Genussreife

November bis Februar

Verwendung

Tafel, Küche

Frucht

- **Fruchtmuster:** ca. 40-jähriger Hochstamm auf Sämling, Gemeinde Prambachkirchen
- **Größe:** mittelgroß; 62–76 mm hoch, 72–81 mm breit, 147–200 g schwer
- **Form:** stumpfkegelförmig, stielbauchig, teils gering ungleichhälftig; Querschnitt rundlich; Relief glatt
- **Schale:** glatt, matt glänzend, mitteldick, mittelzäh; Grundfarbe hellgelb bis gelb; Deckfarbe hell orange bis hell rötlich, verwaschen bis gefleckt, Deckungsgrad 0–40 %; Lentizellen zahlreich, klein, hellgrau, teils grünlich umhoft, auffällig
- **Stielbucht:** mitteltief bis tief, mittelbreit bis breit; meist hellbraun kurz- bis langstrahlig berostet; Rand glatt
- **Stiel:** sehr kurz, 4–11 mm, mitteldick, holzig bis fleischig, graubraun
- **Kelchbucht:** mitteltief, eng bis mittelbreit, teils durch Wulst eingeengt; Rand grobrippig
- **Kelch:** mittelgroß, geschlossen; Blättchen aufrecht, lang, schmal, an der Basis hellgrün und teils getrennt; Spitzen grau, kurz zurückgebogen
- **Kelchhöhle:** mittelgroß, trichterförmig mit langer schmaler Röhre
- **Kerngehäuse:** mittelgroß, mittelständig; Achse hohl; Kammern mittelgroß, schlitzartig offen; Wände bohnen- bis rucksackförmig, mittelstark gerissen; wenige Kerne, mittelgroß, länglich oval, teils lang zugespitzt, braun, mittelgut ausgebildet
- **Gefäßbündel im Fruchtlängsschnitt:** zwiebelförmig
- **Fleisch:** cremefarben, mittelfest, mittelfeinzellig, saftig; angenehm säuerlich-süß, gering gewürzt
- **Zuckergehalt:** 12,8–13,6° KMW; 62–66° Oechsle; 14,6–15,5° Brix

Glockenapfel

Synonyme, Herkunft, Verbreitung

„Schweizer Glockenapfel“, „Thurgauer Glockenapfel“; wahrscheinlich Deutschland vor 1870; in Oberösterreich verstreut vorkommend

Baum

Wuchs: mittelstark; Krone auf Sämling kugelig, später breit kugelig

Sonstige Eigenschaften: frostempfindlich, teils krebs- und schorfanfällig; für bessere Standorte

Erntereife

Mitte bis Ende Oktober

Genussreife

Dezember bis März

Verwendung

Tafel, Küche

Frucht

- **Fruchtmuster:** ca. 50-jährige Hecke auf M7, Gemeinde Obernberg/Inn
- **Größe:** groß; 73–85 mm hoch, 67–79 mm breit, 145–203 g schwer
- **Form:** lang-stumpfkegelförmig bis glockenförmig, meist stielbauchig, teils ungleichhälftig; Querschnitt meist etwas eckig; Relief flach kantig, teils beulig, kelchrippig, teils rippig 1/3–2/3, teils senkrechte Bauchnähte
- **Schale:** glatt; matt glänzend, teils trocken, mitteldick, zäh; Grundfarbe grünlich gelb bis hellgelb; Deckfarbe teils fehlend, teils hellrot, verwaschen bis gefleckt, Deckungsgrad 0–40 %; Lentizellen zahlreich, klein, hell graubraun, teils rötlich umhoft, mäßig auffällig
- **Stielbucht:** tief, eng bis mittelbreit, teils dünn hell graubraun kurzstrahlig berostet; Rand glatt, teils fein- bis grobrippig
- **Stiel:** kurz bis mittellang, 11–20 mm, dünn, holzig, braun
- **Kelchbucht:** mitteltief, eng bis mittelbreit, faltig bis gerippt, oft schiefachsig; Rand gering grobrippig
- **Kelch:** mittelgroß, geschlossen bis halb offen; Blättchen aufrecht, mittellang, hellgrün, an der Basis teils getrennt; Spitzen grün bis grau, teils kurz zurückgebogen
- **Kelchhöhle:** groß, kegel- bis stumpfkegelförmig
- **Kerngehäuse:** groß, stielständig; Achse hohl; Kammern groß, meist schlitzartig offen; Wände sichel- bis bogenförmig, stark gerissen; viele Kerne, mittelgroß, länglich oval, teils kurz zugespitzt, braun, gut ausgebildet
- **Gefäßbündel im Fruchtlängsschnitt:** schmal herzförmig
- **Fleisch:** weißlich bis cremefarben, mittelfest, mittelfeinzellig, sehr saftig; angenehm säuerlich-süß, ohne Würze
- **Zuckergehalt:** 13,0–14,2° KMW; 63–69° Oechsle; 14,8–16,2° Brix

Gloster

Verwechslersorte: Red Delicious

Synonyme, Herkunft, Verbreitung

Deutschland 1951; Kreuzung „Glockenapfel“ x „Richared Delicious“, seit 1969 im Handel; in Oberösterreich mittelstark verbreitet

Baum

Wuchs: stark; Krone auf Sämling pyramidal

Sonstige Eigenschaften: frosttolerant, krebs- und schorfanfällig

Erntereife

Mitte bis Ende Oktober

Genussreife

Dezember bis Februar

Verwendung

Tafel, Küche

Frucht

- **Fruchtmuster:** ca. 50-jährige Hecke auf M7, Gemeinde Obernberg/Inn
- **Größe:** mittelgroß bis groß; 64–72 mm hoch, 66–81 mm breit, 117–196 g schwer
- **Form:** lang- stumpfkegelförmig, teils kurz-stumpfkegelförmig, meist stielbauchig, teils ungleichhälftig; Querschnitt unregelmäßig rund bis gering eckig; Relief teils flach kantig, meist kelchrippig
- **Schale:** glatt; glänzend, teils dünn hellblau bereift, mitteldick, mittelzäh; Grundfarbe gelblich grün bis grünlich gelb; Deckfarbe dunkelrot bis bläulich rot, deckend, Deckungsgrad 80–100 %, kelchseitig oft typisch fehlend; Lentizellen zahlreich, mittelgroß, hellgrau, stark auffällig; häufig Schorfflecken
- **Stielbucht:** tief, eng bis mittelbreit; grünlich grau bis grau konzentrisch bis kurzstrahlig berostet; Rand glatt
- **Stiel:** mittellang bis lang, 21–31 mm, dünn, holzig, braunrot
- **Kelchbucht:** mitteltief, mittelbreit bis eng, faltig bis gerippt; Rand grobrippig
- **Kelch:** mittelgroß, geschlossen; Blättchen aufrecht, lang, lanzettlich, an der Basis meist hellgrün und vereint; Spitzen dunkelgrau
- **Kelchhöhle:** groß, kegelförmig, selten trichterförmig mit enger Röhre
- **Kerngehäuse:** groß, schwach stiel- bis mittelständig; Achse stark hohl; Kammern groß, weit bis schlitzartig offen; Wände bohnen- bis verkehrt rucksackförmig, stark ausgeblüht gerissen; viele Kerne, groß, länglich oval, teils zugespitzt, dunkelbraun, gut ausgebildet
- **Gefäßbündel im Fruchtlängsschnitt:** hoch zwiebelförmig bis schmal herzförmig
- **Fleisch:** grünlich weiß bis cremefarben, teils gelblich weiß, mittelfest, mittelfeinzellig, sehr saftig; säuerlich-süß, ohne Würze
- **Zuckergehalt:** 9,3–10,9° KMW; 45–53° Oechsle; 10,6–12,5° Brix

Goldrenette von Blenheim

Verwechslersorten: Harberts Renette, Kaiser Wilhelm

Synonyme, Herkunft, Verbreitung

„Blenheim Orange“, „Blenheim Pippin“; um 1740 in Woodstock, Oxfordshire (England) aufgefunden; in Oberösterreich verstreut vorkommend

Baum

Wuchs: sehr stark; Krone auf Sämling pyramidal bis breit pyramidal

Sonstige Eigenschaften: frosttolerant, krebs- und schorfanfällig

Erntereife

Anfang bis Mitte Oktober

Genussreife

Oktober bis Februar

Verwendung

Tafel, Küche

Frucht

- **Fruchtmuster:** ca. 21-jähriger Hochstamm auf Sämling, Gemeinde Ansfelden
- **Größe:** groß; 55–60 mm hoch, 72–80 mm breit, 145–178 g schwer
- **Form:** flach kugelig, mittelbauchig, teils gering ungleichhälftig; Querschnitt rund bis rundlich; Relief glatt
- **Schale:** glatt, teils feinrau, trocken, teils matt glänzend, mitteldick, mittelzäh; Grundfarbe hell grünlich gelb bis hellgelb; Deckfarbe rot bis rotbraun, verwaschen bis deckend, teils gering gestreift, Deckungsgrad 60–85 %; Lentizellen zahlreich, klein, hellgrau, teils grünlich bis rötlich umhoft, gering auffällig
- **Stielbucht:** mitteltief, mittelbreit; dünn zimtbraun bis graubraun langstrahlig berostet; Rand glatt
- **Stiel:** kurz, seltener mittellang, 8–15 mm, mitteldick, holzig, rotbraun bis braunrot
- **Kelchbucht:** flach, teils mitteltief, sehr breit, schüsselförmig; Rand glatt
- **Kelch:** sehr groß, weit offen; Blättchen aufrecht, kurz, breit, hellgrün bis graubraun, an der Basis getrennt; Spitzen kurz zurückgebogen
- **Kelchhöhle:** groß, breit kegelförmig
- **Kerngehäuse:** klein, mittelständig; Achse geschlossen bis gering hohl; Kammern klein bis mittelgroß, geschlossen; Wände bogen- bis ohrenförmig, meist glatt; wenige Kerne, mittelgroß, länglich oval, dunkelbraun, mittelgut bis schlecht ausgebildet
- **Gefäßbündel im Fruchtlängsschnitt:** herzförmig
- **Fleisch:** gelblich weiß bis hellgelb, mittelfest, mittelfeinzellig, saftig; säuerlich-süß, gering gewürzt
- **Zuckergehalt:** 13,8–14,8° KMW; 67–72° Oechsle; 15,8–16,9° Brix

Graue Herbstrenette

Verwechslersorten: Damason-Renette, Coulons Renette, Schöner von Boskoop, Zabergäu-Renette

Synonyme, Herkunft, Verbreitung

„Graue Renette"; vermutlich Frankreich vor 1800; in Oberösterreich verstreut vorkommend

Baum

Wuchs: stark; Krone auf Sämling kugelig bis hoch kugelig

Sonstige Eigenschaften: krebs- und schorfanfällig

Erntereife

Ende September

Genussreife

Oktober bis Dezember (Jänner)

Verwendung

Tafel, Küche

Frucht

- **Fruchtmuster:** ca. 70-jähriger Hochstamm auf Sämling, Gemeinde Lohnsburg
- **Größe:** mittelgroß; 51–58 mm hoch, 64–71 mm breit, 96–131 g schwer
- **Form:** flach kugelig, teils kugelig, mittelbauchig, meist gleichhälftig; Querschnitt rund bis rundlich; Relief glatt
- **Schale:** feinrau, trocken, partiell matt glänzend, mitteldick, zäh; Grundfarbe grün; Deckfarbe fehlt; Berostung mittelstark bis stark, netzartig bis kleinfleckig, grau
- **Stielbucht:** mitteltief, mittelbreit; dünn langstrahlig bis flächig hellgrau bis grau berostet; Rand glatt bis gering grobrippig
- **Stiel:** mittellang, 16–22 mm, dünn, holzig, grünlich grau bis graubraun
- **Kelchbucht:** mitteltief, dünn, strahlig bis flächig grau berostet; Rand glatt
- **Kelch:** klein bis mittelgroß, geschlossen bis halb offen; Blättchen aufrecht, zusammengeneigt, kurz, grau, an der Basis teils getrennt
- **Kelchhöhle:** mittelgroß, stumpfkegelförmig
- **Kerngehäuse:** klein, mittelständig; Achse gering hohl; Kammern klein, geschlossen; Wände verkehrt rucksack- bis ohrenförmig, meist glatt, grünlich; wenige Kerne, klein, länglich oval, dunkelbraun, mittelgut bis schlecht ausgebildet
- **Gefäßbündel im Fruchtlängsschnitt:** grünlich, hoch zwiebelförmig
- **Fleisch:** grünlich weiß, mittelfest bis weich, mittelfeinzellig, saftig; erfrischend säuerlich-süß, gering gewürzt
- **Zuckergehalt:** 14,4–15,4° KMW; 70–75° Oechsle; 16,5–17,6° Brix

Gravensteiner

Verwechslersorten: Dülmener Rosenapfel, James Grieve, Geflammter Kardinal, Roter Gravensteiner

Synonyme, Herkunft, Verbreitung

„Blumenkalvill"; Herkunft unbekannt, eventuell Dänemark oder Schleswig-Holstein (Ortschaft namens Gravenstein), vor 1700 entstanden; in Oberösterreich stark verbreitet

Baum

Wuchs: sehr stark; Krone auf Sämling kugelig bis hoch kugelig

Sonstige Eigenschaften: anfällig für Krebs, Mehltau, Schorf; frostempfindlich

Erntereife

Ende August bis Anfang September

Genussreife

September bis November

Verwendung

Tafel, Küche

Frucht

- **Fruchtmuster:** ca. 50-jährige Hecke auf M7, Gemeinde Obernberg/Inn
- **Größe:** mittelgroß, teils groß, 68–78 mm hoch, 62–80 mm breit, 114–168 g schwer
- **Form:** flach kugelig bis kugelig, mittelbauchig; gering ungleichhälftig; Querschnitt rundlich bis unregelmäßig rund; Relief glatt, teils gering flach kantig bis kelchrippig
- **Schale:** glatt, glänzend, bald fettig, mitteldick, zäh, stark duftend; Grundfarbe hellgelb; Deckfarbe orangerot bis rot, geflammt bis gestreift, Deckungsgrad 50–80 %; Lentizellen nicht auffällig
- **Stielbucht:** mitteltief, eng bis mittelbreit; teils hellgrün, oft kurzstrahlig grau bis graubraun berostet; Rand gering feinrippig
- **Stiel:** sehr kurz, 5–11 mm, mitteldick, holzig, grünlich grau bis graubraun
- **Kelchbucht:** mitteltief, mittelbreit, teils faltig bis gering gerippt; Rand gering grobrippig
- **Kelch:** mittelgroß, geschlossen; Blättchen aufrecht, zusammengeneigt, mittellang, hellgrün, an der Basis hellgrün und vereint
- **Kelchhöhle:** mittelgroß, kegelförmig
- **Kerngehäuse:** mittelgroß, mittelständig; Achse gering hohl; Kammern mittelgroß, schlitzartig offen; Wände bogenförmig, glatt bis gering gerissen; wenige Kerne, mittelgroß, länglich oval, braun, schlecht ausgebildet
- **Gefäßbündel im Fruchtlängsschnitt:** zwiebelförmig
- **Fleisch:** hellgelblich bis cremefarben, mittelfest, mittelfeinzellig, saftig; angenehm säuerlich-süß, stark gewürzt
- **Zuckergehalt:** 9,9–11,1° KMW; 48–54° Oechsle; 11,3–12,7° Brix

Harberts Renette

Verwechslersorten: Goldrenette von Blenheim, Wintergoldparmäne

Synonyme, Herkunft, Verbreitung

Herkunft ungesichert, vermutlich Westfalen um 1800; ab 1830 von C. A. HARBERT in Arnsberg verbreitet; in Oberösterreich verstreut vorkommend

Baum

Wuchs: sehr stark; Krone auf Sämling kugelig bis hoch kugelig

Sonstige Eigenschaften: gering anfällig für Mehltau, Schorf

Erntereife

Ende September bis Anfang Oktober

Genussreife

Oktober bis Dezember (Jänner)

Verwendung

Tafel, Küche

Frucht

- **Fruchtmuster:** ca. 25-jähriger Hochstamm auf Sämling, Gemeinde Ansfelden
- **Größe:** mittelgroß bis groß, 57–74 mm hoch, 69–84 mm breit, 131–218 g schwer
- **Form:** kugelig, kelchwärts stärker verjüngt, seltener flach kugelig, mittelbauchig; meist gleichhälftig; Querschnitt rund bis rundlich; Relief meist glatt, teils gering kelchrippig
- **Schale:** glatt, matt glänzend, mitteldick, zäh; Grundfarbe hell grünlich gelb; Deckfarbe orangerot bis rot verwaschen bis breit diffus gestreift bis geflammt, kelchseitig meist abwesend, Deckungsgrad 50–80 %; Lentizellen mittelgroß, bräunlich, eckig, teils aufgerissen, stark auffällig
- **Stielbucht:** mitteltief, mittelbreit; meist langstrahlig hell graubraun berostet; Rand glatt
- **Stiel:** kurz, teils mittellang, 7–16 mm, mitteldick, holzig, seltener fleischig, teils astseitig knopfig
- **Kelchbucht:** mitteltief, mittelbreit, schüsselförmig, teils faltig; Rand glatt, teils gering grobrippig
- **Kelch:** mittelgroß bis groß, halb offen; Blättchen aufrecht, kurz bis mittellang, an der Basis hellgrün und teils getrennt; Spitzen grau, kurz zurückgebogen
- **Kelchhöhle:** mittelgroß, kegelförmig
- **Kerngehäuse:** mittelgroß, mittelständig; Achse hohl; Kammern mittelgroß, offen; Wände bohnen- bis breit sichelförmig, glatt bis gering gerissen; wenige Kerne, mittelgroß, länglich oval, oft lang zugespitzt, braun, meist schlecht ausgebildet
- **Gefäßbündel im Fruchtlängsschnitt:** hoch zwiebelförmig bis schmal herzförmig
- **Fleisch:** gelblich weiß, mittelfest, mittelfeinzellig, sehr saftig; angenehm säuerlich-süß, gering bis mittelstark gewürzt
- **Zuckergehalt:** 11,9–13,0° KMW; 58–63° Oechsle; 13,6–14,8° Brix

Herzogin Olga

Synonyme, Herkunft, Verbreitung

1860 in Stuttgart aus Kernen gezogen, ab 1879 im Handel; benannt nach Herzogin Olga von Württemberg; in Oberösterreich selten vorkommend

Baum

Wuchs: stark; Krone auf Sämling kugelig bis hoch kugelig

Sonstige Eigenschaften: robust

Erntereife

Ende August bis Anfang September

Genussreife

Ende August bis Mitte September

Verwendung

Tafel, Küche

Frucht

- **Fruchtmuster:** ca. 10-jährige Spindel auf M26, Gemeinde Ohlsdorf
- **Größe:** mittelgroß, 55–60 mm hoch, 65–77 mm breit, 100–151 g schwer
- **Form:** kugelig, teils flach kugelig, kelchwärts etwas verjüngt, mittel- bis gering stielbauchig; teils gering ungleichhälftig; Querschnitt rund bis rundlich; Relief meist glatt, teils gering kelchrippig
- **Schale:** glatt, glänzend, teils gering weißlich bereift, mitteldick, mittelzäh, gering bis mittelstark duftend; Grundfarbe gelbgrün, später hell grünlich gelb; Deckfarbe meist fehlend, selten hell rot angehaucht, Deckungsgrad 0–20 %; Lentizellen nicht auffällig
- **Stielbucht:** mitteltief, mittelbreit; teils kurzstrahlig hell graubraun berostet; Rand glatt
- **Stiel:** kurz bis mittellang, 10–27 mm, dünn, holzig, teils knospig, grünlich grau
- **Kelchbucht:** flach bis mitteltief, eng bis mittelbreit, schüsselförmig, faltig bis gerippt; Rand gering grobrippig
- **Kelch:** mittelgroß, geschlossen bis halb offen; Blättchen aufrecht, mittellang, schmal, zusammengeneigt, an der Basis hellgrün und teils getrennt; Spitzen grau, kurz zurückgebogen
- **Kelchhöhle:** groß, kegelförmig
- **Kerngehäuse:** mittelgroß, mittelständig; Achse gering hohl; Kammern mittelgroß, schlitzartig offen; Wände rucksackförmig, glatt bis gering ausgeblüht gerissen; viele Kerne, mittelgroß, rundlich bis breit oval, hellbraun, gut ausgebildet
- **Gefäßbündel im Fruchtlängsschnitt:** zwiebelförmig
- **Fleisch:** hell grünlich weiß, bald gelblich weiß, mittelfest, bald mürbe, mittelfeinzellig, saftig; säuerlich-süß, ohne Würze
- **Zuckergehalt:** 10,7–11,7° KMW; 52–57° Oechsle; 12,2–13,4° Brix

Heuchelheimer Schneeapfel

Synonyme, Herkunft, Verbreitung

um 1900 in Heuchelheim bei Gießen (Deutschland) aufgefunden; in Oberösterreich selten vorkommend

Baum

Wuchs: mittelstark; Krone auf Sämling kugelig bis breit kugelig

Sonstige Eigenschaften: wenig anspruchsvoll (Boden, Klima), gering schorfanfällig

Erntereife

Ende September bis Anfang Oktober

Genussreife

Oktober bis Februar

Verwendung

Tafel, Küche

Frucht

- **Fruchtmuster:** ca. 10-jährige Spindel auf M9, Gemeinde St. Lorenz
- **Größe:** groß, 60–66 mm hoch, 76–82 mm breit, 158–181 g schwer
- **Form:** flach kugelig, mittelbauchig; teils gering ungleichhälftig; Querschnitt rund bis rundlich; Relief meist glatt
- **Schale:** glatt, teils gering beulig, glänzend, bald fettig, mitteldick, mittelzäh; Grundfarbe hell grünlich weiß bis cremefarben; Deckfarbe hellrot verwaschen, gefleckt bis marmoriert und darüber etwas dunkler rot gestreift bis geflammt; Deckungsgrad 40–60 %; Lentizellen nicht auffällig
- **Stielbucht:** sehr tief, mittelbreit, teils hellgrün; Rand glatt
- **Stiel:** mittellang, 15–22 mm, dünn, holzig, graubraun
- **Kelchbucht:** mitteltief bis tief, mittelbreit, teils faltig; Rand gering grobrippig
- **Kelch:** klein bis mittelgroß, geschlossen; Blättchen aufrecht, kurz bis mittellang, zusammengeneigt, hellgrün, an der Basis vereint
- **Kelchhöhle:** groß, stumpfkegelförmig
- **Kerngehäuse:** mittelgroß, mittelständig; Achse gering hohl; Kammern mittelgroß, geschlossen; Wände bohnenförmig, mittelstark gerissen; viele Kerne, mittelgroß, länglich oval, hellbraun, mittelgut ausgebildet
- **Gefäßbündel im Fruchtlängsschnitt:** hellgrün, herzförmig
- **Fleisch:** weiß bis cremefarben, weich, mittelfeinzellig, sehr saftig; säuerlich-süß, ohne Würze
- **Zuckergehalt:** 8,8–9,9° KMW; 43–48° Oechsle; 10,2–11,3° Brix

Himbeerapfel von Holowous

Verwechslersorte: Rheinischer Krummstiel

Synonyme, Herkunft, Verbreitung

„Malinové holovouské", „Framboise de Holovousy", um 1850 von M. LEVENER in Holovousy (Tschechien) in den Handel gebracht; in Oberösterreich verstreut vorkommend

Baum

Wuchs: mittelstark; Krone auf Sämling kugelig bis breit kugelig

Sonstige Eigenschaften: wenig anspruchsvoll (Boden, Klima); auch für höhere Lagen

Erntereife

Ende September bis Anfang Oktober

Genussreife

Oktober bis Februar

Verwendung

Tafel, Küche

Frucht

- **Fruchtmuster:** ca. 20-jähriger Viertelstamm auf Sämling, Gemeinde Gallneukirchen
- **Größe:** mittelgroß, 52–65 mm hoch, 68–80 mm breit, 109–173 g schwer
- **Form:** flach kugelig, mittelbauchig; meist ungleichhälftig; Querschnitt rund bis rundlich; Relief glatt, seltener gering kelchrippig
- **Schale:** glatt, glänzend, mitteldick, mittelzäh; Grundfarbe grünlich gelb bis hellgelb; Deckfarbe rot bis braunrot, verwaschen bis deckend, teils gering gestreift, Deckungsgrad 80–100 %; Lentizellen klein, hellgrau, wenig auffällig
- **Stielbucht:** mitteltief bis flach, mittelbreit, oft durch Wulst stark eingeengt, oft kurzstrahlig graubraun berostet; Rand oft einseitig wulstig
- **Stiel:** kurz bis mittellang, 12–22 mm, durch Wulst oft stark zur Seite gedrückt, dünn, holzig, graubraun
- **Kelchbucht:** mitteltief, mittelbreit, faltig; Rand meist gering grobrippig
- **Kelch:** mittelgroß, geschlossen; Blättchen aufrecht, zusammengeneigt, mittellang, grünlich grau, an der Basis meist vereint; Spitzen halb lang zurückgebogen
- **Kelchhöhle:** klein, kegelförmig
- **Kerngehäuse:** groß, mittelständig; Achse ganz hohl; Kammern groß, offen; Wände bohnen- bis breit sichelförmig, meist glatt; viele Kerne, klein bis mittelgroß, länglich oval, dunkelbraun, gut ausgebildet
- **Gefäßbündel im Fruchtlängsschnitt:** hoch zwiebel- bis schmal herzförmig
- **Fleisch:** cremefarben, am Schalenrand rötlich, mittelfest, mittelfeinzellig, saftig; mild säuerlich-süß, gering gewürzt
- **Zuckergehalt:** 10,3–11,3° KMW; 50–55° Oechsle; 11,8–12,9° Brix

Hirschapfel

Synonyme, Herkunft, Verbreitung

Herkunft unbekannt; 1942 von LÖSCHNIG erstmals beschrieben; in den Bezirken Grieskirchen und Eferding seit mindestens 1860 verstreut vorkommend, heute selten

Baum

Wuchs: stark; Krone auf Sämling kugelig, später breit kugelig

Sonstige Eigenschaften: wenig anspruchsvoll (Boden, Klima); auch für höhere Lagen

Erntereife

Anfang bis Mitte Oktober

Genussreife

November bis April

Verwendung

Küche, Tafel

Frucht

- **Fruchtmuster:** ca. 25-jähriger Hochstamm auf Sämling, Gemeinde Ansfelden
- **Größe:** groß, 70–79 mm hoch, 81–87 mm breit, 183–230 g schwer
- **Form:** kugelig, kelchwärts stärker verjüngt, stiel- bis mittelbauchig; meist ungleichhälftig; Querschnitt rund bis rundlich; Relief glatt, teils gering kelchrippig
- **Schale:** glatt, glänzend, mitteldick, mittelzäh; Grundfarbe grünlich gelb; Deckfarbe dunkelrot deckend, teils verwaschen; Deckungsgrad 50–80 %; Lentizellen mittelgroß bis groß, hell graubraun, teils erhaben, stark auffällig
- **Stielbucht:** tief, mittelbreit, meist langstrahlig hell graubraun berostet; Rand glatt
- **Stiel:** sehr kurz bis kurz, 4–14 mm, mitteldick, holzig, hellgrün bis hell graubraun
- **Kelchbucht:** mitteltief, mittelbreit, faltig bis gerippt; Rand meist gering grobrippig
- **Kelch:** mittelgroß, geschlossen; Blättchen aufrecht, etwas zusammengeneigt, mittellang, an der Basis hellgrün und meist vereint; Spitzen grau, teils kurz zurückgebogen
- **Kelchhöhle:** mittelgroß, kegelförmig
- **Kerngehäuse:** mittelgroß bis groß, mittelständig; Achse geschlossen bis gering hohl; Kammern groß, geschlossen bis schlitzartig offen; Wände bohnenförmig, meist glatt; wenige Kerne, mittelgroß, länglich oval, dunkelbraun, schlecht bis mittelgut ausgebildet
- **Gefäßbündel im Fruchtlängsschnitt:** gelblich grün, zwiebel- bis herzförmig
- **Fleisch:** cremefarben, teils gelblich weiß, mittelfest, mittelfeinzellig, saftig; mild säuerlich-süß, nicht bis gering gewürzt
- **Zuckergehalt:** 10,7–11,7° KMW; 52–57° Oechsle; 12,2–13,4° Brix

Idared

Synonyme, Herkunft, Verbreitung

USA 1935; Kreuzung „Jonathan“ x „Wagener Apfel“, seit 1943 im Handel; in Oberösterreich primär in Plantagen und Hausgärten

Baum

Wuchs: mittelstark; Krone auf Sämling flach kugelig

Sonstige Eigenschaften: frosttolerant, anfällig für Schorf und Mehltau

Erntereife

Ende Oktober

Genussreife

Dezember bis April

Verwendung

Tafel, Küche

Frucht

- **Fruchtmuster:** ca. 50-jährige Hecke auf M7, Gemeinde Obernberg/Inn
- **Größe:** groß; 64–72 mm hoch, 78–83 mm breit, 174–223 g schwer
- **Form:** kugelig, seltener flachkugelig, mittelbauchig, meist gleichhälftig; Querschnitt rundlich, seltener schwach eckig; Relief glatt
- **Schale:** glatt, glänzend, mitteldick, mittelzäh; Grundfarbe hellgelb; Deckfarbe rot, deckend, schattseitig teils diffus gestreift, kelchseitig oft lang gestrichelt, Deckungsgrad 90–95 %; Lentizellen zahlreich, klein, hellgrau, nicht bis mäßig auffällig; Berostung gering, punktförmig, hellbraun
- **Stielbucht:** tief, mittelbreit; meist kurzstrahlig hell graubraun berostet; Rand glatt
- **Stiel:** mittellang bis lang, 22–31 mm, mitteldick, holzig, graubraun
- **Kelchbucht:** flach, teils mitteltief, mittelbreit, faltig; Rand glatt, seltener gering grobrippig
- **Kelch:** klein, geschlossen; Blättchen aufrecht, kurz, an der Basis hellgrün und vereint; Spitzen grau, teils kurz zurückgebogen
- **Kelchhöhle:** mittelgroß, teils kegelförmig, teils trichterförmig mit mittelbreiter Röhre
- **Kerngehäuse:** mittelgroß, mittelständig; Achse hohl; Kammern mittelgroß, geschlossen bis schlitzartig offen; Wände bogen- bis verkehrt rucksackförmig, gering bis mittelstark gerissen; viele Kerne, mittelgroß, länglich oval, dunkelbraun, mittelgut ausgebildet
- **Gefäßbündel im Fruchtlängsschnitt:** zwiebelförmig
- **Fleisch:** cremefarben, mittelfest, fein- bis mittelfeinzellig, sehr saftig; angenehm säuerlich-süß, ohne Würze
- **Zuckergehalt:** 10,9–11,7° KMW; 53–57° Oechsle; 12,5–13,4° Brix

Ilzer Rosenapfel

Synonyme, Herkunft, Verbreitung

„Ilzer Weinler"; um 1840 in der oststeirischen Gemeinde Ilz aufgefunden; in Oberösterreich verstreut vorkommend

Baum

Wuchs: stark; Krone auf Sämling pyramidal

Sonstige Eigenschaften: relativ robust, gering anfällig für Mehltau

Erntereife

Mitte bis Ende Oktober

Genussreife

Dezember bis April

Verwendung

Tafel, Küche

Frucht

- **Fruchtmuster:** ca. 18-jähriger Hochstamm auf Sämling, Gemeinde Lohnsburg
- **Größe:** klein, teils mittelgroß; 52–56 mm hoch, 57–65 mm breit, 81–106 g schwer
- **Form:** fassförmig bis kugelig, mittelbauchig, oft ungleichhälftig; Querschnitt rundlich; Relief glatt
- **Schale:** glatt, matt glänzend, dünn hellblau bereift, mitteldick, zäh; Grundfarbe hellgelb; Deckfarbe rot, deckend bis verwaschen, darüber teils diffus dunkelrot gestreift, Deckungsgrad 90–100 %; Lentizellen zahlreich, sehr klein, hellgrau, rötlich umhoft, nicht bis mäßig auffällig
- **Stielbucht:** tief bis mitteltief, eng bis mittelbreit, teils durch seitliche Wulst eingeengt; meist durchscheinend kurzstrahlig hell graubraun berostet; Rand glatt bis einseitig wulstig
- **Stiel:** kurz, 5–14 mm, dünn bis mitteldick, holzig, graubraun
- **Kelchbucht:** mitteltief, eng bis mittelbreit, faltig; Rand schwach feinrippig
- **Kelch:** mittelgroß, geschlossen; Blättchen aufrecht, mittellang, grau, an der Basis vereint; Spitzen meist kurz zurückgebogen
- **Kelchhöhle:** mittelgroß, kegelförmig
- **Kerngehäuse:** klein, mittelständig; Achse geschlossen bis gering hohl; Kammern klein, geschlossen; Wände bogen- bis rucksackförmig, glatt bis gering gerissen; viele Kerne, klein, oval, dunkelbraun, gut ausgebildet
- **Gefäßbündel im Fruchtlängsschnitt:** zwiebelförmig
- **Fleisch:** weiß bis cremefarben, randnah rötlich, fest, mittelfeinzellig, sehr saftig; angenehm säuerlich-süß, ohne Würze
- **Zuckergehalt:** 10,3–11,5° KMW; 50–56° Oechsle; 11,8–13,2° Brix

Jakob Fischer

Verwechslersorten: Martens Sämling, Roter Gravensteiner

Synonyme, Herkunft, Verbreitung

„Schöner von Oberland"; Deutschland, 1903 aufgefunden; in Oberösterreich verstreut vorkommend

Baum

Wuchs: stark; Krone auf Sämling breit pyramidal

Sonstige Eigenschaften: frosttolerant, krebsanfällig

Erntereife

Mitte September

Genussreife

Mitte September bis Anfang Oktober

Verwendung

Tafel, Küche

Frucht

- **Fruchtmuster:** ca. 8-jähriger Halbstamm auf Sämling, Gemeinde Ort/Innkreis
- **Größe:** groß bis sehr groß; 54–68 mm hoch, 76–85 mm breit, 147–204 g schwer
- **Form:** flach kugelig, mittelbauchig, teils ungleichhälftig; Querschnitt rundlich; Relief glatt
- **Schale:** glatt, matt glänzend, teils dünn hellblau bereift, mitteldick, mittelzäh, später gering fettig; Grundfarbe hell grünlich gelb bis hellgelb; Deckfarbe rot, verwaschen bis deckend, darüber oft stark dunkelrot bis schwarz diffus gestreift bis gefleckt, Deckungsgrad 75–100 %; Lentizellen zahlreich, klein, hellgrau, teils breit diffus rot umhoft, wenig auffällig
- **Stielbucht:** tief, mittelbreit; kurz- bis langstrahlig hellgrau berostet; Rand glatt, seltener schwach grobrippig
- **Stiel:** kurz, 8–13 mm, mitteldick, holzig, graubraun
- **Kelchbucht:** mitteltief, mittelbreit, schüsselförmig, faltig; Rand teils gering grobrippig
- **Kelch:** mittelgroß, geschlossen bis halb offen; Blättchen aufrecht, zusammengeneigt, kurz, hellgrün bis grünlich grau, an der Basis vereint
- **Kelchhöhle:** mittelgroß, kegelförmig
- **Kerngehäuse:** klein, mittelständig; Achse gering hohl; Kammern klein, schlitzartig offen; Wände bogen- bis rucksackförmig, glatt; viele Kerne, mittelgroß, länglich oval, dunkelbraun, mittelgut ausgebildet
- **Gefäßbündel im Fruchtlängsschnitt:** zwiebelförmig, im Fruchtquerschnitt punkt- und girlandenförmig
- **Fleisch:** cremefarben, weich, fein- bis mittelfeinzellig, saftig; angenehm säuerlich-süß, ohne Würze
- **Zuckergehalt:** 10,7–11,7° KMW; 52–57° Oechsle; 12,2–13,4° Brix

Jakob Lebel

Verwechslersorte: Königinapfel

Synonyme, Herkunft, Verbreitung

„Jaques Lebel", in Oberösterreich „Breitarsch", „Schmierling"; Frankreich 1825, seit 1849 im Handel; in Oberösterreich weit verbreitet

Baum

Wuchs: stark; Krone auf Sämling flach kugelig bis schirmförmig

Sonstige Eigenschaften: gering anfällig für Holzfrost und Schorf

Erntereife

Ende September bis Mitte Oktober

Genussreife

Oktober bis Dezember

Verwendung

Küche, Tafel

Frucht

- **Fruchtmuster:** ca. 18-jähriger Hochstamm auf Sämling, Gemeinde Lohnsburg
- **Größe:** mittelgroß bis groß; 56–63 mm hoch, 74–83 mm breit, 139–196 g schwer
- **Form:** flach kugelig, mittelbauchig, oft ungleichhälftig; Querschnitt rundlich; Relief glatt
- **Schale:** glatt, glänzend, bald stark fettig, mitteldick, zäh; Grundfarbe hellgelb bis gelb; Deckfarbe orangerot, geflammt bis gestreift, Deckungsgrad 30–60 %; Lentizellen wenige, klein, hell graubraun, nicht bis wenig auffällig; vereinzelt Warzen
- **Stielbucht:** mitteltief, mittelbreit, teils durch Fleischwulst eingeengt; meist langstrahlig schuppig dunkelgrau bis graubraun berostet; Rand glatt
- **Stiel:** kurz, 10–19 mm, mitteldick bis dick, holzig bis fleischig, oft nur Fleischknopf, graubraun
- **Kelchbucht:** flach bis mitteltief, mittelbreit, teils faltig; Rand glatt bis schwach grobrippig
- **Kelch:** mittelgroß, meist offen bis halb offen; Blättchen zusammengeneigt, breit, mittellang, hellgrün, an der Basis vereint bis selten getrennt; Spitzen lang zurückgebogen
- **Kelchhöhle:** mittelgroß, kegelförmig
- **Kerngehäuse:** mittelgroß, mittelständig; Achse geschlossen bis gering hohl; Kammern mittelgroß, meist schlitzartig offen; Wände bogenförmig, mittelstark gerissen; viele Kerne, mittelgroß, länglich oval, teils lang zugespitzt, dunkelbraun, schlecht ausgebildet
- **Gefäßbündel im Fruchtlängsschnitt:** hoch zwiebelförmig
- **Fleisch:** cremefarben bis gelblich weiß, mittelfest, mittelfeinzellig, saftig; mild säuerlich-süß, nicht bis gering gewürzt
- **Zuckergehalt:** 10,3–11,1° KMW; 50–54° Oechsle; 11,8–12,7° Brix

James Grieve

Verwechslersorten: Gravensteiner, Dülmener Rosenapfel

Synonyme, Herkunft, Verbreitung
Schottland um 1880, gezogen aus „Potts Sämling" oder „Cox Orange"; mehrere Mutanten existent; in Oberösterreich weit verbreitet

Baum
Wuchs: mittelstark; Krone auf Sämling pyramidal bis kugelig
Sonstige Eigenschaften: gering anfällig für Holzfrost und Schorf, stark anfällig für Feuerbrand und Monilia

Erntereife
Anfang bis Mitte September

Genussreife
September bis Oktober

Verwendung
Tafel, Küche

Frucht

- **Fruchtmuster:** ca. 25-jähriger Halbstamm auf Sämling, Gemeinde Braunau-Ranshofen
- **Größe:** mittelgroß; 55–69 mm hoch, 65–74 mm breit, 102–132 g schwer
- **Form:** kugelig, seltener gering stumpfkegelförmig, mittelbauchig, oft ungleichhälftig; Querschnitt rundlich; Relief glatt, teils gering kelchrippig
- **Schale:** glatt, matt glänzend, später gering fettig, mitteldick, zäh; Grundfarbe grünlich gelb bis hellgelb, teils gelb; Deckfarbe orangerot bis rot, gestreift, Deckungsgrad 30–60 %; Lentizellen nicht auffällig
- **Stielbucht:** mitteltief bis tief, mittelbreit; teils hellgrün, meist kurzstrahlig hell graubraun durchscheinend berostet; Rand glatt bis gering grobrippig
- **Stiel:** mittellang, 19–24 mm, dünn bis mitteldick, holzig, graugrün bis hell graubraun
- **Kelchbucht:** flach bis mitteltief, eng, faltig; Rand schwach grobrippig
- **Kelch:** mittelgroß, geschlossen; Blättchen aufrecht, schmal, sehr lang, hellgrün, an der Basis vereint; Spitzen teils grau, halb lang zurückgebogen
- **Kelchhöhle:** mittelgroß, kegelförmig
- **Kerngehäuse:** mittelgroß, mittelständig; Achse gering hohl; Kammern mittelgroß, geschlossen bis schlitzartig offen; Wände bogen- bis bohnenförmig, glatt bis gering gerissen; viele Kerne, mittelgroß, länglich oval, dunkelbraun, gut ausgebildet
- **Gefäßbündel im Fruchtlängsschnitt:** herz- bis zwiebelförmig
- **Fleisch:** hell grünlich weiß, vollreif cremefarben bis gelblich weiß, mittelfest, mittelfein- bis feinzellig, saftig; angenehm säuerlich-süß, gering gewürzt
- **Zuckergehalt:** 10,7–11,7° KMW; 52–57° Oechsle; 12,2–13,4° Brix

Jonagold

Synonyme, Herkunft, Verbreitung

USA 1943, Kreuzung „Golden Delicious" x „Jonathan", seit 1968 im Handel; in Oberösterreich weit verbreitet

Baum

Wuchs: stark; Krone auf Sämling pyramidal bis kugelig

Sonstige Eigenschaften: anfällig für Schorf und Krebs

Erntereife

Anfang bis Mitte Oktober

Genussreife

Oktober bis Jänner

Verwendung

Tafel, Küche

Frucht

- **Fruchtmuster:** ca. 50-jährige Hecke auf M7, Gemeinde Obernberg/Inn
- **Größe:** groß; 64–74 mm hoch, 71–83 mm breit, 142–234 g schwer
- **Form:** kugelig, mittelbauchig, meist gleichhälftig; Querschnitt rund bis rundlich; Relief glatt bis gering kelchrippig
- **Schale:** glatt, matt glänzend, dick, zäh; Grundfarbe grünlich gelb bis hellgelb; Deckfarbe orangerot verwaschen bis marmoriert, darüber dunkler rot diffus gestreift, Deckungsgrad 30–60 %; Lentizellen klein, hellgrau, in Deckfarbe auffällig; Berostung gering, vereinzelt punktförmig, hellbraun
- **Stielbucht:** tief bis mitteltief, mittelbreit, teils hellgrün; teils kurzstrahlig hell graubraun durchscheinend berostet; Rand glatt
- **Stiel:** mittellang bis lang, 25–35 mm, dünn bis mitteldick, holzig, graubraun
- **Kelchbucht:** mitteltief, eng bis mittelbreit, faltig bis gerippt; Rand oft feinrippig
- **Kelch:** mittelgroß, geschlossen bis halb offen; Blättchen aufrecht, schmal, lang, an der Basis hellgrün und vereint; Spitzen grau, teils kurz zurückgebogen
- **Kelchhöhle:** mittelgroß bis groß, kegelförmig
- **Kerngehäuse:** mittelgroß, mittelständig; Achse gering hohl; Kammern klein, geschlossen bis schlitzartig offen; Wände bogen- bis verkehrt rucksackförmig, gering bis mittelstark gerissen; viele Kerne, klein bis mittelgroß, länglich oval, dunkelbraun, mittelgut bis schlecht ausgebildet
- **Gefäßbündel im Fruchtlängsschnitt:** hellgrün, hoch zwiebelförmig
- **Fleisch:** cremefarben bis hellgelblich, mittelfest, mittelfeinzellig, sehr saftig; mild säuerlich-süß, gering bis mittelstark gewürzt
- **Zuckergehalt:** 9,9–11,1° KMW; 46–52° Oechsle; 11,3–12,7° Brix

Jonathan

Synonyme, Herkunft, Verbreitung
USA um 1800, Sämling von „Esopus Spitzenburg"; in Oberösterreich sehr weit verbreitet

Baum
Wuchs: mittelstark; Krone auf Sämling kugelig
Sonstige Eigenschaften: gering für Schorf, stark für Mehltau anfällig

Erntereife
Anfang bis Mitte Oktober

Genussreife
November bis Februar

Verwendung
Tafel, Küche

Frucht

- **Fruchtmuster:** ca. 50-jährige Hecke auf M7, Gemeinde Obernberg/Inn
- **Größe:** mittelgroß; 54–61 mm hoch, 62–69 mm breit, 92–129 g schwer
- **Form:** kugelig, mittelbauchig, teils gering ungleichhälftig; Querschnitt rund bis rundlich; Relief glatt
- **Schale:** glatt, matt glänzend, teils trocken, mitteldick, mittelzäh; Grundfarbe hellgelb; Deckfarbe dunkelrot, deckend bis verwaschen, schattseitig diffus gestreift, Deckungsgrad 80–100 %; Lentizellen wenige, klein, hellgrau, nicht auffällig; gehäuft kleine schwarze eingesunkene Flecken („Jonathan-Spots"); teils netzartiger, glänzender, durchscheinender Überzug (Mehltau); Berostung gering, kleinfleckig, graubraun
- **Stielbucht:** tief, mittelbreit; oft kurz- bis langstrahlig hell graubraun durchscheinend berostet; Rand glatt
- **Stiel:** mittellang, 10–19 mm, dünn, holzig, graubraun
- **Kelchbucht:** tief, eng, teils dreieckig, teils faltig bis gerippt; Rand schwach fein- bis grobrippig
- **Kelch:** klein, geschlossen; Blättchen aufrecht, zusammengeneigt, mittelbreit, an der Basis hellgrün und vereint; Spitzen grau, teils kurz zurückgebogen
- **Kelchhöhle:** mittelgroß, kegelförmig, teils trichterförmig mit langer mittelbreiter Röhre
- **Kerngehäuse:** klein, mittelständig; Achse geschlossen bis gering hohl; Kammern klein, geschlossen; Wände verkehrt rucksackförmig, glatt; viele Kerne, klein bis mittelgroß, länglich oval, dunkelbraun, gut ausgebildet
- **Gefäßbündel im Fruchtlängsschnitt:** zwiebelförmig
- **Fleisch:** cremefarben bis hellgelblich, mittelfest, mittelfeinzellig, sehr saftig; angenehm säuerlich-süß, ohne Würze
- **Zuckergehalt:** 11,1–12,3° KMW; 54–60° Oechsle; 12,7–14,1° Brix

Kaiser Alexander

Synonyme, Herkunft, Verbreitung

„Aporta Nalivia“; Russland vor 1700; in Oberösterreich gering verbreitet

Baum

Wuchs: stark; Krone auf Sämling kugelig

Sonstige Eigenschaften: frosttolerant, gering anfällig für Krebs und Schorf

Erntereife

Mitte bis Ende September

Genussreife

Oktober bis November

Verwendung

Tafel, Küche

Frucht

- **Fruchtmuster:** ca. 50-jähriger Hochstamm auf Sämling, Gemeinde Wartberg/Aist
- **Größe:** groß; 69–83 mm hoch, 77–88 mm breit, 157–225 g schwer
- **Form:** kurz stumpfkegelförmig, stielbauchig, teils etwas ungleichhälftig; Querschnitt rundlich; Relief glatt bis kelchrippig
- **Schale:** glatt, glänzend, dick, zäh; Grundfarbe gelblich weiß bis hellgelb; Deckfarbe hellrot, verwaschen bis marmoriert, darüber dunkler rot gestreift bis geflammt, Deckungsgrad 90–100 %; Lentizellen zahlreich, mittelgroß, hellgrau, auffällig; Berostung gering, punktförmig bis kleinfleckig, graubraun; vereinzelt Warzen
- **Stielbucht:** tief, mittelbreit bis breit; oft hellgrün; oft dünn kurzstrahlig graubraun berostet; Rand glatt
- **Stiel:** kurz, 5–11 mm, mitteldick, holzig, graubraun
- **Kelchbucht:** mitteltief, eng, faltig; Rand fein- bis grobrippig
- **Kelch:** klein, geschlossen; Blättchen aufrecht, zusammengeneigt, klein, schmal, an der Basis hellgrün und vereint; Spitzen grau, mittellang zurückgebogen
- **Kelchhöhle:** mittelgroß, stumpfkegelförmig
- **Kerngehäuse:** groß, stiel- bis mittelständig; Achse hohl; Kammern groß, offen; Wände bogen- bis rucksackförmig, teils breit sichelförmig, mittelstark gerissen; wenige Kerne, mittelgroß, länglich oval, dunkelbraun, mittelgut ausgebildet
- **Gefäßbündel im Fruchtlängsschnitt:** teils rötlich, herzförmig
- **Fleisch:** weißlich bis cremefarben, am Schalenrand teils hellrot, mittelfest, fein- bis mittelfeinzellig, saftig bis mäßig saftig, bald mürbe; mild säuerlich-süß, ohne Würze
- **Zuckergehalt:** 9,9–10,9° KMW; 48–53° Oechsle; 11,3–12,5° Brix

Kaiser Wilhelm

Verwechslersorten: Goldrenette von Blenheim, Prinz Albrecht von Preußen

Synonyme, Herkunft, Verbreitung

Sämling von „Harberts Renette“, 1864 in Burscheid-Witzfelden (Deutschland) aufgefunden; in Oberösterreich weit verbreitet

Baum

Wuchs: stark; Krone auf Sämling kugelig bis hoch kugelig

Sonstige Eigenschaften: robust, geringe Standortansprüche, gering anfällig für Krebs

Erntereife

Ende September bis Mitte Oktober

Genussreife

November bis Februar

Verwendung

Tafel, Küche

Frucht

- **Fruchtmuster:** ca. 50-jähriger Hochstamm auf Sämling, Gemeinde Waldzell
- **Größe:** groß; 64–69 mm hoch, 75–83 mm breit, 166–202 g schwer
- **Form:** kugelig, teils kurz stumpfkegelförmig, mittel- bis seltener gering stielbauchig, teils ungleichhälftig; Querschnitt rund bis rundlich; Relief glatt, teils gering kelchrippig
- **Schale:** glatt bis feinrau, matt glänzend, teils trocken, mitteldick, mäßig zäh; Grundfarbe hellgelb; Deckfarbe rot bis braunrot, deckend bis verwaschen, teils diffus gestreift, Deckungsgrad 70–90 %; Lentizellen zahlreich, mittelgroß, hellgrau, erhaben, auffällig; Berostung gering bis mittelstark, punktförmig bis kleinfleckig, hellbraun
- **Stielbucht:** tief, mittelbreit; typisch langstrahlig bis flächig graubraun berostet; Rand glatt
- **Stiel:** mittellang, 19–30 mm, dünn bis mitteldick, holzig, braun
- **Kelchbucht:** flach, mittelbreit, faltig bis gerippt; Rand feinrippig
- **Kelch:** groß, offen; Blättchen aufrecht, breit, mittellang, hellgrün, an der Basis teils getrennt; Spitzen teils grau, mittellang zurückgebogen
- **Kelchhöhle:** mittelgroß, kegelförmig
- **Kerngehäuse:** groß, mittelständig; Achse hohl; Kammern mittelgroß bis groß, schlitzartig offen; Wände bogen- bis breit sichelförmig, stark ausgeblüht gerissen; wenige Kerne, mittelgroß, länglich oval, teils lang zugespitzt, dunkelbraun, oft schlecht ausgebildet
- **Gefäßbündel im Fruchtlängsschnitt:** herzförmig
- **Fleisch:** cremefarben bis gelblich weiß, mittelfest bis weich, mittelfeinzellig, saftig bis mäßig saftig; mild säuerlich-süß, gering gewürzt
- **Zuckergehalt:** 12,3–13,2° KMW; 60–64° Oechsle; 14,1–15,1° Brix

Kanada-Renette

Verwechslersorte: Schöner von Boskoop

Synonyme, Herkunft, Verbreitung

„Pariser Rambour"; vermutlich Frankreich vor 1770, mehrere Typen existent; in Oberösterreich weit verbreitet

Baum

Wuchs: stark; Krone auf Sämling kugelig bis breit kugelig

Sonstige Eigenschaften: anfällig für Holz- und Blütenfrost

Erntereife

Mitte bis Ende Oktober

Genussreife

Dezember bis April

Verwendung

Tafel, Küche

Frucht

- **Fruchtmuster:** ca. 50-jährige Hecke auf M7, Gemeinde Obernberg/Inn
- **Größe:** mittelgroß bis groß; 54–64 mm hoch, 72–79 mm breit, 135–180 g schwer
- **Form:** flach kugelig, seltener kugelig, mittelbauchig, ungleichhälftig; Querschnitt stark unregelmäßig rund bis eckig; Relief flach kantig, kelchrippig bis rippig 1/2
- **Schale:** rau, trocken, partiell glatt und matt glänzend, dick, zäh; Grundfarbe gelblich grün bis grünlich gelb; Deckfarbe oft fehlend, orange, verwaschen, Deckungsgrad 0–20 %; Lentizellen zahlreich, klein, hellbraun, gering hellgrün umhoft; Berostung mittelstark, typisch große sternartige Punkte, teils kleinfleckig bis netzartig
- **Stielbucht:** mitteltief, teils tief, meist breit; meist flächig graubraun, teils schuppig, berostet; Rand glatt
- **Stiel:** kurz, 8–16 mm, mitteldick, teils gering knopfig, holzig, graubraun
- **Kelchbucht:** mitteltief, eng, unregelmäßig, oft schiefachsig, gerippt; meist konzentrisch gestrichelt graubraun berostet; Rand grobrippig
- **Kelch:** mittelgroß, geschlossen, seltener halb offen; Blättchen aufrecht, klein, an der Basis hellgrün und vereint; Spitzen grau, kurz zurückgebogen
- **Kelchhöhle:** groß, stumpfkegelförmig, seltener trichterförmig mit dünner langer Röhre
- **Kerngehäuse:** mittelgroß, mittelständig; Achse gering hohl; Kammern mittelgroß, geschlossen bis schlitzartig offen; Wände bogen- bis verkehrt rucksackförmig, mittelstark gerissen; viele Kerne, mittelgroß, länglich oval, teils lang zugespitzt, braun, mittelgut ausgebildet
- **Gefäßbündel im Fruchtlängsschnitt:** herzförmig
- **Fleisch:** hell grünlich weiß bis cremefarben, vollreif teils hellgelblich, mittelfest, mittelfeinzellig, mäßig saftig; süßsäuerlich, gering gewürzt
- **Zuckergehalt:** 11,1–12,5° KMW; 54–61° Oechsle; 12,7–14,4° Brix

Kandil Sinap

Synonyme, Herkunft, Verbreitung

Herkunft ungesichert; vor 1800 auf der Krim bereits kultiviert; in Oberösterreich selten

Baum

Wuchs: stark; Krone auf Sämling pyramidal

Sonstige Eigenschaften: robust, geringe Standortansprüche

Erntereife

Mitte bis Ende Oktober

Genussreife

Dezember bis Februar

Verwendung

Tafel, Küche

Frucht

- **Fruchtmuster:** ca. 15-jähriger Halbstamm auf Sämling, Gemeinde Naarn
- **Größe:** mittelgroß; 65–73 mm hoch, 55–62 mm breit, 89–116 g schwer
- **Form:** lang stumpfkegelförmig, teils schmal walzenförmig, stielbauchig bis selten mittelbauchig, teils etwas ungleichhälftig; Querschnitt rund bis rundlich; Relief glatt
- **Schale:** glatt, glänzend, mitteldick, mittelzäh; Grundfarbe grünlich gelb bis gelb; Deckfarbe rot, verwaschen bis deckend, Deckungsgrad 30–50 %; Lentizellen zahlreich, klein, hell grau, teils rötlich umhoft, gering auffällig
- **Stielbucht:** mitteltief, eng bis mittelbreit; Rand glatt
- **Stiel:** mittellang, 13–19 mm, dünn, holzig, braun
- **Kelchbucht:** mitteltief, eng bis mittelbreit, teils faltig; Rand glatt bis gering grobrippig
- **Kelch:** klein, geschlossen bis halb offen; Blättchen aufrecht, mittellang, schmal, grünlich grau, an der Basis vereint
- **Kelchhöhle:** klein, kegelförmig
- **Kerngehäuse:** klein bis mittelgroß, stielständig; Achse geschlossen; Kammern mittelgroß, geschlossen; Wände schmal bogen- bis rucksackförmig, mittelstark gerissen; viele Kerne, mittelgroß, schmal länglich oval, lang zugespitzt, braun, gut ausgebildet
- **Gefäßbündel im Fruchtlängsschnitt:** hoch zwiebelförmig
- **Fleisch:** cremefarben bis gelblich weiß, mittelfest, mittelfeinzellig, saftig; säuerlich-süß, ohne Würze
- **Zuckergehalt:** 10,7–11,7° KMW; 52–57° Oechsle; 12,2–13,4° Brix

Kleiner Herrenapfel

Synonyme, Herkunft, Verbreitung

Herkunft ungesichert; bereits vor 1800 im Innviertel als „Kindsapfel" kultiviert; in Oberösterreich verstreut vorkommend

Baum

Wuchs: mittelstark; Krone auf Sämling kugelig

Sonstige Eigenschaften: robust, geringe Standortansprüche

Erntereife

Anfang bis Mitte Oktober

Genussreife

Dezember bis März

Verwendung

Tafel, Küche

Frucht

- **Fruchtmuster:** ca. 60-jähriger Hochstamm auf Sämling, Gemeinde Maria Schmolln
- **Größe:** klein; 40–48 mm hoch, 52–59 mm breit, 47–67 g schwer
- **Form:** flach kugelig bis kurz stumpfkegelförmig, mittel- bis stielbauchig, teils gering bis stärker ungleichhälftig; Querschnitt rund bis rundlich; Relief glatt, teils gering kelchrippig
- **Schale:** glatt, glänzend, mitteldick, mittelzäh; Grundfarbe grünlich gelb bis gelb; Deckfarbe rot, verwaschen, seltener gering gestreift, Deckungsgrad 10–50 %; wenige Lentizellen, klein, hellgrau, oft rötlich umhoft, nicht bis gering auffällig; meist zahlreiche Warzen
- **Stielbucht:** mitteltief, mittelbreit; dünn kurzstrahlig grau berostet; Rand glatt
- **Stiel:** sehr kurz bis kurz, 5–10 mm, dünn bis mitteldick, holzig, graugrün
- **Kelchbucht:** flach, teils mitteltief, breit, faltig; Rand glatt bis gering grobrippig
- **Kelch:** mittelgroß, offen bis halb offen; Blättchen aufrecht, mittellang, schmal, grünlich grau, an der Basis vereint; Spitzen teils grau, mittellang zurückgebogen
- **Kelchhöhle:** klein, kegelförmig
- **Kerngehäuse:** klein, mittelständig; Achse geschlossen; Kammern klein bis mittelgroß, geschlossen; Wände schmal bogen- bis bohnenförmig, oft mittelstark gerissen; meist viele Kerne, klein, oval bis breit oval, braun, mittelgut ausgebildet
- **Gefäßbündel im Fruchtlängsschnitt:** herzförmig
- **Fleisch:** cremefarben bis gelblich weiß, weich, mittelfeinzellig, mäßig saftig; mild säuerlich-süß, ohne Würze
- **Zuckergehalt:** 9,7–10,9° KMW; 47–53° Oechsle; 11,1–12,5° Brix

Klöcher Maschanzker

Verwechslersorte: Steirischer Maschanzker

Synonyme, Herkunft, Verbreitung

„Sommermaschanzker“; vermutlich Mutante oder Sämling von „Steirischer Wintermaschanzker“, in Klöch (Oststeiermark) um 1860 entstanden; in Oberösterreich selten

Baum

Wuchs: schwach bis mittelstark; Krone auf Sämling kugelig

Sonstige Eigenschaften: etwas schorfanfällig

Erntereife

Ende September

Genussreife

Oktober bis Februar

Verwendung

Tafel, Küche

Frucht

- **Fruchtmuster:** ca. 34-jähriger Hochstamm auf Sämling, Gemeinde Linz
- **Größe:** groß bis mittelgroß; 53–62 mm hoch, 66–74 mm breit, 108–143 g schwer
- **Form:** flach kugelig, teils kugelig, mittelbauchig, teils gering ungleichhälftig; Querschnitt rund; Relief glatt
- **Schale:** glatt, matt glänzend, mitteldick, mittelzäh; Grundfarbe hellgelb; Deckfarbe rosa, verwaschen, Deckungsgrad 10–30 %; Lentizellen nicht auffällig
- **Stielbucht:** tief, mittelbreit; kurzstrahlig graubraun berostet; Rand glatt
- **Stiel:** kurz, 7–12 mm, dünn bis mitteldick, holzig, graubraun
- **Kelchbucht:** mitteltief, mittelbreit, schüsselförmig, teils faltig; Rand glatt
- **Kelch:** mittelgroß, geschlossen, teils halb offen; Blättchen aufrecht, mittellang bis lang, schmal, grünlich grau, an der Basis vereint; Spitzen halb lang zurückgebogen
- **Kelchhöhle:** klein, kegelförmig
- **Kerngehäuse:** klein, mittelständig; Achse geschlossen bis gering hohl; Kammern klein, geschlossen; Wände schmal bogen- bis bohnenförmig, meist glatt; viele Kerne, klein bis mittelgroß, länglich oval, braun, schlecht ausgebildet
- **Gefäßbündel im Fruchtlängsschnitt:** herzförmig
- **Fleisch:** gelblich weiß, mittelfest, mittelfeinzellig, saftig; angenehm säuerlichsüß, gering gewürzt
- **Zuckergehalt:** 11,9–13,0° KMW; 58–63° Oechsle; 13,6–14,8° Brix

Königinapfel

Verwechslersorte: Jakob Lebel

Synonyme, Herkunft, Verbreitung

„The Queen“; 1858 in Billericay (Essex, England) aus Samen gezogen, ab 1880 in England im Handel; in Oberösterreich selten

Baum

Wuchs: mittelstark; Krone auf Sämling kugelig bis flach kugelig

Sonstige Eigenschaften: anfällig für Schorf und Krebs

Erntereife

Ende September

Genussreife

Oktober bis November

Verwendung

Tafel, Küche

Frucht

- **Fruchtmuster:** ca. 28-jähriger Hochstamm auf Sämling, Gemeinde Ansfelden
- **Größe:** groß bis sehr groß; 62–70 mm hoch, 84–95 mm breit, 191–258 g schwer
- **Form:** flach kugelig, teils plattrund, mittelbauchig, teils gering ungleichhälftig; Querschnitt rund; Relief glatt
- **Schale:** glatt, glänzend, mitteldick, zäh; Grundfarbe hellgelb; Deckfarbe rot, verwaschen bis marmoriert, darüber dunkler rot geflammt bis gestreift, Deckungsgrad 80–100 %; Lentizellen nicht auffällig
- **Stielbucht:** tief, breit; teils grünlich; durchscheinend kurz- bis langstrahlig hell graubraun berostet; Rand glatt
- **Stiel:** kurz, 5–11 mm, dünn bis mitteldick, holzig, graubraun
- **Kelchbucht:** mitteltief, eng bis mittelbreit, teils gering kurzstrahlig graubraun berostet; Rand glatt
- **Kelch:** mittelgroß bis groß, offen bis halb offen; Blättchen aufrecht, kurz, mittelbreit, grünlich grau, an der Basis meist vereint
- **Kelchhöhle:** groß, kegelförmig
- **Kerngehäuse:** klein, mittelständig; Achse gering hohl; Kammern klein, geschlossen; Wände schmal bohnenförmig, oft mittelstark gerissen; wenige Kerne, klein bis mittelgroß, länglich oval, dunkelbraun, gut ausgebildet
- **Gefäßbündel im Fruchtlängsschnitt:** zwiebelförmig
- **Fleisch:** cremefarben, teils gelblich weiß, mittelfest, mittelfeinzellig, sehr saftig; säuerlich-süß, ohne Würze
- **Zuckergehalt:** 11,3–12,3° KMW; 55–60° Oechsle; 12,9–14,1° Brix

Königsfleiner

Synonyme, Herkunft, Verbreitung

Herkunft unbekannt, vermutlich Deutschland vor 1850; in Oberösterreich vereinzelt in den Bezirken Eferding und Grieskirchen anzutreffen

Baum

Wuchs: stark; Krone auf Sämling kugelig, später hoch kugelig

Sonstige Eigenschaften: robust, geringe Standortansprüche

Erntereife

Anfang bis Mitte Oktober

Genussreife

November bis Dezember

Verwendung

Küche, Tafel

Frucht

- **Fruchtmuster:** ca. 20-jähriger Hochstamm auf Sämling, Gemeinde Schlierbach
- **Größe:** groß; 75–92 mm hoch, 69–82 mm breit, 152–213 g schwer
- **Form:** lang stumpfkegelförmig, stielbauchig, oft ungleichhälftig; Querschnitt unregelmäßig rund bis gering eckig; Relief glatt bis flach kantig, meist kelchrippig bis seltener rippig 1/3–2/3
- **Schale:** glatt, glänzend, dick, zäh; Grundfarbe hellgelb; Deckfarbe rot bis dunkelrot, verwaschen bis deckend, Deckungsgrad 50–70 %; Lentizellen zahlreich, klein, hellgrau, teils ringförmig rot umhoft, auffällig
- **Stielbucht:** mitteltief bis tief, mittelbreit, durch Wulst teils eingeengt; teils kurzstrahlig graubraun berostet; Rand glatt bis grobrippig
- **Stiel:** kurz, 10–16 mm, mitteldick, holzig, graubraun
- **Kelchbucht:** mitteltief bis flach, eng bis mittelbreit, faltig bis gerippt; Rand fein- bis grobrippig
- **Kelch:** mittelgroß bis groß, geschlossen bis halb offen; Blättchen aufrecht, zusammengeneigt, mittellang, graugrün, an der Basis vereint; Spitzen graubraun, teils halb lang zurückgebogen
- **Kelchhöhle:** mittelgroß, kegelförmig
- **Kerngehäuse:** groß, mittelständig; Achse hohl; Kammern mittelgroß, schlitzartig offen; Wände bohnen-, teils bogen- bis sichelförmig, stark gerissen; Kerne klein, oval bis rundlich, braun, mittelgut bis schlecht ausgebildet
- **Gefäßbündel im Fruchtlängsschnitt:** kaum auffällig, hoch zwiebel- bis schmal herzförmig
- **Fleisch:** weißlich bis cremefarben, mittelfest, mittelfeinzellig, saftig; mild säuerlich-süß, nicht bis gering gewürzt
- **Zuckergehalt:** 9,9–11,3° KMW; 48–55° Oechsle; 11,3–12,9° Brix

Kronprinz Rudolf

Verwechslersorten: Rubiner, Salzburger Rosmarin, Kleiner Brünnerling

Synonyme, Herkunft, Verbreitung

Gleisdorf (Steiermark), um 1860 aus Kernen gezogen; ab ca. 1875 im Handel; in Oberösterreich weit verbreitet

Baum

Wuchs: stark; Krone auf Sämling pyramidal, später hochpyramidal bis hochkugelig

Sonstige Eigenschaften: frosttolerant, gering schorfanfällig, Neigung zur Kleinfruchtigkeit

Erntereife

Mitte bis Ende Oktober

Genussreife

November bis Februar

Verwendung

Tafel, Küche

Frucht

- **Fruchtmuster:** ca. 20-jähriger Halbstamm auf A2, Gemeinde Ohlsdorf
- **Größe:** mittelgroß; 53–57 mm hoch, 67–74 mm breit, 108–136 g schwer
- **Form:** flach kugelig, seltener kugelig, mittelbauchig, teils gering ungleichhälftig; Querschnitt rundlich bis teils schwach eckig; Relief glatt, seltener schwach kelchrippig
- **Schale:** glatt, glänzend, mitteldick, mittelzäh; Grundfarbe grünlich gelb; Deckfarbe rot, verwaschen bis deckend, Deckungsgrad 30–50 %; Lentizellen zahlreich, klein, hellgrau, gering auffällig
- **Stielbucht:** tief bis mitteltief, mittelbreit; oft kurzstrahlig hell graubraun berostet; Rand glatt bis gering grobrippig
- **Stiel:** kurz, 11–16 mm, dünn, holzig, grünlich grau
- **Kelchbucht:** mitteltief, mittelbreit, oft unregelmäßig, teils gering faltig bis seltener gerippt; Rand gering grobrippig
- **Kelch:** mittelgroß, geschlossen; Blättchen aufrecht, zusammengeneigt, mittellang, an der Basis hellgrün und vereint; Spitzen grau, mittellang zurückgebogen
- **Kelchhöhle:** mittelgroß, kegelförmig
- **Kerngehäuse:** klein, mittelständig; Achse geschlossen, teils gering hohl; Kammern klein, geschlossen; Wände bogen- bis bohnenförmig, glatt; viele Kerne, mittelgroß, länglich oval, braun, gut ausgebildet
- **Gefäßbündel im Fruchtlängsschnitt:** hellgrün, meist zwiebelförmig
- **Fleisch:** weißlich bis cremefarben, mittelfest, mittelfeinzellig, sehr saftig; angenehm säuerlich-süß, ohne Würze
- **Zuckergehalt:** 10,5–11,5° KMW; 51–56° Oechsle; 12,0–13,2° Brix

Landsberger Renette

Verwechslersorte: Galloway Pepping

Synonyme, Herkunft, Verbreitung

um 1850 in Landsberg/Warthe (heute Gorzow Wielkopolsky in Polen) aus Kernen gezogen; in Oberösterreich verstreut vorkommend

Baum

Wuchs: stark; Krone auf Sämling kugelig, später breit kugelig

Sonstige Eigenschaften: anfällig für Schorf und Mehltau

Erntereife

Ende September bis Anfang Oktober

Genussreife

Oktober bis Jänner

Verwendung

Tafel, Küche

Frucht

- **Fruchtmuster:** ca. 23-jähriger Hochstamm auf Sämling, Gemeinde St. Marienkirchen/Polsenz
- **Größe:** groß bis sehr groß; 64–75 mm hoch, 76–89 mm breit, 167–239 g schwer
- **Form:** kugelig bis flach kugelig, mittelbauchig, meist ungleichhälftig; Querschnitt rundlich bis rund; Relief glatt, seltener schwach kelchrippig
- **Schale:** glatt, matt glänzend, dick, zäh; Grundfarbe hell grünlich gelb bis hellgelb; Deckfarbe meist gelborange, verwaschen, Deckungsgrad 0–40 %; Lentizellen zahlreich, mittelgroß, grau, hellgrün umhoft, stark auffällig; vereinzelt Warzen
- **Stielbucht:** tief, mittelbreit; oft kurz- bis langstrahlig hell graubraun berostet; Rand glatt
- **Stiel:** kurz bis mittellang, 12–20 mm, mitteldick, holzig, grünlich grau bis graubraun
- **Kelchbucht:** flach, mittelbreit, faltig bis gering gerippt; Rand gering grobrippig
- **Kelch:** mittelgroß, offen bis halb offen; Blättchen aufrecht, mittellang, an der Basis hellgrün und meist vereint; Spitzen grau, kurz bis mittellang zurückgebogen
- **Kelchhöhle:** groß, kegelförmig
- **Kerngehäuse:** mittelgroß, mittelständig; Achse breit hohl; Kammern mittelgroß, schlitzartig offen; Wände bohnen- bis sichelförmig, gering gerissen; viele Kerne, klein, länglich oval, braun, gut ausgebildet
- **Gefäßbündel im Fruchtlängsschnitt:** herzförmig
- **Fleisch:** cremefarben, mittelfest, mittelfein- bis feinzellig, mäßig saftig; mild säuerlich-süß, gering gewürzt
- **Zuckergehalt:** 10,7–11,5° KMW; 52–56° Oechsle; 12,2–13,2° Brix

Lavanttaler Bananenapfel

Synonyme, Herkunft, Verbreitung

„Mother“, „Mutterapfel“; um 1850 in Massachusetts entstanden; um 1882 von Baronin ANTON VON PIRKERSHAUSEN nach Wolfsberg im Lavanttal gebracht; in Oberösterreich verstreut vorkommend

Baum

Wuchs: mittelstark; Krone auf Sämling kugelig, später breit kugelig

Sonstige Eigenschaften: relativ robust, auch für raue Lagen, gering schorfanfällig

Erntereife

Ende September

Genussreife

Oktober bis November

Verwendung

Tafel, Küche

Frucht

- **Fruchtmuster:** ca. 50-jähriger Hochstamm auf Sämling, Gemeinde Arnreit
- **Größe:** mittelgroß bis groß; 66–73 mm hoch, 66–70 mm breit, 123–158 g schwer
- **Form:** hoch kugelig, fassförmig bis lang stumpfkegelförmig, stiel- bis mittelbauchig, meist gleichhälftig; Querschnitt unregelmäßig rund bis eckig; Relief meist flach kantig, kelchrippig
- **Schale:** glatt, trocken, teils matt glänzend, mitteldick, mittelzäh; Grundfarbe hellgelb bis gelb; Deckfarbe meist orangerot bis rot verwaschen und darüber rot bis dunkelrot diffus gestreift, teils dunkelrot deckend, Deckungsgrad 60–100 %; Lentizellen zahlreich, klein, hellgrau, mäßig auffällig
- **Stielbucht:** mitteltief bis tief, eng bis mittelbreit; oft kurzstrahlig dünn hell graubraun berostet; Rand glatt
- **Stiel:** kurz, 8–15 mm, dünn bis mitteldick, holzig, graubraun
- **Kelchbucht:** flach, eng bis mittelbreit, meist faltig; Rand gering grobrippig
- **Kelch:** klein, geschlossen bis halb offen; Blättchen aufrecht, mittellang, schmal, an der Basis hellgrün, vereint; Spitzen teils grau, mittellang zurückgebogen
- **Kelchhöhle:** mittelgroß, trichterförmig mit dünner mittellanger Röhre
- **Kerngehäuse:** groß, schwach stiel- bis mittelständig; Achse hohl; Kammern groß, schlitzartig offen; Wände verkehrt rucksackförmig, mittelstark gerissen; viele Kerne, mittelgroß, länglich oval, braun, gut ausgebildet
- **Gefäßbündel im Fruchtlängsschnitt:** herzförmig
- **Fleisch:** hellgelb, mittelfest, mittelfeinzellig, saftig; einseitig süß, gering bis mittelstark, seltener bananenartig, gewürzt
- **Zuckergehalt:** 11,9–13,0° KMW; 58–63° Oechsle; 13,6–14,8° Brix

London Pepping

Verwechslersorten: Adersleber Kalvill, Boikenapfel, Signe Tillisch, Weißer Winterkalvill

Synonyme, Herkunft, Verbreitung

„London Pippin", „Bastard Kalvill", „Five Crown Pippin"; vermutlich in England (Essex oder Norfolk) vor 1580 entstanden; in Oberösterreich weit verbreitet

Baum

Wuchs: mittelstark; Krone auf Sämling flach kugelig bis kugelig

Sonstige Eigenschaften: anfällig für Schorf, Mehltau und Krebs

Erntereife

Mitte bis Ende Oktober

Genussreife

November bis März

Verwendung

Tafel, Küche

Frucht

- **Fruchtmuster:** ca. 50-jährige Hecke auf M7, Gemeinde Obernberg/Inn
- **Größe:** mittelgroß, seltener groß; 57–69 mm hoch, 67–82 mm breit, 112–203 g schwer
- **Form:** kurz stumpfkegelförmig bis kugelig, stiel- bis seltener mittelbauchig, teils gering ungleichhälftig; Querschnitt eckig; Relief rippig 1/3–3/3
- **Schale:** glatt, matt glänzend, später schwach fettig, mitteldick, mittelzäh; Grundfarbe grünlich gelb bis hellgelb; Deckfarbe rotorange bis orangerot, verwaschen, teils deckend, Deckungsgrad 10–40 %; viele Lentizellen, hellgrau, nicht bis gering auffällig
- **Stielbucht:** tief, breit; oft grün; kurz- bis langstrahlig hell graubraun berostet; Rand gering grobrippig
- **Stiel:** mittellang, 17–29 mm, dünn, holzig, graubraun
- **Kelchbucht:** mitteltief bis flach, mittelbreit, stark gerippt; Rand typisch grobrippig (5 Höcker)
- **Kelch:** groß, meist halb offen; Blättchen aufrecht, zusammengeneigt, kurz bis mittellang, an der Basis hellgrün und vereint; Spitzen dunkelgrau, teils kurz bis mittellang zurückgebogen
- **Kelchhöhle:** groß, kegelförmig bis trichterförmig mit breiter langer Röhre
- **Kerngehäuse:** groß, gering stiel- bis mittelständig; Achse hohl; Kammern groß, schlitzartig offen; Wände bohnenförmig, stark ausgeblüht gerissen; viele Kerne, klein, oval bis länglich oval, dunkelbraun, mittelgut ausgebildet
- **Gefäßbündel im Fruchtlängsschnitt:** herzförmig
- **Fleisch:** cremefarben bis hellgelblich, mittelfest, mittelfeinzellig, saftig; angenehm säuerlich-süß, gering gewürzt
- **Zuckergehalt:** 10,3–11,3° KMW; 50–55° Oechsle; 11,8–12,9° Brix

Mantet

Synonyme, Herkunft, Verbreitung

Sämling der Sorte „Tetofsky“, Versuchsstation MORDEN (Manitoba, Kanada), seit 1928 im Handel; in Oberösterreich gering verbreitet

Baum

Wuchs: mittelstark; Krone auf Sämling kugelig

Sonstige Eigenschaften: anfällig für Schorf, Mehltau und Krebs

Erntereife

Ende Juli bis Mitte August

Genussreife

Ende Juli bis Mitte August

Verwendung

Tafel, Küche

Frucht

- **Fruchtmuster:** ca. 15-jähriger Halbstamm auf Sämling, Gemeinde St. Thomas
- **Größe:** mittelgroß; 64–69 mm hoch, 65–76 mm breit, 109–153 g schwer
- **Form:** kugelig bis fassförmig, mittelbauchig, teils gering ungleichhälftig; Querschnitt rundlich, teils schwach eckig; Relief kelchrippig bis rippig 1/3
- **Schale:** glatt, matt glänzend; oft dünn weißlich, rosa bis hellblau bereift; mitteldick, mittelzäh; sehr stark duftend; Grundfarbe hell grünlich gelb, gelblich weiß bis hellgelb; Deckfarbe rosa bis rot, diffus gestreift bis gefleckt, Deckungsgrad 50–70 %; Lentizellen nicht auffällig
- **Stielbucht:** mitteltief, teils tief, mittelbreit; oft grün; Rand gering grobrippig
- **Stiel:** mittellang, 15–25 mm, dünn bis mitteldick, teils knospig, holzig, hellgrün
- **Kelchbucht:** mitteltief, mittelbreit, stark gerippt; Rand grobrippig
- **Kelch:** mittelgroß, geschlossen; Blättchen aufrecht, lang, hellgrün, an der Basis meist vereint
- **Kelchhöhle:** groß, kegelförmig
- **Kerngehäuse:** groß, mittelständig; Achse hohl; Kammern groß, offen; Wände breit sichelförmig, stark gerissen; viele Kerne, mittelgroß, länglich oval, dunkelbraun, gut ausgebildet
- **Gefäßbündel im Fruchtlängsschnitt:** teils rötlich, zwiebelförmig
- **Fleisch:** cremefarben, teils partiell rötlich, mittelfest, mittelfeinzellig, sehr saftig; angenehm säuerlich-süß, gering gewürzt
- **Zuckergehalt:** 9,9–11,1° KMW; 48–54° Oechsle; 11,3–12,7° Brix

Martens Sämling

Verwechslersorte: Jakob Fischer

Synonyme, Herkunft, Verbreitung

„Juwel aus Kirchwerder"; wahrscheinlich Sämling von „Gravensteiner"; von PETER MARTENS, Kirchwerder (Deutschland) um 1920 aufgefunden; in Oberösterreich selten

Baum

Wuchs: mittelstark; Krone auf Sämling kugelig, später breit kugelig

Sonstige Eigenschaften: relativ robust

Erntereife

Mitte September

Genussreife

Mitte September bis Anfang November

Verwendung

Tafel, Küche

Frucht

- **Fruchtmuster:** ca. 10-jährige Spindel auf M26, Gemeinde Ohlsdorf
- **Größe:** groß bis sehr groß; 60–74 mm hoch, 78–97 mm breit, 164–272 g schwer
- **Form:** flach kugelig bis plattrund, meist mittelbauchig, teils ungleichhälftig; Querschnitt unregelmäßig rund; Relief glatt, seltener kelchrippig
- **Schale:** glatt, glänzend; später fettig; mitteldick, mittelzäh; Grundfarbe hell grünlich gelb bis hellgelb; Deckfarbe orangerot bis rot, verwaschen bis gering gestreift, teils deckend, Deckungsgrad 60–90 %; Lentizellen klein, hellgrau, teils rötlich umhoft, gering auffällig
- **Stielbucht:** tief, breit; oft grün; kurzstrahlig dünn grünlich grau berostet; Rand glatt
- **Stiel:** kurz, 9–17 mm, dünn bis mitteldick, holzig, graugrün bis graubraun
- **Kelchbucht:** mitteltief, mittelbreit; Rand glatt bis gering grobrippig
- **Kelch:** mittelgroß bis groß, halb offen bis offen; Blättchen aufrecht, kurz, breit, hellgrün, an der Basis oft getrennt
- **Kelchhöhle:** groß, breit kegelförmig
- **Kerngehäuse:** klein bis mittelgroß, mittelständig; Achse geschlossen bis gering hohl; Kammern klein bis mittelgroß, geschlossen bis schlitzartig offen; Wände verkehrt rucksackförmig, glatt bis gering gerissen; wenige Kerne, mittelgroß, oval bis länglich oval, dunkelbraun, mittelgut ausgebildet
- **Gefäßbündel im Fruchtlängsschnitt:** herz- bis zwiebelförmig
- **Fleisch:** hell grünlich weiß bis cremefarben, weich, mittelfeinzellig, saftig, später mürbe; mild säuerlich-süß, ohne Würze
- **Zuckergehalt:** 10,9–11,7° KMW; 53–57° Oechsle; 12,5–13,4° Brix

Maunzenapfel

Synonyme, Herkunft, Verbreitung

Zufallssämling aus Holzmaden bei Göppingen (Deutschland); in Oberösterreich verstreut vorkommend

Baum

Wuchs: stark; Krone auf Sämling kugelig, später hoch kugelig

Sonstige Eigenschaften: schorf- und frosttolerant, gering anfällig für Mehltau

Erntereife

Anfang bis Mitte Oktober

Genussreife

November bis März

Verwendung

Küche, Saft, Most

Frucht

- **Fruchtmuster:** ca. 20-jähriger Hochstamm auf Sämling, Gemeinde St. Marienkirchen/Polsenz
- **Größe:** mittelgroß, teils klein; 49–58 mm hoch, 56–65 mm breit, 72–103 g schwer
- **Form:** kurz stumpfkegelförmig, meist stielbauchig, oft ungleichhälftig; Querschnitt rundlich bis unregelmäßig rund, teils eckig; Relief glatt, teils flach kantig, kelchrippig bis rippig 1/3–1/2
- **Schale:** glatt, glänzend, später gering fettig; dick, zäh; Grundfarbe grünlich gelb bis hellgelb; Deckfarbe orangerot bis rot, verwaschen bis diffus gestreift, Deckungsgrad 40–60 %; Lentizellen nicht auffällig
- **Stielbucht:** tief, mittelbreit; hellgrün; dünn kurzstrahlig grünlich grau berostet; Rand glatt
- **Stiel:** kurz bis mittellang, 13–18 mm, dünn, holzig, graubraun
- **Kelchbucht:** mitteltief, eng bis mittelbreit, unregelmäßig, faltig bis gerippt; Rand grobrippig
- **Kelch:** mittelgroß, geschlossen; Blättchen aufrecht, mittellang, schmal, hellgrün, an der Basis vereint
- **Kelchhöhle:** klein, kegelförmig
- **Kerngehäuse:** mittelgroß, stiel- bis mittelständig; Achse hohl; Kammern mittelgroß, offen; Wände bohnenförmig, gering gerissen, hellgrün; viele Kerne, klein, länglich oval, zugespitzt, braun, gut ausgebildet
- **Gefäßbündel im Fruchtlängsschnitt:** herzförmig, hellgrün
- **Fleisch:** cremefarben, mittelfest, mittelfeinzellig, sehr saftig; mild säuerlich-süß, ohne Würze
- **Zuckergehalt:** 9,7–10,5° KMW; 47–51° Oechsle; 11,1–12,5° Brix

Mauthausner Limoniapfel

Synonyme, Herkunft, Verbreitung

Herkunft unbekannt; vor 1880 entstanden; in den Bezirken Freistadt, Perg und Urfahr-Umgebung mittelstark vorkommend

Baum

Wuchs: stark; Krone auf Sämling kugelig, später hoch kugelig

Sonstige Eigenschaften: robust gegenüber Krankheiten und Frost

Erntereife

Mitte bis Ende Oktober

Genussreife

Dezember bis Mai

Verwendung

Küche, Tafel, Saft, Most

Frucht

- **Fruchtmuster:** ca. 25-jähriger Hochstamm auf Sämling, Gemeinde Ansfelden
- **Größe:** mittelgroß; 53–70 mm hoch, 57–73 mm breit, 79–94 g schwer
- **Form:** kurz stumpfkegelförmig, gering stiel- bis meist mittelbauchig, gleichhälftig; Querschnitt rund; Relief glatt bis kelchrippig
- **Schale:** glatt, matt glänzend; mitteldick, mittelzäh; Grundfarbe grünlich gelb bis hellgelb; Deckfarbe hellrot bis rot, marmoriert bis verwaschen, teils diffus gefleckt, Deckungsgrad 40–60 %; Lentizellen klein, graubraun, in der Deckfarbe typisch breit hellgrau bis hellgelb umhoft
- **Stielbucht:** mitteltief, mittelbreit; kurzstrahlig hell graubraun berostet; Rand glatt
- **Stiel:** kurz bis mittellang, 10–22 mm, dünn bis mitteldick, holzig, graubraun
- **Kelchbucht:** flach, teils mitteltief, mittelbreit, faltig bis gerippt; Rand grobrippig
- **Kelch:** mittelgroß, halb offen bis geschlossen; Blättchen aufrecht, kurz bis mittellang, schmal, grünlich grau, an der Basis oft getrennt
- **Kelchhöhle:** klein, stumpfkegelförmig
- **Kerngehäuse:** mittelgroß, meist mittelständig; Achse geschlossen bis gering hohl; Kammern mittelgroß, geschlossen; Wände bohnenförmig, stark gerissen; viele Kerne, mittelgroß, länglich oval, teils zugespitzt, braun, gut ausgebildet
- **Gefäßbündel im Fruchtlängsschnitt:** herzförmig
- **Fleisch:** weißlich bis cremefarben, fest, mittelfeinzellig, sehr saftig; mild säuerlich-süß, ohne Würze
- **Zuckergehalt:** 10,1–11,5° KMW; 49–56° Oechsle; 11,5–13,2° Brix

Mc Intosh

Verwechslersorte: Spartan

Synonyme, Herkunft, Verbreitung
Kanada 1796; in Oberösterreich häufig anzutreffen

Baum
Wuchs: mittelstark; Krone auf Sämling kugelig
Sonstige Eigenschaften: frosttolerant, schorf- und krebsanfällig

Erntereife
Mitte September bis Anfang Oktober

Genussreife
Mitte September bis Dezember

Verwendung
Tafel, Küche

Frucht

- **Fruchtmuster:** ca. 50-jährige Hecke auf M7, Gemeinde Obernberg/Inn
- **Größe:** mittelgroß bis groß, 60–72 mm hoch, 70–89 mm breit, 129–238 g schwer
- **Form:** kugelig bis flach kugelig, mittelbauchig, teils ungleichhälftig; Querschnitt rund bis rundlich; Relief glatt, selten gering kelchrippig
- **Schale:** glatt, matt glänzend, dünn hellblau bereift, dick, sehr zäh; Grundfarbe hellgelb; Deckfarbe dunkelrot bis bläulich rot, deckend bis verwaschen, Deckungsgrad 90–100 %; Lentizellen zahlreich, klein, hellgrau, auffällig
- **Stielbucht:** tief, mittelbreit; teils kurzstrahlig hell graubraun berostet; Rand gering grobrippig
- **Stiel:** kurz bis mittellang, 11–20 mm, dünn, teils mitteldick, holzig, selten gering fleischig, graubraun
- **Kelchbucht:** mitteltief, eng, unregelmäßig, teils faltig; Rand glatt bis seltener schwach grobrippig
- **Kelch:** klein, geschlossen; Blättchen aufrecht, schmal, grau, an der Basis meist vereint; Spitzen kurz zurückgebogen
- **Kelchhöhle:** klein bis mittelgroß, kegelförmig
- **Kerngehäuse:** mittelgroß, mittelständig; Achse hohl; Kammern mittelgroß, meist schlitzartig offen; Wände breit sichel- bis bohnenförmig, glatt bis gering gerissen; viele Kerne, mittelgroß, schmal länglich oval, dunkelbraun, gut ausgebildet
- **Gefäßbündel im Fruchtlängsschnitt:** zwiebelförmig
- **Fleisch:** weißlich bis cremefarben, partiell (Schalenrand etc.) hellrot gefleckt, weich, sehr feinzellig, sehr saftig; mild säuerlich-süß, mittelstark parfümiert gewürzt
- **Zuckergehalt:** 9,9–11,1° KMW; 48–54° Oechsle; 11,3–12,7° Brix

Morgenduftapfel

Synonyme, Herkunft, Verbreitung
„Hoary Morning"; England vor 1819; in Oberösterreich vereinzelt anzutreffen

Baum
Wuchs: mittelstark; Krone auf Sämling kugelig, später hoch kugelig
Sonstige Eigenschaften: robust, schorftolerant, geringe Standortansprüche

Erntereife
Ende September bis Anfang Oktober

Genussreife
Oktober bis Dezember

Verwendung
Küche, Tafel

Frucht

- **Fruchtmuster:** ca. 30-jähriger Hochstamm auf Sämling, Gemeinde Zwettl/Rodl
- **Größe:** mittelgroß bis groß, 52–64 mm hoch, 74–83 mm breit, 137–190 g schwer
- **Form:** flach kugelig bis plattrund, mittelbauchig, oft ungleichhälftig; Querschnitt rund bis rundlich; Relief glatt, teils gering kelchrippig
- **Schale:** glatt, matt glänzend; teils dünn hellblau bereift, mitteldick, zäh; Grundfarbe hellgelb; Deckfarbe orangerot bis rot, marmoriert, darüber meist typisch dunkler rot bandartig gestreift, Deckungsgrad 90–100 %; Lentizellen zahlreich, mittelgroß, hellgrau, auffällig
- **Stielbucht:** mitteltief bis tief, breit; grünlichgrau bis hell graubraun kurzstrahlig berostet; Rand glatt, teils feinrippig
- **Stiel:** mittellang bis lang, 15–31 mm, dünn bis mitteldick, holzig, graubraun
- **Kelchbucht:** flach, mittelbreit, faltig; Rand schwach grobrippig
- **Kelch:** klein, geschlossen bis halb offen; Blättchen aufrecht, schmal, kurz bis mittellang, graugrün, an der Basis teils getrennt; Spitzen grau, halb lang zurückgebogen
- **Kelchhöhle:** klein, trichterförmig mit dünner mittellanger Röhre
- **Kerngehäuse:** mittelgroß, mittelständig; Achse gering hohl; Kammern mittelgroß, geschlossen bis schlitzartig offen; Wände teils bohnen- bis breit sichelförmig, glatt bis gering gerissen; viele Kerne, mittelgroß, oval, braun, gut ausgebildet
- **Gefäßbündel im Fruchtlängsschnitt:** herzförmig
- **Fleisch:** cremefarben, randnah teils rosa, weich bis mittelfest, mittelfeinzellig, saftig; säuerlich-süß, nicht bis gering gewürzt
- **Zuckergehalt:** 13,4–14,8° KMW; 65–72° Oechsle; 15,3–16,9° Brix

Müschens Rosenapfel

Synonyme, Herkunft, Verbreitung

vermutlich in Belitz (Mecklenburg-Vorpommern) vor 1865 entstanden und nach dem Pomologen FRANZ HERMANN MÜSCHEN benannt; in Oberösterreich selten

Baum

Wuchs: mittelstark; Krone auf Sämling pyramidal

Sonstige Eigenschaften: robust, geringe Standortansprüche

Erntereife

Mitte August bis Anfang September

Genussreife

Mitte August bis Mitte September

Verwendung

Tafel, Küche

Frucht

- **Fruchtmuster:** ca. 10-jährige Spindel auf M26, Gemeinde Ohlsdorf
- **Größe:** mittelgroß, 55–58 mm hoch, 66–81 mm breit, 84–136 g schwer
- **Form:** flach kugelig, mittelbauchig, oft ungleichhälftig; Querschnitt rundlich bis unregelmäßig rund; Relief meist glatt
- **Schale:** glatt, glänzend, teils fettig, mitteldick, mittelzäh; Grundfarbe weißlich bis cremefarben; Deckfarbe hellrot bis rot, verwaschen und darüber etwas dunkler rot gestreift bis geflammt, Deckungsgrad 30–70 %; Lentizellen nicht auffällig
- **Stielbucht:** mitteltief, eng bis mittelbreit; meist durchscheinend hellgrau kurzstrahlig berostet; Rand glatt, teils feinrippig
- **Stiel:** sehr kurz, 4–6 mm, mitteldick, holzig bis fleischig knopfig, graugrün bis graubraun
- **Kelchbucht:** tief, eng; Rand glatt bis schwach grobrippig
- **Kelch:** klein, halb offen bis offen; Blättchen aufrecht, klein, kurz, mittelbreit, graugrün, an der Basis vereint
- **Kelchhöhle:** klein, spitz kegelförmig bis trichterförmig mit dünner mittellanger Röhre
- **Kerngehäuse:** klein, mittelständig; Achse gering hohl; Kammern klein, geschlossen; Wände teils bohnenförmig, glatt bis gering gerissen; viele Kerne, klein, länglich oval, braun, schlecht ausgebildet
- **Gefäßbündel im Fruchtlängsschnitt:** zwiebelförmig
- **Fleisch:** weißlich, randnah teils rosa, weich, feinzellig, saftig; säuerlich-süß, nicht bis gering gewürzt
- **Zuckergehalt:** 11,3–12,8° KMW; 55–62° Oechsle; 12,9–14,6° Brix

Mutsu

Synonyme, Herkunft, Verbreitung

1930 Zuchtstation AOMORI (Japan), Kreuzung „Golden Delicious“ x „Indo“; in Oberösterreich verstreut vorkommend

Baum

Wuchs: mittelstark bis stark; Krone auf Sämling breit kugelig

Sonstige Eigenschaften: anfällig für Schorf

Erntereife

Mitte bis Ende Oktober

Genussreife

Dezember bis März

Verwendung

Tafel, Küche

Frucht

- **Fruchtmuster:** ca. 15-jährige Spindel auf M26, Gemeinde Leonding
- **Größe:** groß bis sehr groß, 69–86 mm hoch, 77–96 mm breit, 186–348 g schwer
- **Form:** hoch kugelig bis kugelig, mittelbauchig, teils ungleichhälftig; Querschnitt rundlich bis schwach eckig; Relief kelchrippig bis schwach rippig 2/3
- **Schale:** glatt, matt glänzend, dick, sehr zäh; Grundfarbe hellgrün bis hell gelblich grün; Deckfarbe fehlt; Lentizellen klein, hellgrau, grünlich umhoft, nicht bis mäßig auffällig
- **Stielbucht:** tief, mittelbreit; meist graubraun kurzstrahlig berostet; Rand glatt, teils gering grobrippig
- **Stiel:** mittellang bis lang, 20–32 mm, dünn, holzig, graugrün bis graubraun
- **Kelchbucht:** mitteltief, eng bis mittelbreit, faltig bis gerippt; Rand stark grobrippig
- **Kelch:** groß, geschlossen; Blättchen aufrecht, zusammengeneigt, schmal, an der Basis hellgrün und meist vereint; Spitzen grau, teils kurz zurückgebogen
- **Kelchhöhle:** groß, kegelförmig
- **Kerngehäuse:** mittelgroß, mittelständig; Achse teils gering hohl; Kammern mittelgroß, geschlossen, teils gering schlitzartig offen; Wände meist bogenförmig, stark ausgeblüht gerissen; wenige Kerne, mittelgroß, länglich oval, oft lang zugespitzt, braun, schlecht ausgebildet
- **Gefäßbündel im Fruchtlängsschnitt:** zwiebelförmig
- **Fleisch:** hell grünlich gelb bis hellgelb, mittelfest, mittelfeinzellig, saftig; mild säuerlich-süß, nicht gewürzt
- **Zuckergehalt:** 10,3–11,5° KMW; 50–56° Oechsle; 11,8–13,2° Brix

Oberdiecks Renette

Verwechslersorte: Galloway Pepping

Synonyme, Herkunft, Verbreitung

um 1850 in Cannstatt bei Stuttgart aufgefunden und dem Pomologen OBERDIECK in Jeinsen gewidmet; in Oberösterreich verstreut vorkommend

Baum

Wuchs: mittelstark; Krone auf Sämling hoch kugelig
Sonstige Eigenschaften: anfällig für Schorf

Erntereife

Ende Oktober

Genussreife

Dezember bis März

Verwendung

Tafel, Küche

Frucht

- **Fruchtmuster:** ca. 90-jähriger Hochstamm auf Sämling, Gemeinde Wartberg/Aist
- **Größe:** mittelgroß, 52–66 mm hoch, 65–76 mm breit, 107–175 g schwer
- **Form:** kugelig bis fassförmig, seltener flach kugelig, mittelbauchig, meist gleichhälftig; Querschnitt rundlich; Relief glatt
- **Schale:** feinrau bis grobrau, partiell matt glänzend, mitteldick, zäh; Grundfarbe grünlich gelb bis hell- gelb; Deckfarbe orangerot bis orange, verwaschen; Lentizellen klein bis mittelgroß, erhaben, grau, hellgrün bis orangerot umhoft, auffällig; Berostung teils mittelstark, punktförmig bis kleinfleckig
- **Stielbucht:** mitteltief, mittelbreit, seltener durch Wulst eingeengt; meist graubraun kurz- bis langstrahlig, teils schuppig, berostet; Rand meist glatt, seltener einseitig wulstig
- **Stiel:** mittellang bis lang, 15–31 mm, dünn bis mitteldick, holzig, graubraun
- **Kelchbucht:** flach, breit, schüsselförmig, faltig; oft konzentrisch punktförmig graubraun berostet; Rand glatt
- **Kelch:** mittelgroß, meist offen bis halb offen; Blättchen aufrecht, zusammengeneigt, kurz, breit, an der Basis hellgrün und meist getrennt
- **Kelchhöhle:** mittelgroß, stumpfkegelförmig
- **Kerngehäuse:** klein, mittelständig; Achse meist geschlossen; Kammern klein, geschlossen; Wände bogenförmig, oft mittelstark gerissen; viele Kerne mittelgroß, länglich oval, braun, mittelgut ausgebildet
- **Gefäßbündel im Fruchtlängsschnitt:** hoch zwiebel- bis herzförmig
- **Fleisch:** cremefarben bis gelblich weiß, mittelfest, mittelfeinzellig, saftig; säuerlich-süß, gering gewürzt
- **Zuckergehalt:** 12,5–13,6° KMW; 61–66° Oechsle; 14,4–15,5° Brix

Oberländer Himbeerapfel

Verwechslersorte: Berner Rosenapfel

Äpfel

Synonyme, Herkunft, Verbreitung

„Roter Winter-Himbeerapfel“; Herkunft unbekannt; 1854 erstmals beschrieben; in Oberösterreich selten vorkommend

Baum

Wuchs: stark; Krone auf Sämling kugelig

Sonstige Eigenschaften: relativ robust, frosttolerant, auch für höhere Lagen

Erntereife

Ende September

Genussreife

Oktober bis Dezember

Verwendung

Tafel, Küche

Frucht

- **Fruchtmuster:** ca. 30-jähriger Viertelstamm auf Sämling, Gemeinde Gallneukirchen
- **Größe:** groß, 63–74 mm hoch, 76–87 mm breit, 150–203 g schwer
- **Form:** stumpfkegelförmig, stielbauchig, oft ungleichhälftig; Querschnitt rundlich; Relief glatt bis gering kelchrippig
- **Schale:** glatt, matt glänzend, dünn hellblau bereift, mitteldick, mittelzäh; Grundfarbe grünlich gelb bis hellgelb; Deckfarbe dunkelrot bis bläulich rot, verwaschen, Deckungsgrad 95–100 %; Lentizellen mittelgroß, erhaben, hellgrau bis hellgelb, auffällig
- **Stielbucht:** mitteltief bis tief, mittelbreit; meist graubraun langstrahlig berostet; Rand meist glatt, seltener gering grobrippig
- **Stiel:** kurz bis mittellang, 12–19 mm, dünn bis mitteldick, holzig, graugrün bis graubraun
- **Kelchbucht:** tief bis mitteltief, eng, unregelmäßig; oft kurzstrahlig graubraun berostet; Rand glatt bis grobrippig
- **Kelch:** klein, geschlossen; Blättchen aufrecht, kurz bis mittellang, graugrün, an der Basis vereint
- **Kelchhöhle:** mittelgroß, trichterförmig mit langer dünner Röhre
- **Kerngehäuse:** klein, mittelständig; Achse geschlossen; Kammern klein, geschlossen; Wände bohnenförmig, glatt bis gering gerissen; viele Kerne, klein, oval bis länglich oval, dunkelbraun, gut ausgebildet
- **Gefäßbündel im Fruchtlängsschnitt:** breit herzförmig, teils rötlich
- **Fleisch:** cremefarben, zwischen Schalenrand und Gefäßbündel teils hellrot, weich, mittelfeinzellig, saftig, teils mürbe; mild säuerlich-süß, teils gering gewürzt
- **Zuckergehalt:** 10,7–11,5° KMW; 52–56° Oechsle; 12,2–13,2° Brix

Odenwälder

Verwechslersorte: Gelber Richard

Synonyme, Herkunft, Verbreitung

Herkunft und Entstehung unbekannt, vermutlich Zufallssämling aus dem Odenwald (Deutschland); in Oberösterreich seit etwa 1960 häufig

Baum

Wuchs: stark; Krone auf Sämling breit pyramidal bis kugelig

Sonstige Eigenschaften: sehr robust, schorftolerant, alterniert kaum

Erntereife

Mitte September bis Anfang Oktober

Genussreife

Oktober bis November

Verwendung

Küche, Tafel, Saft und Most

Frucht

- **Fruchtmuster:** ca. 20-jähriger Hochstamm auf Sämling, Gemeinde St. Marienkirchen/Polsenz
- **Größe:** mittelgroß, 65–74 mm hoch, 74–78 mm breit, 143–174 g schwer
- **Form:** kurz bis lang stumpfkegelförmig, stielbauchig, gleichhälftig; Querschnitt rundlich bis schwach eckig; Relief glatt, teils flach kantig und gering kelchrippig
- **Schale:** glatt, matt glänzend, mitteldick, zäh; Grundfarbe grünlich gelb, später hellgelb; Deckfarbe gelborange, verwaschen, Deckungsgrad 0–40 %; Lentizellen zahlreich, klein, hell graubraun, wenig auffällig
- **Stielbucht:** mitteltief, mittelbreit, oft hellgrün; teils lang- bis kurzstrahlig durchscheinend bräunlich grau berostet; Rand meist glatt
- **Stiel:** kurz bis mittellang, 10–19 mm, mitteldick, holzig bis gering fleischig, grünlich grau bis graubraun
- **Kelchbucht:** mitteltief, eng, faltig bis gerippt; Rand fein- bis grobrippig
- **Kelch:** klein, geschlossen; Blättchen aufrecht, schmal, lang, hellgrün, an der Basis vereint; Spitzen grau, lang zurückgebogen
- **Kelchhöhle:** mittelgroß, kegelförmig
- **Kerngehäuse:** mittelgroß, mittelständig; Achse gering hohl; Kammern mittelgroß, schlitzartig offen; Wände rucksack- bis bogenförmig, gering gerissen; viele Kerne, klein, länglich oval, teils lang zugespitzt, braun, gut ausgebildet
- **Gefäßbündel im Fruchtlängsschnitt:** herzförmig
- **Fleisch:** weißlich bis cremefarben, mittelfest, mittelfein- bis feinzellig, sehr saftig; säuerlich-süß, ohne Würze
- **Zuckergehalt:** 11,9–13,2° KMW; 58–64° Oechsle; 13,6–15,1° Brix

Ontario

Verwechslersorte: Schweizer Orangenapfel

Synonyme, Herkunft, Verbreitung

USA; Selektion aus Kreuzung „Wagener Apfel“ x „Nordern Spy“; seit 1882 in Mitteleuropa im Handel; in Oberösterreich weit verbreitet

Baum

Wuchs: mittelstark; Krone auf Sämling breit pyramidal bis flach kugelig, teils schirmförmig

Sonstige Eigenschaften: anfällig für Holzfrost, Schorf und Krebs; für wärmere Lagen

Erntereife

Ende Oktober

Genussreife

Jänner bis Mai

Verwendung

Tafel, Küche

Frucht

- **Fruchtmuster:** ca. 30-jähriger Hochstamm auf Sämling, Gemeinde Wartberg/Aist
- **Größe:** groß bis sehr groß, 63–73 mm hoch, 84–95 mm breit, 189–260 g schwer
- **Form:** flach kugelig bis plattrund, mittelbauchig, teils ungleichhälftig; Querschnitt eckig; Relief rippig 2/3–3/3
- **Schale:** glatt, glänzend, dünn weißlich bereift, mitteldick, zäh; Grundfarbe gelblich grün, später grünlich gelb; Deckfarbe orangerot, bräunlich rot bis rot, verwaschen bis marmoriert, Deckungsgrad 20–70 %; Lentizellen zahlreich, klein, cremefarben bis hellgrau, teils hellgrün umhoft, wenig auffällig
- **Stielbucht:** tief, sehr breit; flächig bis kurzstrahlig graubraun berostet; Rand fein- bis grobrippig
- **Stiel:** mittellang, 14–25 mm, mitteldick, holzig, graugrün bis graubraun
- **Kelchbucht:** mitteltief, mittelbreit, faltig bis gerippt; Rand fein- bis grobrippig
- **Kelch:** mittelgroß, geschlossen; Blättchen aufrecht, schmal, hellgrün, an der Basis teils getrennt; Spitzen dunkelgrau, teils kurz zurückgebogen
- **Kelchhöhle:** mittelgroß, kegel- bis seltener trichterförmig mit mittelbreiter Röhre
- **Kerngehäuse:** mittelgroß, mittelständig; Achse gering hohl; Kammern mittelgroß, schlitzartig offen; Wände bohnen- bis verkehrt rucksackförmig, gering bis mittelstark gerissen; Kerne mittelgroß, meist länglich oval, braun, mittelgut ausgebildet
- **Gefäßbündel im Fruchtlängsschnitt:** zwiebelförmig, hellgrün
- **Fleisch:** cremefarben, fest, mittelfeinzellig, sehr saftig; erfrischend säuerlich-süß, ohne Würze
- **Zuckergehalt:** 9,3–10,7° KMW; 43–50° Oechsle; 10,6–12,5° Brix

Osnabrücker Renette

Synonyme, Herkunft, Verbreitung
Osnabrück (Deutschland) vor 1800; in Oberösterreich selten

Baum
Wuchs: mittelstark; Krone auf Sämling kugelig, später hoch kugelig
Sonstige Eigenschaften: anfällig für Krebs

Erntereife
Anfang bis Mitte Oktober

Genussreife
Dezember bis März

Verwendung
Tafel, Küche

Frucht

- **Fruchtmuster:** ca. 26-jähriger Hochstamm auf Sämling, Gemeinde Wartberg/Aist
- **Größe:** klein bis mittelgroß, 50–59 mm hoch, 61–69 mm breit, 80–111 g schwer
- **Form:** meist kurz stumpfkegelförmig, meist stielbauchig, teils ungleichhälftig; Querschnitt rundlich bis gering eckig; Relief kelchrippig bis rippig 1/2
- **Schale:** rau, partiell matt glänzend, mitteldick, zäh; Grundfarbe hell gelblich grün, später grünlich gelb; Deckfarbe orangerot, braunrot bis rot, verwaschen bis marmoriert, Deckungsgrad 10–50 %; Lentizellen nicht auffällig; Berostung stark, flächig, graubraun bis zimtbraun
- **Stielbucht:** tief, mittelbreit; flächig zimtbraun berostet; Rand gering grobrippig
- **Stiel:** kurz bis mittellang, 10–17 mm, dünn, holzig, graubraun
- **Kelchbucht:** flach, eng, faltig, oft typisch frei von Berostung; Rand gering grobrippig
- **Kelch:** mittelgroß, geschlossen, seltener halb offen; Blättchen zusammengeneigt, meist kurz, an der Basis hellgrün, meist vereint; Spitzen dunkelgrau, teils kurz zurückgebogen
- **Kelchhöhle:** mittelgroß, kegelförmig
- **Kerngehäuse:** mittelgroß, mittelständig; Achse geschlossen bis gering hohl; Kammern mittelgroß, geschlossen; Wände ohrenförmig, gering bis mittelstark gerissen; Kerne mittelgroß, meist länglich oval, dunkelbraun, mittelgut bis schlecht ausgebildet
- **Gefäßbündel im Fruchtlängsschnitt:** herzförmig
- **Fleisch:** grünlich weiß, mittelfest, mittelfeinzellig, sehr saftig; süß-säuerlich, gering gewürzt
- **Zuckergehalt:** 11,1–12,3° KMW; 54–60° Oechsle; 12,7–14,1° Brix

Paradeiser

Synonyme, Herkunft, Verbreitung
Herkunft unbekannt; im Hausruckviertel seit langer Zeit bekannt und jetzt noch verstreut vorkommend

Baum
Wuchs: mittelstark; Krone auf Sämling kugelig, später breit kugelig
Sonstige Eigenschaften: sehr robust und anspruchslos

Erntereife
Anfang bis Mitte Oktober

Genussreife
Dezember bis Mai

Verwendung
Küche, Saft, Most, Tafel

Frucht

- **Fruchtmuster:** ca. 100-jähriger Hochstamm auf Sämling, Gemeinde Gaspoltshofen
- **Größe:** mittelgroß, 54–59 mm hoch, 65–71 mm breit, 99–123 g schwer
- **Form:** meist kugelig bis fassförmig, seltener kurz stumpfkegelförmig, meist mittel- bis selten stielbauchig, meist gleichhälftig; Querschnitt rund bis rundlich; Relief glatt, teils gering kelchrippig
- **Schale:** glatt, glänzend, teils dünn hellblau bereift, mitteldick, mittelzäh; Grundfarbe hellgelb; Deckfarbe rot, verwaschen, teils gering diffus gestreift, teils deckend, Deckungsgrad 60–80 %; Lentizellen zahlreich, klein, hellgrau, wenig auffällig
- **Stielbucht:** tief, eng bis mittelbreit; grünlich grau kurzstrahlig berostet; Rand gering grobrippig
- **Stiel:** kurz bis mittellang, 11–22 mm, dünn, holzig, graubraun
- **Kelchbucht:** flach, eng bis mittelbreit, faltig bis gerippt; Rand meist feinrippig
- **Kelch:** mittelgroß, geschlossen bis halb offen; Blättchen aufrecht, zusammengeneigt, mittellang, breit, grau, an der Basis vereint; Spitzen teils kurz zurückgebogen
- **Kelchhöhle:** mittelgroß, stumpfkegelförmig
- **Kerngehäuse:** mittelgroß, mittel- bis seltener gering stielständig; Achse geschlossen bis gering hohl; Kammern mittelgroß, geschlossen; Wände bogen- bis bohnenförmig, gering gerissen; wenige Kerne mittelgroß, länglich oval, teils lang zugespitzt, dunkelbraun, mittelgut bis schlecht ausgebildet
- **Gefäßbündel im Fruchtlängsschnitt:** hoch zwiebelförmig
- **Fleisch:** cremefarben, mittelfest, mittelfeinzellig, saftig; erfrischend säuerlich-süß, ohne Würze
- **Zuckergehalt:** 10,1–11,3° KMW; 49–55° Oechsle; 11,5–12,9° Brix

Petermörtel

Synonyme, Herkunft, Verbreitung

„Pedamiatl", Herkunft ungesichert, vielleicht vom Petermörtlgut in Nussbach/Krems abstammend; vermutlich ein Sämling von „Brünnerling"; vor allem im Bezirk Kirchdorf/Krems seit langer Zeit beheimatet und jetzt noch verstreut vorkommend

Baum

Wuchs: mittelstark; Krone auf Sämling kugelig
Sonstige Eigenschaften: gering krebsanfällig

Erntereife

Mitte bis Ende Oktober

Verwendung

Most, Saft, Schnaps

Frucht

- **Fruchtmuster:** ca. 30-jähriger Hochstamm auf Sämling, Gemeinde Ansfelden
- **Größe:** klein, teils mittelgroß, 47–53 mm hoch, 60–69 mm breit, 80–109 g schwer
- **Form:** plattrund, mittelbauchig, teils gering ungleichhälftig; Querschnitt rund; Relief glatt
- **Schale:** glatt, glänzend, dick, zäh; Grundfarbe hell grünlich gelb bis hellgelb; Deckfarbe orangerot, rot bis braunrot, verwaschen, teils deckend, Deckungsgrad 40–60 %; Lentizellen zahlreich, klein bis mittelgroß, hellgrau bis grau, teils sternartig, grünlich bis breit rot umhoft, auffällig
- **Stielbucht:** tief bis mitteltief, mittelbreit; grünlich grau kurzstrahlig berostet; Rand glatt
- **Stiel:** sehr kurz bis kurz, 4–11 mm, dünn, holzig, graugrün bis graubraun
- **Kelchbucht:** mitteltief, mittelbreit bis breit, schüsselförmig, faltig; Rand meist glatt
- **Kelch:** klein, geschlossen; Blättchen aufrecht, zusammengeneigt, mittellang, grau, an der Basis vereint
- **Kelchhöhle:** klein, kegelförmig
- **Kerngehäuse:** klein, mittelständig; Achse geschlossen bis gering hohl; Kammern klein, geschlossen; Wände bogen- bis bohnenförmig, meist glatt; viele Kerne, klein, oval, braunschwarz, gut ausgebildet
- **Gefäßbündel im Fruchtlängsschnitt:** zwiebelförmig
- **Fleisch:** cremefarben, mittelfest, mittelfeinzellig, sehr saftig; erfrischend süßsauer, ohne Würze
- **Zuckergehalt:** 9,9–10,9° KMW; 48–53° Oechsle; 11,3–12,5° Brix

Pfirsichroter Sommerapfel

Verwechslersorte: Roter Astrachan

Synonyme, Herkunft, Verbreitung

Herkunft unbekannt, in Deutschland schon vor 1830 existent; 1839 erstmals beschrieben; in Oberösterreich verstreut vorkommend

Baum

Wuchs: mittelstark; Krone auf Sämling kugelig bis breit kugelig

Sonstige Eigenschaften: anfällig für Schorf und Krebs

Erntereife

Mitte Juli bis Anfang August

Genussreife

Mitte Juli bis Ende August

Verwendung

Tafel, Küche

Frucht

- **Fruchtmuster:** ca. 70-jähriger Halbstamm auf Sämling, Gemeinde Bad Schallerbach
- **Größe:** mittelgroß, 52–60 mm hoch, 63–68 mm breit, 82–101 g schwer
- **Form:** kugelig, teils flachkugelig bis schwach stumpfkegelförmig, mittel- bis seltener gering stielbauchig, teils gering ungleichhälftig; Querschnitt schwach eckig; Relief flach kantig, kelchrippig bis rippig 3/4
- **Schale:** glatt, matt glänzend, meist dünn hellblau bis weißlich bereift, mitteldick, mittelzäh; Grundfarbe hell grünlich gelb bis hellgelb, vollreif oft weißlich; Deckfarbe rosa bis rot, verwaschen bis deckend, Deckungsgrad 50–100 %; Lentizellen zahlreich, klein bis mittelgroß, hellgrau, rot umhoft, stark auffällig
- **Stielbucht:** mitteltief, mittelbreit; meist hell graugrün durchscheinend kurzstrahlig berostet; Rand meist grobrippig
- **Stiel:** mittellang bis lang, 17–32 mm, mitteldick, holzig, hellgrün bis braunrot
- **Kelchbucht:** mitteltief, eng bis mittelbreit, stark faltig bis gerippt; Rand stark grobrippig
- **Kelch:** mittelgroß, geschlossen; Blättchen aufrecht, mittelgroß, mittellang, hell graugrün, an der Basis vereint; Spitzen teils kurz zurückgebogen
- **Kelchhöhle:** klein, stumpfkegelförmig, meist in mittelbreite längere Röhre übergehend
- **Kerngehäuse:** mittelgroß, mittelständig; Achse geschlossen bis gering hohl; Kammern mittelgroß, geschlossen; Wände bogen- bis verkehrt rucksackförmig, glatt; viele Kerne, mittelgroß, oval bis länglich oval, dunkelbraun, gut ausgebildet
- **Gefäßbündel im Fruchtlängsschnitt:** zwiebelförmig
- **Fleisch:** cremefarben, weich, locker, feinzellig, mäßig saftig, bald mürbe; süßsäuerlich, ohne Würze
- **Zuckergehalt:** 10,7–11,5° KMW; 52–56° Oechsle; 12,2–13,2° Brix

Pilot

Synonyme, Herkunft, Verbreitung

Deutschland 1962, Kreuzung „Clivia“ x „Undine“, seit 1988 im Handel; in Oberösterreich vereinzelt in Plantagen und Hausgärten

Baum

Wuchs: mittelstark; Krone auf Sämling kugelig
Sonstige Eigenschaften: anfällig für Mehltau, Schorf und Feuerbrand

Erntereife

Mitte Oktober

Genussreife

Jänner bis Mai

Verwendung

Tafel, Küche

Frucht

- **Fruchtmuster:** ca. 10-jährige Spindel auf M26, Gemeinde Ohlsdorf
- **Größe:** mittelgroß, 58–72 mm hoch, 69–73 mm breit, 122–159 g schwer
- **Form:** kugelig bis kurz-stumpfkegelförmig, mittel- bis gering stielbauchig, teils ungleichhälftig; Querschnitt rundlich; Relief glatt bis schwach kelchrippig, seltener bis rippig 1/3
- **Schale:** glatt, matt glänzend, mitteldick, zäh; Grundfarbe hellgelb bis gelb; Deckfarbe orangerot, marmoriert und darüber teils dunkler rot gestreift, Deckungsgrad 70–100 %; Lentizellen zahlreich, klein, hellgrau, wenig auffällig; gehäuft Warzen
- **Stielbucht:** tief, mittelbreit, durch Wulst teils gering eingeengt; meist kurzstrahlig graubraun berostet; Rand oft einseitig wulstig, gering grobrippig
- **Stiel:** mittellang bis lang, 14–31 mm, dünn bis mitteldick, holzig, graugrün bis graubraun
- **Kelchbucht:** mitteltief, eng, faltig; Rand gering fein- bis grobrippig
- **Kelch:** mittelgroß, geschlossen; Blättchen zusammengeneigt, mittelgroß, hell graugrün, an der Basis meist vereint
- **Kelchhöhle:** klein, kegelförmig, seltener trichterförmig mit dünner Röhre
- **Kerngehäuse:** mittelgroß, mittel- bis seltener gering stielständig; Achse geschlossen bis gering hohl; Kammern mittelgroß, geschlossen bis schlitzartig offen; Wände bogen- bis verkehrt rucksackförmig, gering bis mittelstark gerissen; Kerne, mittelgroß, länglich oval, teils lang zugespitzt, dunkelbraun, mittelgut bis schlecht ausgebildet
- **Gefäßbündel im Fruchtlängsschnitt:** herz- bis zwiebelförmig
- **Fleisch:** cremefarben bis hellgelblich, sehr fest, mittelfeinzellig, sehr saftig; süßsäuerlich, ohne Würze
- **Zuckergehalt:** 12,8–13,6° KMW; 62–66° Oechsle; 14,6–15,5° Brix

Portugiesische Lederrenette

Synonyme, Herkunft, Verbreitung

„Graue Portugiesische Renette“, „Reinette Grise de Portugal“; Herkunft ungesichert, vermutlich Portugal vor 1800; in Oberösterreich selten

Baum

Wuchs: schwach; Krone auf Sämling flach kugelig

Sonstige Eigenschaften: gering schorfanfällig

Erntereife

Anfang bis Mitte Oktober

Genussreife

Dezember bis März

Verwendung

Tafel, Küche

Frucht

- **Fruchtmuster:** ca. 10-jährige Spindel auf M26, Gemeinde Ohlsdorf
- **Größe:** mittelgroß, 49–57 mm hoch, 63–71 mm breit, 94–130 g schwer
- **Form:** flach kugelig, mittelbauchig, teils ungleichhälftig; Querschnitt rundlich bis stärker unregelmäßig rund; Relief glatt
- **Schale:** feinrau bis rau, mitteldick, mäßig zäh; Grundfarbe grün bis gelblich grün, nur selten sichtbar; Deckfarbe fehlt; Lentizellen zahlreich, mittelgroß, hellgrau, auffällig; Berostung großflächig graubraun bis zimtbraun (ganze Frucht)
- **Stielbucht:** mitteltief, eng bis mittelbreit; meist kurzstrahlig graubraun berostet; Rand glatt
- **Stiel:** kurz, 7–13 mm, dünn bis mitteldick, holzig, graugrün bis graubraun
- **Kelchbucht:** mitteltief, mittelbreit; Rand glatt
- **Kelch:** klein bis mittelgroß, halb offen; Blättchen aufrecht, teils anliegend, schmal, grau, an der Basis teils hellgrün und vereint
- **Kelchhöhle:** mittelgroß, kegelförmig, teils trichterförmig mit kurzer dünner Röhre
- **Kerngehäuse:** klein, mittelständig; Achse geschlossen bis gering hohl; Kammern klein, geschlossen bis schlitzartig offen; Wände bogen- bis verkehrt rucksackförmig, teils gering gerissen; viele Kerne, klein, länglich oval, teils lang zugespitzt, dunkelbraun, gut ausgebildet
- **Gefäßbündel im Fruchtlängsschnitt:** zwiebel- bis herzförmig
- **Fleisch:** grünlich weiß, fest, mittelfeinzellig, saftig; wenig Säure, sehr süß, gering gewürzt
- **Zuckergehalt:** 14,0–17,7° KMW; 68–86° Oechsle; 16,0–20,2° Brix

Prinz Albrecht von Preußen

Verwechslersorten: Kardinal Bea, Kaiser Wilhelm, Cellini

Synonyme, Herkunft, Verbreitung

„Albrecht-Apfel“; 1865 in Kamenz bei Glatz (heute Kamieniec bei Klodzko, Polen) aus Kernen von „Kaiser Alexander“ gezogen; in Oberösterreich verstreut vorkommend

Baum

Wuchs: schwach bis mittelstark; Krone auf Sämling breit kugelig

Sonstige Eigenschaften: relativ robust gegenüber Krankheiten

Erntereife

Anfang bis Mitte September

Genussreife

September bis Dezember

Verwendung

Tafel, Küche

Frucht

- **Fruchtmuster:** ca. 10-jähriger Halbstamm auf Sämling, Gemeinde Unterweitersdorf
- **Größe:** mittelgroß, 46–52 mm hoch, 63–72 mm breit, 97–114 g schwer
- **Form:** flach kugelig, mittelbauchig, meist gleichhälftig; Querschnitt rund; Relief glatt bis gering grobrippig
- **Schale:** glatt, glänzend; mitteldick, mittelzäh; Grundfarbe hell grünlich gelb bis hellgelb; Deckfarbe bräunlich rot, verwaschen, darüber dunkler rot gestreift bis geflammt, Deckungsgrad 70–90 %; Lentizellen zahlreich, klein, hellgrau bis hellbraun, mäßig auffällig
- **Stielbucht:** tief bis mitteltief, eng bis mittelbreit; meist kurzstrahlig hell graugrün berostet; Rand glatt
- **Stiel:** kurz, 7–12 mm, dünn bis mitteldick, holzig, graugrün
- **Kelchbucht:** mitteltief bis tief, breit, schüsselförmig, faltig; Rand oft grobrippig
- **Kelch:** sehr groß, offen; Blättchen aufrecht, klein, kurz, grau, an der Basis meist getrennt
- **Kelchhöhle:** groß, breit kegelförmig bis gering trichterförmig
- **Kerngehäuse:** sehr klein, mittelständig; Achse geschlossen bis gering hohl; Kammern sehr klein, geschlossen; Wände bogen- bis verkehrt rucksackförmig, meist glatt; viele Kerne, klein, breit oval bis rundlich, dunkelbraun, gut ausgebildet
- **Gefäßbündel im Fruchtlängsschnitt:** zwiebel- bis breit herzförmig
- **Fleisch:** cremefarben, mittelfest, mittelfeinzellig, sehr saftig; angenehm säuerlich-süß, gering gewürzt
- **Zuckergehalt:** 9,9–10,9° KMW; 48–53° Oechsle; 11,3–12,5° Brix

Prinzenapfel

Verwechslersorten: Doppelter Prinzenapfel, Sommerprinz, Braunauer Rosmarin

Synonyme, Herkunft, Verbreitung
„Hasenkopf", „Nonnenapfel"; Herkunft ungesichert, vermutlich Norddeutschland vor 1780; viele Typen; in Oberösterreich selten

Baum
Wuchs: mittelstark; Krone auf Sämling kugelig
Sonstige Eigenschaften: teils krebsanfällig

Erntereife
Ende September

Genussreife
Oktober bis Jänner

Verwendung
Tafel, Küche

Frucht

- **Fruchtmuster:** ca. 15-jähriger Hochstamm auf Sämling, Gemeinde Ansfelden
- **Größe:** mittelgroß bis groß, 58–73 mm hoch, 63–72 mm breit, 100–177 g schwer
- **Form:** walzenförmig, teils schmal fassförmig bis eiförmig, stielwärts etwas stärker verjüngt, mittelbauchig, oft ungleichhälftig; Querschnitt unregelmäßig rund; Relief glatt, teils flach kantig bis gering kelchrippig
- **Schale:** glatt, matt glänzend; mitteldick, mittelzäh; Grundfarbe hellgelblich; Deckfarbe rot, marmoriert, darüber dunkler rot gestreift bis geflammt, Deckungsgrad 90–100 %; Lentizellen nicht auffällig
- **Stielbucht:** mitteltief, teils flach, eng; meist kurzstrahlig durchscheinend hell graubraun berostet; Rand glatt bis gering grobrippig
- **Stiel:** mittellang, 15–25 mm, dünn, holzig, graubraun
- **Kelchbucht:** flach, eng bis mittelbreit, gering faltig, teils geperlt; flächig graubraun berostet; Rand gering grobrippig
- **Kelch:** mittelgroß, geschlossen; Blättchen zusammengeneigt, schmal, grau, an der Basis meist hell- grün und vereint; Spitzen grau, kurz zurückgebogen
- **Kelchhöhle:** mittelgroß, kegelförmig, teils trichterförmig mit dünner Röhre
- **Kerngehäuse:** sehr groß, mittelständig; Achse stark hohl; Kammern sehr groß, sehr weit bis seltener schlitzartig offen; Wände schmal sichelförmig, mittelstark gerissen; wenige Kerne, klein, oval, teils kurz zugespitzt, dunkelbraun, mittelgut ausgebildet
- **Gefäßbündel im Fruchtlängsschnitt:** hoch zwiebelförmig
- **Fleisch:** cremefarben, mittelfest, mittelfeinzellig, saftig; angenehm säuerlich-süß, ohne Würze
- **Zuckergehalt:** 10,1–11,3° KMW; 49–55° Oechsle; 11,5–12,9° Brix

Radetzky

Synonyme, Herkunft, Verbreitung

benannt nach dem österreichischen Feldherrn Josef Wenzel Radetzky von Radetz (1766–1858); wahrscheinlich Zufallssämling aus Oberösterreich vor 1870; in Oberösterreich verstreut vorkommend

Baum

Wuchs: mittelstark; Krone auf Sämling kugelig

Sonstige Eigenschaften: relativ robust gegenüber Krankheiten

Erntereife

Mitte bis Ende Oktober

Verwendung

Most, Saft

Frucht

- **Fruchtmuster:** ca. 20-jähriger Hochstamm auf Sämling, Gemeinde Wartberg/Aist
- **Größe:** mittelgroß, teils klein, 54–64 mm hoch, 60–69 mm breit, 77–105 g schwer
- **Form:** kurz stumpfkegelförmig, mittel- bis gering stielbauchig, teils ungleichhälftig; Querschnitt rundlich; Relief glatt, teils gering kelchrippig
- **Schale:** glatt, glänzend, teils dünn hellblau bereift; mitteldick, mittelzäh; Grundfarbe grünlich gelb bis hellgelb; Deckfarbe rot, verwaschen, darüber dunkler rot gestreift bis geflammt, Deckungsgrad 50–80 %; Lentizellen zahlreich, sehr klein, hellgrau, nicht bis gering auffällig
- **Stielbucht:** tief, mittelbreit; teils kurzstrahlig hell graubraun berostet; Rand glatt
- **Stiel:** sehr kurz bis kurz, 5–12 mm, dünn, holzig, graugrün
- **Kelchbucht:** mitteltief, eng bis mittelbreit, faltig; Rand gering grobrippig
- **Kelch:** mittelgroß, geschlossen bis halb offen; Blättchen aufrecht, mittellang, grünlich, an der Basis vereint
- **Kelchhöhle:** mittelgroß, stumpfkegelförmig
- **Kerngehäuse:** mittelgroß, mittelständig; Achse stark hohl; Kammern groß, offen; Wände breit sichel- bis bohnenförmig, glatt; wenige Kerne, klein, oval, teils kurz zugespitzt, dunkelbraun, mittelgut ausgebildet
- **Gefäßbündel im Fruchtlängsschnitt:** herzförmig
- **Fleisch:** cremefarben bis gelblich weiß, fest, mittelfeinzellig, sehr saftig; süßsäuerlich, ohne Würze
- **Zuckergehalt:** 10,5–11,3° KMW; 51–55° Oechsle; 12,0–12,9° Brix

Red Delicious

Verwechslersorte: Gloster

Synonyme, Herkunft, Verbreitung

1872 in Peru (Iowa, USA) als Sämling von „Gelber Bellefleur" aufgefunden; viele Mutanten; in Oberösterreich verstreut vorkommend

Baum

Wuchs: mittelstark; Krone auf Sämling kugelig
Sonstige Eigenschaften: anfällig für Schorf, Mehltau, Krebs

Erntereife

Ende September bis Anfang Oktober

Genussreife

November bis Jänner

Verwendung

Tafel

Frucht

- **Fruchtmuster:** ca. 50-jährige Hecke auf M7, Gemeinde Obernberg/Inn
- **Größe:** mittelgroß, 57–63 mm hoch, 62–68 mm breit, 107–123 g schwer
- **Form:** kurz stumpfkegelförmig, stielbauchig, teils ungleichhälftig; Querschnitt rundlich, teils gering eckig; Relief flach kantig, meist stärker kelchrippig, teils rippig 1/3–2/3
- **Schale:** glatt, glänzend; mitteldick, mittelzäh; Grundfarbe hellgelb bis gelb; Deckfarbe dunkelbraunrot bis dunkelblaurot, deckend, partiell verwaschen, Deckungsgrad 90–100 %; Lentizellen zahlreich, mittelgroß, hellgrau bis hellbraun, auffällig
- **Stielbucht:** tief, mittelbreit; oft langstrahlig durchscheinend hell graubraun berostet; Rand glatt
- **Stiel:** mittellang, 20–30 mm, dünn, holzig, rötlich braun
- **Kelchbucht:** mitteltief bis tief, eng bis mittelbreit, gerippt; Rand stark grobrippig
- **Kelch:** mittelgroß, geschlossen; Blättchen aufrecht, mittellang, graugrün, an der Basis oft getrennt
- **Kelchhöhle:** mittelgroß, stumpfkegelförmig
- **Kerngehäuse:** mittelgroß, stiel- bis mittelständig; Achse hohl; Kammern mittelgroß, teils schlitzartig offen; Wände breit bogen- bis bohnenförmig, gering gerissen; viele Kerne, klein, oval, teils länglich oval, dunkelbraun, gut ausgebildet
- **Gefäßbündel im Fruchtlängsschnitt:** zwiebelförmig, hellgrün
- **Fleisch:** gelblich weiß bis hellgelb, weich, feinzellig, mäßig saftig; mild säuerlichsüß, wenig Säure, ohne Würze
- **Zuckergehalt:** 9,9–11,1° KMW; 48–54° Oechsle; 11,3–12,7° Brix

Redlove® Era®

Verwechslersorten: Roter Mond, Pomfital

Synonyme, Herkunft, Verbreitung

Züchtung von MARKUS KOBELT, St. Gallen (Schweiz); seit 2010 im Handel; in Oberösterreich selten

Baum

Wuchs: schwach; Krone auf Sämling breit kugelig

Sonstige Eigenschaften: schorf- und feuerbrandresistent

Erntereife

Mitte bis Ende September

Genussreife

September bis Dezember

Verwendung

Tafel, Küche, Saft, Most

Frucht

- **Fruchtmuster:** ca. 7-jähriger Buschbaum, Gemeinde Wartberg/Aist
- **Größe:** mittelgroß, 58–76 mm hoch, 69–80 mm breit, 107–169 g schwer
- **Form:** kugelig bis fassförmig, mittelbauchig, teils ungleichhälftig; Querschnitt rundlich, teils gering eckig; Relief kelchrippig, teils rippig 1/3–1/2
- **Schale:** glatt, glänzend, stark hellblau bereift; mitteldick, mäßig zäh; Grundfarbe hellrot; Deckfarbe dunkelrot bis blaurot, verwaschen bis deckend, Deckungsgrad 85–100 %; Lentizellen zahlreich, klein bis mittelgroß, hellgrau, auffällig
- **Stielbucht:** tief, eng bis mittelbreit; Rand gering feinrippig
- **Stiel:** mittellang, 14–28 mm, dünn, holzig, rötlich braun bis graubraun
- **Kelchbucht:** mitteltief, eng, stark gerippt; Rand stark feinrippig
- **Kelch:** mittelgroß, geschlossen; Blättchen aufrecht, mittellang, schmal, grau bis graubraun, an der Basis vereint
- **Kelchhöhle:** mittelgroß, kegelförmig
- **Kerngehäuse:** groß, mittelständig; Achse hohl; Kammern groß, offen; Wände breit bogen- bis rucksackförmig, gering bis mittelstark gerissen; viele Kerne, mittelgroß, oval bis länglich oval, teils lang zugespitzt, rötlich braun, gut ausgebildet
- **Gefäßbündel im Fruchtlängsschnitt:** herz- bis zwiebelförmig
- **Fleisch:** rot, partiell cremefarben, mittelfest bis weich, mittelfeinzellig, saftig; mild süß-säuerlich, ohne Würze
- **Zuckergehalt:** 11,9–13,2° KMW; 58–64° Oechsle; 13,6–15,1° Brix

Rheinischer Bohnapfel

Verwechslersorten: Rheinischer Krummstiel, Friedberger Bohnapfel

Synonyme, Herkunft, Verbreitung

um 1750 in Deutschland aufgefunden; in Oberösterreich sehr weit verbreitet

Baum

Wuchs: stark; Krone auf Sämling pyramidal bis kugelig

Sonstige Eigenschaften: frosttolerant, gering schorfanfällig, sonst sehr robust, Massenträger

Erntereife

Ende Oktober

Genussreife

Dezember bis Mai

Verwendung

Küche, Most, Saft und Schnaps

Frucht

- **Fruchtmuster:** 10-jähriger Halbstamm auf Sämling, Gemeinde Naarn
- **Größe:** groß, 63–72 mm hoch, 69–76 mm breit, 132–183 g schwer
- **Form:** fassförmig, teils kugelig, mittelbauchig, teils gering ungleichhälftig; Querschnitt rundlich; Relief glatt, seltener gering kelchrippig
- **Schale:** glatt, teils gering beulig, matt glänzend, dick, zäh; Grundfarbe grünlich gelb; Deckfarbe rot, marmoriert, darüber dunkler rot gestreift, Deckungsgrad 60–90 %; Lentizellen wenige, mittelgroß, erhaben, hellgrau, auffällig; Berostung gering, teils mittelstark, kleinfleckig bis punktförmig, graubraun
- **Stielbucht:** mitteltief, eng, teils durch seitliche Wulst eingeengt; teils kurz- bis langstrahlig hell graubraun durchscheinend berostet; Rand meist glatt
- **Stiel:** kurz, 10–15 mm, mitteldick, astseitig meist knopfig, holzig bis fleischig, grünlich grau bis graubraun
- **Kelchbucht:** mitteltief, eng, schüsselförmig, teils gering faltig; Rand glatt bis gering grobrippig
- **Kelch:** mittelgroß, geschlossen; Blättchen aufrecht, zusammengeneigt, an der Basis hellgrün und teils getrennt; Spitzen grau, teils kurz zurückgebogen
- **Kelchhöhle:** mittelgroß, kegelförmig, teils trichterförmig mit dünner Röhre
- **Kerngehäuse:** mittelgroß, mittelständig; Achse geschlossen bis gering hohl; Kammern mittelgroß, geschlossen; Wände bogen- bis verkehrt rucksackförmig, gering bis mittelstark gerissen; viele Kerne, mittelgroß, länglich oval, teils lang zugespitzt, braun, gut ausgebildet
- **Gefäßbündel im Fruchtlängsschnitt:** hoch zwiebelförmig
- **Fleisch:** cremefarben bis hellgelblich, sehr fest, grobzellig, sehr saftig; säuerlich-süß, ohne Würze
- **Zuckergehalt:** 10,7–11,7° KMW; 52–57° Oechsle; 12,2–13,4° Brix

Rheinischer Krummstiel

Verwechslersorten: Himbeerapfel von Holowous, Rheinischer Bohnapfel

Synonyme, Herkunft, Verbreitung
Deutschland vor 1800; in Oberösterreichs Bauerngärten relativ häufig vorkommend

Baum
Wuchs: stark; Krone auf Sämling breit pyramidal
Sonstige Eigenschaften: frosttolerant, gering schorfanfällig, sehr robust

Erntereife
Ende Oktober

Genussreife
Dezember bis Mai

Verwendung
Küche, Most, Saft und Schnaps

Frucht

- **Fruchtmuster:** ca. 33-jähriger Halbstamm auf Sämling, Gemeinde Schiedlberg
- **Größe:** mittelgroß bis groß, 66–76 mm hoch, 68–78 mm breit, 149–188 g schwer
- **Form:** fassförmig, teils kugelig, mittelbauchig, meist ungleichhälftig; Querschnitt rundlich bis unregelmäßig rund, teils schwach eckig; Relief glatt, teils flach kantig bis gering kelchrippig
- **Schale:** glatt, matt glänzend, dick, zäh; Grundfarbe hellgelb bis gelb; Deckfarbe rot bis dunkelrot, deckend bis marmoriert, teils diffus geflammt bis gestreift, Deckungsgrad 70–100 %; Lentizellen zahlreich, klein, hellgrau, nicht bis mäßig auffällig
- **Stielbucht:** mitteltief, eng bis mittelbreit, durch seitliche Wulst meist stark eingeengt; teils flächig bis langstrahlig hellbraun durchscheinend berostet; Rand einseitig wulstig
- **Stiel:** kurz, 8–16 mm, mitteldick, durch Wulst zur Seite gedrückt, holzig, braun
- **Kelchbucht:** mitteltief, eng; Rand glatt bis gering grobrippig
- **Kelch:** klein, geschlossen bis halboffen; Blättchen aufrecht, etwas zusammengeneigt, mittellang, an der Basis graugrün und vereint; Spitzen grau
- **Kelchhöhle:** klein, stumpfkegelförmig
- **Kerngehäuse:** mittelgroß, mittelständig; Achse gering hohl; Kammern mittelgroß, geschlossen bis schlitzartig offen; Wände bohnen- bis verkehrt rucksackförmig, mittelstark gerissen; viele Kerne, mittelgroß, länglich oval, braun, gut ausgebildet
- **Gefäßbündel im Fruchtlängsschnitt:** hoch zwiebelförmig
- **Fleisch:** cremefarben, sehr fest, grob- bis mittelfeinzellig, sehr saftig; säuerlich-süß, ohne Würze
- **Zuckergehalt:** 10,7–11,9° KMW; 52–58° Oechsle; 12,2–13,6° Brix

Rheinischer Winterrambour

Verwechslersorten: Eifeler Rambour, Roter Pogatschapfel

Synonyme, Herkunft, Verbreitung

„Theuringer Rambour", im Mühlviertel „Kurzstiel"; Herkunft ungesichert, vor 1700 entstanden; in Oberösterreich früher häufig, jetzt verstreut vorkommend

Baum

Wuchs: stark; Krone auf Sämling sehr breit, teils schirmförmig
Sonstige Eigenschaften: etwas anfällig für Schorf, Mehltau und Krebs, sonst robust

Erntereife

Ende Oktober

Genussreife

Dezember bis Mai

Verwendung

Küche, Tafel

Frucht

- **Fruchtmuster:** ca. 70-jähriger Hochstamm auf Sämling, Gemeinde Wartberg/Aist
- **Größe:** groß, 56–68 mm hoch, 81–96 mm breit, 180–222 g schwer
- **Form:** flach kugelig bis plattrund, mittelbauchig, meist stärker ungleichhälftig; Querschnitt unregelmäßig rund; Relief kelchrippig
- **Schale:** glatt, matt glänzend, meist dünn hellblau bereift, dick, zäh; Grundfarbe grünlich gelb bis hell- gelb; Deckfarbe orangerot bis rot, verwaschen bis deckend, seltener gering diffus gestreift, Deckungsgrad 60–80 %; Lentizellen zahlreich, klein, hellgrau, auffällig
- **Stielbucht:** tief, mittelbreit bis breit, flächig bis langstrahlig hellbraun berostet; Rand meist gering grobrippig
- **Stiel:** sehr kurz bis kurz, 6–12 mm, mitteldick, holzig, teils gering fleischig, graubraun
- **Kelchbucht:** mitteltief, eng, faltig bis gerippt; Rand meist grobrippig
- **Kelch:** groß, offen bis halb offen; Blättchen aufrecht, breit, kurz, an der Basis hellgrün und teils getrennt; Spitzen dunkelgrau, kurz zurückgebogen
- **Kelchhöhle:** mittelgroß, kegelförmig bis trichterförmig mit dünner Röhre
- **Kerngehäuse:** klein, mittelständig; Achse meist geschlossen, teils gering hohl; Kammern klein, meist geschlossen; Wände bohnen- bis bogenförmig, meist glatt; wenige Kerne, mittelgroß, länglich oval, teils lang zugespitzt, dunkelbraun, schlecht ausgebildet
- **Gefäßbündel im Fruchtlängsschnitt:** hoch zwiebelförmig, teils herzförmig
- **Fleisch:** cremefarben, fest, mittelfeinzellig, saftig; säuerlich-süß, ohne Würze
- **Zuckergehalt:** 11,3–13,0° KMW; 55–63° Oechsle; 12,9–14,8° Brix

Ribston Pepping

Synonyme, Herkunft, Verbreitung

„Ribston Pippin", „Glory of York"; wahrscheinlich Normandie vor 1700; 1708 im Schlossgarten Ribston Hall, Little Ribston bei Knaresborough (Yorkshire, England) kultiviert; in den oberösterreichischen Bauerngärten verstreut vorkommend

Baum

Wuchs: stark; Krone auf Sämling breit kugelig

Sonstige Eigenschaften: etwas anfällig für Krebs

Erntereife

Ende September bis Anfang Oktober

Genussreife

November bis März

Verwendung

Tafel, Küche

Frucht

- **Fruchtmuster:** ca. 60-jähriger Hochstamm auf Sämling, Gemeinde Wartberg/Aist
- **Größe:** mittelgroß, 50–57 mm hoch, 64–74 mm breit, 97–127 g schwer
- **Form:** kugelig, teils flach kugelig, mittelbauchig, häufig ungleichhälftig; Querschnitt rund; Relief glatt
- **Schale:** glatt, teils rau, teils matt glänzend, oft trocken, dick, zäh; Grundfarbe hellgelb bis gelb; Deckfarbe orangerot bis rot, verwaschen bis diffus gestreift, Deckungsgrad 40–70 %; Lentizellen nicht auffällig; Berostung mittelstark, teils durchscheinend, kleinfleckig, netzartig, schmutzig grau
- **Stielbucht:** tief, mittelbreit bis breit, flächig bis langstrahlig hellbraun berostet; Rand teils gering grobrippig
- **Stiel:** kurz, 11–19 mm, dünn, holzig, graubraun
- **Kelchbucht:** flach bis mitteltief, mittelbreit, faltig, teils langstrahlig bis flächig grau berostet; Rand glatt, teils gering grobrippig
- **Kelch:** mittelgroß, geschlossen bis halb offen; Blättchen aufrecht, schmal, mittellang, an der Basis hellgrün und meist vereint; Spitzen teils dunkelgrau, kurz zurückgebogen
- **Kelchhöhle:** mittelgroß, kegelförmig, teils trichterförmig mit dünner Röhre
- **Kerngehäuse:** mittelgroß, mittelständig; Achse geschlossen bis gering hohl; Kammern mittelgroß, geschlossen bis schlitzartig offen; Wände bogenförmig, glatt bis gering gerissen; wenige Kerne, klein bis mittelgroß, länglich oval, teils lang zugespitzt, dunkelbraun, mittelgut ausgebildet
- **Gefäßbündel im Fruchtlängsschnitt:** meist hoch zwiebelförmig
- **Fleisch:** gelblich weiß bis hellgelb, mittelfest, mittelfeinzellig, saftig; mild säuerlich-süß, mittelstark bis gering gewürzt
- **Zuckergehalt:** 9,9–10,9° KMW; 48–53° Oechsle; 11,3–12,5° Brix

Äpfel

Riesenboiken

Verwechslersorte: Weißer Winterkalvill

Synonyme, Herkunft, Verbreitung

„Riesenboikenapfel"; Herkunft ungesichert, wahrscheinlich um 1900 in Deutschland entstanden; in den oberösterreichischen Bauerngärten verstreut vorkommend

Baum

Wuchs: stark; Krone auf Sämling breit kugelig

Sonstige Eigenschaften: sehr robust, anspruchslos

Erntereife

Mitte bis Ende Oktober

Genussreife

November bis März

Verwendung

Tafel, Küche

Frucht

- **Fruchtmuster:** 69-jähriger Hochstamm, Gemeinde Schiedlberg
- **Größe:** groß bis sehr groß, 63–81 mm hoch, 92–109 mm breit, 203–422 g schwer
- **Form:** flach kugelig bis plattrund, mittelbauchig, meist stärker ungleichhälftig; Querschnitt unregelmäßig rund bis schwach eckig; Relief kelchrippig bis rippig 3/4; vereinzelt Längsfurche
- **Schale:** glatt, matt glänzend, etwas fettig, dick, zäh; Grundfarbe gelblich grün bis grünlich gelb; Deckfarbe teils fehlend, teils orange bis orangerot, verwaschen, Deckungsgrad 0–30 %; Lentizellen zahlreich, klein bis mittelgroß, grau, grünlich umhoft, etwas erhaben; Berostung meist fehlend
- **Stielbucht:** tief, breit, oft schuppig bräunlich grau berostet; Rand glatt bis grobrippig
- **Stiel:** sehr kurz bis kurz, 4–13 mm, mitteldick, holzig, graubraun
- **Kelchbucht:** tief, mittelbreit bis eng, faltig bis gerippt, teils schuppig kurzstrahlig graubraun berostet; Rand grobrippig
- **Kelch:** groß bis mittelgroß, offen bis halb offen; Blättchen aufrecht, mittellang, mittelbreit, an der Basis hellgrün und meist getrennt; Spitzen grau, kurz zurückgebogen
- **Kelchhöhle:** mittelgroß, lang kegelförmig bis trichterförmig mit langer Röhre
- **Kerngehäuse:** mittelgroß, mittelständig; Achse hohl; Kammern mittelgroß, offen; Wände bogenförmig, gering gerissen; wenige Kerne, klein bis mittelgroß, länglich oval, teils zugespitzt, schwarzbraun, meist schlecht ausgebildet
- **Gefäßbündel im Fruchtlängsschnitt:** zwiebel- bis breit herzförmig
- **Fleisch:** cremefarben, mittelfest, mittelfeinzellig, mäßig saftig bis saftig; säuerlich-süß, ohne Würze
- **Zuckergehalt:** 10,3–11,7° KMW; 50–57° Oechsle; 11,8–13,4° Brix

Rote Sternrenette

Verwechslersorte: Ingrid Marie

Synonyme, Herkunft, Verbreitung

„Perlrenette", „Calvill étoilée"; Herkunft unbekannt; mindestens 200 Jahre alt; in Oberösterreich selten

Baum

Wuchs: stark; Krone auf Sämling breit kugelig

Sonstige Eigenschaften: frosthart, nur wenig anfällig für Schorf und Krebs

Erntereife

Mitte bis Ende September

Genussreife

Mitte September bis Dezember

Verwendung

Tafel, Küche

Frucht

- **Fruchtmuster:** ca. 20-jähriger Hochstamm auf Sämling, Gemeinde Ansfelden
- **Größe:** mittelgroß, 49–54 mm hoch, 62–65 mm breit, 98–107 g schwer
- **Form:** flach kugelig, teils kugelig, mittelbauchig, häufig gering ungleichhälftig; Querschnitt rund; Relief glatt
- **Schale:** glatt, partiell rau, teils matt glänzend, trocken, dünn weißlich bis hellblau bereift, mitteldick, zäh; Grundfarbe hellgelb, selten sichtbar; Deckfarbe rot, deckend, Deckungsgrad 95–100 %; Lentizellen als sehr große, eckige bis sternförmige, erhabene hell graubraune Rostpunkte, stark auffällig; Berostung mittelstark, punktförmig, kleinfleckig bis netzartig, hell graubraun
- **Stielbucht:** mitteltief, mittelbreit, langstrahlig hell graubraun berostet; Rand glatt
- **Stiel:** kurz, 9–13 mm, mitteldick, holzig, teils gering fleischig, graubraun
- **Kelchbucht:** flach bis mitteltief, mittelbreit, schüsselförmig; Rand glatt
- **Kelch:** groß, offen; Blättchen aufrecht, schmal, mittellang, grau, stark filzig behaart, an der Basis teils getrennt; Spitzen lang zurückgebogen
- **Kelchhöhle:** klein, stumpfkegelförmig
- **Kerngehäuse:** klein, mittelständig; Achse geschlossen, teils gering hohl; Kammern klein bis mittelgroß, geschlossen; Wände bohnenförmig, glatt; viele Kerne, klein, oval, teils kurz zugespitzt, dunkelbraun, gut ausgebildet
- **Gefäßbündel im Fruchtlängsschnitt:** herzförmig
- **Fleisch:** cremefarben, teils gelblich weiß, mittelfest, mittelfein- bis feinzellig, mäßig saftig; mild säuerlich-süß, mittelstark bis gering gewürzt
- **Zuckergehalt:** 14,0–15,0° KMW; 68–73° Oechsle; 16,0–17,2° Brix

Roter Astrachan

Verwechslersorte: Pfirsichroter Sommerapfel

Synonyme, Herkunft, Verbreitung

„Roter Jakobiapfel", wahrscheinlich Russland vor 1800; kam später über Skandinavien und England nach Mitteleuropa; in Oberösterreich verstreut vorkommend

Baum

Wuchs: mittelstark; Krone auf Sämling kugelig bis hoch kugelig

Sonstige Eigenschaften: anfällig für Schorf und Krebs

Erntereife

Mitte bis Ende August

Genussreife

Mitte August bis Anfang September

Verwendung

Tafel, Küche

Frucht

- **Fruchtmuster:** ca. 20-jähriger Halbstamm auf Sämling, Gemeinde Bad Schallerbach
- **Größe:** klein bis mittelgroß, 47–53 mm hoch, 57–62 mm breit, 71–92 g schwer
- **Form:** flach kugelig bis kugelig, mittelbauchig, teils ungleichhälftig; Querschnitt rundlich; Relief glatt bis gering grobrippig
- **Schale:** glatt, matt glänzend, dünn hellblau bereift, mitteldick, mittelzäh; Grundfarbe hell grünlich gelb bis hellgelb; Deckfarbe rot bis dunkelrot, verwaschen bis deckend, Deckungsgrad 80–100 %; Lentizellen zahlreich, klein, grau, scharlachrot umhoft, wenig auffällig; Berostung gering, kleinfleckig hell braun
- **Stielbucht:** mitteltief, eng bis mittelbreit; teils kurzstrahlig dünn hellbraun berostet; Rand glatt
- **Stiel:** kurz, teils mittellang, 13–18 mm, mitteldick, holzig, rötlich braun
- **Kelchbucht:** flach, eng bis mittelbreit, etwas faltig; Rand glatt bis gering grobrippig
- **Kelch:** mittelgroß, geschlossen; Blättchen aufrecht, mittellang, breit, hell graugrün, an der Basis vereint; Spitzen lang zurückgebogen
- **Kelchhöhle:** klein, kegelförmig
- **Kerngehäuse:** mittelgroß, mittelständig; Achse gering hohl; Kammern mittelgroß, schlitzartig offen; Wände bogen- bis breit sichelförmig, glatt; viele Kerne, klein, länglich oval, dunkelbraun, gut ausgebildet
- **Gefäßbündel im Fruchtlängsschnitt:** herzförmig
- **Fleisch:** cremefarben, teils partiell rötlich geädert, mittelfest, mittelfeinzellig, mäßig saftig, bald mürbe; mild säuerlich-süß, ohne Würze
- **Zuckergehalt:** 9,9–10,9° KMW; 48–53° Oechsle; 11,3–12,5° Brix

Roter Eiserapfel

Verwechslersorten: Berner Rosenapfel, Florina

Synonyme, Herkunft, Verbreitung
„Roter Krieger"; Herkunft unbekannt; in Deutschland bereits im 16. Jahrhundert erwähnt; in Oberösterreich verstreut vorkommend

Baum
Wuchs: stark bis sehr stark; Krone auf Sämling breit kugelig
Eigenschaften: relativ robust, frosttolerant (Holz, Blüte); auch für raue Lagen

Erntereife
Ende Oktober

Genussreife
Dezember bis Juni

Verwendung
Küche

Frucht

- **Fruchtmuster:** ca. 100-jähriger Halbstamm auf Sämling, Gemeinde Wartberg/Aist
- **Größe:** mittelgroß, 58–70 mm hoch, 67–78 mm breit, 128–181 g schwer
- **Form:** stumpfkegelförmig, teils kugelig, stiel- bis seltener mittelbauchig, oft ungleichhälftig; Querschnitt rundlich; Relief meist kelchrippig
- **Schale:** glatt, glänzend, dünn hellblau bis weißlich bereift, mitteldick, mittelzäh; Grundfarbe gelblich grün; Deckfarbe rot, dunkelrot, bläulich rot verwaschen bis deckend, Deckungsgrad 90–100 %; Lentizellen zahlreich, mittelgroß, hellgrau, teils eckig, stark auffällig
- **Stielbucht:** tief, breit; langstrahlig dünn hellbraun berostet; Rand glatt
- **Stiel:** mittellang, 14–25 mm, dünn, holzig, astseitig teils knopfig, rötlich braun
- **Kelchbucht:** flach, eng bis mittelbreit, faltig bis gerippt; Rand grobrippig
- **Kelch:** mittelgroß, geschlossen; Blättchen aufrecht, mittelbreit, kurz, an der Basis hellgrün und meist vereint; Spitzen grau
- **Kelchhöhle:** mittelgroß, kegelförmig, teils trichterförmig mit langer dünner Röhre
- **Kerngehäuse:** mittelgroß, stiel- bis mittelständig; Achse gering hohl; Kammern mittelgroß, schlitzartig offen; Wände sichelförmig, mittelstark ausgeblüht gerissen; wenige Kerne, mittelgroß, schmal länglich oval, meist lang zugespitzt, braun, meist schlecht ausgebildet
- **Gefäßbündel im Fruchtlängsschnitt:** hoch zwiebelförmig
- **Fleisch:** hell grünlich weiß bis gelblich weiß, fest, mittelfeinzellig, mäßig saftig, später mürbe; mild säuerlich-süß, ohne Würze
- **Zuckergehalt:** 10,7–12,8° KMW; 52–62° Oechsle; 12,2–14,6° Brix

Roter Gravensteiner

Verwechslersorten: Jakob Fischer, Gravensteiner

Synonyme, Herkunft, Verbreitung

„Blutroter Gravensteiner“; mehrere Mutanten von „Gravensteiner“ existent; vom Pomologen OBERDIECK 1859 beschrieben; in Oberösterreich seltener anzutreffen

Baum

Wuchs: sehr stark; Krone auf Sämling kugelig bis hoch kugelig

Sonstige Eigenschaften: etwas anfällig für Krebs, Mehltau, Schorf

Erntereife

Ende August bis Anfang September

Genussreife

September bis November

Verwendung

Tafel, Küche

Frucht

- **Fruchtmuster:** ca. 10-jährige Spindel auf M26, Gemeinde Ohlsdorf
- **Größe:** mittelgroß, seltener groß, 56–61 mm hoch, 72–79 mm breit, 117–179 g schwer
- **Form:** flach kugelig bis kugelig, mittelbauchig; oft stärker ungleichhälftig; Querschnitt rundlich bis unregelmäßig rund; Relief glatt, meist kelchrippig bis rippig 1/3
- **Schale:** glatt, glänzend, mitteldick, zäh, mittelstark duftend; Grundfarbe gelblich weiß; Deckfarbe hellrot bis blutrot, diffus gefleckt, teils diffus gestreift, Deckungsgrad 70–100 %; Lentizellen klein, hell graubraun, nicht bis gering auffällig
- **Stielbucht:** tief, eng bis mittelbreit; teils hellgrün, oft dünn kurzstrahlig hell graubraun berostet; Rand glatt bis grobrippig
- **Stiel:** sehr kurz, 7–15 mm, mitteldick, holzig, grünlich grau bis graubraun
- **Kelchbucht:** mitteltief bis tief, mittelbreit, faltig bis gerippt; Rand grobrippig
- **Kelch:** mittelgroß, meist halb offen; Blättchen aufrecht, kurz, schmal, hellgrün, an der Basis vereint
- **Kelchhöhle:** mittelgroß, spitzkegelförmig, teils trichterförmig mit dünner Röhre
- **Kerngehäuse:** mittelgroß, mittelständig; Achse hohl; Kammern mittelgroß, schlitzartig offen; Wände bogenförmig gering gerissen; wenige Kerne, klein, länglich oval, zugespitzt, braun, mittelgut bis schlecht ausgebildet
- **Gefäßbündel im Fruchtlängsschnitt:** zwiebelförmig
- **Fleisch:** gelblich weiß bis cremefarben, mittelfest, mittelfeinzellig, sehr saftig; angenehm säuerlich-süß, mittelstark gewürzt
- **Zuckergehalt:** 9,7–10,7° KMW; 47–52° Oechsle; 11,1–12,2° Brix

Roter Herbstkalvill

Synonyme, Herkunft, Verbreitung

„Herbsthimbeerapfel", „Kernschebberer"; in Frankreich um 1600 aufgefunden; in Oberösterreichs Bauerngärten verstreut vorkommend

Baum

Wuchs: stark; Krone auf Sämling kugelig

Sonstige Eigenschaften: frostempfindlich, schorfanfällig, für wärmere Lagen

Erntereife

Mitte bis Ende September

Genussreife

Mitte September bis Mitte November

Verwendung

Tafel, Küche

Frucht

- **Fruchtmuster:** ca. 80-jähriger Hochstamm auf Sämling, Gemeinde Engerwitzdorf
- **Größe:** mittelgroß, teils groß, 65–81 mm hoch, 75–88 mm breit, 160–226 g schwer
- **Form:** kugelig, seltener kurz stumpfkegelförmig, gering stielbauchig, oft ungleichhälftig; Querschnitt eckig; Relief stark rippig 2/3–3/3
- **Schale:** glatt, glänzend, bald stark fettig, mitteldick, zäh; Grundfarbe grünlich gelb; Deckfarbe dunkelrot bis bläulich rot, deckend, Deckungsgrad 95–100 %; Lentizellen zahlreich, mittelgroß, rotbraun, auffällig
- **Stielbucht:** tief, mittelbreit; kurzstrahlig hellbraun berostet; Rand meist stark grobrippig
- **Stiel:** mittellang, 13–21 mm, dünn bis mitteldick, holzig, braun
- **Kelchbucht:** flach, teils mitteltief, eng, stark rippig; Rand stark grobrippig
- **Kelch:** mittelgroß, geschlossen; Blättchen aufrecht, schmal, graugrün, an der Basis vereint; Spitzen unregelmäßig zurückgebogen
- **Kelchhöhle:** mittelgroß, stumpfkegel- bis trichterförmig mit breiter Röhre
- **Kerngehäuse:** sehr groß, mittel- bis kelchständig; Achse stark hohl; Kammern sehr groß, weit offen; Wände sichelförmig, stark gerissen; viele Kerne, klein, länglich oval, braun, mittelgut ausgebildet
- **Gefäßbündel im Fruchtlängsschnitt:** zwiebelförmig, rötlich
- **Fleisch:** cremefarben, zwischen Gefäßbündel und Schalenrand, meist feinzellig, saftig; säuerlich-süß, gering himbeerartig gewürzt
- **Zuckergehalt:** 9,9–11,9° KMW; 48–58° Oechsle; 11,3–13,6° Brix

Roter Mond

Verwechslersorten: Pomfital, Redlove® Era®

Synonyme, Herkunft, Verbreitung

„Weirouge"; Russland um 1915; wahrscheinlich Nachkomme von MITSCHURINS Kreuzungen „Malus niedzwetzkyana" x „Antonovka"; in Oberösterreich verstreut vorkommend

Baum

Wuchs: mittelstark; Krone auf Sämling kugelig

Sonstige Eigenschaften: gering anfällig für Mehltau, frosthart

Erntereife

Ende September

Genussreife

November bis Februar

Verwendung

Saft, Most, Dörrobst, Essig

Frucht

- **Fruchtmuster:** ca. 10-jähriger Hochstamm auf Sämling, Gemeinde Wartberg/Aist
- **Größe:** mittelgroß, 58–66 mm hoch, 63–71 mm breit, 101–136 g schwer
- **Form:** kugelig, mittelbauchig; teils gering ungleichhälftig; Querschnitt rund; Relief glatt bis gering kelchrippig
- **Schale:** glatt, matt glänzend, dick, zäh; Grundfarbe grünlich gelb; Deckfarbe rot bis dunkelrot, verwaschen bis deckend, teils dunkelrot diffus gestreift bis gefleckt, Deckungsgrad 95–100 %; Lentizellen mittelgroß, hellgelb, auffällig
- **Stielbucht:** tief, eng bis mittelbreit, teils durch Wulst eingeengt; Rand glatt bis wulstig
- **Stiel:** mittellang, 15–29 mm, dünn, holzig, bräunlich rot
- **Kelchbucht:** mitteltief, eng bis mittelbreit; teils faltig; Rand oft grobrippig
- **Kelch:** klein, geschlossen; Blättchen aufrecht, grau, an der Basis vereint; Spitzen mittellang zurückgebogen
- **Kelchhöhle:** klein, kegelförmig
- **Kerngehäuse:** mittelgroß, mittelständig; Achse gering hohl; Kammern mittelgroß, geschlossen bis schlitzartig offen; Wände bogen- bis verkehrt rucksackförmig, stark gerissen; wenige Kerne, mittelgroß, länglich oval, teils kurz zugespitzt, braun, schlecht bis mittelgut ausgebildet
- **Gefäßbündel im Fruchtlängsschnitt:** zwiebelförmig, weißlich
- **Fleisch:** rot, partiell cremefarben, mittelfest, sehr saftig; einseitig sauer, ohne Würze
- **Zuckergehalt:** 8,4–9,7° KMW; 41–47° Oechsle; 9,6–11,1° Brix

Roter Pogatschapfel

Verwechslersorte: Rheinischer Winterrambour

Synonyme, Herkunft, Verbreitung

„Pogacsa alma“, „Haslinger“, „Brixner Plattling“; Ungarn vor 1870; im Burgenland häufiger, in Oberösterreich selten vorkommend

Baum

Wuchs: mittelstark; Krone auf Sämling kugelig

Sonstige Eigenschaften: relativ robust, auch für höhere Lagen

Erntereife

Anfang bis Mitte Oktober

Genussreife

November bis Februar

Verwendung

Tafel, Küche

Frucht

- **Fruchtmuster:** ca. 10-jähriger Halbstamm auf Sämling, Gemeinde Brunnenthal
- **Größe:** groß bis sehr groß, 59–65 mm hoch, 88–99 mm breit, 179–249 g schwer
- **Form:** plattrund, mittelbauchig, meist ungleichhälftig; Querschnitt unregelmäßig rund (rambourartig); Relief glatt, teils kelchrippig, teils etwas beulig
- **Schale:** glatt, glänzend, mitteldick, mittelzäh; Grundfarbe gelbgrün bis grünlich gelb; Deckfarbe rot bis dunkelrot, deckend, Deckungsgrad 60–80 %; Lentizellen zahlreich, klein, hellgrau, mäßig auffällig; Berostung gering, kleinfleckig, graubraun; vereinzelt Stippeflecken
- **Stielbucht:** mitteltief, breit, meist grün; langstrahlig grau bis graubraun berostet; Rand glatt bis gering grobrippig
- **Stiel:** kurz, 6–14 mm, dünn, holzig, grünlich grau bis graubraun
- **Kelchbucht:** mitteltief bis tief, eng bis mittelbreit, teils faltig; Rand oft grobrippig
- **Kelch:** klein bis mittelgroß, geschlossen, teils halb offen; Blättchen aufrecht, mittellang, hellgrün bis hell graugrün, an der Basis vereint
- **Kelchhöhle:** klein, kegelförmig
- **Kerngehäuse:** klein, mittelständig; Achse meist gering hohl; Kammern klein, geschlossen; Wände bogenförmig, glatt; wenige Kerne, klein, länglich oval, dunkelbraun, gut ausgebildet
- **Gefäßbündel im Fruchtlängsschnitt:** zwiebelförmig, hell grünlich
- **Fleisch:** cremefarben, fest, mittelfeinzellig, sehr saftig; säuerlich-süß, ohne Würze
- **Zuckergehalt:** 9,5–10,7° KMW; 46–52° Oechsle; 10,8–12,2° Brix

Roter Stettiner

Synonyme, Herkunft, Verbreitung

„Roter Winterstettiner", „Roter Herrenapfel", „Malerapfel"; Herkunft unbekannt; in Deutschland vor 1800 bekannt; in Oberösterreich verstreut vorkommend

Baum

Wuchs: mittelstark; Krone auf Sämling breit pyramidal
Sonstige Eigenschaften: robust, auch für höhere und rauere Lagen

Erntereife

Mitte bis Ende Oktober

Genussreife

Dezember bis Mai

Verwendung

Küche, Saft, Most

Frucht

- **Fruchtmuster:** ca. 25-jähriger Hochstamm auf Sämling, Gemeinde Ansfelden
- **Größe:** groß, 57–75 mm hoch, 76–87 mm breit, 139–206 g schwer
- **Form:** flach kugelig bis kugelig, mittelbauchig, oft ungleichhälftig; Querschnitt rundlich bis schwach eckig; Relief glatt, teils gering kelchrippig
- **Schale:** glatt, glänzend, später gering fettig, dick, zäh; Grundfarbe gelbgrün bis grünlich gelb; Deckfarbe rot bis dunkelrot, verwaschen bis deckend, Deckungsgrad 85–100 %; Lentizellen zahlreich, klein, hellgrau, mäßig auffällig; seltener Warzen
- **Stielbucht:** mitteltief, mittelbreit, oft grün; teils graubraun kurzstrahlig berostet; Rand glatt bis gering feinrippig
- **Stiel:** kurz, teils mittellang, 11–20 mm, dünn bis mitteldick, holzig, grünlich grau bis graubraun
- **Kelchbucht:** tief bis mitteltief, mittelbreit, oft unregelmäßig, faltig bis gerippt; Rand oft grobrippig
- **Kelch:** groß, geschlossen; Blättchen aufrecht, mittellang, mittelbreit, oft fleischig verdickt, hellgrün bis graugrün, an der Basis vereint bis teils getrennt
- **Kelchhöhle:** klein, schmal kegelförmig, teils trichterförmig mit dünner Röhre
- **Kerngehäuse:** klein, mittelständig; Achse geschlossen bis minimal hohl; Kammern klein, geschlossen; Wände breit bogen- bis bohnenförmig, glatt; viele Kerne, klein, meist oval, kurz zugespitzt, dunkelbraun, mittelgut ausgebildet
- **Gefäßbündel im Fruchtlängsschnitt:** zwiebelförmig, hell gelblich grün
- **Fleisch:** grünlich weiß bis cremefarben, fest, mittelfeinzellig, sehr saftig; säuerlich-süß, ohne Würze
- **Zuckergehalt:** 10,7–11,7° KMW; 52–57° Oechsle; 12,2–13,4° Brix

Roter von Simonffy

Verwechslersorte: Schwarzschillernder Kohlapfel

Synonyme, Herkunft, Verbreitung

„Simonffy piros alma", „Simonffy piros", in Oberösterreich „Zigeunerapfel" und „Meonerl"; vermutlich Ungarn vor 1876; in Oberösterreich verstreut vorkommend

Baum

Wuchs: stark; Krone auf Sämling kugelig

Sonstige Eigenschaften: robust; auch für höhere und rauere Lagen

Erntereife

Anfang bis Mitte Oktober

Genussreife

Dezember bis Februar

Verwendung

Küche, Saft, Most, Tafel

Frucht

- **Fruchtmuster:** ca. 10-jähriger Halbstamm auf Sämling, Gemeinde Unterweitersdorf
- **Größe:** klein, 46–53 mm hoch, 56–63 mm breit, 76–95 g schwer
- **Form:** kugelig, mittelbauchig, meist gleichhälftig; Querschnitt rund bis rundlich; Relief glatt, teils gering kelchrippig
- **Schale:** glatt, matt glänzend, teils dünn hellblau bereift, mitteldick, mittelzäh; Grundfarbe grünlich gelb bis hellgelb; Deckfarbe dunkelrot bis schwarzrot, deckend, teils gering diffus gestreift, Deckungsgrad 70–100 %; Lentizellen zahlreich, klein, hellgrau, nicht bis mäßig auffällig; teils Warzen
- **Stielbucht:** tief, eng; durchscheinend graubraun kurz- bis langstrahlig berostet; Rand glatt
- **Stiel:** kurz, teils mittellang, 12–18 mm, dünn, graugrün bis graubraun
- **Kelchbucht:** flach, eng bis mittelbreit; faltig bis gerippt, hellgrau filzig bewollt; Rand glatt bis grobrippig
- **Kelch:** klein, halb offen; Blättchen aufrecht, zusammengeneigt, kurz, mittelbreit, graugrün, an der Basis vereint
- **Kelchhöhle:** mittelgroß, schmal kegelförmig
- **Kerngehäuse:** klein, mittelständig; Achse minimal hohl; Kammern klein, geschlossen; Wände breit bohnen- bis ohrenförmig, gering gerissen; viele Kerne, klein, meist oval, kurz zugespitzt, braun, gut ausgebildet
- **Gefäßbündel im Fruchtlängsschnitt:** zwiebelförmig, hellgrün
- **Fleisch:** grünlich weiß bis cremefarben, fest, mittelfeinzellig, saftig; säuerlich-süß, ohne Würze
- **Zuckergehalt:** 10,7–11,5° KMW; 52–56° Oechsle; 12,2–13,2° Brix

Roter Wiesling

Synonyme, Herkunft, Verbreitung
wahrscheinlich Oberösterreich vor 1850; 1989 erstmals beschrieben; im Bezirk Kirchdorf/Krems früher häufig, jetzt selten vorkommend

Baum
Wuchs: stark; Krone auf Sämling kugelig
Sonstige Eigenschaften: relativ robust, gering anfällig für Schorf

Erntereife
Ende August bis Anfang September

Verwendung
Saft, Most

Frucht

- **Fruchtmuster:** ca. 25-jähriger Hochstamm auf Sämling, Gemeinde Ansfelden
- **Größe:** mittelgroß, 55–62 mm hoch, 61–67 mm breit, 87–113 g schwer
- **Form:** stumpfkegelförmig, stielbauchig, meist gleichhälftig; Querschnitt rund; Relief gering kelchrippig
- **Schale:** glatt, matt glänzend, teils dünn hellblau bereift, dünn bis mitteldick, mäßig zäh; Grundfarbe hell grünlich gelb; Deckfarbe dunkelrot, deckend bis verwaschen, teils gering diffus gestreift, Deckungsgrad 95–100 %; Lentizellen zahlreich, klein, hellgrau, nicht bis mäßig auffällig; teils Warzen
- **Stielbucht:** mitteltief, mittelbreit; Rand glatt
- **Stiel:** kurz, teils mittellang, 13–19 mm, dünn, holzig, rötlich braun
- **Kelchbucht:** mitteltief, eng; faltig bis gerippt; Rand feinrippig
- **Kelch:** mittelgroß, geschlossen bis halb offen; Blättchen aufrecht, kurz bis mittellang, mittelbreit, an der Basis hellgrün und vereint; Spitzen teils grau, mittellang zurückgebogen
- **Kelchhöhle:** groß, stumpfkegelförmig
- **Kerngehäuse:** mittelgroß, gering stiel- bis mittelständig; Achse hohl; Kammern mittelgroß, offen; Wände bogen- bis verkehrt rucksackförmig, gering gerissen; viele Kerne, klein, oval bis länglich oval, teils zugespitzt, braun, gut ausgebildet
- **Gefäßbündel im Fruchtlängsschnitt:** hoch zwiebelförmig
- **Fleisch:** cremefarben bis hell gelblich weiß, mittelfest, mittelfeinzellig, saftig, bald mürbe; süß-säuerlich, ohne Würze
- **Zuckergehalt:** 9,1–10,3° KMW; 44–50° Oechsle; 10,4–11,8° Brix

Rotling vom Gmundnerberg

Synonyme, Herkunft, Verbreitung

Zufallssämling auf dem HOCHECKERHALTHOF in Altmünster, um 1890 entstanden; in Oberösterreich sehr selten

Baum

Wuchs: stark; Krone breit pyramidal

Sonstige Eigenschaften: anfällig für Fruchtschorf, sonst relativ robust (Blüte und Holz frosttolerant)

Erntereife

Ende September bis Mitte Oktober

Genussreife

Oktober bis November

Verwendung

Küche, Saft, Most

Frucht

- **Fruchtmuster:** ca. 125-jähriger Hochstamm auf Sämling, Gemeinde Altmünster
- **Größe:** mittelgroß; 52–70 mm hoch, 59–77 mm breit, 75–163 g schwer
- **Form:** kugelig, seltener kurz-stumpfkegelförmig, mittelbauchig; oft gering ungleichhälftig; Querschnitt rundlich; Relief meist glatt
- **Schale:** glatt, teils matt glänzend, teils partiell schwach weißlich bis hellbläulich durchscheinend bereift, teils gering fettig, gering duftend, mitteldick, zäh; Grundfarbe hellgelb; Deckfarbe rot, deckend, teils diffus gestreift, Deckungsgrad 90–100 %; Lentizellen zahlreich, mittelgroß, grau, auffällig; Berostung gering, punktförmig, hellbraun; häufig schorffleckig
- **Stielbucht:** mitteltief, mittelweit, kurzstrahlig hellbraun durchscheinend berostet; Rand glatt bis schwach grobrippig
- **Stiel:** mittellang, 14–25 mm, mitteldick, holzig, rotbraun, teils dick und fleischig
- **Kelchbucht:** mitteltief, teils flach, mittelweit bis seltener eng, faltig, teils schiefachsig; Rand schwach grobrippig
- **Kelch:** mittelgroß bis groß, weit offen; Blättchen aufrecht, schmal, grau, an der Basis vereint bis partiell getrennt; Spitzen lang zurückgebogen
- **Kelchhöhle:** klein, kegel- bis trichterförmig mit kurzer schmaler Röhre
- **Kerngehäuse:** mittelgroß, mittelständig; Achse hohl; Kammern mittelgroß, geschlossen; Wände breit sichelförmig, glatt; viele Kerne, mittelgroß, länglich oval, braun, gut ausgebildet
- **Gefäßbündel im Fruchtlängsschnitt:** herz- bis seltener zwiebelförmig, oft rötlich
- **Fleisch:** cremefarben, teils gering rötlich geädert, in Schalennähe oft rötlich, mittelfest, mittelfeinzellig, mäßig saftig; süß-säuerlich, ohne Würze
- **Zuckergehalt:** 9,9–10,7° KMW; 48–52° Oechsle; 11,3–12,2° Brix

Rubinola

Synonyme, Herkunft, Verbreitung

Kreuzung „Prima" x „Rubin"; Zuchtstation STRIZOVICE, Prag (Tschechien), seit 1993 im Handel; in Oberösterreich verstreut vorkommend

Baum

Wuchs: stark; Krone breit pyramidal

Sonstige Eigenschaften: gering schorfanfällig

Erntereife

Ende August bis Anfang September

Genussreife

Ende August bis Ende Oktober

Verwendung

Tafel, Küche

Frucht

- **Fruchtmuster:** ca. 10-jährige Spindel auf M26, Gemeinde Ohlsdorf
- **Größe:** mittelgroß, teils groß; 54–61 mm hoch, 69–82 mm breit, 127–176 g schwer
- **Form:** flach kugelig, seltener kugelig, mittelbauchig; teils gering ungleichhälftig; Querschnitt rund; Relief glatt, teils kelchrippig
- **Schale:** glatt, glänzend, später etwas fettig, mitteldick, mittelzäh; Grundfarbe grünlich gelb bis hell- gelb; Deckfarbe orangerot bis rot, verwaschen bis marmoriert und darüber rot bis dunkelrot gestreift bis geflammt, Deckungsgrad 50–70 %; Lentizellen zahlreich, klein bis mittelgroß, hellgrau, auffällig; Berostung gering, punktförmig, hellbraun; häufig schorffleckig
- **Stielbucht:** tief, breit, langstrahlig dünn hell graubraun berostet; Rand glatt
- **Stiel:** mittellang bis lang, 20–35 mm, dünn bis mitteldick, holzig, graubraun
- **Kelchbucht:** mitteltief, mittelbreit bis breit; Rand glatt, teils grobrippig
- **Kelch:** mittelgroß, geschlossen bis halb offen; Blättchen aufrecht, schmal, lang; an der Basis hellgrün, teils getrennt; Spitzen grau, lang zurückgebogen
- **Kelchhöhle:** groß, trichterförmig mit breiter langer Röhre
- **Kerngehäuse:** mittelgroß, mittelständig; Achse gering hohl; Kammern mittelgroß, geschlossen bis schlitzartig offen; Wände ohren- bis verkehrt rucksackförmig, glatt; viele Kerne, mittelgroß, länglich oval, braun, gut ausgebildet
- **Gefäßbündel im Fruchtlängsschnitt:** zwiebelförmig
- **Fleisch:** gelblich weiß bis hellgelb, mittelfest, mittelfeinzellig, sehr saftig; säuerlich-süß, gering bis mittelstark gewürzt
- **Zuckergehalt:** 11,3–12,3° KMW; 55–60° Oechsle; 12,9–14,1° Brix

Salzburger Rosmarin

Verwechslersorten: Brünnerling, Rubiner, Kronprinz Rudolf

Synonyme, Herkunft, Verbreitung

„Malerapfel"; Herkunft ungesichert; in Salzburg und Oberösterreich seit mindestens 1880 existent; heute in Oberösterreich (primär im Innviertel) verstreut vorkommend

Baum

Wuchs: mittelstark; Krone kugelig

Sonstige Eigenschaften: robust; auch für höhere Lagen

Erntereife

Ende September bis Anfang Oktober

Genussreife

November bis Februar

Verwendung

Küche, Tafel

Frucht

- **Fruchtmuster:** ca. 30-jähriger Hochstamm auf Sämling, Gemeinde Ansfelden
- **Größe:** groß, teils mittelgroß; 53–60 mm hoch, 68–76 mm breit, 118–144 g schwer
- **Form:** kugelig, teils flach kugelig bis fassförmig, mittelbauchig; teils ungleichhälftig; Querschnitt unregelmäßig rund bis eckig; Relief flach kantig bis gering kelchrippig
- **Schale:** glatt, teils gering beulig, matt glänzend, später etwas fettig, mitteldick, mittelzäh; Grundfarbe gelblich grün bis grünlich gelb; Deckfarbe rot, verwaschen bis deckend, Deckungsgrad 40–70 %; Lentizellen zahlreich, klein, hellgrau, mäßig auffällig; teils Warzen
- **Stielbucht:** mitteltief, mittelbreit, teils gering kurzstrahlig graubraun berostet; Rand meist glatt
- **Stiel:** kurz bis mittellang, 8–17 mm, dünn bis mitteldick, holzig, graugrün
- **Kelchbucht:** mitteltief, mittelbreit bis breit, unregelmäßig, teils faltig; Rand glatt, teils grobrippig
- **Kelch:** klein, halb offen; Blättchen aufrecht, klein, kurz, grau bis grünlich grau; an der Basis vereint
- **Kelchhöhle:** klein bis mittelgroß, kegel- bis teils trichterförmig mit dünner Röhre
- **Kerngehäuse:** klein, mittelständig; Achse geschlossen; Kammern klein, geschlossen; Wände breit bogen- bis verkehrt rucksackförmig, glatt; viele Kerne, klein bis mittelgroß, oval bis länglich oval, braun, gut ausgebildet
- **Gefäßbündel im Fruchtlängsschnitt:** zwiebelförmig
- **Fleisch:** weißlich bis cremefarben, mittelfest, mittelfeinzellig, saftig; säuerlichsüß, ohne Würze
- **Zuckergehalt:** 10,5–11,5° KMW; 51–56° Oechsle; 12,0–13,2° Brix

Äpfel

Schmidberger-Renette

Synonyme, Herkunft, Verbreitung

„Plankenapfel" („Plongara"); Innviertel vor 1800, um 1824 von Dr. LIEGEL dem Pomologen Josef Schmidberger gewidmet; sehr weit verbreitet

Baum

Wuchs: stark; Krone auf Sämling kugelig

Sonstige Eigenschaften: mittelstark schorfanfällig, sonst robust

Erntereife

Mitte bis Ende Oktober

Genussreife

November bis März

Verwendung

Küche, Most, Saft, Tafel

Frucht

- **Fruchtmuster:** ca. 25-jähriger Hochstamm auf Sämling, Gemeinde Wartberg/Aist
- **Größe:** mittelgroß, 64–75 mm hoch, 71–82 mm breit, 153–197 g schwer
- **Form:** kugelig, teils fassförmig, mittelbauchig, gering ungleichhälftig; Querschnitt rund bis rundlich; Relief glatt
- **Schale:** glatt, matt glänzend, dick, sehr zäh; Grundfarbe grünlich gelb bis hellgelb; Deckfarbe rot, gestreift bis geflammt, kelchseitig typisch kurz gestrichelt, Deckungsgrad 70–100 %; Lentizellen zahlreich, klein, hellgrau, gering auffällig; Berostung gering, punktförmig, hellbraun
- **Stielbucht:** mitteltief, mittelbreit; kurz- bis langstrahlig graubraun berostet; Rand glatt bis gering grobrippig
- **Stiel:** kurz bis mittellang, 9–20 mm, mitteldick, holzig, braun
- **Kelchbucht:** flach, teils mitteltief, mittelbreit; Rand meist glatt
- **Kelch:** groß, offen bis halboffen; Blättchen aufrecht, groß, lang, hellgrün bis grau, an der Basis vereint; Spitzen teils lang zurückgebogen
- **Kelchhöhle:** mittelgroß, kegelförmig
- **Kerngehäuse:** mittelgroß, mittelständig; Achse gering hohl; Kammern mittelgroß, geschlossen bis schlitzartig offen; Wände meist sichelförmig, mittelstark gerissen; viele Kerne, mittelgroß, länglich oval, lang zugespitzt, braun, gut ausgebildet
- **Gefäßbündel im Fruchtlängsschnitt:** zwiebelförmig
- **Fleisch:** cremefarben, fest, mittelfeinzellig, sehr saftig; säuerlich-süß, ohne Würze
- **Zuckergehalt:** 9,9–11,1° KMW; 48–54° Oechsle; 11,3–12,7° Brix

Schöner von Boskoop

Verwechslersorten: Zabergäu-Renette, Coulons Renette, Kanada-Renette, Graue Herbstrenette

Synonyme, Herkunft, Verbreitung

„Belle de Boskoop“, „Lederapfel“; in Holland um 1854 aufgefunden; in Oberösterreich sehr weit verbreitet

Baum

Wuchs: stark; Krone auf Sämling breit pyramidal bis flach kugelig

Sonstige Eigenschaften: frostempfindlich, schorfanfällig

Erntereife

Anfang bis Mitte Oktober

Genussreife

Dezember bis März

Verwendung

Küche, Tafel, Most, Saft, Dörrobst

Frucht

- **Fruchtmuster:** ca. 80-jähriger Hochstamm auf Sämling, Gemeinde Obernberg/Inn
- **Größe:** groß, 59–76 mm hoch, 77–84 mm breit, 182–249 g schwer
- **Form:** kugelig bis selten flach kugelig, mittelbauchig, oft ungleichhälftig; Querschnitt rund bis rundlich; Relief glatt
- **Schale:** rau, teils partiell glatt und matt glänzend, dick, sehr zäh; Grundfarbe gelblich grün bis grünlich gelb; Deckfarbe orangerot bis rot, deckend, Deckungsgrad 20–60 %; Lentizellen zahlreich, mittelgroß, hellgrau, gering auffällig; Berostung stark, flächig bis kleinfleckig, graubraun
- **Stielbucht:** tief, mittelbreit bis breit; flächig grüngrau bis graubraun berostet; Rand meist glatt
- **Stiel:** mittellang, 15–23 mm, mitteldick, holzig, graubraun
- **Kelchbucht:** mitteltief, mittelbreit; Rand gering grobrippig
- **Kelch:** mittelgroß, geschlossen bis halb offen; Blättchen aufrecht, zusammengeneigt, kurz bis mittellang, hellgrün, an der Basis vereint; Spitzen teils grau, kurz zurückgebogen
- **Kelchhöhle:** groß, kegelförmig
- **Kerngehäuse:** mittelgroß, mittelständig; Achse gering hohl; Kammern mittelgroß, geschlossen; Wände meist verkehrt rucksack- bis bogenförmig, glatt bis gering gerissen; wenige Kerne, mittelgroß, länglich oval, teils lang zugespitzt, braun, schlecht ausgebildet
- **Gefäßbündel im Fruchtlängsschnitt:** hoch zwiebelförmig
- **Fleisch:** grünlich weiß bis gelblich weiß, später bis hellgelb, fest bis mittelfest, grob- bis mittelfeinzellig, saftig; süß-säuerlich, ohne Würze
- **Zuckergehalt:** 11,3–12,5° KMW; 55–61° Oechsle; 12,9–14,4° Brix

Schöner von Wiltshire

Synonyme, Herkunft, Verbreitung

„Weiße Wachsrenette"; Herkunft unsicher, angeblich England; in Oberösterreich seit ca. 1960 stärker verbreitet

Baum

Wuchs: mittelstark; Krone auf Sämling kugelig

Sonstige Eigenschaften: robust, geringe Standortansprüche, auch für raue Lagen

Erntereife

Anfang bis Mitte Oktober

Genussreife

Dezember bis März

Verwendung

Tafel, Küche, auch bestens für Most und Saft

Frucht

- **Fruchtmuster:** ca. 20-jähriger Halbstamm auf MM 111, Gemeinde Weilbach
- **Größe:** mittelgroß bis groß, 60–71 mm hoch, 72–83 mm breit, 142–199 g schwer
- **Form:** kurz stumpfkegelförmig, seltener kugelig, stiel- bis seltener mittelbauchig, meist gleichhälftig; Querschnitt rund bis rundlich; Relief glatt, seltener gering kelchrippig
- **Schale:** glatt, matt glänzend, mitteldick, mittelzäh, stark duftend; Grundfarbe hellgelb; Deckfarbe orangerot bis rot, marmoriert, diffus gestreift, geflammt bis gefleckt, Deckungsgrad 30–50 %; Lentizellen zahlreich, klein, hellgrau, gering auffällig; starke Neigung zu Lentizellenbräune
- **Stielbucht:** tief, mittelbreit bis breit, hellgrün; kurzstrahlig hellgrau durchscheinend berostet; Rand glatt
- **Stiel:** mittellang, 14–21 mm, dünn bis mitteldick, holzig, grünlich grau bis graubraun
- **Kelchbucht:** mitteltief, mittelbreit; teils faltig; Rand glatt bis grobrippig
- **Kelch:** groß, weit offen bis halb offen; Blättchen aufrecht, breit, sehr kurz, meist grünlich grau bis dunkelgrau, an der Basis teils getrennt; Spitzen oft fehlend, sonst fast schwarz, kurz zurückgebogen
- **Kelchhöhle:** mittelgroß, kegelförmig, teils trichterförmig mit dünner Röhre
- **Kerngehäuse:** mittelgroß, schwach stiel- bis mittelständig; Achse geschlossen bis gering hohl; Kammern mittelgroß, geschlossen bis schlitzartig offen; Wände meist breit sichelförmig, mittelstark gerissen; wenige Kerne, mittelgroß, länglich oval, teils lang zugespitzt, braun, gut ausgebildet
- **Gefäßbündel im Fruchtlängsschnitt:** breit herzförmig
- **Fleisch:** weißlich bis cremefarben, mittelfest, meist mittelfeinzellig, sehr saftig; angenehm säuerlich-süß, nicht bis gering gewürzt
- **Zuckergehalt:** 11,1–12,3° KMW; 54–60° Oechsle; 12,7–14,1° Brix

Schweizer Orangenapfel

Verwechslersorte: Ontario

Synonyme, Herkunft, Verbreitung

1935 Kreuzung „Ontario“ x „Cox Orange“ in der Versuchsanstalt WÄDENSWIL (Schweiz), seit 1954 im Handel; in Oberösterreich stärker verbreitet

Baum

Wuchs: mittelstark; Krone auf Sämling kugelig

Sonstige Eigenschaften: gering anfällig für Schorf und Mehltau

Erntereife

Anfang bis Mitte Oktober

Genussreife

November bis Februar

Verwendung

Tafel, Küche

Frucht

- **Fruchtmuster:** ca. 20-jähriger Halbstamm auf Sämling, Gemeinde Leonding
- **Größe:** mittelgroß bis groß, 61–68 mm hoch, 74–82 mm breit, 149–191 g schwer
- **Form:** flach kugelig bis kugelig, mittelbauchig, teils ungleichhälftig; Querschnitt rundlich bis schwach eckig; Relief glatt bis flach kantig, teils gering kelchrippig
- **Schale:** glatt, glänzend, dünn weißlich bereift, mitteldick, mittelzäh; Grundfarbe grünlich gelb bis hell- gelb, vollreif orange; Deckfarbe orangerot bis rot, verwaschen bis marmoriert, darüber teils schwach diffus gestreift bis geflammt, Deckungsgrad 60–80 %; Lentizellen klein bis mittelgroß, weißlich bis hellgrau, gering auffällig
- **Stielbucht:** tief, mittelbreit bis breit, hellgrün; teils kurzstrahlig grau berostet; Rand glatt
- **Stiel:** mittellang, 16–28 mm, dünn, holzig, graubraun
- **Kelchbucht:** flach bis mitteltief, mittelbreit; teils faltig; Rand glatt bis gering grobrippig
- **Kelch:** klein, geschlossen; Blättchen aufrecht, klein, kurz, an der Basis hellgrün und teils vereint
- **Kelchhöhle:** mittelgroß, kegelförmig
- **Kerngehäuse:** mittelgroß, mittelständig; Achse hohl; Kammern mittelgroß, offen; Wände meist bogenförmig, gering gerissen; viele Kerne, mittelgroß, länglich oval, braun, gut ausgebildet
- **Gefäßbündel im Fruchtlängsschnitt:** herz- bis zwiebelförmig
- **Fleisch:** cremefarben bis gelblich weiß, mittelfest, mittelfeinzellig, saftig; angenehm säuerlich-süß, gering gewürzt
- **Zuckergehalt:** 9,7–10,7° KMW; 47–52° Oechsle; 11,1–12,2° Brix

Siebenkant

Verwechslersorte: Minister von Hammerstein

Synonyme, Herkunft, Verbreitung
Herkunft unbekannt; eventuell ein Sämling von „Minister Hammerstein"; in Niederösterreich verstreut, in Oberösterreich seltener vorkommend

Baum
Wuchs: stark; Krone auf Sämling pyramidal
Sonstige Eigenschaften: gering anfällig für Schorf, sonst robust

Erntereife
Mitte bis Ende Oktober

Genussreife
Dezember bis Mai

Verwendung
Tafel, Küche

Frucht

- **Fruchtmuster:** ca. 20-jähriger Hochstamm auf Sämling, Gemeinde St. Marienkirchen/Polsenz
- **Größe:** mittelgroß, 60–68 mm hoch, 71–79 mm breit, 123–189 g schwer
- **Form:** flach kugelig bis kugelig, mittelbauchig, etwas ungleichhälftig; Querschnitt rundlich bis schwach eckig; Relief kelchrippig, teils rippig 1/3–1/2
- **Schale:** glatt, matt glänzend, mitteldick, mittelzäh; Grundfarbe gelblich grün bis hellgelb; Deckfarbe teils fehlend, sonst orange bis orangerot, verwaschen, Deckungsgrad 0–30 %; Lentizellen klein, vertieft, weißlich bis hellgrau, nicht bis gering auffällig
- **Stielbucht:** tief, mittelbreit, durch Wulst teils eingeengt; teils langstrahlig dünn graubraun berostet; Rand glatt, teils wulstig
- **Stiel:** kurz bis seltener mittellang, 8–19 mm, mitteldick, holzig bis fleischig, teils Fleischknopf, graubraun
- **Kelchbucht:** mitteltief, mittelbreit bis eng; gerippt; Rand stärker feinrippig
- **Kelch:** klein, geschlossen bis halb offen; Blättchen aufrecht, lang, schmal, an der Basis hellgrün und vereint; Spitzen teils grau, halblang zurückgebogen
- **Kelchhöhle:** mittelgroß, trichterförmig mit langer mittelbreiter Röhre
- **Kerngehäuse:** groß, mittelständig; Achse hohl; Kammern groß, schlitzartig offen; Wände meist bogen- bis bohnenförmig, gering gerissen; viele Kerne, mittelgroß, länglich oval, dunkelbraun, gut ausgebildet
- **Gefäßbündel im Fruchtlängsschnitt:** breit herz- bis zwiebelförmig
- **Fleisch:** cremefarben bis gelblich weiß, mittelfest, mittelfeinzellig, sehr saftig; süß-säuerlich, gering gewürzt
- **Zuckergehalt:** 10,5–11,3° KMW; 51–55° Oechsle; 12,0–12,9° Brix

Sommerparmäne

Synonyme, Herkunft, Verbreitung

„Sommerbereneder"; Herkunft unbekannt; bereits um 1880 im Bezirk Grieskirchen existent; in Oberösterreich heute selten vorkommend

Baum

Wuchs: mittelstark; Krone auf Sämling kugelig

Sonstige Eigenschaften: gering schorfanfällig

Erntereife

Mitte bis Ende August

Genussreife

bis Mitte September

Verwendung

Tafel, Küche

Frucht

- **Fruchtmuster:** ca. 40-jähriger Hochstamm auf Sämling, Gemeinde St. Marienkirchen/Polsenz
- **Größe:** groß, 67–80 mm hoch, 71–78 mm breit, 140–203 g schwer
- **Form:** meist hochgebaut stumpfkegelförmig, stielbauchig, meist gleichhälftig; Querschnitt rundlich; Relief glatt
- **Schale:** glatt, matt glänzend, mitteldick, etwas zäh; Grundfarbe gelblich grün, vollreif grünlich gelb bis hellgelb; Deckfarbe rot, verwaschen bis marmoriert, darüber dunkler rot gestreift bis geflammt, Deckungsgrad 50–80 %; Lentizellen zahlreich, klein, hellgrau, hell grünlich bis rötlich umhoft, auffällig
- **Stielbucht:** tief, mittelbreit; teils kurzstrahlig hell graubraun berostet; Rand glatt, teils gering feinrippig
- **Stiel:** mittellang, 15–26 mm, dünn bis mitteldick, holzig, grünlich bis hell graubraun
- **Kelchbucht:** mitteltief, teils flach, eng bis mittelbreit, schüsselförmig, teils faltig; Rand meist glatt
- **Kelch:** groß, halb offen bis offen; Blättchen aufrecht, mittelgroß, grünlich grau, an der Basis hellgrün und oft getrennt; Spitzen grau, kurz zurückgebogen
- **Kelchhöhle:** mittelgroß, trichterförmig mit mittelbreiter Röhre, teils stumpfkegelförmig
- **Kerngehäuse:** groß, stielständig; Achse hohl; Kammern groß, offen; Wände sichelförmig, mittelstark gerissen; wenige Kerne, klein, länglich oval, fein zugespitzt, dunkelbraun, gut ausgebildet
- **Gefäßbündel im Fruchtlängsschnitt:** hoch zwiebelförmig
- **Fleisch:** cremefarben, fest, mittelfeinzellig, saftig, später mürbe; säuerlich-süß, gering gewürzt
- **Zuckergehalt:** 10,3–11,3° KMW; 50–55° Oechsle; 11,8–12,9° Brix

Spartan

Verwechslersorte: Mc Intosh

Synonyme, Herkunft, Verbreitung
Summerland, Britisch-Columbien (Kanada), seit 1936 im Handel; Kreuzung von „Mc Intosh" mit unbekannter Vatersorte; in Oberösterreich verstreut vorkommend

Baum
Wuchs: mittelstark; Krone auf Sämling kugelig
Sonstige Eigenschaften: anfällig für Schorf, Mehltau, Krebs

Erntereife
Ende September bis Anfang Oktober

Genussreife
November bis Februar

Verwendung
Tafel, Küche

Frucht

- **Fruchtmuster:** ca. 50-jährige Hecke auf M7, Gemeinde Obernberg/Inn
- **Größe:** mittelgroß, 56–63 mm hoch, 64–74 mm breit, 107–147 g schwer
- **Form:** kurz stumpfkegelförmig, stielbauchig, meist gleichhälftig; Querschnitt rund; Relief glatt, seltener gering kelchrippig
- **Schale:** glatt, glänzend, hellblau bereift; mitteldick, mäßig zäh; Grundfarbe hellgelb; Deckfarbe dunkelblaurot bis dunkelrot, deckend, Deckungsgrad 95–100 %; Lentizellen klein, hellgrau, auffällig
- **Stielbucht:** tief, mittelbreit; unregelmäßig, meist kurzstrahlig hell graubraun berostet; Rand glatt
- **Stiel:** kurz bis mittellang, 9–19 mm, dünn, holzig, grünlich bis hell graubraun
- **Kelchbucht:** mitteltief, eng; faltig, seltener gerippt; Rand glatt bis gering grobrippig
- **Kelch:** klein, geschlossen; Blättchen aufrecht, mittellang, schmal, an der Basis hellgrün und vereint; Spitzen grau, kurz zurückgebogen
- **Kelchhöhle:** klein, kegelförmig
- **Kerngehäuse:** klein, mittel- bis schwach stielständig; Achse teils gering hohl; Kammern klein, geschlossen; Wände meist verkehrt rucksackförmig, teils gering gerissen; viele Kerne, klein bis mittelgroß, länglich oval, braun, gut ausgebildet
- **Gefäßbündel im Fruchtlängsschnitt:** breit herz- bis zwiebelförmig, teils rötlich
- **Fleisch:** cremefarben, teils schwach rötlich gefleckt bis geädert, mittelfest, mittelfeinzellig, sehr saftig; angenehm mild säuerlich-süß, wenig Säure, nicht bis gering gewürzt
- **Zuckergehalt:** 10,7–11,5° KMW; 52–56° Oechsle; 12,2–13,2° Brix

Stark Earliest

Synonyme, Herkunft, Verbreitung

„Scarlet Pimpernel"; 1938 in Orofino, Idaho (USA) aufgefunden; seit 1944 im Handel; in Oberösterreich verstreut vorkommend

Baum

Wuchs: schwach bis mittelstark; Krone auf Sämling breit kugelig

Sonstige Eigenschaften: anfällig für Schorf, Mehltau und Krebs

Erntereife

Mitte bis Ende Juli

Genussreife

Mitte bis Ende Juli

Verwendung

Tafel, Küche

Frucht

- **Fruchtmuster:** ca. 60-jähriger Hochstamm auf Sämling, Gemeinde Obernberg/Inn
- **Größe:** klein, teils mittelgroß, 44–54 mm hoch, 58–66 mm breit, 60–91 g schwer
- **Form:** flach kugelig bis kurz stumpfkegelförmig, mittelbauchig bis schwach stielbauchig, teils etwas ungleichhälftig; Querschnitt rundlich; Relief glatt, selten gering kelchrippig
- **Schale:** glatt, glänzend, mitteldick, mittelzäh; Grundfarbe cremefarben bis gelblich weiß; Deckfarbe hellrot, verwaschen, teils etwas dunkler diffus geflammt bis gestreift, Deckungsgrad 30–60 %; Lentizellen zahlreich, mittelgroß, hellgrau, hell grünlich bis rot umhoft, stark auffällig
- **Stielbucht:** mitteltief, mittelbreit; meist kurzstrahlig dünn zimtbraun berostet; Rand glatt
- **Stiel:** mittellang bis lang, 17–33 mm, dünn, holzig, grünlich braun bis graubraun, teils stielknospig
- **Kelchbucht:** flach, eng bis mittelbreit; faltig; Rand glatt, teils gering grobrippig
- **Kelch:** klein, geschlossen, teils halb offen; Blättchen aufrecht, mittellang, schmal, an der Basis hell- grün und meist vereint; Spitzen grau, halb lang zurückgebogen
- **Kelchhöhle:** mittelgroß, trichterförmig mit langer mittelbreiter Röhre
- **Kerngehäuse:** groß, mittelständig; Achse breit hohl; Kammern groß, offen; Wände meist verkehrt rucksack- bis breit sichelförmig, glatt bis gering gerissen; viele Kerne, mittelgroß, länglich oval, dunkelbraun, gut ausgebildet
- **Gefäßbündel im Fruchtlängsschnitt:** hoch zwiebelförmig
- **Fleisch:** weißlich bis cremefarben, mittelfest, mittelfeinzellig, saftig, bald mürbe; mild säuerlich-süß, wenig Säure, ohne Würze
- **Zuckergehalt:** 11,9–13,4° KMW; 58–65° Oechsle; 13,6–15,3° Brix

Steirische Schafnase

Synonyme, Herkunft, Verbreitung

Herkunft unbekannt; vermutlich Steiermark vor 1820; in Oberösterreich verstreut vorkommend

Baum

Wuchs: mittelstark; Krone auf Sämling kugelig
Sonstige Eigenschaften: gering anfällig für Schorf

Erntereife

Mitte bis Ende September

Genussreife

Mitte September bis Dezember

Verwendung

Tafel, Küche

Frucht

- **Fruchtmuster:** ca. 28-jähriger Hochstamm auf Sämling, Gemeinde Ansfelden
- **Größe:** mittelgroß, 68–81 mm hoch, 61–67 mm breit, 112–166 g schwer
- **Form:** walzenförmig, lang stumpfkegelförmig, meist stielbauchig, teils etwas ungleichhälftig; Querschnitt unregelmäßig rund; Relief glatt bis gering kelchrippig
- **Schale:** glatt, glänzend, mitteldick, mäßig zäh; Grundfarbe hellgelblich; Deckfarbe hellrot, verwaschen bis marmoriert, darüber dunkler rot gestreift bis geflammt, Deckungsgrad 70–100 %; Lentizellen nicht auffällig
- **Stielbucht:** tief, eng; teils kurzstrahlig graubraun berostet; Rand glatt
- **Stiel:** mittellang bis lang, 17–32 mm, dünn, holzig, grünlich grau bis graubraun
- **Kelchbucht:** mitteltief, eng; faltig, teils gerippt; Rand gering fein- bis grobrippig
- **Kelch:** mittelgroß, geschlossen, seltener halb offen; Blättchen aufrecht, mittellang, schmal, hellgrün, an der Basis vereint; Spitzen teils grau, kurz zurückgebogen
- **Kelchhöhle:** mittelgroß, stumpfkegelförmig
- **Kerngehäuse:** mittelgroß, stielständig; Achse breit hohl; Kammern mittelgroß, offen; Wände meist sichel- bis bohnenförmig, glatt; viele Kerne, klein, länglich oval, dunkelbraun, gut ausgebildet
- **Gefäßbündel im Fruchtlängsschnitt:** herzförmig
- **Fleisch:** weißlich bis cremefarben, mittelfest, mittelfeinzellig, saftig; angenehm säuerlich-süß, gering gewürzt
- **Zuckergehalt:** 10,3–11,9° KMW; 50–58° Oechsle; 11,8–13,6° Brix

Sternapi

Verwechslersorte: Roter Sternapfel

Synonyme, Herkunft, Verbreitung
„Api Étoilé", „Pentagonapfel"; Herkunft unbekannt; vermutlich Schweiz vor 1600; in Oberösterreich selten vorkommend

Baum
Wuchs: stark; Krone auf Sämling kugelig bis breit kugelig
Sonstige Eigenschaften: sehr robust gegenüber Krankheiten

Erntereife
Ende Oktober bis Anfang November

Genussreife
Dezember bis April

Verwendung
Dekoration, Küche

Frucht

- **Fruchtmuster:** ca. 20-jähriger Hochstamm auf Sämling, Gemeinde Linz
- **Größe:** klein, selten mittelgroß, 37–43 mm hoch, 55–61 mm breit, 53–67 g schwer
- **Form:** plattrund, teils flach kugelig, mittelbauchig, teils gering ungleichhälftig; Querschnitt fünfeckig; Relief kantig bis grobrippig
- **Schale:** glatt, matt glänzend, später gering fettig, mitteldick, mittelzäh; Grundfarbe grünlich gelb bis hellgelb; Deckfarbe rot, verwaschen, Deckungsgrad 0–30 %; Lentizellen nicht auffällig
- **Stielbucht:** tief, mittelbreit; teils kurzstrahlig dünn hell graubraun berostet; Rand fein- bis grobrippig
- **Stiel:** mittellang bis lang, 17–32 mm, dünn, holzig, braun
- **Kelchbucht:** teils fehlend, sonst flach, eng bis mittelbreit; geperlt bis stärker faltig; Rand fein- bis grobrippig
- **Kelch:** mittelgroß, geschlossen, teils halb offen; Blättchen aufrecht, mittellang, zusammengeneigt, hellgrün bis grau, stark filzig, an der Basis oft fleischig verdickt und meist vereint
- **Kelchhöhle:** klein, schmal kegelförmig
- **Kerngehäuse:** klein, mittelständig; Achse gering hohl; Kammern klein, geschlossen; Wände meist breit bohnenförmig, glatt; viele Kerne, klein, oval bis länglich oval, braun, gut ausgebildet
- **Gefäßbündel im Fruchtlängsschnitt:** zwiebelförmig
- **Fleisch:** weißlich bis cremefarben, teils hell gelblich weiß, fest, mittelfeinzellig, saftig; säuerlich-süß, ohne Würze
- **Zuckergehalt:** 9,7–10,7° KMW; 47–52° Oechsle; 11,1–12,2° Brix

Summerred

Synonyme, Herkunft, Verbreitung
Sämling von „Summerland“, Vatersorte vermutlich „Mc Intosh“; Zuchtstation SUMMERLAND, British Columbia, Kanada; seit 1964 im Handel; in Oberösterreich selten vorkommend

Baum
Wuchs: anfangs mittelstark, später schwach; Krone auf Sämling pyramidal
Sonstige Eigenschaften: anfällig für Schorf, Mehltau, Krebs

Erntereife
Mitte August bis Anfang September

Genussreife
Mitte August bis September

Verwendung
Tafel, Küche

Frucht

- **Fruchtmuster:** ca. 50-jährige Hecke auf M7, Gemeinde Obernberg/Inn
- **Größe:** mittelgroß, 56–66 mm hoch, 64–67 mm breit, 106–131 g schwer
- **Form:** hochgebaut fass- bis schwach walzenförmig, mittel- bis gering stielbauchig, meist gleichhälftig; Querschnitt rund bis rundlich; Relief glatt, seltener gering grobrippig
- **Schale:** glatt, glänzend, mitteldick, mittelzäh; Grundfarbe hellgelb; Deckfarbe rot bis dunkelrot, verwaschen bis deckend, teils diffus gestreift, Deckungsgrad 80–100 %; Lentizellen zahlreich, mittelgroß, hellgrau, auffällig
- **Stielbucht:** mitteltief, eng; teils kurzstrahlig grünlich grau berostet; Rand teils gering grobrippig
- **Stiel:** mittellang bis lang, 17–31 mm, dünn, holzig, rötlich braun
- **Kelchbucht:** flach, eng; teils faltig; Rand glatt bis gering grobrippig
- **Kelch:** klein bis mittelgroß, geschlossen; Blättchen aufrecht, mittellang, an der Basis grünlich grau und vereint; Spitzen grau, lang zurückgeschlagen
- **Kelchhöhle:** mittelgroß, schmal kegel- bis trichterförmig mit dünner Röhre bis zum Kerngehäuse
- **Kerngehäuse:** mittelgroß, mittelständig; Achse hohl; Kammern mittelgroß, offen; Wände schmal bogen- bis sichelförmig, stark gerissen; viele Kerne, mittelgroß, länglich oval, oft lang zugespitzt, braun, gut ausgebildet
- **Gefäßbündel im Fruchtlängsschnitt:** hoch zwiebelförmig
- **Fleisch:** cremefarben, oft partiell rosa, mittelfest, fein- bis mittelfeinzellig, saftig; mild säuerlich-süß, gering gewürzt
- **Zuckergehalt:** 9,9–10,9° KMW; 48–53° Oechsle; 11,3–12,5° Brix

Topaz

Synonyme, Herkunft, Verbreitung

Tschechien 1994, Kreuzung „Rubin“ x „Vanda“; in Oberösterreich seit etwa 2000 zunehmend in Plantagen und Hausgärten vorkommend

Baum

Wuchs: mittelstark; Krone auf Sämling kugelig

Sonstige Eigenschaften: anfällig für Schorf und Mehltau, stark für Feuerbrand

Erntereife

Anfang Oktober

Genussreife

November bis Jänner

Verwendung

Tafel, Küche

Frucht

- **Fruchtmuster:** ca. 25-jähriger Halbstamm auf Sämling, Gemeinde Gaspoltshofen
- **Größe:** mittelgroß, 52–58 mm hoch, 69–77 mm breit, 118–175 g schwer
- **Form:** flach kugelig, mittelbauchig, meist gleichhälftig; Querschnitt rund; Relief glatt, seltener gering kelchrippig
- **Schale:** glatt, glänzend, mitteldick, mittelzäh; Grundfarbe gelb; Deckfarbe rotorange bis orangerot, verwaschen bis marmoriert, darüber teils rot bis dunkelrot diffus gestreift, Deckungsgrad 50–80 %; Lentizellen wenige, mittelgroß, hellbraun, hellgelb umhöft, auffällig; teils Schorfflecken
- **Stielbucht:** tief, breit, oft grün; kurzstrahlig hellgrau durchscheinend berostet; Rand glatt
- **Stiel:** mittellang, 14–26 mm, dünn, holzig, graugrün bis graubraun
- **Kelchbucht:** mitteltief, mittelbreit, schüsselförmig; stark faltig; Rand gering fein- bis grobrippig
- **Kelch:** mittelgroß, geschlossen, teils halb offen; Blättchen aufrecht, breit, mittellang, an der Basis graugrün, meist vereint; Spitzen teils grau, kurz zurückgebogen
- **Kelchhöhle:** mittelgroß, schmal kegel- bis trichterförmig mit mittelbreiter Röhre bis zum Kernhaus
- **Kerngehäuse:** mittelgroß, mittelständig; Achse hohl; Kammern mittelgroß, schlitzartig bis ganz offen; Wände meist sichel- bis bogenförmig, gering gerissen; viele Kerne, klein, länglich oval, teils kurz zugespitzt, dunkelbraun, gut ausgebildet
- **Gefäßbündel im Fruchtlängsschnitt:** zwiebelförmig
- **Fleisch:** hellgelb, fest, mittelfeinzellig, sehr saftig; angenehm säuerlich-süß, mittelstark gewürzt
- **Zuckergehalt:** 10,1–11,1° KMW; 49–54° Oechsle; 11,5–12,7° Brix

Traxleder

Synonyme, Herkunft, Verbreitung
Zufallssämling vom TRAXLEDER in Kirchheim im Innkreis; um 1990 entstanden; in Oberösterreich selten vorkommend

Baum
Wuchs: stark; Krone auf Sämling kugelig
Sonstige Eigenschaften: robust, anspruchslos

Erntereife
Ende August

Genussreife
Ende August bis September

Verwendung
Tafel, Küche

Frucht

- **Fruchtmuster:** ca. 30-jähriger Hochstamm, Gemeinde Kirchheim/Innkreis
- **Größe:** mittelgroß, teils groß, 61–69 mm hoch, 69–77 mm breit, 130–156 g schwer
- **Form:** kugelig, teils langstumpfkegel- bis kurzstumpfkegelförmig, mittel- bis gering stielbauchig, teils gering ungleichhälftig; Querschnitt rundlich bis unregelmäßig rund; Relief gering kelchrippig
- **Schale:** glatt, glänzend, teils sehr dünn weißlich bis hellblau bereift, mitteldick, mittelzäh; Grundfarbe gelblich grün bis grünlich gelb bzw. hellgelb; Deckfarbe rot, deckend bis verwaschen, darüber teils dunkler rot diffus gestreift bis geflammt, Deckungsgrad 50–80 %; Lentizellen zahlreich, klein, vertieft, bräunlich, breit hellgrau umhoft, auffällig
- **Stielbucht:** mitteltief, mittelbreit, häufig sortentypisch durch seitliche Fleischwulst eingeengt, vereinzelt hell graubraun durchscheinend kurzstrahlig berostet; Rand häufig wulstig, teils glatt
- **Stiel:** mittellang, 15–28 mm, mitteldick, hell graugrün bis graubraun, holzig bis gering fleischig, oft knospig, häufig durch Fleischwulst zur Seite gedrückt
- **Kelchbucht:** flach bis mitteltief, eng, faltig bis geperlt; Rand fein- bis grobrippig
- **Kelch:** mittelgroß, geschlossen; Blättchen aufrecht, mittellang, schmal, hellgrün, an der Basis meist vereint; Spitzen teils grau, kurz zurückgebogen
- **Kelchhöhle:** mittelgroß, kegel- bis becherförmig
- **Kerngehäuse:** mittelgroß, mittelständig; Achse hohl; Kammern mittelgroß, schlitzartig offen; Wände sichelförmig, stark gerissen; viele Kerne, mittelgroß, länglich oval, hell braun bis braun, mittelgut ausgebildet
- **Gefäßbündel im Längsschnitt:** hoch zwiebel- bis herzförmig
- **Fleisch:** cremefarben, mittelfest, mittelfeinzellig, sehr saftig, säuerlich-süß
- **Zuckergehalt:** 9,7–10,9° KMW; 47–53° Oechsle; 11,1–12,5° Brix

Virginischer Rosenapfel

Synonyme, Herkunft, Verbreitung

„Virginischer Sommer-Rosenapfel“, „Kornapfel“; Herkunft unbekannt; bereits um 1800 bekannt; in Oberösterreich verstreut vorkommend

Baum

Wuchs: stark; Krone auf Sämling pyramidal bis hoch kugelig

Sonstige Eigenschaften: gering anfällig für Schorf und Mehltau

Erntereife

Ende Juli bis Anfang August

Genussreife

Ende Juli bis August

Verwendung

Tafel, Küche

Frucht

- **Fruchtmuster:** ca. 35-jähriger Hochstamm auf Sämling, Gemeinde Wartberg/Aist
- **Größe:** mittelgroß, 55–66 mm hoch, 62–72 mm breit, 82–137 g schwer
- **Form:** kugelig bis stumpfkegelförmig, mittel- bis gering stielbauchig, teils gering ungleichhälftig; Querschnitt rundlich; Relief glatt bis kelchrippig
- **Schale:** glatt, matt glänzend, meist dünn weißlich bereift; mitteldick, mittelzäh; stark duftend; Grundfarbe hell grünlich weiß bis gelblich weiß; Deckfarbe rosa, gestreift bis geflammt, Deckungsgrad 30–70 %; Lentizellen nicht auffällig
- **Stielbucht:** mitteltief bis tief, mittelbreit, oft hellgrün; Rand glatt
- **Stiel:** mittellang, 17–27 mm, dünn bis mitteldick, holzig, graugrün bis graubraun
- **Kelchbucht:** mitteltief, eng bis mittelbreit; faltig; Rand grobrippig
- **Kelch:** mittelgroß, geschlossen; Blättchen aufrecht, schmal, mittellang, hellgrün, an der Basis vereint
- **Kelchhöhle:** mittelgroß, schmal kegelförmig, seltener trichterförmig mit mittelbreiter Röhre
- **Kerngehäuse:** mittelgroß, mittelständig; Achse hohl; Kammern mittelgroß, schlitzartig offen; Wände bogenförmig, glatt; viele Kerne, klein, oval, kurz zugespitzt, braun, gut ausgebildet
- **Gefäßbündel im Fruchtlängsschnitt:** zwiebelförmig
- **Fleisch:** cremefarben bis gelblich weiß, mittelfest, mittelfeinzellig, mäßig saftig, später mürbe; mild süß-säuerlich, mittelstark bis gering gewürzt
- **Zuckergehalt:** 9,3–10,3° KMW; 45–50° Oechsle; 10,6–11,8° Brix

Vista Bella

Synonyme, Herkunft, Verbreitung
Kreuzung „Nummernsämling" x „Julyred", RUTGERS UNIVERSITY, New Jersey (USA); seit 1944 im Handel; in Oberösterreich selten vorkommend

Baum
Wuchs: stark; Krone auf Sämling pyramidal bis hoch kugelig
Sonstige Eigenschaften: gering anfällig für Schorf und Mehltau

Erntereife
Mitte bis Ende Juli

Genussreife
Mitte Juli bis Anfang August

Verwendung
Tafel, Küche

Frucht

- **Fruchtmuster:** ca. 30-jähriger Viertelstamm auf Sämling, Gemeinde Gallneukirchen
- **Größe:** klein bis mittelgroß, 46–52 mm hoch, 58–62 mm breit, 68–84 g schwer
- **Form:** flach kugelig, teils kugelig, mittelbauchig, teils gering ungleichhälftig; Querschnitt rund bis rundlich; Relief glatt, teils gering kelchrippig
- **Schale:** glatt, matt glänzend, meist mittelstark hellblau bereift; mitteldick, mittelzäh, mittelstark duftend; Grundfarbe hell grünlich gelb bis hellgelb; Deckfarbe rot bis dunkelrot, verwaschen bis marmoriert, teils gering diffus gestreift, Deckungsgrad 80–100 %; Lentizellen zahlreich, klein, etwas vertieft, hellgrau, mäßig auffällig
- **Stielbucht:** mitteltief, eng bis mittelbreit; Rand glatt, teils gering grobrippig
- **Stiel:** kurz bis mittellang, 11–24 mm, mitteldick, holzig, hellgrün, teils hell rötlich grau
- **Kelchbucht:** flach bis mitteltief, mittelbreit; faltig; Rand gering grobrippig
- **Kelch:** mittelgroß, geschlossen bis halb offen, seltener offen; Blättchen aufrecht, schmal, mittellang, hellgrün bis grünlich grau, filzig behaart, an der Basis vereint
- **Kelchhöhle:** mittelgroß, meist trichterförmig mit langer dünner bis mittelbreiter Röhre
- **Kerngehäuse:** mittelgroß, mittelständig; Achse gering hohl; Kammern mittelgroß, teils schlitzartig offen; Wände bogen- bis bohnenförmig, glatt; viele Kerne, klein, oval, braun, mittelgut ausgebildet
- **Gefäßbündel im Fruchtlängsschnitt:** zwiebelförmig, oft rötlich
- **Fleisch:** cremefarben, partiell rötlich, mittelfest, mittelfeinzellig, saftig bis mäßig saftig, später mürbe; mild süß-säuerlich, gering gewürzt
- **Zuckergehalt:** 9,9–10,7° KMW; 48–52° Oechsle; 11,3–12,2° Brix

Wahrer Birnförmiger Apfel

Synonyme, Herkunft, Verbreitung

„Birnapfel", „Birnförmiger Apfel"; Herkunft unbekannt; in Deutschland um 1800 schon bekannt; in Oberösterreich selten vorkommend

Baum

Wuchs: sehr stark; Krone auf Sämling pyramidal bis hoch kugelig

Sonstige Eigenschaften: gering anfällig für Schorf

Erntereife

Mitte bis Ende Oktober

Genussreife

Dezember bis April

Verwendung

Tafel, Küche

Frucht

- **Fruchtmuster:** ca. 10-jährige Spindel auf M26, Gemeinde Ohlsdorf
- **Größe:** klein bis mittelgroß, 62–69 mm hoch, 64–68 mm breit, 116–136 g schwer
- **Form:** birnen- bis breit eiförmig, teils fassförmig, mittelbauchig, oft ungleichhälftig; Querschnitt rundlich; Relief glatt bis gering kelchrippig
- **Schale:** glatt, matt glänzend, teils trocken; mitteldick, zäh; Grundfarbe hellgelb; Deckfarbe braunrot bis rot, marmoriert bis deckend, teils gering diffus gestreift, Deckungsgrad 80–100 %; Lentizellen zahlreich, mittelgroß, hellgrau, auffällig
- **Stielbucht:** flach, sehr eng, teils durch Wulst eingeengt, graubraun kurz- bis langstrahlig berostet; Rand glatt, teils einseitig wulstig
- **Stiel:** mittellang, teils lang, 20–30 mm, dünn, holzig, rötlich grau bis graubraun
- **Kelchbucht:** mitteltief, mittelbreit; faltig; Rand oft grobrippig
- **Kelch:** klein, halb offen; Blättchen aufrecht, schmal, mittellang, hellgrün, an der Basis teils getrennt; Spitzen grau, kurz zurückgebogen
- **Kelchhöhle:** klein, kegelförmig
- **Kerngehäuse:** mittelgroß, mittelständig; Achse hohl; Kammern mittelgroß, teils schlitzartig offen; Wände ohren- bis verkehrt rucksackförmig, stark gerissen; viele Kerne, klein, oval bis länglich oval, oft zugespitzt, dunkelbraun, gut ausgebildet
- **Gefäßbündel im Fruchtlängsschnitt:** hoch zwiebelförmig
- **Fleisch:** gelblich weiß, fest, feinzellig, saftig; säuerlich-süß, nicht bis gering gewürzt
- **Zuckergehalt:** 12,3–13,4° KMW; 60–65° Oechsle; 14,1–15,3° Brix

Weberbartlapfel

Synonyme, Herkunft, Verbreitung

wahrscheinlich Zufallssämling aus St. Marienkirchen/Polsenz, vor 1830 entstanden; in Oberösterreich in den Bezirken Eferding und Grieskirchen stark verbreitet

Baum

Wuchs: stark; Krone auf Sämling kugelig, später hoch kugelig

Sonstige Eigenschaften: anfällig für Schorf, sonst sehr robust

Erntereife

Anfang bis Mitte Oktober

Verwendung

Saft, Most, Schnaps

Frucht

- **Fruchtmuster:** ca. 36-jähriger Hochstamm auf Sämling, Gemeinde Linz
- **Größe:** klein, 46–53 mm hoch, 49–67 mm breit, 83–102 g schwer
- **Form:** flach kugelig, mittelbauchig; teils gering ungleichhälftig; Querschnitt rund bis rundlich; Relief kelchrippig
- **Schale:** glatt, matt glänzend, dick, zäh; Grundfarbe grünlich gelb; Deckfarbe rot, verwaschen bis marmoriert, darüber dunkelrot gestreift, Deckungsgrad 80–100 %; Lentizellen nicht auffällig
- **Stielbucht:** mitteltief bis tief, eng bis mittelbreit; teils kurzstrahlig hell graubraun berostet; Rand glatt bis gering grobrippig
- **Stiel:** kurz, 6–14 mm, dünn, holzig, graubraun
- **Kelchbucht:** flach, eng; faltig bis gerippt; Rand feinrippig
- **Kelch:** klein, geschlossen; Blättchen aufrecht, zusammengeneigt, an der Basis hellgrün und vereint; Spitzen grau, kurz zurückgebogen
- **Kelchhöhle:** mittelgroß, stumpfkegelförmig
- **Kerngehäuse:** mittelgroß, mittelständig; Achse geschlossen bis gering hohl; Kammern mittelgroß, geschlossen; Wände bogen- bis bohnenförmig, meist glatt; viele Kerne, mittelgroß, länglich oval, braun, gut ausgebildet
- **Gefäßbündel im Fruchtlängsschnitt:** zwiebelförmig, teils rötlich
- **Fleisch:** weißlich bis cremefarben, partiell rötlich, fest, grobzellig, saftig; säuerlich-süß, ohne Würze
- **Zuckergehalt:** 9,9–11,1° KMW; 48–54° Oechsle; 11,3–12,7° Brix

Weißer Griesapfel

Synonyme, Herkunft, Verbreitung

wahrscheinlich Zufallssämling aus Oberösterreich, vor 1800 entstanden, 1824 erstmals beschrieben; in den Bezirken Kirchdorf/Krems und Steyr verbreitet

Baum

Wuchs: mittelstark; Krone auf Sämling kugelig, später breit kugelig

Sonstige Eigenschaften: etwas anfällig für Schorf, sonst robust

Erntereife

Mitte bis Ende Oktober

Verwendung

Saft, Most, Schnaps

Frucht

- **Fruchtmuster:** ca. 28-jähriger Hochstamm auf Sämling, Gemeinde Ansfelden
- **Größe:** klein, 40–53 mm hoch, 55–67 mm breit, 62–106 g schwer
- **Form:** flach kugelig bis plattrund, mittelbauchig; teils gering ungleichhälftig; Querschnitt rund bis rundlich; Relief glatt
- **Schale:** glatt, matt glänzend, dick, zäh; Grundfarbe hell grünlich gelb bis gelblich weiß; Deckfarbe oft fehlend, teils hellrot, verwaschen bis gefleckt, Deckungsgrad 0–30 %; Lentizellen zahlreich, sehr klein, cremefarben bis hellgrau, oft hellrot umhoft, mäßig auffällig
- **Stielbucht:** mitteltief, mittelbreit; teils kurzstrahlig hell graubraun berostet; Rand glatt
- **Stiel:** sehr kurz bis kurz, 4–12 mm, mitteldick, holzig, teils gering fleischig, graubraun
- **Kelchbucht:** flach, mittelbreit, schüsselförmig; Rand glatt
- **Kelch:** klein, geschlossen bis halb offen; Blättchen zusammengeneigt, kurz, mittelbreit, an der Basis hellgrün und vereint; Spitzen grau, kurz zurückgebogen
- **Kelchhöhle:** klein, kegelförmig
- **Kerngehäuse:** klein mittelständig; Achse geschlossen bis gering hohl; Kammern klein, geschlossen; Wände bogen- bis bohnenförmig, meist glatt; viele Kerne, klein, oval, kurz zugespitzt, dunkelbraun, gut ausgebildet
- **Gefäßbündel im Fruchtlängsschnitt:** zwiebelförmig, gelblich grün
- **Fleisch:** grünlich weiß bis cremefarben, fest, grob- bis mittelfeinzellig, sehr saftig; süß-säuerlich, säurebetont, ohne Würze
- **Zuckergehalt:** 12,8–13,6° KMW; 62–66° Oechsle; 14,6–15,5° Brix

Weißer Klarapfel

Synonyme, Herkunft, Verbreitung

„Naliwnoje heloje“; 1852 von Lettland nach Frankreich gekommen, von dort europaweit verbreitet; in Oberösterreich weit verbreitet

Baum

Wuchs: mittelstark; Krone auf Sämling kugelig, später hoch kugelig

Sonstige Eigenschaften: frosttolerant, anfällig für Mehltau und Feuerbrand

Erntereife

Mitte Juli bis Anfang August

Genussreife

Mitte Juli bis Anfang August

Verwendung

Tafel, Küche

Frucht

- **Fruchtmuster:** ca. 30-jähriger Viertelstamm auf Sämling, Gemeinde Gallneukirchen
- **Größe:** mittelgroß, teils klein, 54–58 mm hoch, 55–66 mm breit, 61–110 g schwer
- **Form:** kugelig bis flach kugelig, seltener kurz stumpfkegelförmig, mittel- bis schwach stielbauchig; oft ungleichhälftig; Querschnitt unregelmäßig rund, teils schwach eckig; Relief flach kantig und kelchrippig; teils vertikale Naht
- **Schale:** glatt, glänzend, teils dünn weißlich bereift, mitteldick, zäh; Grundfarbe grünlich weiß, vollreif auch gelblich weiß; Deckfarbe fehlt; Lentizellen zahlreich, klein, hellgrau, grünlich umhoft, gering auffällig
- **Stielbucht:** mitteltief, eng; teils flächig bis kurzstrahlig grüngrau berostet; Rand meist glatt
- **Stiel:** mittellang, 16–28 mm, mitteldick, holzig, hellgrün bis hellbraun
- **Kelchbucht:** mitteltief, eng; stark faltig bis gerippt, oft geperlt; Rand stark grobrippig
- **Kelch:** mittelgroß, geschlossen bis halb offen; Blättchen aufrecht, zusammengeneigt, hellgrün, an der Basis vereint; Spitzen teils grau, mittellang zurückgebogen
- **Kelchhöhle:** klein, kegelförmig
- **Kerngehäuse:** mittelgroß, mittelständig; Achse geschlossen bis gering hohl; Kammern mittelgroß, geschlossen bis schlitzartig offen; Wände bogen- bis breit sichelförmig, teils hellgrün, gering gerissen; viele Kerne, klein, länglich oval, hellbraun bis braun, schlecht ausgebildet
- **Gefäßbündel im Fruchtlängsschnitt:** zwiebelförmig
- **Fleisch:** grünlich weiß, weißlich bis cremefarben, mittelfest bis weich, mittelfeinzellig, saftig; süß-säuerlich, ohne Würze
- **Zuckergehalt:** 8,8–10,3° KMW; 43–50° Oechsle; 10,2–11,8° Brix

Weißer Passamaner

Synonyme, Herkunft, Verbreitung

Herkunft unbekannt; in Oberösterreich seit mindestens 150 Jahren existent, heute aber selten vorkommend

Baum

Wuchs: sehr stark; Krone auf Sämling anfangs kugelig, später breit kugelig

Sonstige Eigenschaften: relativ robust (Krankheiten) und anspruchslos (Boden, Klima)

Erntereife

Ende August bis Anfang September

Genussreife

September bis Oktober

Verwendung

Küche, Tafel

Frucht

- **Fruchtmuster:** ca. 28-jähriger Hochstamm auf Sämling, Gemeinde Ansfelden
- **Größe:** groß bis sehr groß, 62–75 mm hoch, 76–91 mm breit, 158–233 g schwer
- **Form:** kugelig, mittelbauchig; etwas ungleichhälftig; Querschnitt unregelmäßig rund, seltener schwach eckig; Relief glatt, seltener gering kelchrippig
- **Schale:** glatt, glänzend, dick, zäh; Grundfarbe hell grünlich gelb, vollreif hell gelblich weiß; Deckfarbe meist fehlend, teils hell orangegelb bis rosa verwaschen, Deckungsgrad 0–10 %; Lentizellen zahlreich, klein, hellgrau, teils hellgrün umhoft, nicht bis gering auffällig; Berostung gering, punktförmig, hellbraun
- **Stielbucht:** tief, eng bis mittelbreit; kurzstrahlig graubraun berostet; Rand meist glatt
- **Stiel:** kurz bis mittellang, 11–25 mm, dünn bis mitteldick, teils astseitig knopfig, holzig, hellgrün bis graubraun
- **Kelchbucht:** mitteltief, eng bis mittelbreit; gering faltig; Rand grobrippig
- **Kelch:** mittelgroß, geschlossen bis halb offen; Blättchen aufrecht, mittellang, hellgrün, an der Basis vereint; Spitzen teils grau, kurz zurückgebogen
- **Kelchhöhle:** mittelgroß, stumpfkegelförmig
- **Kerngehäuse:** klein, mittelständig; Achse geschlossen bis gering hohl; Kammern klein, geschlossen; Wände bogen- bis bohnenförmig, glatt; viele Kerne, klein, länglich oval, braun, meist schlecht ausgebildet
- **Gefäßbündel im Fruchtlängsschnitt:** zwiebel- bis breit herzförmig
- **Fleisch:** weißlich bis cremefarben, fest, mittelfein- bis grobzellig, saftig; mild säuerlich-süß, ohne Würze; Neigung zur Fleischbräune
- **Zuckergehalt:** 9,9–10,9° KMW; 48–53° Oechsle; 11,3–12,5° Brix

Weißer Rosmarin

Synonyme, Herkunft, Verbreitung

„Weißer Italienischer Rosmarinapfel", „Rosmarina bianca"; Herkunft unbekannt; um 1800 in Südtirol bereits bekannt; in Oberösterreich selten vorkommend

Baum

Wuchs: stark; Krone auf Sämling kugelig
Sonstige Eigenschaften: etwas anfällig für Schorf und Mehltau

Erntereife

Mitte bis Ende Oktober

Genussreife

Mitte November bis März

Verwendung

Tafel, Küche

Frucht

- **Fruchtmuster:** ca. 25-jähriger Hochstamm auf Sämling, Gemeinde Ansfelden
- **Größe:** mittelgroß, 55–65 mm hoch, 55–61 mm breit, 74–103 g schwer
- **Form:** lang-stumpfkegelförmig stielbauchig; etwas ungleichhälftig; Querschnitt rundlich; Relief glatt
- **Schale:** glatt, matt glänzend, mitteldick, zäh; Grundfarbe hell grünlich gelb, vollreif hell gelblich weiß; Deckfarbe teils fehlend, teils hell bräunlich rot bis zart rosa, verwaschen, Deckungsgrad 0–30 %; Lentizellen zahlreich, klein, cremefarben bis hellgrau, in der Deckfarbe typisch breit hellgelb umhoft und stärker auffällig
- **Stielbucht:** tief, eng, durch seitliche Wulst oft eingeengt; kurzstrahlig graubraun berostet; Rand glatt bis wulstig
- **Stiel:** mittellang, 17–24 mm, dünn, holzig, graubraun, durch Wulst oft zur Seite gedrückt
- **Kelchbucht:** flach, eng; faltig; teils kleinfleckig braun berostet; Rand gering grobrippig
- **Kelch:** mittelgroß, geschlossen; Blättchen aufrecht, lang, lanzettlich, an der Basis hellgrün und vereint; Spitzen grau, lang zurückgebogen
- **Kelchhöhle:** groß, kegelförmig, teils trichterförmig mit dünner Röhre
- **Kerngehäuse:** mittelgroß, mittelständig; Achse gering hohl; Kammern mittelgroß, schmal, geschlossen bis teils schlitzartig offen; Wände bogenförmig, glatt bis gering gerissen; viele Kerne, klein, länglich oval, lang zugespitzt, braun, gut ausgebildet
- **Gefäßbündel im Fruchtlängsschnitt:** hoch zwiebel- bis schmal herzförmig
- **Fleisch:** weißlich bis cremefarben, mittelfest, mittelfeinzellig, saftig; angenehm säuerlich-süß, gering bis mittelstark rosmarinartig gewürzt
- **Zuckergehalt:** 10,7–11,5° KMW; 52–56° Oechsle; 12,2–13,2° Brix

Weißer Wiesling

Synonyme, Herkunft, Verbreitung

Herkunft unbekannt; wahrscheinlich Zufallssämling aus Oberösterreich, vor 1750 entstanden und bereits 1824 beschrieben; in Oberösterreich früher häufig, jetzt verstreut vorkommend

Baum

Wuchs: stark; Krone auf Sämling kugelig, später hoch kugelig

Sonstige Eigenschaften: anfällig für Schorf und Krebs

Erntereife

Mitte bis Ende Oktober

Genussreife

Jänner bis April

Verwendung

Küche, Saft, Most, Dörrobst

Frucht

- **Fruchtmuster:** ca. 30-jähriger Hochstamm auf Sämling, Gemeinde Ansfelden
- **Größe:** mittelgroß bis groß, 66–79 mm hoch, 61–73 mm breit, 104–155 g schwer
- **Form:** lang stumpfkegelförmig stielbauchig; etwas ungleichhälftig; Querschnitt meist eckig bis unregelmäßig rund; Relief flach kantig, kelchrippig bis rippig 1/2–3/3; vereinzelt vertikale Naht
- **Schale:** glatt, matt glänzend, mitteldick, zäh; Grundfarbe gelblich grün, später grünlich gelb bis gelblich weiß; Deckfarbe oft fehlend, teils hell orangerot, verwaschen, Deckungsgrad 0–30 %; Lentizellen zahlreich, klein bis mittelgroß, cremefarben, auffällig
- **Stielbucht:** mitteltief, mittelbreit; teils grün; meist kurzstrahlig graubraun berostet; Rand glatt bis gering grobrippig
- **Stiel:** kurz, 8–15 mm, dünn bis mitteldick, holzig, grünlich grau bis graubraun
- **Kelchbucht:** flach bis mitteltief, eng bis mittelbreit; gerippt; Rand meist feinrippig
- **Kelch:** klein, geschlossen; Blättchen aufrecht, mittellang, schmal, an der Basis hellgrün und vereint; Spitzen grau, lang zurückgebogen
- **Kelchhöhle:** mittelgroß kegelförmig, teils trichterförmig mit dünner Röhre
- **Kerngehäuse:** mittelgroß, stielständig; Achse gering hohl; Kammern mittelgroß, geschlossen; Wände bogen- bis bohnenförmig, stark gerissen; viele Kerne, mittelgroß, oval bis länglich oval, zugespitzt, braun, gut ausgebildet
- **Gefäßbündel im Fruchtlängsschnitt:** schmal herzförmig
- **Fleisch:** weißlich bis cremefarben, fest, mittelfeinzellig, saftig; süß-säuerlich, ohne Würze
- **Zuckergehalt:** 11,1–12,1° KMW; 54–59° Oechsle; 12,7–13,9° Brix

Weißer Winterkalvill

Verwechslersorten: Signe Tillisch, London Pepping, Riesenboiken, Lesans Kalvill, Adersleber Kalvill

Synonyme, Herkunft, Verbreitung

„Calville blanche d'hiver", „Quittenapfel"; wahrscheinlich Frankreich vor 1600; in Oberösterreich selten vorkommend

Baum

Wuchs: stark; Krone auf Sämling kugelig, später breit kugelig

Sonstige Eigenschaften: anfällig für Schorf, Mehltau und Krebs; nur für warme Lagen

Erntereife

Mitte bis Ende Oktober

Genussreife

Dezember bis April

Verwendung

Tafel, Küche

Frucht

- **Fruchtmuster:** ca. 30-jähriger Viertelstamm auf Sämling, Gemeinde Gallneukirchen
- **Größe:** groß, 60–73 mm hoch, 77–86 mm breit, 164–209 g schwer
- **Form:** flach kugelig bis kugelig, seltener kurz stumpfkegelförmig, mittel- bis seltener gering stielbauchig; oft ungleichhälftig; Querschnitt meist eckig; Relief stark rippig 3/4–4/4
- **Schale:** glatt, glänzend, mitteldick, mittelzäh; Grundfarbe grünlich gelb, vollreif gelblich weiß; Deckfarbe oft fehlend, teils hell rot angehaucht, Deckungsgrad 0–20 %; Lentizellen nicht auffällig
- **Stielbucht:** tief, mittelbreit bis breit; gerippt; kurz- bis langstrahlig graubraun berostet; Rand stark grobrippig
- **Stiel:** mittellang, 13–23 mm, dünn bis mitteldick, holzig, grünlich gelb bis hell graubraun
- **Kelchbucht:** mitteltief bis tief, mittelbreit; stark gerippt; Rand stark grobrippig
- **Kelch:** mittelgroß, geschlossen bis offen; Blättchen aufrecht, mittellang, an der Basis hellgrün und vereint
- **Kelchhöhle:** groß, stumpfkegelförmig, teils trichterförmig mit mittelbreiter Röhre
- **Kerngehäuse:** mittelgroß, mittelständig; Achse hohl; Kammern mittelgroß, schlitzartig offen; Wände bogen- bis bohnenförmig, glatt; viele Kerne, mittelgroß, schmal länglich oval, zugespitzt, dunkelbraun, gut ausgebildet
- **Gefäßbündel im Fruchtlängsschnitt:** zwiebel- bis breit herzförmig
- **Fleisch:** cremefarben bis gelblich weiß, mittelfest, mittelfeinzellig, saftig; mild säuerlich-süß, gering bis mittelstark gewürzt
- **Zuckergehalt:** 12,8–13,6° KMW; 62–66° Oechsle; 14,6–15,5° Brix

Weißer Wintertaffetapfel

Verwechslersorte: Champagner-Renette

Synonyme, Herkunft, Verbreitung

„Taffeter“; Herkunft unbekannt, vor 1800 entstanden; in Oberösterreichs Bauerngärten verstreut vorkommend

Baum

Wuchs: mittelstark; Krone auf Sämling kugelig

Sonstige Eigenschaften: anfällig für Schorf und Krebs

Erntereife

Anfang bis Mitte Oktober

Genussreife

November bis März

Verwendung

Tafel, Küche

Frucht

- **Fruchtmuster:** ca. 20-jähriger Halbstamm auf Sämling, Gemeinde Kirchheim im Innkreis
- **Größe:** mittelgroß, teils klein, 50–57 mm hoch, 67–77 mm breit, 101–134 g schwer
- **Form:** plattrund bis flach kugelig, mittelbauchig; teils gering ungleichhälftig; Querschnitt rundlich bis unregelmäßig rund, teils breit elliptisch; Relief glatt
- **Schale:** glatt, glänzend, dünn bis mitteldick, mittelzäh; Grundfarbe gelblich weiß bis hellgelb; Deckfarbe hellrot, verwaschen, Deckungsgrad 0–30 %; Lentizellen wenige, klein, hellgrau, nicht auffällig
- **Stielbucht:** mitteltief, eng, durch Wulst meist stark eingeengt; meist kurzstrahlig beiderseits der Wulst berostet; Rand glatt bis gering grobrippig
- **Stiel:** kurz bis mittellang, 8–19 mm, mitteldick, holzig bis fleischig, grünlich gelb bis graubraun
- **Kelchbucht:** mitteltief bis flach, mittelbreit, faltig; Rand glatt bis gering grobrippig
- **Kelch:** mittelgroß, geschlossen bis halb offen; Blättchen aufrecht, graubraun, an der Basis hellgrün und vereint
- **Kelchhöhle:** klein, kegelförmig
- **Kerngehäuse:** klein, mittel- bis kelchständig; Achse geschlossen bis gering hohl; Kammern klein, geschlossen bis schlitzartig offen; Wände meist bogen- bis bohnenförmig, meist glatt; viele Kerne, klein, länglich oval, teils kurz zugespitzt, braun, gut ausgebildet
- **Gefäßbündel im Fruchtlängsschnitt:** zwiebelförmig
- **Fleisch:** weißlich bis cremefarben, fest, mittelfeinzellig, saftig; angenehm säuerlich-süß, gering gewürzt
- **Zuckergehalt:** 10,7–11,7° KMW; 52–57° Oechsle; 12,2–13,4° Brix

Winterbananenapfel

Synonyme, Herkunft, Verbreitung

„Flory of Winterbanana"; 1876 auf der DAVID FLORY FARM, Adamsboro, Case County, Indiana (USA) aufgefunden; in Oberösterreich eher selten vorkommend

Baum

Wuchs: stark; Krone auf Sämling breit pyramidal
Sonstige Eigenschaften: etwas anfällig für Schorf, sonst eher robust

Erntereife

Mitte bis Ende Oktober

Genussreife

Jänner bis April

Verwendung

Tafel, Küche

Frucht

- **Fruchtmuster:** ca. 30-jähriger Hochstamm auf Sämling, Gemeinde Linz
- **Größe:** mittelgroß bis groß, 56–71 mm hoch, 72–79 mm breit, 151–217 g schwer
- **Form:** kugelig bis stumpfkegelförmig, seltener flach kugelig, mittel- bis stielbauchig; etwas ungleichhälftig; Querschnitt unregelmäßig rund; Relief kelchrippig bis rippig 1/2–3/3; häufig vertikale Nähte
- **Schale:** glatt, glänzend, mitteldick, zäh; Grundfarbe hell grünlich gelb bis hellgelb; Deckfarbe orangerot bis rot, verwaschen, Deckungsgrad 30–60 %; Lentizellen zahlreich, klein, hell graubraun, teils rötlich und cremefarben umhoft, auffällig
- **Stielbucht:** mitteltief, seltener flach, mittelbreit; oft grün; Rand meist gering grobrippig
- **Stiel:** mittellang, 15–25 mm, dünn bis mitteldick, holzig, am Ansatz teils knopfig, graugrün bis graubraun
- **Kelchbucht:** mitteltief, mittelbreit; faltig bis gerippt; Rand grobrippig
- **Kelch:** mittelgroß bis groß, halb offen bis geschlossen, teils offen; Blättchen aufrecht bis zusammengeneigt, kurz bis mittellang, an der Basis hellgrün und getrennt bis vereint
- **Kelchhöhle:** mittelgroß, kegelförmig, teils kurz trichterförmig
- **Kerngehäuse:** mittelgroß, meist mittelständig; Achse hohl; Kammern mittelgroß, schlitzartig offen; Wände bohnen- bis breit sichelförmig, mittelstark ausgeblüht gerissen; viele Kerne, mittelgroß, länglich oval, teils zugespitzt, dunkelbraun, mittelgut ausgebildet
- **Gefäßbündel im Fruchtlängsschnitt:** meist zwiebelförmig
- **Fleisch:** gelblich weiß, fest, mittelfeinzellig, mäßig saftig bis saftig; mild säuerlich-süß, nicht bis gering gewürzt
- **Zuckergehalt:** 10,7–11,7° KMW; 52–57° Oechsle; 12,2–13,4° Brix

Wintergoldparmäne

Verwechslersorte: Harberts Renette

Synonyme, Herkunft, Verbreitung
„King of the Pippins", „Reine des Reinettes", „Goldparmäne", in Oberösterreich fälschlich „Goldrenette"; wahrscheinlich aus Frankreich, vor 1700 entstanden; in Oberösterreich weit verbreitet

Baum
Wuchs: mittelstark; Krone auf Sämling kugelig, später hochkugelig
Sonstige Eigenschaften: anfällig für Schorf und Mehltau

Erntereife
Anfang bis Mitte Oktober

Genussreife
Oktober bis Jänner

Verwendung
Tafel, Küche

Frucht

- **Fruchtmuster:** ca. 20-jähriger Hochstamm auf Sämling, Gemeinde St. Marienkirchen/Polsenz
- **Größe:** mittelgroß, 53–69 mm hoch, 64–69 mm breit, 98–149 g schwer
- **Form:** kugelig bis kurz stumpfkegelförmig, mittel- bis stielbauchig, gleichhälftig; Querschnitt rundlich; Relief glatt
- **Schale:** glatt, matt glänzend, trocken, mitteldick, zäh, duftend; Grundfarbe grünlich gelb, später orangegelb; Deckfarbe orangerot, verwaschen, darüber teils dunkler rot geflammt bis gestreift, Deckungsgrad 30–60 %; Lentizellen zahlreich, klein, hellgrau, nicht auffällig; Berostung gering, kleinfleckig bis punktförmig
- **Stielbucht:** mitteltief bis tief, mittelbreit, teils hellgrün; meist flächig bis langstrahlig braungrau berostet; Rand meist glatt
- **Stiel:** mittellang, 12–26 mm, dünn bis mitteldick, holzig, graubraun
- **Kelchbucht:** flach bis mitteltief, breit bis mittelbreit, schüsselförmig; Rand glatt bis gering grobrippig
- **Kelch:** groß, offen; Blättchen aufrecht, breit, an der Basis hell grün und vereint bis getrennt; Spitzen grün bis grau, lang zurückgebogen
- **Kelchhöhle:** groß, breit kegel- bis trichterförmig mit mittelbreiter Röhre
- **Kerngehäuse:** mittelgroß, mittel- bis gering stielständig; Achse gering hohl; Kammern mittelgroß, geschlossen bis schlitzartig offen; Wände meist bogenförmig, teils breit sichelförmig, mittelstark gerissen; viele Kerne, mittelgroß, oval, braun, gut ausgebildet
- **Gefäßbündel im Fruchtlängsschnitt:** hoch zwiebel- bis herzförmig
- **Fleisch:** cremefarben bis hellgelblich, mittelfest, mittelfeinzellig, saftig; angenehm säuerlich-süß, mittelstark nussartig gewürzt
- **Zuckergehalt:** 13,6–14,8° KMW; 66–72° Oechsle; 15,5–16,9° Brix

Wunder aus Rae

Synonyme, Herkunft, Verbreitung

„Nichtblüher", „Feigenapfel"; von der Baumschule JOSEF TRAXLER (Wien) um 1930 aus Rae (Estland) eingeführt; in Oberösterreich selten vorkommend

Baum

Wuchs: schwach; Krone auf Sämling kugelig mit dünnen Ästen; Blüte ohne Blumenblätter und Staubblätter, aber mit 15 Griffel

Sonstige Eigenschaften: gering anfällig für Schorf

Erntereife

Mitte bis Ende August

Genussreife

September bis Oktober

Verwendung

Küche, Tafel

Frucht

- **Fruchtmuster:** ca. 18-jährige Hecke auf MM111, Gemeinde Braunau-Ranshofen
- **Größe:** mittelgroß, 62–71 mm hoch, 54–64 mm breit, 74–101 g schwer
- **Form:** meist walzenförmig, kelchwärts oft tailliert, mittelbauchig; oft ungleichhälftig; Querschnitt unregelmäßig rund; Relief flach kantig, kelchrippig bis rippig 1/3–1/2
- **Schale:** glatt, matt glänzend, dünn, mäßig zäh; Grundfarbe hellgrün, vollreif hell gelblich weiß; Deckfarbe meist fehlend; Lentizellen nicht auffällig
- **Stielbucht:** mitteltief, teils flach, eng, teils durch Wulst eingeengt; meist kurzstrahlig graubraun berostet; Rand glatt bis einseitig wulstig
- **Stiel:** mittellang bis lang, 19–31 mm, dünn, holzig, hell graugrün bis graubraun
- **Kelchbucht:** mitteltief bis tief, breit; stark gerippt; Rand stark grobrippig (5 Höcker)
- **Kelch:** sehr groß, meist weit offen; Blättchen aufrecht, zusammengeneigt, mittellang, teils fleischig verdickt, hellgrün, voneinander getrennt
- **Kelchhöhle:** sehr groß, stumpfkegelförmig, meist bis Kerngehäuse, teils mit zusätzlichen Kelchblättern, häufig verpilzt
- **Kerngehäuse:** groß, mittelständig; Achse meist gering bis stärker hohl; Kammern groß, offen; Wände bogen- bis bohnenförmig, mittelstark gerissen; Kerne meist fehlend, selten 1–3, mittelgroß, länglich oval, braun, meist schlecht ausgebildet
- **Gefäßbündel im Fruchtlängsschnitt:** stark unregelmäßig, teils hoch zwiebelförmig
- **Fleisch:** weißlich bis cremefarben, mittelfest, mittelfeinzellig, saftig; mild säuerlich-süß, wenig Säure, ohne Würze
- **Zuckergehalt:** 10,7–12,3° KMW; 52–60° Oechsle; 12,2–14,1° Brix

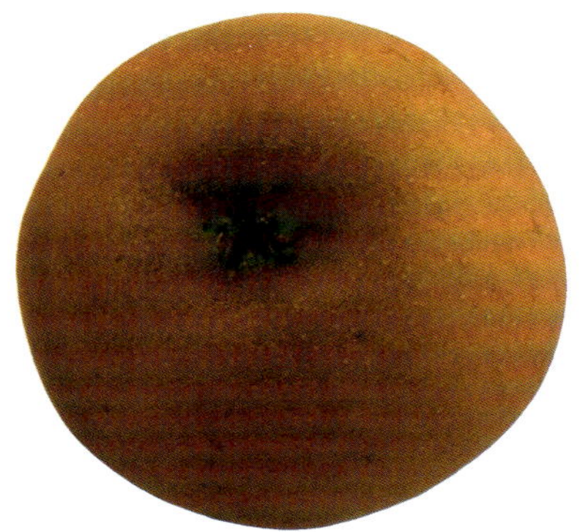

Zabergäu-Renette

Verwechslersorten: Schöner von Boskoop, Coulons Renette, Graue Herbstrenette

Synonyme, Herkunft, Verbreitung

1885 als Zufallssämling in Hausen/Zaber (Deutschland) entstanden; in Oberösterreich verstreut vorkommend

Baum

Wuchs: stark, später mittelstark; Krone auf Sämling breit kugelig

Sonstige Eigenschaften: anfällig für Krebs

Erntereife

Mitte bis Ende Oktober

Genussreife

Dezember bis März

Verwendung

Küche, Tafel, Saft, Most, Dörrobst

Frucht

- **Fruchtmuster:** ca. 8-jähriger Halbstamm auf Sämling, Gemeinde Ort/Innkreis
- **Größe:** groß bis sehr groß, 65–80 mm hoch, 79–90 mm breit, 168–270 g schwer
- **Form:** sehr variabel, kugelig, hoch kugelig bis gering stumpfkegelförmig, mittel- bis gering stielbauchig; etwas ungleichhälftig; Querschnitt rundlich; Relief glatt bis gering kelchrippig
- **Schale:** feinrau bis rau, trocken, mitteldick, zäh; Grundfarbe gelblich grün, später grünlich gelb bis hellgelb; Deckfarbe oft fehlend, teils orange bis rotorange, verwaschen bis gefleckt, Deckungsgrad 0–30 %; Lentizellen zahlreich, groß, erhaben, cremefarben bis hellgrau, meist hellgrün umhoft, auffällig; Berostung nahezu ganzflächig zimtbraun
- **Stielbucht:** mitteltief, teils tief, mittelbreit; flächig zimtbraun berostet; Rand glatt
- **Stiel:** kurz bis mittellang, 13–25 mm, mitteldick, holzig, graubraun bis braun
- **Kelchbucht:** mitteltief, mittelbreit, teils schüsselförmig; um den Kelch meist grün; oft faltig; Rand glatt bis gering grobrippig
- **Kelch:** groß, meist halb offen; Blättchen zusammengeneigt, mittellang, breit, an der Basis hellgrün und getrennt; Spitzen teils grau, kurz zurückgebogen
- **Kelchhöhle:** groß, kegelförmig
- **Kerngehäuse:** mittelgroß, meist gering stielständig; Achse hohl; Kammern mittelgroß, offen; Wände bogen- bis breit sichelförmig, meist glatt; wenige Kerne, klein, oval, teils zugespitzt, braun, mittelgut ausgebildet
- **Gefäßbündel im Fruchtlängsschnitt:** herzförmig
- **Fleisch:** hell grünlich weiß (meist nur Randzone), vollreif hellgelblich, fest, mittelfeinzellig, saftig, später mürbe; süß-säuerlich, nicht bis gering gewürzt
- **Zuckergehalt:** 10,7–11,7° KMW; 52–57° Oechsle; 12,2–13,4° Brix

Äpfel

Zuccalmaglio-Renette

Verwechslersorte: Ananas-Renette

Synonyme, Herkunft, Verbreitung

Holland 1878, Kreuzung „Ananas-Renette“ x „Purpurroter Agatapfel“; in Oberösterreich gering in Hausgärten vorkommend

Baum

Wuchs: schwach bis mittelstark; Krone auf Sämling kugelig

Sonstige Eigenschaften: schorftolerant, anfällig für Krebs, sonst ziemlich robust

Erntereife

Mitte bis Ende Oktober

Genussreife

November bis Februar

Verwendung

Tafel, Küche

Frucht

- **Fruchtmuster:** ca. 10-jährige Spindel auf M26, Gemeinde Ohlsdorf
- **Größe:** mittelgroß, 57–61 mm hoch, 65–71 mm breit, 105–136 g schwer
- **Form:** sehr variabel: fassförmig, stumpfkegelförmig, seltener kugelig, mittel- bis gering stielbauchig; meist gleichhälftig; Querschnitt rundlich; Relief glatt bis gering kelchrippig
- **Schale:** glatt, matt glänzend, dünn weißlich bereift, mitteldick, mäßig zäh, mittelstark duftend; Grundfarbe grünlich gelb, vollreif hell- bis zitronengelb; Deckfarbe hellorange bis rotorange, verwaschen, teils fehlend, Deckungsgrad 0–40 %; Lentizellen zahlreich, mittelgroß, grau, rechteckig bis sternförmig, teils grünlich bis rötlich umhoft, stark auffällig
- **Stielbucht:** mitteltief, mittelbreit; durchscheinend kurzstrahlig hell graubraun berostet; Rand meist glatt
- **Stiel:** kurz bis mittellang, 9–19 mm, dünn, holzig, grünlich grau bis graubraun
- **Kelchbucht:** mitteltief, mittelbreit; hell graubraun konzentrisch gestrichelt berostet; Rand gering grobrippig
- **Kelch:** mittelgroß, meist halb offen; Blättchen aufrecht, zusammengeneigt, kurz, grau, an der Basis hellgrün und teils getrennt; Spitzen teils grau und kurz zurückgebogen
- **Kelchhöhle:** mittelgroß, kegel- bis seltener kurz trichterförmig
- **Kerngehäuse:** mittelgroß, mittelständig; Achse gering hohl; Kammern mittelgroß, geschlossen bis schlitzartig offen; Wände ohren- bis verkehrt rucksackförmig, glatt; Kerne, mittelgroß, oval bis länglichoval, dunkelbraun, gut ausgebildet
- **Gefäßbündel im Fruchtlängsschnitt:** herz- bis hoch zwiebelförmig
- **Fleisch:** hellgelblich bis cremefarben, mittelfest, mittelfeinzellig, sehr saftig; angenehm säuerlich-süß, gering gewürzt
- **Zuckergehalt:** 10,3–11,3° KMW; 50–55° Oechsle; 11,8–12,9° Brix

Zwiebelborsdorfer

Synonyme, Herkunft, Verbreitung

„Scheibenapfel"; Herkunft unbekannt; vermutlich vor 1700 in Deutschland oder Holland entstanden; 1778 erstmals beschrieben; in Oberösterreich selten vorkommend

Baum

Wuchs: mittelstark; Krone auf Sämling flach kugelig
Sonstige Eigenschaften: relativ robust, frosttolerant

Erntereife

Anfang bis Mitte Oktober

Genussreife

Dezember bis April

Verwendung

Küche, Saft, Most, Dörrobst

Frucht

- **Fruchtmuster:** ca. 20-jähriger Hochstamm auf Sämling, Gemeinde Schlierbach
- **Größe:** klein, seltener mittelgroß, 45–49 mm hoch, 56–64 mm breit, 67–91 g schwer
- **Form:** plattrund, teils flach kugelig; mittelbauchig, oft ungleichhälftig; Querschnitt rundlich; Relief glatt
- **Schale:** glatt, matt glänzend, zäh; Grundfarbe gelblich grün, vollreif grünlich gelb bis hellgelb; Deckfarbe oft fehlend, teils hell rot bis rot, verwaschen, seltener etwas diffus gestreift, Deckungsgrad 20–40 %; Lentizellen zahlreich, klein, cremefarben, in Deckfärbung typisch breit hellgelb umhoft, auffällig; Berostung meist gering, punktförmig, netzartig, kleinfleckig, hell graubraun
- **Stielbucht:** tief, mittelbreit, seltener durch Wulst eingeengt; meist kurz-strahlig graubraun berostet; Rand glatt, seltener gering wulstig
- **Stiel:** kurz, 10–17 mm, dünn, holzig, hell graubraun
- **Kelchbucht:** mitteltief, teils flach, mittelbreit bis breit, schüsselförmig, teils faltig; Rand glatt bis gering grobrippig
- **Kelch:** mittelgroß, halb offen bis offen; Blättchen aufrecht, kurz, breit, an der Basis hellgrün und vereint; Spitzen grau, kurz zurückgebogen
- **Kelchhöhle:** mittelgroß, stumpfkegelförmig
- **Kerngehäuse:** klein, mittelständig; Achse geschlossen bis gering hohl; Kammern mittelgroß, geschlossen Wände bogen- bis verkehrt rucksackförmig, meist glatt; wenige Kerne, klein, länglich oval, dunkelbraun, mittelgut ausgebildet
- **Gefäßbündel im Fruchtlängsschnitt:** zwiebelförmig
- **Fleisch:** cremefarben, fest, mittelfeinzellig, saftig; säuerlich-süß, ohne Würze
- **Zuckergehalt:** 11,3–12,3° KMW; 55–60° Oechsle; 12,9–14,1° Brix

BIRNEN

Achatzlbirne

Synonyme, Herkunft, Verbreitung

„Ahatzibirne“, „Achatzelbirne“; Herkunft ungesichert; wahrscheinlich Zufallssämling aus dem Lavanttal, vermutlich vor 1850 entstanden; benannt nach dem Klagenfurter Naturforscher und Lehrer MATTHIAS ACHAZEL (1779–1845); in Österreich sehr selten vorkommend

Baum

Wuchs: schwach; Krone auf Sämling pyramidal, teils schwach hoch kugelig

Sonstige Eigenschaften: relativ robust gegenüber Krankheiten

Erntereife

Anfang Oktober

Verwendung

Saft, Most, Schnaps

Frucht

- **Fruchtmuster:** ca. 20-jähriger Hochstamm auf OHF333, Gemeinde Weilbach
- **Größe:** klein; 51–61 mm hoch, 59–72 mm breit, 92–144 g schwer
- **Form:** stumpfkreiselförmig, kelchbauchig; gleichhälftig; Querschnitt rundlich bis schwach eckig; Relief glatt bis gering flach kantig, teils gering kelchrippig
- **Schale:** glatt bis etwas beulig, matt glänzend, mitteldick, mittelzäh; Grundfarbe grün bis gelblich grün; Deckfarbe rot bis braunrot, verwaschen bis deckend, Deckungsgrad 20–50 %; Lentizellen zahlreich, klein, graubraun, meist hellgrün bis rötlich umhoft, wenig auffällig
- **Stielbucht:** flach, eng, teils durch Wulst eingeengt, flächig grau bis graubraun berostet; Rand wulstig
- **Stiel:** mittellang, 20–26 mm, mitteldick, holzig bis gering fleischig, grünlich grau bis graubraun
- **Stielsitz:** in Stielbucht eingesteckt, teils von Wulst etwas zur Seite gedrückt
- **Kelchbucht:** teils fehlend, sehr flach, mittelbreit; Rand glatt bis schwach grobrippig
- **Kelch:** groß, offen; Blättchen groß, aufliegend, hellgrau, an der Basis vereint
- **Kelchhöhle:** klein, schüsselförmig
- **Kerngehäuse:** groß, kelchständig; Achse geschlossen; Kammern groß, geschlossen; viele Kerne, mittelgroß, länglich oval, teils lang zugespitzt, schwarz, gut ausgebildet
- **Steinkranz im Fruchtlängsschnitt:** kurz spindelförmig, mittelgrob bis grob granuliert
- **Fleisch:** hell gelblich weiß bis cremefarben, mittelfest, bald weich und teigig, grob- bis mittelfeinzellig, sehr saftig; herb säuerlich-süß, ohne Würze
- **Zuckergehalt:** 14,8–15,6° KMW; 72–76° Oechsle; 16,9–17,9° Brix

Alexander Lucas

Verwechslersorte: Präsident Drouard

Synonyme, Herkunft, Verbreitung

„Beurré Alexandre“; von ALEXANDER LUCAS 1870 nahe Orleans (Frankreich) aufgefunden, seit 1874 im Handel; in Oberösterreich verstreut in Hausgärten, meist als Spalier anzutreffen

Baum

Wuchs: mittelstark bis stark; Krone auf Sämling hochpyramidal

Sonstige Eigenschaften: robuste Sorte mit frühen und hohen Erträgen

Erntereife

Anfang Oktober

Genussreife

Ende Oktober bis Ende November

Verwendung

Tafel

Frucht

- **Fruchtmuster:** 20-jährige Spindel auf Quitte, Gemeinde Linz
- **Größe:** groß bis sehr groß; 73–86 mm hoch, 71–82 mm breit, 205–292 g schwer
- **Form:** lang bis kurz stumpfkegelförmig, kelchbauchig, meist gleichhälftig; Querschnitt rundlich; Relief glatt
- **Schale:** glatt, mattglänzend, dünn, mäßig zäh; Grundfarbe grün bis gelblich grün, vollreif hellgelb; Deckfarbe meist fehlend; Lentizellen zahlreich, klein, hellbraun, grünlich umhoft, auffällig
- **Stielbucht:** meist mitteltief, eng, durch Wulst teils eingeengt; teils fleckig braun berostet; Rand glatt, teils wulstig
- **Stiel:** mittellang, 24–36 mm, mitteldick, holzig, braun
- **Stielsitz:** in Stielbucht eingesteckt, durch Wulst teils zur Seite gedrückt
- **Kelchbucht:** flach bis mitteltief, mittelbreit, rundlich, meist mäßig faltig; teils flächig bis strahlig hell graubraun berostet; Rand glatt
- **Kelch:** mittelgroß, halboffen bis geschlossen; Blättchen aufrecht, mittellang, teils hornartig; an der Basis teils vereint, teils getrennt, oft fleischig verdickt, hellgrünlich; Spitzen grau, oft fehlend
- **Kelchhöhle:** klein, schüsselförmig
- **Kerngehäuse:** mittelgroß, kelchständig; Achse geschlossen; Kammern klein bis mittelgroß, geschlossen; wenige Kerne, mittelgroß, länglich oval, lang zugespitzt, dunkelbraun, meist schlecht ausgebildet
- **Steinkranz im Fruchtlängsschnitt:** lang spindelförmig, mittelfein granuliert
- **Fleisch:** cremefarben bis weißlich, fest, feinzellig; genussreif schmelzend, saftig, angenehm säuerlich-süß, ohne Würze
- **Zuckergehalt:** 11,1–12,3° KMW; 54–60° Oechsle; 12,7–14,1° Brix

Amanlis Butterbirne

Synonyme, Herkunft, Verbreitung

„Beurré d'Amanlis"; Belgien; Züchtung von VAN MONS vor 1800 mit dem Namen „Wilhelmina"; in Oberösterreich selten anzutreffen

Baum

Wuchs: stark; Krone auf Sämling pyramidal bis breit pyramidal

Sonstige Eigenschaften: robust, anspruchslos hinsichtlich des Standorts

Erntereife

Anfang bis Mitte September

Genussreife

ab Ernte etwa 10 Tage

Verwendung

Tafel, Küche

Frucht

- **Fruchtmuster:** 20-jähriger Hochstamm, Gemeinde Gallneukirchen
- **Größe:** mittelgroß bis groß; 69–80 mm hoch, 66–73 mm breit, 144–185 g schwer
- **Form:** stumpfkegelförmig, kelchbauchig, gering ungleichhälftig; Querschnitt rund bis rundlich; Relief glatt
- **Schale:** glatt bis feinrau, matt glänzend; Grundfarbe grün bis gelblich grün; Deckfarbe meist fehlend; Lentizellen nicht auffällig; Berostung gering bis mittelstark, netzartig bis kleinfleckig, graubraun
- **Stielbucht:** flach, seltener mitteltief; Rand teils wulstig
- **Stiel:** mittellang, 25–34 mm, mitteldick, holzig, grün
- **Stielsitz:** in Stielbucht eingesteckt, teils von Wülsten umgeben
- **Kelchbucht:** mitteltief bis flach, eng; Rand meist glatt
- **Kelch:** mittelgroß, offen; Blättchen aufrecht, kurz, graugrün; an der Basis teils fleischig und vereint
- **Kelchhöhle:** mittelgroß, schüsselförmig
- **Kerngehäuse:** mittelgroß, kelchständig; Achse geschlossen; Kammern mittelgroß, geschlossen; viele Kerne, mittelgroß, länglich oval, lang zugespitzt, seitennasig, schwarz, meist schlecht ausgebildet
- **Steinkranz im Fruchtlängsschnitt:** lang spindelförmig, fein granuliert
- **Fleisch:** hell grünlich weiß, fest, feinzellig; genussreif halb schmelzend, saftig, säuerlich-süß, gering gewürzt
- **Zuckergehalt:** 13,4–14,8° KMW; 65–72° Oechsle; 15,3–17,2° Brix

Aspathaunisenbirne

Synonyme, Herkunft, Verbreitung

„Mostleuterbirne"; Herkunft unbekannt; vermutlich als Zufallssämling vor 1850 im Bezirk Eferding oder Grieskirchen entstanden und primär dort verstreut vorkommend

Baum

Wuchs: stark; Krone auf Sämling kugelig bis hoch kugelig

Sonstige Eigenschaften: relativ robust gegenüber Krankheiten und Frost

Erntereife

Anfang bis Mitte Oktober

Verwendung

Saft, Most, Schnaps

Frucht

- **Fruchtmuster:** ca. 30-jähriger Hochstamm, Gemeinde Ansfelden
- **Größe:** mittelgroß; 63–70 mm hoch, 67–77 mm breit, 134–198 g schwer
- **Form:** breit stumpfkreiselförmig, teils breit kurzkegelförmig, kelchbauchig, teils ungleichhälftig; Querschnitt stark unregelmäßig rund; Relief glatt, teils gering kelchrippig, teils mit breiter Bauchfurche
- **Schale:** glatt, matt glänzend, dünn, mäßig zäh; Grundfarbe grünlich gelb, vollreif gelb; Deckfarbe meist fehlend, selten gelborange angehaucht, Deckungsgrad 0–30 %; Lentizellen zahlreich, groß, grau bis graubraun, stark auffällig; Berostung gering, kleinfleckig, hellbraun, vereinzelt vertikaler Roststreifen
- **Stielbucht:** mitteltief, eng; Rand meist wulstig
- **Stiel:** mittellang, 26–33 mm, mitteldick, holzig, an der Basis teils fleischig, dunkelbraun
- **Stielsitz:** in Stielbucht eingesteckt
- **Kelchbucht:** mitteltief, mittelbreit; flächig bis strahlig zimtbraun berostet; Rand glatt, teils gering grobrippig
- **Kelch:** groß, offen; Blättchen groß, aufrecht, kurz, hellgrau, oft hornartig und fleischig verdickt, an der Basis oft getrennt
- **Kelchhöhle:** klein, schüsselförmig
- **Kerngehäuse:** mittelgroß, kelchständig; Achse geschlossen; Kammern mittelgroß, geschlossen; wenige Kerne, mittelgroß, länglich, seitennasig, schwarz, sehr schlecht ausgebildet
- **Steinkranz im Fruchtlängsschnitt:** breit spindelförmig, grob granuliert
- **Fleisch:** hell gelblich weiß bis cremefarben, fest, grobzellig, sehr saftig; herb säuerlich-süß, ohne Würze
- **Zuckergehalt:** 11,3–13,2° KMW; 55–64° Oechsle; 12,9–15,1° Brix

Betzelsbirne

Synonyme, Herkunft, Verbreitung

Herkunft unbekannt; in Deutschland bereits um 1800 vorkommend; 1847 erstmals beschrieben; in Oberösterreich verstreut vorkommend

Baum

Wuchs: stark; Krone auf Sämling hoch kugelig
Sonstige Eigenschaften: relativ robust gegenüber Krankheiten

Erntereife

Mitte bis Ende Oktober

Verwendung

Saft, Most, Schnaps

Frucht

- **Fruchtmuster:** ca. 100-jähriger Hochstamm, Gemeinde Engerwitzdorf
- **Größe:** mittelgroß; 63–70 mm hoch, 61–69 mm breit, 106–152 g schwer
- **Form:** breit kreiselförmig, mittelbauchig, stielseitig spitz zulaufend; teils ungleichhälftig; Querschnitt rundlich; Relief glatt
- **Schale:** glatt, matt glänzend, dünn, etwas zäh; Grundfarbe hellgrün; Deckfarbe meist fehlend, selten bräunlich rot, verwaschen, Deckungsgrad 0–30 %; Lentizellen zahlreich, klein, braun, auffällig
- **Stielbucht:** fehlt
- **Stiel:** mittellang bis lang, 28–40 mm, mitteldick, holzig, am Ansatz oft fleischig, hellgrün
- **Stielsitz:** in Fruchtspitze eingesteckt
- **Kelchbucht:** flach, breit; meist strahlig graubraun berostet; Rand glatt
- **Kelch:** groß, offen; Blättchen groß, aufliegend, grau, an der Basis vereint
- **Kelchhöhle:** mittelgroß, schüsselförmig
- **Kerngehäuse:** mittelgroß, mittelständig; Achse meist geschlossen; Kammern mittelgroß, geschlossen; viele Kerne, groß, länglich oval, schwarzbraun, mittelgut bis schlecht ausgebildet
- **Steinkranz im Fruchtlängsschnitt:** spindelförmig, grob granuliert
- **Fleisch:** cremefarben, am Rand grünlich weiß, sehr fest, grobzellig, grießig, sehr saftig; herb säuerlich-süß, ohne Würze
- **Zuckergehalt:** 12,1–13,4° KMW; 59–65° Oechsle; 13,9–15,3° Brix

Boscs Flaschenbirne

Verwechslersorte: Prinzessin Marianne

Synonyme, Herkunft, Verbreitung

„Kaiser Alexander"; Belgien oder Frankreich um 1800; in Oberösterreich weit verbreitet

Baum

Wuchs: stark; Krone auf Sämling kugelig, später hoch kugelig

Sonstige Eigenschaften: anfällig für Schorf

Erntereife

Anfang Oktober

Genussreife

Mitte Oktober bis Anfang November

Verwendung

Tafel, Küche

Frucht

- **Fruchtmuster:** ca. 16-jähriger Hochstamm, Gemeinde Schlierbach
- **Größe:** groß; 95–108 mm hoch, 63–73 mm breit, 131–199 g schwer
- **Form:** flaschenförmig, kelchbauchig, gleichhälftig; Querschnitt rund bis rundlich; Relief glatt, teils gering beulig bis kelchrippig
- **Schale:** feinrau; Grundfarbe grünlich gelb bis hellgelb; Deckfarbe fehlend; Lentizellen zahlreich, klein, hellgrau bis braun, mäßig auffallend; Berostung stark, flächig, zimtbraun
- **Stielbucht:** meist fehlend, flach, eng; Rand glatt
- **Stiel:** mittellang, seltener lang, 31–40 mm, mitteldick, holzig, braun
- **Stielsitz:** auf Fruchtspitze aufsitzend oder in Stielbucht eingesteckt
- **Kelchbucht:** flach, mittelbreit; Rand glatt bis gering grobrippig
- **Kelch:** klein, halb offen bis offen; Blättchen aufrecht, kurz bis mittellang, grau, oft fleischig, an der Basis getrennt bis vereint, Spitzen meist fehlend
- **Kelchhöhle:** klein, schüsselförmig
- **Kerngehäuse:** klein bis mittelgroß, kelchständig; Achse geschlossen bis gering hohl; Kammern klein, geschlossen; viele Kerne, klein, oval, teils kurz zugespitzt, schwarz, mittelgut ausgebildet
- **Steinkranz im Fruchtlängsschnitt:** lang spindelförmig, mittelbreit, fein granuliert
- **Fleisch:** gelblich weiß, mittelfest, vollreif schmelzend, feinzellig, saftig; säuerlich-süß, gering gewürzt
- **Zuckergehalt:** 12,3–14,2° KMW; 60–69° Oechsle; 14,1–16,2° Brix

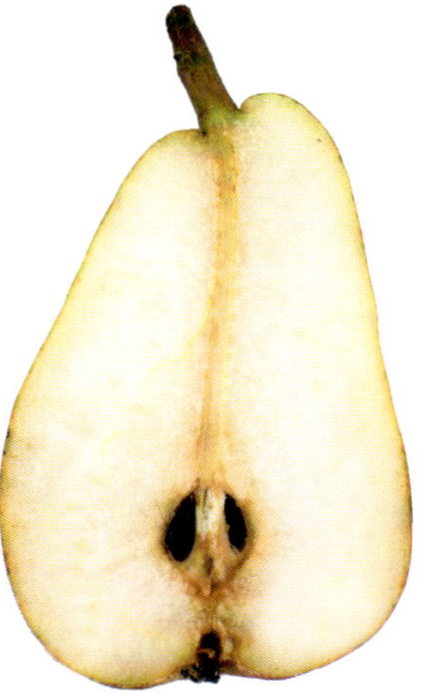

Bunte Julibirne

Verwechslersorte: Frühe aus Trévoux

Synonyme, Herkunft, Verbreitung
„Colorée de Juillet“; Frankreich 1837, seit 1857 im Handel; in Oberösterreich vereinzelt in den Hausgärten

Baum
Wuchs: mittelstark; Krone auf Sämling kugelig
Sonstige Eigenschaften: schorftolerant, weitgehend robust

Erntereife
Ende Juli bis Anfang August

Genussreife
Ende Juli bis Anfang August

Verwendung
Tafel, Küche

Frucht

- **Fruchtmuster:** ca. 20-jähriger Viertelstamm auf Sämling, Gemeinde Linz
- **Größe:** mittelgroß; 68–79 mm hoch, 57–65 mm breit, 70–78 g schwer
- **Form:** lang stumpfkegel- bis glockenförmig, kelchbauchig, gleichhälftig; Querschnitt rundlich; Relief glatt
- **Schale:** glatt, matt glänzend; Grundfarbe hellgelb; Deckfarbe orange bis orangerot, verwaschen, teils diffus gestreift, Deckungsgrad 0–50 %; Lentizellen zahlreich, mittelgroß, hellbraun, hellgrün bis rötlich umhoft, mäßig auffällig
- **Stielbucht:** flach, seltener mitteltief, eng; flächig hellbraun berostet; Rand glatt
- **Stiel:** mittellang, 21–27 mm, mitteldick, holzig, braun
- **Stielsitz:** in Stielbucht eingesteckt
- **Kelchbucht:** mitteltief bis flach, mittelbreit, seltener faltig; Rand glatt
- **Kelch:** klein, halb offen; Blättchen aufrecht, schmal, mittellang, dunkelgrau, an der Basis vereint
- **Kelchhöhle:** klein, schüsselförmig bis trichterförmig mit enger Röhre
- **Kerngehäuse:** mittelgroß, kelchständig; Achse geschlossen; Kammern klein, geschlossen; wenige Kerne, klein, länglich, teils kurz zugespitzt, schwarz, oft seitennasig, schlecht ausgebildet
- **Steinkranz im Fruchtlängsschnitt:** lang spindelförmig, mittelbreit, mittelfein granuliert
- **Fleisch:** meist gelblich weiß, weich, vollreif halb schmelzend, feinzellig, sehr saftig; angenehm säuerlich-süß, gering gewürzt
- **Zuckergehalt:** 9,5–10,7° KMW; 46–52° Oechsle; 10,8–12,2° Brix

Champagner Bratbirne

Verwechslersorte: Welsche Bratbirne

Synonyme, Herkunft, Verbreitung

„Champagner Weinbirne"; Herkunft unbekannt; wahrscheinlich in der Gegend um Stuttgart vor 1760 entstanden; in Oberösterreich selten

Baum

Wuchs: mittelstark; Krone auf Sämling breit kugelig

Sonstige Eigenschaften: bevorzugt bessere Lagen; anfällig für Bakterienkrankheiten

Erntereife

Ende September bis Mitte Oktober

Verwendung

Saft, Most, Schnaps

Frucht

- **Fruchtmuster:** ca. 20-jähriger Hochstamm, Gemeinde Bad Schallerbach
- **Größe:** klein; 40–45 mm hoch, 51–60 mm breit, 62–74 g schwer
- **Form:** flach kugelig, mittelbauchig; gleichhälftig; Querschnitt rund; Relief glatt
- **Schale:** glatt, matt glänzend, dick, zäh; Grundfarbe grün bis gelblich grün; Deckfarbe fehlend; Lentizellen zahlreich, klein, dunkelgrau bis hell graubraun, typisch breit dunkelgrün umhoft, stark auffällig; Berostung gering, kleinfleckig, grau bis graubraun
- **Stielbucht:** meist flach, eng; Rand glatt, teils gering wulstig
- **Stiel:** mittellang, 18–26 mm, dünn bis mitteldick, holzig, hellgrün
- **Stielsitz:** in Stielbucht eingesteckt
- **Kelchbucht:** flach, seltener mitteltief, mittelbreit, schüsselförmig; strahlig bis flächig graubraun berostet; Rand glatt
- **Kelch:** mittelgroß, offen; Blättchen klein, kurz, aufliegend, dunkelgrau, an der Basis vereint
- **Kelchhöhle:** klein bis mittelgroß, schüsselförmig
- **Kerngehäuse:** klein, kelch- bis seltener mittelständig; Achse geschlossen; Kammern klein, geschlossen; viele Kerne, klein bis mittelgroß, oval, gering seitennasig, schwarzbraun, gut ausgebildet
- **Steinkranz im Fruchtlängsschnitt:** kurz spindelförmig, sehr grob granuliert
- **Fleisch:** hell gelblich weiß, fest, grobzellig, grießig, sehr saftig; herb säuerlich-süß, ohne Würze
- **Zuckergehalt:** 12,3–15,2° KMW; 60–74° Oechsle; 14,1–17,4° Brix

Clairgeau Butterbirne

Synonyme, Herkunft, Verbreitung
„Beurré Clairgeau"; Frankreich 1830; in Oberösterreich verstreut vorkommend

Baum
Wuchs: schwach; Krone auf Sämling pyramidal
Sonstige Eigenschaften: schorftolerant, weitgehend robust

Erntereife
Mitte bis Ende Oktober

Genussreife
November

Verwendung
Tafel, Küche

Frucht

- **Fruchtmuster:** ca. 26-jähriger Hochstamm, Gemeinde Ansfelden
- **Größe:** groß bis sehr groß; 83–107 mm hoch, 68–78 mm breit, 172–263 g schwer
- **Form:** sehr variabel, teils flaschenförmig, teils lang stumpfkegelförmig, stielwärts oft einseitig stärker eingezogen (gekrümmt), kelchbauchig, meist stärker ungleichhälftig; Querschnitt rundlich; Relief glatt, teils gering kelchrippig
- **Schale:** teils glatt, teils etwas feinrau, matt glänzend, dünn, mäßig zäh; Grundfarbe gelblich grün, später grünlich gelb; Deckfarbe orangerotrot, verwaschen, Deckungsgrad 20–40 %; Lentizellen zahlreich, mittelgroß, graubraun, hellgrün bis rötlich umhoft, mittelstark auffällig; Berostung mittelstark, punktförmig, flächig und kleinfleckig, graubraun
- **Stielbucht:** fehlend
- **Stiel:** kurz bis mittellang, 14–24 mm, dick, astseitig knopfig, teils fleischig, braun
- **Stielsitz:** aufsitzend, oft schief angesetzt
- **Kelchbucht:** mitteltief, mittelbreit, oft flächig bis konzentrisch kurzstrichig graubraun berostet; faltig bis schwach gerippt; Rand glatt bis gering grobrippig
- **Kelch:** mittelgroß, offen; Blättchen aufrecht, teils aufliegend, kurz, grau, teils fleischig verdickt, an der Basis vereint
- **Kelchhöhle:** mittelgroß, schüsselförmig
- **Kerngehäuse:** mittelgroß, kelchständig; Achse geschlossen bis gering hohl; Kammern mittelgroß, geschlossen; Kerne, mittelgroß, länglich oval, zugespitzt, seitennasig, schwarzbraun, mittelgut bis schlecht ausgebildet
- **Steinkranz im Fruchtlängsschnitt:** lang spindelförmig, mittelbreit, mittelfein
- **Fleisch:** zur Ernte hell grünlich weiß, fest; vollreif gelblich weiß, halb schmelzend, mittelfein- bis seltener grobzellig, teils grießig, saftig; mild säuerlich-süß, gering gewürzt
- **Zuckergehalt:** 14,2–15,2° KMW; 69–74° Oechsle; 16,2–17,4° Brix

Clapps Liebling

Verwechslersorte: Frühe aus Trévoux

Synonyme, Herkunft, Verbreitung

„Clapp's Favorite"; um 1860 von THADDÄUS CLAPP in Dorchester (Massachusetts, USA) aus Kernen gezogen; 1869 erstmals beschrieben; in Oberösterreich verstreut vorkommend

Baum

Wuchs: stark; Krone auf Sämling pyramidal bis später breit pyramidal

Sonstige Eigenschaften: anfällig für Schorf

Erntereife

Mitte bis Ende August

Genussreife

Mitte bis Ende August

Verwendung

Tafel, Küche

Frucht

- **Fruchtmuster:** ca. 20-jähriger Hochstamm, Gemeinde Wartberg/Aist
- **Größe:** mittelgroß; 67–79 mm hoch, 56–68 mm breit, 111–150 g schwer
- **Form:** stumpfkreiselförmig, breit kegelförmig bis gering glockenförmig, kelch- bis mittelbauchig; gleichhälftig; Querschnitt rund; Relief glatt bis gering kelchrippig
- **Schale:** glatt, matt glänzend, mitteldick, mäßig zäh; Grundfarbe gelblich grün, vollreif hellgelb bis gelb; Deckfarbe bräunlich rot, verwaschen, oft breit diffus gestreift, Deckungsgrad 30–60 %; Lentizellen zahlreich, klein, hellgrau, hellgrün bis rot umhoft, auffällig
- **Stielbucht:** flach, eng, teils fehlend; Rand glatt
- **Stiel:** mittellang, 29–37 mm, mitteldick, holzig, braun
- **Stielsitz:** in Stielbucht eingesteckt, seltener aufsitzend
- **Kelchbucht:** flach, eng bis mittelbreit, teils faltig, meist strahlig bis flächig zimtbraun berostet; Rand glatt, teils gering grobrippig
- **Kelch:** mittelgroß, geschlossen; Blättchen aufrecht, kurz, an der Basis hellgrün, teils fleischig verdickt und meist vereint, seltener getrennt; Spitzen dunkelgrau
- **Kelchhöhle:** klein, stumpfkegel- bis schüsselförmig
- **Kerngehäuse:** klein, kelch- bis gering mittelständig; Achse geschlossen; Kammern klein, geschlossen; wenige Kerne, länglich oval, braunschwarz, schlecht ausgebildet
- **Steinkranz im Fruchtlängsschnitt:** spindel- bis lang spindelförmig, mittelfein granuliert
- **Fleisch:** hell gelblich weiß, mittelfest, vollreif halb schmelzend, feinzellig, sehr saftig; mild säuerlich-süß, ohne Würze
- **Zuckergehalt:** 9,1–10,5° KMW; 44–51° Oechsle; 10,4–12,0° Brix

Birnen

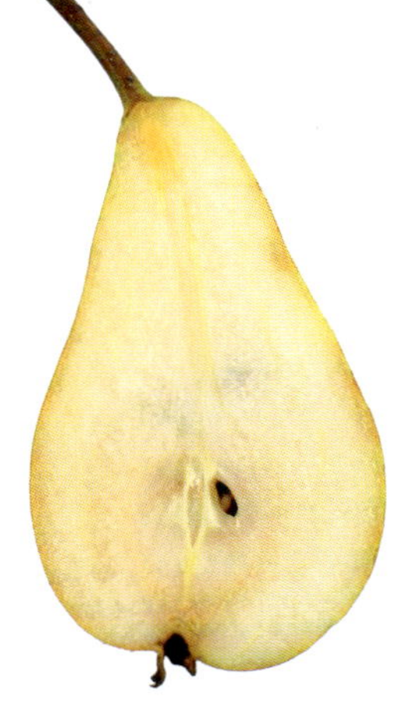

Conference

Verwechslersorten: Concorde, Abate Fetel

Synonyme, Herkunft, Verbreitung

„Konferenzbirne"; England, Sämling von „Leon Leclerc de Laval", seit 1894 im Handel; in Oberösterreich häufig anzutreffen

Baum

Wuchs: mittelstark; Krone auf Sämling pyramidal bis hochpyramidal

Sonstige Eigenschaften: schorftolerant, anfällig für Feuerbrand, sonst robust

Erntereife

Ende September bis Anfang Oktober

Genussreife

Oktober bis November

Verwendung

Tafel, Küche, Schnaps

Frucht

- **Fruchtmuster:** ca. 15-jähriger Halbstamm auf Sämling, Gemeinde Steinbach/Attersee
- **Größe:** mittelgroß bis groß; 81–111 mm hoch, 55–63 mm breit, 102–162 g schwer
- **Form:** flaschenförmig bis lang kegelförmig, kelchbauchig, teils ungleichhälftig; Querschnitt rundlich; Relief glatt
- **Schale:** teils glatt, matt glänzend, teils feinrau und trocken; Grundfarbe gelblich grün, vollreif hellgelb; Deckfarbe fehlend; Lentizellen nicht auffällig; Berostung mittelstark, kleinfleckig bis netzartig, kelchwärts flächig, graubraun bis zimtbraun
- **Stielbucht:** fehlend
- **Stiel:** mittellang, 24–32 mm, mitteldick, holzig, hellgrün bis braun
- **Stielsitz:** Stiel in die Fruchtspitze direkt übergehend
- **Kelchbucht:** flach, mittelbreit, flächig zimtbraun berostet; Rand glatt
- **Kelch:** mittelgroß, offen; Blättchen aufrecht, mittellang, teils fleischig verdickt, grau, an der Basis vereint
- **Kelchhöhle:** klein, schüsselförmig
- **Kerngehäuse:** klein, seltener mittelgroß, kelchständig; Achse geschlossen bis gering hohl; Kammern klein, geschlossen; viele Kerne, klein, länglich, lang zugespitzt, mittelnasig, schwarz, schlecht bis mittelgut ausgebildet
- **Steinkranz im Fruchtlängsschnitt:** lang spindelförmig, mittelbreit, fein granuliert
- **Fleisch:** gelblich weiß, mittelfest, vollreif schmelzend, feinzellig, sehr saftig; mild säuerlich-süß, gering bis mittelstark gewürzt
- **Zuckergehalt:** 10,3–11,7° KMW; 50–57° Oechsle; 11,8–13,4° Brix

Doblzaunbirne

Synonyme, Herkunft, Verbreitung
Herkunft unbekannt; im Innviertel bis zu 200 Jahre alte Bäume vorkommend

Baum
Wuchs: stark; Krone auf Sämling kugelig, später hoch kugelig
Sonstige Eigenschaften: etwas schorfanfällig

Erntereife
Mitte bis Ende August

Genussreife
Mitte bis Ende August

Verwendung
Schnaps, Küche

Frucht

- **Fruchtmuster:** ca. 120-jähriger Hochstamm, Gemeinde Riedau
- **Größe:** klein; 48–57 mm hoch, 50–55 mm breit, 58–73 g schwer
- **Form:** stumpfkreiselförmig bis fassförmig, kelchseitig abgeflacht, meist mittel- bis gering kelchbauchig, gleichhälftig; Querschnitt rundlich; Relief glatt, teils gering flach kantig bis kelchrippig
- **Schale:** teils glatt, matt glänzend, dünn, etwas zäh; Grundfarbe vollreif meist grünlich gelb; Deckfarbe meist fehlend, teils hell gelborange, verwaschen, Deckungsgrad 0–20 %; Lentizellen zahlreich, klein, hell graubraun, teils grünlich umhoft, mäßig auffällig; teils vertikaler graubrauner Roststreifen
- **Stielbucht:** teils fehlend, teils flach, eng; Rand oft einseitig wulstig
- **Stiel:** lang, 39–49 mm, dünn, holzig, am Ansatz teils gering fleischig, hellgrün
- **Stielsitz:** in Stielbucht eingesteckt mit oft seitlicher Wulst; teils aufsitzend
- **Kelchbucht:** oft fehlend, teils flach, mittelbreit, teils flächig bis kleinfleckig graubraun berostet; Rand glatt bis gering grobrippig
- **Kelch:** sehr groß, offen; Blättchen teils aufliegend, lang, schmal, grau, an der Basis vereint; teils kurz, etwas hornartig, an der Basis getrennt
- **Kelchhöhle:** klein, schüsselförmig
- **Kerngehäuse:** mittelgroß, meist mittelständig; Achse meist gering hohl; Kammern mittelgroß, geschlossen; viele Kerne, mittelgroß, länglich, seitennasig, schwarz, schlecht ausgebildet
- **Steinkranz im Fruchtlängsschnitt:** oval bis breit spindelförmig, mittelgrob granuliert
- **Fleisch:** hell gelblich weiß, mittelfest, grob- bis mittelfeinzellig, saftig; mild säuerlich-süß, kaum herb, ohne Würze
- **Zuckergehalt:** 11,1–12,5° KMW; 54–61° Oechsle; 12,7–14,4° Brix

Doppelte Philippsbirne

Verwechslersorte: Diels Butterbirne

Synonyme, Herkunft, Verbreitung

„Doyenné de Mérode"; Belgien, um 1800 aufgefunden; in Oberösterreich weit verbreitet

Baum

Wuchs: stark; Krone auf Sämling kugelig bis hoch kugelig

Sonstige Eigenschaften: anfällig für Feuerbrand, sonst sehr robust, geringe Standortansprüche, auch für raue Lagen

Erntereife

Anfang bis Mitte September

Genussreife

Mitte September bis Anfang Oktober

Verwendung

Tafel, Küche

Frucht

- **Fruchtmuster:** ca. 8-jähriger Halbstamm auf Sämling, Gemeinde Ort/Innkreis
- **Größe:** mittelgroß; 62–73 mm hoch, 66–77 mm breit, 143–213 g schwer
- **Form:** breit stumpfkegel- bis seltener lang stumpfkegelförmig, kelchseitig abgeflacht, kelchbauchig, teils gering ungleichhälftig; Querschnitt rund; Relief glatt
- **Schale:** glatt, teils matt glänzend, trocken, dünn, mäßig zäh; Grundfarbe gelblich grün, vollreif hellgelb; Deckfarbe meist fehlend, teils hellorange bis rötlich, verwaschen, Deckungsgrad 0–30 %; Lentizellen zahlreich, klein bis mittelgroß, graubraun, auffällig; Berostung gering, punktförmig bis kleinfleckig, graubraun
- **Stielbucht:** mitteltief, eng, teils kurzstrahlig braun berostet; Rand glatt
- **Stiel:** mittellang, 24–35 mm, mitteldick bis dick, holzig, teils gering fleischig, braun
- **Stielsitz:** in Stielbucht eingesteckt
- **Kelchbucht:** flach, mittelbreit, strahlig bis flächig graubraun bis zimtbraun berostet; Rand glatt
- **Kelch:** mittelgroß, offen; Blättchen aufrecht, teils aufliegend, kurz, meist hornartig und fleischig verdickt, an der Basis vereint bis getrennt, grau
- **Kelchhöhle:** mittelgroß, schüsselförmig
- **Kerngehäuse:** klein, kelch- bis mittelständig; Achse gering hohl bis geschlossen; Kammern klein, geschlossen; viele Kerne, mittelgroß, länglich, lang zugespitzt, seitennasig, schwarz, schlecht ausgebildet
- **Steinkranz im Fruchtlängsschnitt:** spindelförmig, mittelbreit, mittelfein granuliert
- **Fleisch:** gelblich weiß, mittelfest, vollreif halb schmelzend, sehr saftig; säuerlichsüß, gering bis mittelstark gewürzt
- **Zuckergehalt:** 11,1–12,8° KMW; 54–62° Oechsle; 12,7–14,6° Brix

Dorschbirne

Verwechslersorten: Weiße Kochbirne, Gemeine Kochbirne

Synonyme, Herkunft, Verbreitung

Herkunft ungesichert; wahrscheinlich Niederösterreich vor 1880; in Oberösterreich vor allem im Bezirk Steyr-Land verstreut vorkommend

Baum

Wuchs: mittelstark; Krone auf Sämling pyramidal bis kugelig, später hoch kugelig

Sonstige Eigenschaften: robust, geringe Standortansprüche

Erntereife

Ende September

Verwendung

Most, Saft, Schnaps

Frucht

- **Fruchtmuster:** ca. 30-jähriger Hochstamm, Gemeinde Ansfelden
- **Größe:** klein; 37–45 mm hoch, 39–47 mm breit, 34–43 g schwer
- **Form:** kugelig bis seltener kreiselförmig, kelchseitig abgeplattet, mittel- bis teils schwach kelchbauchig, meist gleichhälftig; Querschnitt rund; Relief glatt
- **Schale:** glatt, matt glänzend; Grundfarbe grünlich gelb, vollreif hellgelb; Deckfarbe meist fehlend, teils hellorange, verwaschen, Deckungsgrad 0–30 %; Lentizellen zahlreich, sehr klein, hell graubraun, nicht bis mäßig auffällig; Berostung gering, punktförmig bis kleinfleckig, graubraun
- **Stielbucht:** fehlend
- **Stiel:** mittellang, 25–35 mm, dünn bis mitteldick, holzig, grün, partiell braun
- **Stielsitz:** aufsitzend
- **Kelchbucht:** flach, breit, flächig zimtbraun berostet; Rand glatt
- **Kelch:** mittelgroß, offen; Blättchen aufrecht, kurz, hellgrau filzig behaart, an der Basis vereint
- **Kelchhöhle:** klein, schüsselförmig
- **Kerngehäuse:** klein, meist mittelständig; Achse gering hohl; Kammern klein, geschlossen; viele Kerne, klein, länglich oval, schwarzbraun, mittelgut ausgebildet
- **Steinkranz im Fruchtlängsschnitt:** breit spindelförmig, mittelbreit, mittelgrob granuliert
- **Fleisch:** gelblich weiß, mittelfest, grobzellig, sehr saftig; mild säuerlich-süß, mäßig herb, gering bis mittelstark gewürzt
- **Zuckergehalt:** 9,9–11,1° KMW; 48–54° Oechsle; 11,3–12,7° Brix

Birnen

Duchesse Bererd

Synonyme, Herkunft, Verbreitung

Frankreich; um 1890 von ETIENNE BÉRÉRD in Quincieux an der Rhône aus Kernen von „Duchesse Bronzé" gezogen; in Oberösterreich selten anzutreffen

Baum

Wuchs: stark; Krone auf Sämling pyramidal

Sonstige Eigenschaften: robust, auch für höhere Lagen

Erntereife

Ende September bis Anfang Oktober

Genussreife

November bis Dezember

Verwendung

Tafel, Küche

Frucht

- **Fruchtmuster:** 10-jähriger Spindelbusch auf Quitte, Gemeinde Ohlsdorf
- **Größe:** groß; 65–73 mm hoch, 58–68 mm breit, 114–180 g schwer
- **Form:** breit stumpfkegelförmig, teils schwach glockenförmig, kelchbauchig, teils ungleichhälftig, Querschnitt unregelmäßig rund bis schwach eckig; Relief kelchrippig bis rippig 1/3, stärker beulig
- **Schale:** rau, trocken, mitteldick, mittelzäh; grünlich grau, vollreif graubraun; Lentizellen nicht auffällig; ganze Frucht flächig graubraun berostet
- **Stielbucht:** mitteltief bis tief, mittelbreit, unregelmäßig, oft schief, Rand meist stärker wulstig
- **Stiel:** mittellang, 24–36 mm, dick, fleischig, graubraun
- **Stielsitz:** in Stielbucht eingesteckt, durch Wulst teils zur Seite gedrückt
- **Kelchbucht:** mitteltief bis tief, mittelbreit, faltig bis gerippt; Rand grobrippig
- **Kelch:** mittelgroß, halb offen bis offen; Blättchen aufrecht, kurz, grünlich mit grauen Spitzen; an der Basis teils fleischig und getrennt
- **Kelchhöhle:** mittelgroß, stumpfkegelförmig
- **Kerngehäuse:** mittelgroß, kelchständig; Achse geschlossen bis gering hohl; Kammern mittelgroß, geschlossen; wenige Kerne, klein, länglich oval, schwarz, seitennasig, meist schlecht ausgebildet
- **Steinkranz im Fruchtlängsschnitt:** spindelförmig, mittelfein granuliert
- **Fleisch:** hell grünlich weiß, fest, feinzellig; vollreif schmelzend, saftig, säuerlich-süß, gering gewürzt
- **Zuckergehalt:** 12,8–14,2° KMW; 62–69° Oechsle; 14,6–16,2° Brix

Frauenbirne

Synonyme, Herkunft, Verbreitung

„Rote Pichlbirne", „Rot-Bullingbirn", „Rosenbirn", „Lederbirn", „Kletzenbirn"; Herkunft ungesichert; wahrscheinlich Oberösterreich vor 1700; in Oberösterreich weit verbreitet, zwei Typen existent

Baum

Wuchs: stark; Krone auf Sämling kugelig, später hoch kugelig

Sonstige Eigenschaften: etwas anfällig für Schorf; sonst robust, geringe Standortansprüche, auch für raue Lagen

Erntereife

Mitte bis Ende September

Verwendung

Most, Saft, Schnaps, Dörren

Frucht

- **Fruchtmuster:** 20-jähriger Hochstamm, Gemeinde Bad Schallerbach
- **Größe:** klein; 55–63 hoch, 51–58 mm breit, 67–91 g schwer
- **Form:** sehr variabel, stumpfkreisel- bis kurz stumpfkegelförmig, teils gering glockenförmig, kelchbauchig, gleichhälftig; Querschnitt rund; Relief glatt, seltener gering kelchrippig
- **Schale:** glatt, matt glänzend, teils trocken, mitteldick, mittelzäh; Grundfarbe gelblich grün, bald grünlich gelb, vollreif hellgelb; Deckfarbe orange bis orangerot, verwaschen, Deckungsgrad 0–50 %; Lentizellen zahlreich, klein, hell graubraun, hellgrün bis orangerot umhoft, auffällig; Berostung gering, punktförmig bis kleinfleckig, graubraun
- **Stielbucht:** meist fehlend, teils flach und eng; Rand glatt bis einseitig wulstig
- **Stiel:** mittellang, 27–33 mm, mitteldick, holzig, an der Basis teils fleischig, hellgrün, teils hellbraun
- **Stielsitz:** aufsitzend, oft mit seitlicher Fleischwulst; teils in minimale Stielbucht eingesteckt
- **Kelchbucht:** flach, mittelbreit, teils gering faltig, teils flächig bis kleinfleckig graubraun berostet; Rand glatt, seltener gering grobrippig
- **Kelch:** groß, offen; Blättchen aufliegend bis aufrecht, grau, an der Basis vereint
- **Kelchhöhle:** klein, schüsselförmig, selten trichterförmig mit enger Röhre
- **Kerngehäuse:** klein, kelchständig; Achse gering hohl bis geschlossen; Kammern klein, geschlossen; viele Kerne, mittelgroß, länglich, seitennasig, braunschwarz, mittelgut ausgebildet
- **Steinkranz im Fruchtlängsschnitt:** breit spindelförmig, eher grob granuliert
- **Fleisch:** gelblich weiß, mittelfest, grobzellig, sehr saftig; herb säuerlich-süß, ohne Würze
- **Zuckergehalt:** 11,3–13,4° KMW, 55–65° Oechsle; 12,9–15,3° Brix

Birnen

Frühe aus Trévoux

Verwechslersorten: Clapps Liebling, Bunte Julibirne

Synonyme, Herkunft, Verbreitung

„Précoce de Trévoux“; in Trévoux (Frankreich) vor 1860 aufgefunden, 1862 erstmals beschrieben; in Oberösterreich selten vorkommend

Baum

Wuchs: mittelstark; Krone auf Sämling pyramidal bis breit pyramidal

Sonstige Eigenschaften: gering schorfanfällig, sonst robust

Erntereife

Anfang bis Mitte August

Genussreife

August

Verwendung

Tafel, Küche

Frucht

- **Fruchtmuster:** ca. 20-jähriger Halbstamm auf Sämling, Gemeinde Bad Schallerbach
- **Größe:** groß bis sehr groß; 82–95 mm hoch, 71–81 mm breit, 163–266 g schwer
- **Form:** stumpfkreiselförmig bis glockenförmig, kelchbauchig, gleichhälftig; Querschnitt rund; Relief kelchrippig bis rippig 1/3–1/2
- **Schale:** glatt, matt glänzend; Grundfarbe grünlich gelb, vollreif hellgelb; Deckfarbe orangerot, verwaschen bis gefleckt, Deckungsgrad 10–30 %; Lentizellen sehr klein, hellbraun, hellgrün bis rötlich umhoft, wenig auffällig
- **Stielbucht:** flach, eng; Rand glatt bis einseitig wulstig
- **Stiel:** mittellang, 28–33 mm, dick, holzig, an der Basis oft fleischig, graubraun
- **Stielsitz:** in Stielbucht eingesteckt, teils mit seitlicher Wulst
- **Kelchbucht:** flach, eng, stark faltig, teils flächig bis kleinfleckig graubraun berostet; Rand grobrippig
- **Kelch:** mittelgroß, offen bis halb offen; Blättchen aufrecht, kurz, fleischig verdickt, grau, an der Basis getrennt
- **Kelchhöhle:** klein, meist trichterförmig mit dünner Röhre
- **Kerngehäuse:** klein, kelchständig; Achse geschlossen; Kammern klein, geschlossen; wenige Kerne, klein, länglich oval, hellbraun, schlecht bis mittelgut ausgebildet
- **Steinkranz im Fruchtlängsschnitt:** spindelförmig, fein granuliert
- **Fleisch:** cremefarben bis hell gelblich weiß, mittelfest, vollreif halb schmelzend, sehr saftig; säuerlich-süß, mittelstark gewürzt
- **Zuckergehalt:** 12,5–13,8° KMW; 61–67° Oechsle; 14,4–15,8° Brix

Gelbe Landlbirne

Synonyme, Herkunft, Verbreitung

„Lehmbirne", „Langstinglbirne"; wahrscheinlich aus Oberösterreich vor 1800; 100- bis über 200-jährige Bäume in Oberösterreich verstreut vorkommend

Baum

Wuchs: sehr stark; Krone auf Sämling kugelig, später hoch kugelig, erreichen Höhen über 30 Meter

Sonstige Eigenschaften: etwas schorfanfällig

Erntereife

Mitte bis Ende September

Verwendung

Schnaps, Saft, Most

Frucht

- **Fruchtmuster:** ca. 160-jähriger Hochstamm, Gemeinde Bad Schallerbach
- **Größe:** klein; 53–65 mm hoch, 44–50 mm breit, 45–70 g schwer
- **Form:** kegel- bis schwach flaschenförmig, kelchbauchig, oft ungleichhälftig; Querschnitt rund bis rundlich; Relief glatt
- **Schale:** glatt, matt glänzend, mitteldick, zäh; Grundfarbe hell grünlich gelb bis hellgelb; Deckfarbe fehlend; Lentizellen zahlreich, klein, hellbraun, grünlich umhoft, auffällig; Berostung gering, kleinfleckig bis punktförmig, hellbraun
- **Stielbucht:** meist fehlend
- **Stiel:** sehr lang, 46–60 mm, dünn, holzig, braun
- **Stielsitz:** auf Fruchtspitze mit oft seitlicher Wulst aufsitzend
- **Kelchbucht:** flach, mittelbreit bis eng; Rand glatt
- **Kelch:** mittelgroß, offen; Blättchen aufrecht, kurz, teils hornartig, grau, an der Basis vereint
- **Kelchhöhle:** klein, schüsselförmig
- **Kerngehäuse:** mittelgroß, kelchständig; Achse geschlossen; Kammern mittelgroß, geschlossen; viele Kerne, mittelgroß, länglich oval, seitennasig, schwarz, schlecht ausgebildet
- **Steinkranz im Fruchtlängsschnitt:** lang spindelförmig, mittelgrob granuliert
- **Fleisch:** hell gelblich weiß, mittelfest, bald teigig, grobzellig, grießig, sehr saftig; herb säuerlich-süß, ohne Würze
- **Zuckergehalt:** 11,5–13,2° KMW; 56–64° Oechsle; 13,2–15,1° Brix

Gelbe Lederbirne

Verwechslersorte: Steyreggerbirne

Synonyme, Herkunft, Verbreitung

bei vorwiegend rötlicher Deckfarbe auch „Rote Lederbirne“; Herkunft unbekannt; vor 1880 entstanden; im südlichen Mühlviertel weit verbreitet

Baum

Wuchs: stark; Krone auf Sämling kugelig bis pyramidal, im Alter hoch kugelig
Sonstige Eigenschaften: robust, anspruchslos

Erntereife

Mitte bis Ende Oktober

Verwendung

Most, Saft, Schnaps

Frucht

- **Fruchtmuster:** ca. 100-jähriger Hochstamm, Gemeinde Unterweitersdorf
- **Größe:** klein; 47–57 mm hoch, 47–53 mm breit, 51–71 g schwer
- **Form:** kugelig bis breit eiförmig, kelchseitig abgeplattet, schwach kelch- bis mittelbauchig, teils gering ungleichhälftig; Querschnitt rundlich; Relief glatt
- **Schale:** feinrau, partiell glatt und matt glänzend; Grundfarbe vollreif grünlich gelb bis hellgelb; Deckfarbe meist fehlend, teil sonnseitig orange bis rotorange, seltener orangerot, verwaschen, Deckungsgrad 0–50 %; Lentizellen als Rostpunkte zahlreich, sehr klein, zimtbraun; Berostung mittelstark, punktförmig, flächig, kleinfleckig, zimtbraun
- **Stielbucht:** meist fehlend, teils flach, eng, zimtbraun berostet; Rand häufig einseitig wulstig
- **Stiel:** kurz, teils mittellang, 14–21 mm, mitteldick, holzig, braun
- **Stielsitz:** aufsitzend, teils in geringe Stielbucht eingesteckt, oft mit seitlicher Wulst
- **Kelchbucht:** flach, breit bis mittelbreit, flächig zimtbraun berostet; Rand glatt
- **Kelch:** groß, offen; Blättchen meist ganz aufrecht bis seltener aufliegend, kurz, grau; an der Basis meist vereint und fleischig verdickt
- **Kelchhöhle:** mittelgroß, schüsselförmig
- **Kerngehäuse:** klein, meist mittelständig; Achse geschlossen; Kammern klein, geschlossen; meist wenige Kerne, klein, länglich oval, seitennasig, schwarzbraun, schlecht bis seltener mittelgut ausgebildet
- **Steinkranz im Fruchtlängsschnitt:** rundlich bis breit spindelförmig, grob granuliert
- **Fleisch:** gelblich weiß, fest, grobzellig, oft grießig, sehr saftig, herb säuerlich-süß, gering gewürzt
- **Zuckergehalt:** 14,0–15,2° KMW; 68–74° Oechsle; 16,0–17,4° Brix

Birnen

Gelbe Scheiblbirne

Verwechslersorte: Rosenhofbirne

Synonyme, Herkunft, Verbreitung
Herkunft unbekannt; in den Bezirken Eferding und Grieskirchen seit mindestens 1870 existent und dort heute verstreut vorkommend

Baum
Wuchs: mittelstark; Krone auf Sämling breit kugelig
Sonstige Eigenschaften: gering schorfanfällig

Erntereife
Anfang bis Mitte Oktober

Verwendung
Saft, Most, Schnaps

Frucht

- **Fruchtmuster:** ca. 100-jähriger Hochstamm, Gemeinde Scharten
- **Größe:** klein; 33–37 mm hoch, 43–49 mm breit, 35–50 g schwer
- **Form:** flach kugelig, mittelbauchig; gleichhälftig; Querschnitt rund; Relief glatt
- **Schale:** glatt, matt glänzend, partiell feinrau, mitteldick, mittelzäh; Grundfarbe grünlich gelb bis hellgelb; Deckfarbe fehlend; Lentizellen zahlreich, klein, graubraun, mäßig auffällig; Berostung mittelstark, kleinfleckig, punktförmig, flächig, netzartig, zimtbraun
- **Stielbucht:** flach, seltener mitteltief, mittelbreit bis eng; zimtbraun strahlig berostet; Rand glatt, teils gering wulstig
- **Stiel:** mittellang, 26–32 mm, dünn, holzig, teils gering fleischig, braun
- **Stielsitz:** in Stielbucht eingesteckt
- **Kelchbucht:** flach, seltener mitteltief, mittelbreit, schüsselförmig; meist zimtbraun flächig berostet; Rand glatt
- **Kelch:** groß, offen; Blättchen klein, kurz, aufliegend, grau, an der Basis vereint
- **Kelchhöhle:** mittelgroß, schüssel- bis trichterförmig mit sehr dünner Röhre
- **Kerngehäuse:** klein, mittelständig; Achse geschlossen; Kammern klein, geschlossen; viele Kerne, klein, länglich oval, mittel- bis schwach seitennasig, schwarz, gut ausgebildet
- **Steinkranz im Fruchtlängsschnitt:** kugelig bis breit spindelförmig, grob granuliert
- **Fleisch:** gelblich weiß, fest, grobzellig, saftig; herb säuerlich-süß, mittelstark gewürzt
- **Zuckergehalt:** 12,3–13,6° KMW; 60–66° Oechsle; 14,1–15,5° Brix

Gelbe Wadlbirne

Synonyme, Herkunft, Verbreitung

„Langbirne“; in Oberösterreich: „Wirgerlbirn“, „Schweiferlbirn“, „Goaßduttenbirn“, „Langzoglbirn“; Herkunft ungesichert, in der Schweiz um 1400 erwähnt; in Oberösterreich gering verbreitet

Baum

Wuchs: stark; Krone auf Sämling kugelig bis hoch kugelig

Sonstige Eigenschaften: gering schorfanfällig, geringe Standortansprüche; auch für raue Lagen

Erntereife

Ende August bis Anfang September

Verwendung

Schnaps, Dörren

Frucht

- **Fruchtmuster:** ca. 26-jähriger Hochstamm, Gemeinde Ansfelden
- **Größe:** mittelgroß; 75–80 mm hoch, 47–55 mm breit, 66–92 g schwer
- **Form:** lang kegel- bis flaschenförmig, kelchbauchig, oft ungleichhälftig; Querschnitt rundlich bis schwach eckig; Relief flach kantig, kelchrippig bis rippig 1/2, teils gering beulig
- **Schale:** glatt, matt glänzend; dick, zäh; Grundfarbe vollreif hell grünlich gelb bis hellgelb; Deckfarbe teils fehlend, teils gelborange bis hell orangerot, verwaschen, Deckungsgrad 0–40 %; Lentizellen nicht auffällig; teils schorffleckig
- **Stielbucht:** fehlend
- **Stiel:** sehr lang, 47–65 mm, mitteldick, holzig, an der Basis teils fleischig, hellgrün bis hellbraun
- **Stielsitz:** auf Fleischwulst aufsitzend bzw. über Fleischwulst in Frucht übergehend
- **Kelchbucht:** flach, eng, kurzstrahlig hellbraun berostet; Rand gering grobrippig
- **Kelch:** groß, offen; Blättchen aufliegend, lang, schmal, grau bis dunkelgrau, an der Basis vereint
- **Kelchhöhle:** mittelgroß, schüsselförmig, seltener gering trichterförmig mit sehr dünner Röhre
- **Kerngehäuse:** klein, kelchständig; Achse geschlossen bis gering hohl; Kammern klein, geschlossen; wenige Kerne, mittelgroß, länglich oval, schwarz, schlecht ausgebildet
- **Steinkranz im Fruchtlängsschnitt:** lang spindelförmig, mittelbreit, grob granuliert
- **Fleisch:** gelblich weiß, mittelfest, mittelfeinzellig, saftig, bald teigig; herb säuerlich-süß, ohne Würze
- **Zuckergehalt:** 14,2–15,6° KMW; 69–76° Oechsle; 16,2–17,9° Brix

Gelbmöstler

Synonyme, Herkunft, Verbreitung

„Welsche Bergbirn"; in der Schweiz vor 1800 entstanden; in Oberösterreich verstreut vorkommend

Baum

Wuchs: mittelstark; Krone auf Sämling pyramidal, später breit pyramidal

Sonstige Eigenschaften: robust, geringe Standortansprüche, auch für raue Lagen

Erntereife

Ende September bis Anfang Oktober

Verwendung

Most, Saft, Schnaps

Frucht

Fruchtmuster: ca. 20-jähriger Hochstamm, Gemeinde Bad Schallerbach
Größe: klein; 40–47 mm hoch, 48–54 mm breit, 56–76 g schwer
Form: kugelig, teils flach kugelig bis schwach stumpfkreiselförmig, kelchseitig abgeflacht, stielwärts stärker verjüngt, meist schwach kelchbauchig, teils etwas ungleichhälftig; Querschnitt rund; Relief glatt
Schale: glatt bis feinrau, trocken, partiell matt glänzend; mitteldick, zäh, mittelstark duftend; Grundfarbe grünlich gelb, vollreif hellgelb; Deckfarbe teils fehlend, teils orange bis rotorange, verwaschen, Deckungsgrad 0 30 %; Lentizellen zahlreich, groß, braun, teils hellgrün umhoft, stark auffällig; Berostung gering bis mittelstark, punktförmig bis kleinfleckig, graubraun bis zimtbraun
Stielbucht: flach, eng; meist flächig graubraun bis zimtbraun berostet; Rand glatt bis einseitig wulstig
Stiel: mittellang, 24–35 mm, mitteldick, holzig, braun
Stielsitz: in Stielbucht eingesteckt, teils mit seitlicher Wulst
Kelchbucht: flach, mittelbreit, flächig graubraun bis zimtbraun berostet; Rand glatt
Kelch: groß, offen; Blättchen aufrecht, hornartig, kurz, hellgrau, an der Basis meist getrennt
Kelchhöhle: mittelgroß, schüsselförmig
Kerngehäuse: klein, mittel- bis gering kelchständig; Achse gering hohl; Kammern klein, geschlossen; viele Kerne, klein, länglich oval, schwarz, schlecht ausgebildet
Steinkranz im Fruchtlängsschnitt: breit spindelförmig bis kreisförmig, grob granuliert
Fleisch: gelblich weiß, fest, grobzellig, sehr saftig; herb säuerlich-süß, gering gewürzt
Zuckergehalt: 15,6–17,3° KMW; 76–84° Oechsle; 17,9–19,8° Brix

Gellerts Butterbirne

Synonyme, Herkunft, Verbreitung

„Beurré Hardy“; Frankreich 1820; in Oberösterreich weit verbreitet

Baum

Wuchs: stark; Krone auf Sämling hoch pyramidal
Sonstige Eigenschaften: etwas schorfanfällig, sonst robust, geringe Standortansprüche

Erntereife

Ende September bis Anfang Oktober

Genussreife

Oktober

Verwendung

Tafel, Küche

Frucht

- **Fruchtmuster:** ca. 10-jähriger Spindelbusch auf Quitte, Gemeinde Ohlsdorf
- **Größe:** mittelgroß, teils groß; 71–80 mm hoch, 61–67 mm breit, 123–184 g schwer
- **Form:** meist stumpfkegelförmig, kelchbauchig, oft ungleichhälftig; Querschnitt rundlich; Relief glatt
- **Schale:** feinrau; Grundfarbe gelblich grün bis grünlich gelb; Deckfarbe meist fehlend, teils rotbraun gefleckt bis verwaschen, Deckungsgrad 0–10 %; Lentizellen nicht auffällig; Berostung stark, flächig, hell graubraun
- **Stielbucht:** flach, eng, flächig hell graubraun berostet; Rand oft einseitig wulstig
- **Stiel:** mittellang, 17–25 mm, mitteldick, holzig, braun
- **Stielsitz:** in Stielbucht eingesteckt, teils durch Fleischwulst zur Seite gedrückt
- **Kelchbucht:** flach bis mitteltief, mittelbreit, flächig hell graubraun berostet; Rand meist glatt
- **Kelch:** groß, offen; Blättchen aufrecht bis aufliegend, mittellang, grau, an der Basis vereint
- **Kelchhöhle:** klein, schüsselförmig
- **Kerngehäuse:** mittelgroß, kelchständig; Achse geschlossen bis gering hohl; Kammern mittelgroß, geschlossen; viele Kerne, mittelgroß, länglich, dunkelbraun, mittel- bis seitennasig, mittelgut ausgebildet
- **Steinkranz im Fruchtlängsschnitt:** lang spindelförmig, mittelbreit, mittelfein granuliert
- **Fleisch:** gelblich weiß bis weißlich, weich, feinzellig, schmelzend, sehr saftig; mild säuerlich-süß, gering gewürzt
- **Zuckergehalt:** 11,9–13,4° KMW; 58–65° Oechsle; 13,6–15,3° Brix

Gemeine Kochbirne

Verwechslersorten: Dorschbirne, Weiße Kochbirne

Synonyme, Herkunft, Verbreitung

„Kohbirn"; Herkunft ungesichert, wahrscheinlich Oberösterreich, vor 1700 entstanden; in Oberösterreich weit verbreitet

Baum

Wuchs: stark; Krone auf Sämling säulenförmig; früher bevorzugter Alleebaum

Sonstige Eigenschaften: etwas schorfanfällig, sonst robust, geringe Standortansprüche

Erntereife

Mitte bis Ende September

Verwendung

Most, Saft, Schnaps

Frucht

- **Fruchtmuster:** ca. 200-jähriger Hochstamm, Gemeinde Steinbach/Attersee
- **Größe:** sehr klein, 36–41 mm hoch, 40–45 mm breit, 35–40 g schwer
- **Form:** meist kugelig, kelchseitig stark abgeplattet, mittelbauchig, gleichhälftig; Querschnitt rund; Relief glatt
- **Schale:** glatt, matt glänzend; dünn bis mitteldick, mäßig zäh; Grundfarbe gelblich grün bis graugrün; Deckfarbe meist fehlend, selten gelborange bis hell orangerot, verwaschen, Deckungsgrad 0–30 %; Lentizellen zahlreich, klein, braun, mäßig auffällig; Berostung gering, kleinfleckig bis punktförmig, graubraun
- **Stielbucht:** flach, eng; Rand glatt
- **Stiel:** mittellang bis lang, 27–41 mm, dünn, holzig, braun
- **Stielsitz:** in Stielbucht eingesteckt
- **Kelchbucht:** teils fehlend, teils flach, breit, flächig dunkelgrau bis graubraun berostet; Rand glatt
- **Kelch:** groß, offen; Blättchen aufrecht, kurz, grau, an der Basis vereint, Spitzen meist fehlend
- **Kelchhöhle:** klein, schüsselförmig
- **Kerngehäuse:** klein, mittel- bis seltener gering kelchständig; Achse geschlossen bis gering hohl; Kammern klein, geschlossen; Kerne klein, oval bis länglich oval, dunkel- bis schwarzbraun, meist mittelnasig, mittelgut ausgebildet
- **Steinkranz im Fruchtlängsschnitt:** breit spindelförmig, mittelbreit, mittelfein granuliert
- **Fleisch:** gelblich weiß, mittelfest, bald weich und teigig, grobzellig, sehr saftig; herb säuerlich-süß, ohne Würze
- **Zuckergehalt:** 11,5–13,4° KMW; 56–65° Oechsle; 13,2–15,3° Brix

Gräfin von Paris

Verwechslersorte: Pastorenbirne

Synonyme, Herkunft, Verbreitung

„Comtesse de Paris"; Frankreich 1882; in Oberösterreich weit verbreitet

Baum

Wuchs: mittelstark; Krone auf Sämling pyramidal

Sonstige Eigenschaften: schorfanfällig, benötigt bessere Standorte

Erntereife

Ende Oktober

Genussreife

Dezember bis Jänner

Verwendung

Tafel, Küche

Frucht

- **Fruchtmuster:** ca. 40-jähriger Hochstamm, Gemeinde Gallneukirchen
- **Größe:** mittelgroß bis groß; 74–86 mm hoch, 55–67 mm breit, 121–188 g schwer
- **Form:** lang kegel- bis kegelförmig, seltener tropfenförmig, kelchbauchig, teils gering ungleichhälftig; Querschnitt rundlich; Relief glatt
- **Schale:** glatt, teils rau, trocken, partiell matt glänzend; Grundfarbe graugrün, vollreif grünlich gelb bis hellgelb; Deckfarbe meist fehlend, selten hellorange, verwaschen, Deckungsgrad 0–20 %; Lentizellen zahlreich, klein, graubraun, grünlich umhoft, mäßig auffällig; Berostung mittelstark, punktförmig, kleinfleckig bis netzartig, graubraun bis zimtbraun
- **Stielbucht:** fehlend
- **Stiel:** mittellang, 19–33 mm, mitteldick, holzig, braun
- **Stielsitz:** aufsitzend, mit seitlicher Wulst; teils über Wulst in Frucht übergehend; teils gering seitlich angesetzt
- **Kelchbucht:** flach, eng, typisch flächig graubraun berostet; Rand glatt
- **Kelch:** mittelgroß, offen; Blättchen aufliegend, klein, graubraun, an der Basis vereint
- **Kelchhöhle:** klein, schüsselförmig, seltener trichterförmig mit kurzer enger Röhre
- **Kerngehäuse:** klein, kelchständig; Achse geschlossen; Kammern klein, geschlossen; wenige Kerne, klein, länglich, seitennasig, schwarz, schlecht ausgebildet
- **Steinkranz im Fruchtlängsschnitt:** lang spindelförmig, mittelbreit, fein granuliert
- **Fleisch:** zur Ernte grünlich weiß, fest, rübig; vollreif gelblich und schmelzend, feinzellig, saftig; süß, gering gewürzt
- **Zuckergehalt:** 12,3–14,4° KMW; 60–70° Oechsle; 14,1–16,5° Brix

Graue Schnapsbirne

Synonyme, Herkunft, Verbreitung

Herkunft unbekannt; wahrscheinlich Oberösterreich vor 1880; in Oberösterreich gering verbreitet

Baum

Wuchs: mittelstark; Krone auf Sämling kugelig bis hoch kugelig

Sonstige Eigenschaften: gering schorfanfällig, sonst robust

Erntereife

Ende September bis Anfang Oktober

Genussreife

Ende September bis Anfang Oktober

Verwendung

Saft, Schnaps, Küche, Tafel

Frucht

- **Fruchtmuster:** ca. 28-jähriger Hochstamm, Gemeinde Ansfelden
- **Größe:** mittelgroß; 52–61 mm hoch, 56–66 mm breit, 91–133 g schwer
- **Form:** meist kugelig, stielwärts etwas stärker verjüngt, gering kelch- bis mittelbauchig, teils ungleichhälftig; Querschnitt rund; Relief glatt, seltener gering kelchrippig, selten vertikale Bauchfurche
- **Schale:** feinrau, partiell glatt und matt glänzend; Grundfarbe grün bis gelblich grün, vollreif grünlich gelb; Deckfarbe teils fehlend, seltener braunrot, verwaschen, Deckungsgrad 0–30 %; Lentizellen zahlreich, klein, graubraun, teils hellgrün bis hellgelb umhoft, mäßig auffällig; Berostung mittelstark bis stark, flächig, kleinfleckig, netzartig, punktförmig, graubraun
- **Stielbucht:** mitteltief, eng, teils schiefachsig; Rand glatt, teils wulstig
- **Stiel:** mittellang, teils lang, 27–42 mm, dünn, holzig, braun
- **Stielsitz:** in Stielbucht eingesteckt
- **Kelchbucht:** mitteltief, mittelbreit, teils faltig; Rand glatt, teils gering grobrippig
- **Kelch:** groß, offen; Blättchen aufrecht, teils anliegend, klein, grau, an der Basis vereint
- **Kelchhöhle:** mittelgroß, schüsselförmig bis trichterförmig mit kurzer enger Röhre
- **Kerngehäuse:** klein, kelch- bis seltener mittelständig; Achse geschlossen bis gering hohl; Kammern klein bis mittelgroß, geschlossen; wenige Kerne, mittelgroß, länglich oval, mittelnasig, schwarz, schlecht ausgebildet
- **Steinkranz im Fruchtlängsschnitt:** spindelförmig, mittelfein granuliert
- **Fleisch:** gelblich weiß, mittelfest, bald weich und braun werdend, mittelfeinzellig, sehr saftig; angenehm säuerlich-süß, gering gewürzt
- **Zuckergehalt:** 13,0–15,0° KMW; 63–73° Oechsle; 14,8–17,2° Brix

Großer Katzenkopf

Verwechslersorte: Saint Remy

Synonyme, Herkunft, Verbreitung

„Catillac“, „Pfundbirne“; aus Frankreich, 1668 erstmals beschrieben; in Oberösterreich gering verbreitet

Baum

Wuchs: sehr stark; Krone auf Sämling kugelig, später hoch kugelig

Sonstige Eigenschaften: sehr robust, geringe Ansprüche hinsichtlich Standort

Erntereife

Ende Oktober

Genussreife

Dezember bis Mai

Verwendung

Küche, Dörren

Frucht

- **Fruchtmuster:** ca. 70-jähriger Hochstamm, Gemeinde Gaspoltshofen
- **Größe:** sehr groß; 76–83 mm hoch, 84–92 mm breit, 242–285 g schwer
- **Form:** meist breit stumpfkreiselförmig, kelchbauchig, teils ungleichhälftig; Querschnitt rund bis rundlich; Relief glatt, vereinzelt vertikale Bauchfurche
- **Schale:** glatt, teils etwas rau, matt glänzend, dick, zäh; Grundfarbe grün bis gelblich grün, vollreif grünlich gelb bis hellgelb; Deckfarbe teils fehlend, seltener orangerot bis braunrot, verwaschen, Deckungsgrad 0–30 %; Lentizellen zahlreich, klein bis mittelgroß, graubraun, teils hellgrün bis rötlich umhoft, auffällig
- **Stielbucht:** mitteltief, eng; Rand glatt, teils einseitig wulstig
- **Stiel:** mittellang bis lang, 29–38 mm, mitteldick, holzig, braun
- **Stielsitz:** in Stielbucht eingesteckt, oft mit seitlicher Wulst
- **Kelchbucht:** tief, breit, teils dunkelbraun strahlig berostet; Rand glatt, teils gering grobrippig
- **Kelch:** groß, offen; Blättchen aufrecht, klein, grau, teils hornartig, an der Basis fleischig verdickt und meist getrennt
- **Kelchhöhle:** mittelgroß, schüsselförmig bis trichterförmig mit dünner Röhre
- **Kerngehäuse:** klein, kelchständig; Achse gering hohl; Kammern klein bis mittelgroß, geschlossen; wenige Kerne, mittelgroß, länglich oval, seitennasig, schwarz, schlecht ausgebildet
- **Steinkranz im Fruchtlängsschnitt:** breit spindelförmig, mittelgrob granuliert
- **Fleisch:** cremefarben bis gelblich weiß, sehr fest, grobzellig, sehr saftig; säuerlich-süß, etwas herb, ohne Würze
- **Zuckergehalt:** 14,0–15,0° KMW; 68–73° Oechsle; 16,0–17,2° Brix

Grüne Pichlbirne

Synonyme, Herkunft, Verbreitung

„Grea-Püllerbirn"; wahrscheinlich Oberösterreich vor 1700; in Oberösterreichs Bauerngärten häufig anzutreffen

Baum

Wuchs: stark; Krone auf Sämling hoch kugelig, im Alter verkehrt pyramidal; bis zu 45 m hoch

Sonstige Eigenschaften: stark schorfanfällig, feuerbrandtolerant; Alter bis zu 300 Jahren

Erntereife

Mitte bis Ende Oktober

Verwendung

Most, Saft, Schnaps

Frucht

- **Fruchtmuster:** ca. 150-jähriger Hochstamm, Gemeinde Micheldorf
- **Größe:** klein; 52–61 mm hoch, 51–60 mm breit, 76–115 g schwer
- **Form:** kugelig bis breit eiförmig, kelchseitig stark abgeflacht, mittelbauchig, oft ungleichhälftig; Querschnitt rundlich; Relief glatt, teils vertikale Bauchfurche
- **Schale:** glatt, matt glänzend; Grundfarbe grün, später grünlich gelb; Deckfarbe meist fehlend, seltener hellorange, verwaschen, Deckungsgrad 0–20 %; Lentizellen zahlreich, sehr klein, hellgrau, teils grünlich umhoft, wenig auffällig
- **Stielbucht:** flach, eng, durch Wulst oft eingeengt; Rand meist einseitig wulstig
- **Stiel:** mittellang bis lang, 36–41 mm, dünn, holzig, hellgrün
- **Stielsitz:** in Stielbucht eingesteckt, meist mit einseitiger Wulst, von dieser teils zur Seite gedrückt
- **Kelchbucht:** teils fehlend, teils flach, mittelbreit; teils flächig graubraun bis zimtbraun berostet; Rand glatt
- **Kelch:** mittelgroß, offen; Blättchen aufrecht, hornartig, kurz, dunkelgrau, an der Basis fleischig verdickt und teils getrennt
- **Kelchhöhle:** klein, schüsselförmig
- **Kerngehäuse:** klein, mittelständig; Achse geschlossen bis gering hohl; Kammern klein bis mittelgroß, geschlossen; viele Kerne, mittelgroß, länglich, seitennasig, schwarz, schlecht ausgebildet
- **Steinkranz im Fruchtlängsschnitt:** breit spindelförmig, schmal, grob granuliert
- **Fleisch:** hell gelblich weiß, fest, bald teigig werdend, grobzellig, sehr saftig; intensiver herb, wenig süß, ohne Würze
- **Zuckergehalt:** 15,4–16,9° KMW; 75–82° Oechsle; 17,6–19,3° Brix

Grüne Winawitzbirne

Verwechslersorten: Knollbirne, Marxenbirne

Synonyme, Herkunft, Verbreitung

„Fasslbirn"; Herkunft ungesichert; wahrscheinlich vor 1850 in Oberösterreich entstanden; in Oberösterreichs Bauerngärten weit verbreitet

Baum

Wuchs: stark; Krone auf Sämling kugelig bis hoch kugelig

Sonstige Eigenschaften: mittelstark feuerbrandanfällig

Erntereife

Ende September bis Anfang Oktober

Verwendung

Most, Saft, Schnaps

Frucht

- **Fruchtmuster:** ca. 20-jähriger Hochstamm, Gemeinde Bad Schallerbach
- **Größe:** klein, seltener mittelgroß; 58–66 hoch, 46–52 mm breit, 58–72 g schwer
- **Form:** fassförmig, kelchseitig stärker abgeflacht, mittelbauchig, teils gering ungleichhälftig; Querschnitt rundlich; Relief glatt
- **Schale:** glatt, matt glänzend, teils trocken, dünn, mäßig zäh; Grundfarbe gelblich grün, bald grünlich gelb; Deckfarbe oft fehlend, orange bis selten orangerot, verwaschen, Deckungsgrad 0–40 %; Lentizellen zahlreich, klein, hellgrau bis hellbraun, grün bis meist gelborange umhoft, auffällig
- **Stielbucht:** flach, eng, durch Wulst teils eingeengt, teils fehlend; Rand glatt bis einseitig wulstig
- **Stiel:** mittellang bis lang, 24–46 mm, dünn bis mitteldick, holzig, hellgrün, teils hellbraun
- **Stielsitz:** in Stielbucht eingesteckt, teils mit seitlicher Wulst, teils aufsitzend
- **Kelchbucht:** flach, mittelbreit, teils fehlend; oft flächig graubraun berostet; Rand glatt
- **Kelch:** groß, offen; Blättchen aufrecht bis aufliegend, kurz, grau, an der Basis teils fleischig verdickt und getrennt bis vereint
- **Kelchhöhle:** klein, schüsselförmig
- **Kerngehäuse:** mittelgroß, mittelständig; Achse meist geschlossen; Kammern mittelgroß, geschlossen; viele Kerne, mittelgroß, länglich, schwarz, mittelgut bis schlecht ausgebildet
- **Steinkranz im Fruchtlängsschnitt:** lang spindelförmig, mittelbreit, mittelfein granuliert
- **Fleisch:** hell gelblich weiß, mittelfest, grobzellig, sehr saftig; herb säuerlich-süß, mittelstark gewürzt
- **Zuckergehalt:** 12,8–14,4° KMW; 62–70° Oechsle; 14,6–16,5° Brix

Grünmöstler

Verwechslersorte: Schleichersche Mostbirne

Synonyme, Herkunft, Verbreitung

im Bezirk Kirchdorf/Krems teils fälschlich „Große Landlbirne“; stammt wahrscheinlich aus der Schweiz, vor 1870 entstanden; in Oberösterreich seltener vorkommend

Baum

Wuchs: stark; Krone auf Sämling hoch pyramidal

Sonstige Eigenschaften: stärker feuerbrandanfällig, geringe Standortansprüche

Erntereife

Mitte bis Ende Oktober

Verwendung

Most, Saft, Dörren

Frucht

- **Fruchtmuster:** ca. 28-jähriger Hochstamm, Gemeinde Ansfelden
- **Größe:** mittelgroß; 48–63 mm hoch, 56–74 mm breit, 83–158 g schwer
- **Form:** breit stumpfkreiselförmig, teils flachkugelig, kelchseitig stärker abgeplattet, schwach kelchbauchig bis seltener mittelbauchig, meist ungleichhälftig; Querschnitt rundlich; Relief glatt, teils vertikale Bauchfurche
- **Schale:** glatt, matt glänzend; Grundfarbe grün; Deckfarbe braunrot, verwaschen, gefleckt bis diffus gestreift, Deckungsgrad 0–30 %; Lentizellen zahlreich, klein, braun, breit grün bis rötlich umhoft, stark auffällig; Berostung gering, punktförmig, kleinfleckig, graubraun
- **Stielbucht:** meist fehlend; sonst flach, eng, flächig graubraun berostet; Rand glatt bis gering wulstig
- **Stiel:** mittellang, 24–28 mm, mitteldick, holzig, teils knospig, braun
- **Stielsitz:** aufsitzend, teils in Stielbucht eingesteckt
- **Kelchbucht:** flach, mittelbreit bis breit, faltig, teils flächig graubraun berostet; Rand glatt
- **Kelch:** groß, offen; Blättchen aufrecht bis aufliegend, mittellang; an der Basis hell graubraun, teils fleischig verdickt und vereint
- **Kelchhöhle:** mittelgroß, schüsselförmig
- **Kerngehäuse:** klein, kelch- bis mittelständig; Achse geschlossen bis gering hohl; Kammern klein bis mittelgroß, geschlossen; viele Kerne, mittelgroß, länglich oval bis oval, schwarzbraun, mittelgut ausgebildet
- **Steinkranz im Fruchtlängsschnitt:** spindelförmig, mittelbreit, mittelgrob granuliert
- **Fleisch:** hell gelblich weiß, fest, grobzellig, sehr saftig; herb säuerlich-süß, ohne Würze
- **Zuckergehalt:** 13,2–15,2° KMW; 64–74° Oechsle; 15,1–17,4° Brix

Gute Graue

Verwechslersorte: Nägelesbirne

Synonyme, Herkunft, Verbreitung

„Beurré gris", „Graue Sommerbutterbirne"; stammt wahrscheinlich aus Frankreich, vor 1670 entstanden; in Oberösterreich verstreut vorkommend

Baum

Wuchs: stark; Krone auf Sämling kugelig, später hoch kugelig

Sonstige Eigenschaften: sehr robust, geringe Standortansprüche

Erntereife

Mitte bis Ende August

Genussreife

Mitte August bis Anfang September

Verwendung

Tafel, Küche, Schnaps, Dörren

Frucht

- **Fruchtmuster:** ca. 50-jähriger Hochstamm, Gemeinde Bad Schallerbach
- **Größe:** klein bis mittelgroß; 54–63 mm hoch, 47–53 mm breit, 60–77 g schwer
- **Form:** kreisel- bis stumpfkreiselförmig, kelchbauchig, meist gleichhälftig; Querschnitt rund; Relief glatt
- **Schale:** rau, partiell matt glänzend; Grundfarbe hellgrün bis gelblich grün; Deckfarbe fehlend; Lentizellen zahlreich, mittelgroß bis groß, grau bis graubraun, stark auffällig; Berostung stark, punktförmig, flächig, netzartig, kleinfleckig, grau bis graubraun
- **Stielbucht:** meist fehlend; teils flach, eng; Rand meist wulstig
- **Stiel:** mittellang bis lang, 33–45 mm, mitteldick, holzig, astseitig oft knopfig, dunkel graubraun, partiell grünlich
- **Stielsitz:** aufsitzend, teils in Stielbucht eingesteckt, oft von seitlicher Wulst zur Seite gedrückt
- **Kelchbucht:** teils fehlend, teils flach, mittelbreit; Rand glatt
- **Kelch:** groß, offen; Blättchen meist aufliegend, mittellang; hellgrau, an der Basis vereint
- **Kelchhöhle:** mittelgroß, schüsselförmig
- **Kerngehäuse:** klein, kelch- bis mittelständig; Achse geschlossen bis gering hohl; Kammern klein, geschlossen; viele Kerne, klein, länglich oval, schwarz, schlecht ausgebildet
- **Steinkranz im Fruchtlängsschnitt:** lang spindelförmig, fein granuliert
- **Fleisch:** hell gelblich weiß, weich, halb schmelzend, etwas grießig, mäßig saftig; mild säuerlich-süß, gering bis mittelstark gewürzt
- **Zuckergehalt:** 14,4–16,0° KMW; 70–78° Oechsle; 16,5–18,4° Brix

Gute Luise

Verwechslersorte: Herbstforellenbirne

Synonyme, Herkunft, Verbreitung
„Bonne Louise d'Avranches"; Frankreich 1778; in Oberösterreich früher weit verbreitet, jetzt schon seltener

Baum
Wuchs: mittelstark; Krone auf Sämling hoch pyramidal
Sonstige Eigenschaften: stärker anfällig für Holzfrost und Schorf, benötigt bessere Standorte

Erntereife
Mitte bis Ende September

Genussreife
Oktober

Verwendung
Tafel, Küche, Dörren, Schnaps

Frucht

- **Fruchtmuster:** ca. 80-jähriger Hochstamm, Gemeinde Lohnsburg
- **Größe:** mittelgroß; 66–74 mm hoch, 54–60 mm breit, 115–149 g schwer
- **Form:** stumpfkegelförmig, kelchbauchig, oft ungleichhälftig; Querschnitt rundlich; Relief glatt
- **Schale:** glatt, matt glänzend, selten feinrau; Grundfarbe gelblich grün, vollreif grünlich gelb; Deckfarbe rot, sonnseitig verwaschen, schattseitig punktiert, Deckungsgrad 30–60 %; Lentizellen zahlreich, klein, graugrün, meist breit forellenartig rot umhoft, stark auffällig; Berostung gering, punktförmig und kleinfleckig, hellbraun
- **Stielbucht:** teils fehlend, sonst flach, eng, durch seitliche Wulst oft eingeengt; Rand glatt bis wulstig
- **Stiel:** mittellang, 27–37 mm, mitteldick, holzig, braun
- **Stielsitz:** in Stielbucht eingesteckt, mit seitlicher Wulst; teils auf Fleischwulst aufsitzend
- **Kelchbucht:** flach, mittelbreit, meist punktförmig bis kleinfleckig hellbraun berostet; Rand glatt
- **Kelch:** klein, offen; Blättchen aufrecht, klein, hornartig, grau, an der Basis fleischig verdickt und oft getrennt
- **Kelchhöhle:** klein, schüsselförmig
- **Kerngehäuse:** klein, kelchständig; Achse geschlossen; Kammern klein bis mittelgroß, geschlossen; viele Kerne, mittelgroß, länglich, seitennasig, schwarz, meist schlecht ausgebildet
- **Steinkranz im Fruchtlängsschnitt:** spindelförmig, schmal, fein granuliert
- **Fleisch:** cremefarben bis gelblich weiß, fest, vollreif schmelzend, feinzellig, sehr saftig; säuerlich-süß, gering gewürzt
- **Zuckergehalt:** 12,3–13,8° KMW; 60–67° Oechsle; 14,1–15,8° Brix

Herbstforellenbirne

Verwechslersorte: Gute Luise

Synonyme, Herkunft, Verbreitung

„Forellenbirne"; wahrscheinlich Frankreich vor 1700; in Deutschland 1797 beschrieben; in Oberösterreich selten anzutreffen

Baum

Wuchs: mittelstark; Krone auf Sämling kugelig

Sonstige Eigenschaften: anfällig für Schorf, benötigt bessere Standorte

Erntereife

Anfang bis Mitte September

Genussreife

Anfang bis Mitte September

Verwendung

Tafel, Küche

Frucht

- **Fruchtmuster:** ca. 40-jähriger Hochstamm, Gemeinde Pattigham
- **Größe:** mittelgroß; 56–66 mm hoch, 47–52 mm breit, 57–76 g schwer
- **Form:** sehr variabel, stumpfkreiselförmig, teils schwach glocken- bis flaschenförmig, kelchbauchig, teils gering ungleichhälftig; Querschnitt rund; Relief glatt
- **Schale:** glatt, matt glänzend; dünn, mäßig zäh; Grundfarbe gelblich grün bis grünlich gelb; Deckfarbe rot, verwaschen, teils deckend bis diffus gestreift, Deckungsgrad 40–70 %; Lentizellen zahlreich, klein, hell graubraun, typisch breit rot umhoft (ähnlich Forellenhaut), stark auffällig; Berostung gering, punktförmig bis kleinfleckig, hellbraun
- **Stielbucht:** flach, seltener mitteltief, eng, oft durch Wülste eingeengt; Rand meist wulstig
- **Stiel:** mittellang bis lang, 34–49 mm, mitteldick, holzig, hellgrün bis braun
- **Stielsitz:** in Stielbucht eingesteckt, meist von Wulst bzw. mehreren Wülsten umgeben
- **Kelchbucht:** flach, mittelbreit, meist flächig hellbraun berostet; Rand glatt
- **Kelch:** mittelgroß, offen; Blättchen teils aufliegend, klein, kurz, grau, an der Basis hellbraun und vereint; teils aufrecht, hornartig, fleischig verdickt und an der Basis (partiell) getrennt
- **Kelchhöhle:** klein, schüsselförmig
- **Kerngehäuse:** klein, kelchständig; Achse geschlossen; Kammern klein bis mittelgroß, geschlossen; wenige Kerne, mittelgroß, oval bis länglich oval, schwach seitennasig, schwarzbraun, mittelgut ausgebildet
- **Steinkranz im Fruchtlängsschnitt:** spindelförmig, schmal, mittelgrob granuliert
- **Fleisch:** cremefarben bis hell gelblich weiß, mittelfest, bald weich, fein- bis mittelfeinzellig, mäßig saftig; mild säuerlich-süß, wenig Säure, gering gewürzt
- **Zuckergehalt:** 12,3–13,6° KMW; 60–66° Oechsle; 14,1–15,5° Brix

Herzogin Elsa

Verwechslersorte: Prinzessin Marianne

Synonyme, Herkunft, Verbreitung

1879 nahe Stuttgart aufgefunden, seit 1885 im Handel; in Oberösterreich zunehmend verbreitet

Baum

Wuchs: mittelstark; Krone auf Sämling pyramidal

Sonstige Eigenschaften: krankheitstolerant, weitgehend robust

Erntereife

Ende September bis Anfang Oktober

Genussreife

Ende September bis Mitte Oktober

Verwendung

Tafel, Küche, Dörren, Schnaps

Frucht

- **Fruchtmuster:** ca. 10-jähriger Spindelbusch auf Quitte, Gemeinde Ohlsdorf
- **Größe:** mittelgroß, teils groß; 74–84 mm hoch, 56–67 mm breit, 140–172 g schwer
- **Form:** stumpfkegelförmig, kelchbauchig, gleichhälftig; Querschnitt rundlich; Relief glatt
- **Schale:** feinrau, teils grobrau; Grundfarbe grünlich gelb, vollreif hellgelb; Deckfarbe teils fehlend, teils rot, verwaschen, Deckungsgrad 0–20 %; Lentizellen zahlreich, klein, hellbraun, mäßig auffällig; Berostung mittelstark, punktförmig, kleinfleckig bis netzartig, zimtbraun bis graubraun
- **Stielbucht:** meist flach, eng, durch seitliche Wulst oft eingeengt; Rand glatt bis wulstig
- **Stiel:** lang, 38–47 mm, mitteldick, holzig, braun
- **Stielsitz:** in Stielbucht eingesteckt, teils mit seitlicher Wulst; teils auf Fleischwulst aufsitzend
- **Kelchbucht:** flach, mittelbreit, teils gering faltig, meist flächig hellbraun berostet; Rand glatt
- **Kelch:** mittelgroß, offen; Blättchen aufrecht, klein, hornartig, an der Basis fleischig verdickt und oft getrennt
- **Kelchhöhle:** klein, schüsselförmig, seltener trichterförmig mit mittelbreiter Röhre
- **Kerngehäuse:** klein, kelchständig; Achse geschlossen; Kammern klein bis mittelgroß, geschlossen; viele Kerne, mittelgroß, länglich, schwach seitennasig, dunkelbraun, mittelgut ausgebildet
- **Steinkranz im Fruchtlängsschnitt:** lang spindelförmig, schmal, fein granuliert
- **Fleisch:** hell gelblich weiß, mittelfest, vollreif halbschmelzend, feinzellig, saftig; süß, mittelstark gewürzt
- **Zuckergehalt:** 11,7–14,2° KMW; 57–69° Oechsle; 13,4–16,2° Brix

Herzogin von Angoulême

Synonyme, Herkunft, Verbreitung

vom Gärtner AUDUSSON aus Angers bei Châteauneuf (Domaine des Eparonais) um 1800 aufgefunden, zuerst „Poire des Eparonais", später als „Duchesse d'Angoulême" benannt; in Oberösterreich sehr selten

Baum

Wuchs: mittelstark; Krone auf Sämling kugelig
Sonstige Eigenschaften: anfällig für Schorf, benötigt bessere Standorte

Erntereife

Anfang Oktober

Genussreife

November

Verwendung

Tafel, Küche

Frucht

- **Fruchtmuster:** ca. 10-jähriger Spindelbusch auf Quitte, Gemeinde Ohlsdorf
- **Größe:** groß; 76–84 mm hoch, 65–79 mm breit, 143–226 g schwer
- **Form:** meist breit stumpfkegelförmig bis breit glockenförmig, kelchbauchig, oft ungleichhälftig; Querschnitt unregelmäßig rund; Relief kelchrippig, oft beulig
- **Schale:** glatt, matt glänzend; dick, zäh; Grundfarbe grün, vollreif hellgelb; Deckfarbe meist fehlend, selten rotorange bis orangerot angehaucht, Deckungsgrad 0–20 %; Lentizellen zahlreich, klein, graubraun, grünlich umhoft, auffällig; Berostung gering, punktförmig, netzartig, kleinfleckig, graubraun bis zimtbraun
- **Stielbucht:** mitteltief, mittelbreit; Rand meist wulstig
- **Stiel:** mittellang, 26–36 mm, dick, holzig, am Ansatz oft fleischig, braun
- **Stielsitz:** in Stielbucht eingesteckt, oft mit seitlicher Wulst und von dieser zur Seite gedrückt
- **Kelchbucht:** tief, mittelbreit, teils faltig bis schwach gerippt, flächig graubraun bis zimtbraun berostet; Rand grobrippig
- **Kelch:** mittelgroß, halb offen bis geschlossen; Blättchen aufrecht, mittellang, schmal, hellgrau, oft fleischig verdickt, an der Basis getrennt
- **Kelchhöhle:** mittelgroß, schüsselförmig bis trichterförmig mit dünner Röhre
- **Kerngehäuse:** klein, kelchständig; Achse geschlossen; Kammern klein bis mittelgroß, geschlossen; viele Kerne, mittelgroß, länglich geschweift, seitennasig, schwarz, gut ausgebildet
- **Steinkranz im Fruchtlängsschnitt:** lang spindelförmig, schmal, mittelfein granuliert
- **Fleisch:** hell grünlich weiß bis vollreif hell gelblich weiß, fest, vollreif weich und schmelzend, feinzellig, sehr saftig; angenehm säuerlich-süß, gering gewürzt
- **Zuckergehalt:** 13,0–14,2° KMW; 63–69° Oechsle; 14,8–16,2° Brix

Holzfarbige Butterbirne

Synonyme, Herkunft, Verbreitung

„Fondante de Bois“, „Belle de Flandres“; um 1790 in Deftingen (Flandern, Belgien) aufgefunden und von VAN MONS ab 1810 vermehrt und verbreitet; in Oberösterreich sehr selten

Baum

Wuchs: stark; Krone auf Sämling kugelig bis breit kugelig

Sonstige Eigenschaften: benötigt bessere Standorte

Erntereife

Ende September bis Anfang Oktober

Genussreife

Anfang bis Mitte Oktober

Verwendung

Tafel, Küche

Frucht

- **Fruchtmuster:** ca. 28-jähriger Hochstamm, Gemeinde Ansfelden
- **Größe:** mittelgroß; 59–75 mm hoch, 56–69 mm breit, 104–170 g schwer
- **Form:** stumpfkegelförmig, teils breit eiförmig, kelchbauchig, oft gering ungleichhälftig; Querschnitt rund bis rundlich; Relief glatt
- **Schale:** rau, partiell glatt und matt glänzend; dünn, mäßig zäh; Grundfarbe grünlich gelb, vollreif hellgelb, wenig sichtbar; Deckfarbe braunrot, verwaschen bis gefleckt, Deckungsgrad 30–50 %; Lentizellen zahlreich, klein, graubraun, meist breit gelblich umhoft, auffällig; Berostung stark, flächig, punktförmig bis kleinfleckig, graubraun bis zimtbraun
- **Stielbucht:** mitteltief, mittelbreit, teils flächig zimtbraun berostet; Rand glatt
- **Stiel:** mittellang, 23–28 mm, dünn bis mitteldick, holzig, braun
- **Stielsitz:** in Stielbucht eingesteckt
- **Kelchbucht:** flach, mittelbreit bis breit, meist flächig (konzentrisch) zimtbraun berostet; Rand glatt
- **Kelch:** mittelgroß, offen; Blättchen aufrecht, kurz, grau, an der Basis vereint
- **Kelchhöhle:** mittelgroß, schüsselförmig
- **Kerngehäuse:** klein, kelchständig; Achse geschlossen; Kammern klein, geschlossen; viele Kerne, klein, länglich, mittelnasig, dunkelbraun, gut ausgebildet
- **Steinkranz im Fruchtlängsschnitt:** spindelförmig, mittelfein granuliert
- **Fleisch:** cremefarben bis hell gelblich weiß, mittelfest, vollreif weich und halb schmelzend bis schmelzend, feinzellig, sehr saftig; angenehm säuerlich-süß, mittelstark gewürzt
- **Zuckergehalt:** 13,0–14,6° KMW; 63–71° Oechsle; 14,8–16,7° Brix

Kieffers Sämling

Synonyme, Herkunft, Verbreitung

„Kieffer's Seedling"; im Garten des Isaac Leech in Kingsessing (Pennsylvania, USA) vom Baumschulbesitzer KIEFFER vermehrt; in Oberösterreich verstreut vorkommend

Baum

Wuchs: stark; Krone auf Sämling anfangs pyramidal, später breit ausladend mit hängenden Ästen
Sonstige Eigenschaften: etwas anfällig für Schorf; benötigt bessere Standorte, da frostempfindlich

Erntereife

Mitte Oktober

Genussreife

Dezember

Verwendung

Tafel, Küche, Dörren

Frucht

- **Fruchtmuster:** ca. 25-jähriger Hochstamm, Gemeinde Ansfelden
- **Größe:** groß; 72–80 mm hoch, 67–75 mm breit, 162–224 g schwer
- **Form:** fassförmig, mittelbauchig, meist gleichhälftig; Querschnitt rundlich bis schwach eckig; Relief kelchrippig bis rippig 1/2, teils etwas beulig
- **Schale:** glatt, teils rau, matt glänzend; dünn bis mitteldick, mittelzäh; Grundfarbe gelblich grün bis grünlich gelb, vollreif gelb; Deckfarbe orangerot bis rot, verwaschen bis deckend, seltener diffus gestreift, Deckungsgrad 10–50 %; Lentizellen zahlreich, klein, braun, auffällig; Berostung gering bis mittelstark, netzartig, flächig bis kleinfleckig, graubraun bis zimtbraun
- **Stielbucht:** mitteltief, eng; oft flächig zimtbraun berostet; Rand glatt, teils wulstig
- **Stiel:** mittellang, 22–30 mm, mitteldick, holzig, braun
- **Stielsitz:** in Stielbucht eingesteckt
- **Kelchbucht:** flach, teils mitteltief, eng, gerippt, strahlig bis flächig zimtbraun berostet; Rand grobrippig
- **Kelch:** mittelgroß, offen; Blättchen aufrecht, kurz, teils hornartig, an der Basis oft fleischig verdickt und getrennt
- **Kelchhöhle:** groß, schüsselförmig
- **Kerngehäuse:** mittelgroß, mittelständig; Achse hohl; Kammern mittelgroß, teils schlitzartig offen; viele Kerne, klein bis mittelgroß, länglich oval, schwarz, gut ausgebildet
- **Steinkranz im Fruchtlängsschnitt:** spindelförmig, sehr fein granuliert
- **Fleisch:** gelblich weiß, mittelfest, vollreif halb schmelzend, feinzellig, sehr saftig; säuerlich-süß, gering gewürzt
- **Zuckergehalt:** 12,5–14,0° KMW; 61–68° Oechsle; 14,4–16,0° Brix

Kirchensaller Mostbirne

Synonyme, Herkunft, Verbreitung
wahrscheinlich vor 1900 in Kirchensall (Neuenstein, Landkreis Hohenlohe, Baden-Württemberg) entstanden; 1910 erstmals erwähnt; Sämlinge davon wichtige kommerzielle Unterlagen für hochkronige Birnbäume; in Oberösterreich eher selten vorkommend

Baum
Wuchs: stark; Krone auf Sämling kugelig
Sonstige Eigenschaften: robust, anspruchslos hinsichtlich Standort

Erntereife
Ende September bis Anfang Oktober

Verwendung
Most, Saft, Schnaps

Frucht

- **Fruchtmuster:** ca. 28-jähriger Hochstamm, Gemeinde Ansfelden
- **Größe:** klein; 43–52 mm hoch, 42–53 mm breit, 37–69 g schwer
- **Form:** kreiselförmig, stielseitig spitz zulaufend, kelchbauchig, meist gleichhälftig; Querschnitt rund; Relief glatt
- **Schale:** teils glatt, matt glänzend; teils partiell feinrau und trocken; mitteldick, zäh; Grundfarbe grünlich gelb, vollreif hellgelb; Deckfarbe meist fehlend; Lentizellen zahlreich, sehr klein, graubraun, anfangs gelblich grün umhoft, mäßig auffällig; Berostung gering, teils mittelstark, punktförmig, flächig (Stiel- und Kelchseite) bis kleinfleckig, zimtbraun
- **Stielbucht:** fehlend
- **Stiel:** mittellang bis lang, 33–41 mm, dünn, holzig, teils knospig, braun
- **Stielsitz:** direkt in Frucht übergehend, teils aufsitzend
- **Kelchbucht:** flach, mittelbreit bis breit, meist flächig zimtbraun berostet; Rand glatt
- **Kelch:** mittelgroß bis groß, offen; Blättchen aufliegend, kurz bis mittellang, hellgrau, an der Basis vereint
- **Kelchhöhle:** klein, schüsselförmig
- **Kerngehäuse:** klein, kelchständig; Achse geschlossen; Kammern klein, geschlossen; viele Kerne, klein, breit oval, braunschwarz, mittelgut bis schlecht ausgebildet
- **Steinkranz im Fruchtlängsschnitt:** breit spindelförmig, grob granuliert
- **Fleisch:** gelblich weiß, mittelfest, grobzellig, oft grießig, sehr saftig; herb säuerlich-süß, nicht bis gering gewürzt
- **Zuckergehalt:** 12,5–14,0° KMW; 61–68° Oechsle; 14,4–16,0° Brix

Kleine Landlbirne

Synonyme, Herkunft, Verbreitung

„Landlbirn"; Herkunft ungesichert; vermutlich Oberösterreich vor 1700; in Oberösterreichs Bauerngärten weit verbreitet

Baum

Wuchs: mittelstark; Krone auf Sämling kugelig bis hochkugelig

Sonstige Eigenschaften: schorf- und feuerbrandanfällig, anfällig für Fruchtmonilia

Erntereife

Anfang bis Mitte Oktober

Verwendung

Most, Saft, Schnaps

Frucht

- **Fruchtmuster:** 20-jähriger Hochstamm, Gemeinde Schlierbach
- **Größe:** sehr klein bis klein; 43–50 mm hoch, 45–52 mm breit, 50–68 g schwer
- **Form:** kreiselförmig, kelchbauchig, meist gleichhälftig; Querschnitt rund; Relief glatt
- **Schale:** glatt, matt glänzend; Grundfarbe gelblich grün, bald grünlich gelb, vollreif hellgelb; Deckfarbe orangerot bis rot, verwaschen bis diffus gestreift, Deckungsgrad 20–50 %; Lentizellen zahlreich, sehr klein, graubraun, grünlich bis rot umhoft, mäßig auffällig
- **Stielbucht:** meist fehlend; selten flach, eng; Rand glatt bis einseitig wulstig
- **Stiel:** mittellang, 26–31 mm, dünn, holzig, meist braun
- **Stielsitz:** aufsitzend, selten in minimale Stielbucht eingesteckt, teils einseitige Wulst
- **Kelchbucht:** flach, mittelbreit; teils flächig graubraun berostet; Rand glatt
- **Kelch:** groß, offen; Blättchen aufliegend, kurz, grau, an der Basis vereint
- **Kelchhöhle:** klein, schüsselförmig, teils trichterförmig mit dünner Röhre
- **Kerngehäuse:** mittelgroß, kelchständig; Achse gering hohl; Kammern mittelgroß, geschlossen; viele Kerne, mittelgroß, breit oval bis oval, schwarz, gut ausgebildet
- **Steinkranz im Fruchtlängsschnitt:** spindelförmig, schmal, mittelfein granuliert
- **Fleisch:** gelblich weiß, fest, grobzellig, sehr saftig; herb säuerlich-süß, mittelstark gewürzt
- **Zuckergehalt:** 14,8–16,0° KMW; 72–78° Oechsle; 16,9–18,4° Brix

Knollbirne

Verwechslersorten: Grüne Winawitzbirne, Marxenbirne

Synonyme, Herkunft, Verbreitung

In Mammern (Thurgau, Schweiz) vor 1850 entstanden; in Oberösterreichs Bauerngärten verstreut vorkommend

Baum

Wuchs: stark; Krone auf Sämling kugelig bis hoch kugelig

Sonstige Eigenschaften: gering schorfanfällig

Erntereife

Mitte bis Ende Oktober

Verwendung

Most, Saft, Schnaps

Frucht

- **Fruchtmuster:** 28-jähriger Hochstamm, Gemeinde Ansfelden
- **Größe:** klein bis mittelgroß; 61–72 mm hoch, 47–54 mm breit, 56–94 g schwer
- **Form:** fassförmig, mittelbauchig, kelchseitig abgeplattet, oft ungleichhälftig; Querschnitt rundlich; Relief glatt
- **Schale:** rau und trocken; partiell glatt, matt glänzend; Grundfarbe gelblich grün, später grünlich gelb; Deckfarbe meist fehlend, seltener gelborange angehaucht, Deckungsgrad 0–30 %; Lentizellen zahlreich, klein, graubraun, grünlich umhoft, mäßig auffällig; Berostung gering bis mittelstark, flächig (stiel- und kelchseitig), netzartig bis kleinfleckig, graubraun bis braun
- **Stielbucht:** flach, eng, flächig graubraun berostet; Rand glatt bis einseitig wulstig
- **Stiel:** mittellang, 21–27 mm, mitteldick, holzig, an der Basis oft fleischig, braun
- **Stielsitz:** in Stielbucht eingesteckt
- **Kelchbucht:** flach, mittelbreit; flächig graubraun berostet; Rand glatt
- **Kelch:** groß, offen; Blättchen aufrecht, kurz bis mittellang, hellgrau, an der Basis getrennt
- **Kelchhöhle:** mittelgroß, schüsselförmig, teils trichterförmig mit dünner Röhre
- **Kerngehäuse:** mittelgroß, mittelständig; Achse geschlossen; Kammern mittelgroß, geschlossen; viele Kerne, mittelgroß, länglich, geschweift, seitennasig, braunschwarz, schlecht ausgebildet
- **Steinkranz im Fruchtlängsschnitt:** spindelförmig, schmal, mittelgrob granuliert
- **Fleisch:** gelblich weiß, fest, grobzellig, saftig; herb säuerlich-süß, ohne Würze
- **Zuckergehalt:** 13,0–14,4° KMW; 63–70° Oechsle; 14,8–16,5° Brix

Birnen

Kongressbirne

Synonyme, Herkunft, Verbreitung

„Andenken an den Kongress“, „Souvenir du Congrès“; Frankreich 1852, seit 1867 im Handel; in Oberösterreich verstreut vorkommend

Baum

Wuchs: mittelstark; Krone auf Sämling pyramidal
Sonstige Eigenschaften: etwas schorfanfällig und frostempfindlich; für bessere Lagen

Erntereife

Mitte bis Ende September

Genussreife

Mitte September bis Anfang Oktober

Verwendung

Tafel, Küche

Frucht

- **Fruchtmuster:** ca. 10-jähriger Halbstamm auf Sämling, Gemeinde Weilbach
- **Größe:** sehr groß; 100–124 mm hoch, 84–92 mm breit, 302–423 g schwer
- **Form:** stumpfkegel- bis kegelförmig, kelchbauchig, stark ungleichhälftig; Querschnitt unregelmäßig rund; Relief stark beulig, teils mit Bauchfurche
- **Schale:** teils glatt und matt glänzend, teils feinrau und trocken, mitteldick, mittelzäh; Grundfarbe grünlich gelb bis gelb; Deckfarbe teils fehlend, teils rotorange bis orangerot, verwaschen bis diffus gestreift, Deckungsgrad 0–30 %; Lentizellen zahlreich, klein, hell graubraun, teils grünlich bis rötlich umhoft, Berostung mittelstark, punktförmig, kleinfleckig, flächig bis netzartig, graubraun bis zimtbraun, stielseitig Rostkappe
- **Stielbucht:** oft fehlend, teils flach, eng, von Wülsten oft eingeengt, graubraun flächig berostet; Rand meist stärker wulstig
- **Stiel:** kurz, teils mittellang, 8–28 mm, dick, holzig, teils fleischig, braun
- **Stielsitz:** aufsitzend mit seitlicher Fleischwulst, seltener in Stielbucht eingesteckt
- **Kelchbucht:** mitteltief bis tief, mittelbreit bis eng, unregelmäßig, meist flächig bis strahlig zimtbraun berostet; Rand glatt bis grobrippig
- **Kelch:** mittelgroß, offen; Blättchen aufrecht, kurz, oft hornartig und fleischig verdickt, graubraun bis braun, an der Basis teils getrennt
- **Kelchhöhle:** mittelgroß, teils schüsselförmig, teils trichterförmig mit langer Röhre
- **Kerngehäuse:** klein, kelchständig; Achse meist geschlossen, teils gering hohl; Kammern klein bis mittelgroß, geschlossen; wenige Kerne, mittelgroß, länglich, schwarzbraun, seitennasig, schlecht ausgebildet
- **Steinkranz im Fruchtlängsschnitt:** lang spindelförmig, mittelfein granuliert
- **Fleisch:** gelblich weiß, mittelfest, bald weich, vollreif halbschmelzend, feinzellig, sehr saftig; mild säuerlich-süß, ohne Würze
- **Zuckergehalt:** 12,3–13,4° KMW; 60–65° Oechsle; 14,1–15,3° Brix

Köstliche von Charneu

Synonyme, Herkunft, Verbreitung
„Legipont“, „Fondante de Charneu“; Belgien, um 1800 in Charneu bei Liège (also bei Lüttich, Belgien) aufgefunden; in Oberösterreich mittelstark verbreitet

Baum
Wuchs: stark; Krone auf Sämling pyramidal
Sonstige Eigenschaften: gering schorfanfällig, sonst robust

Erntereife
Ende September bis Anfang Oktober

Genussreife
Oktober

Verwendung
Tafel, Küche

Frucht

- **Fruchtmuster:** ca. 20-jähriger Hochstamm, Gemeinde Bad Schallerbach
- **Größe:** mittelgroß; 76–88 mm hoch, 60–67 mm breit, 11[illegible]–150 g schwer
- **Form:** kegelförmig, meist schwach kelch- bis mittelbauchig, ungleichhälftig; Querschnitt unregelmäßig rund bis gering eckig; Relief kelchrippig bis flachkantig, oft etwas beulig
- **Schale:** glatt, matt glänzend, mitteldick, mittelzäh; Grundfarbe grünlich gelb bis hellgelb; Deckfarbe orangerot, verwaschen bis diffus gestreift, Deckungsgrad 0–30 %; Lentizellen zahlreich, klein, graubraun, hellgrün umhoft, auffällig; Berostung gering, punktförmig bis kleinfleckig, graubraun
- **Stielbucht:** oft fehlend, teils flach und eng; Rand teils wulstig
- **Stiel:** mittellang bis lang, 37–50 mm, mitteldick, holzig braun
- **Stielsitz:** aufsitzend; in Stielbucht eingesteckt; oft mit seitlicher Fleischwulst
- **Kelchbucht:** flach, eng bis mittelbreit, faltig; Rand grobrippig
- **Kelch:** groß, offen; Blättchen aufliegend, schmal, lang, grau bis hell graubraun, an der Basis vereint; Spitzen dunkelgrau
- **Kelchhöhle:** mittelgroß, schüsselförmig, teils trichterförmig mit sehr dünner Röhre
- **Kerngehäuse:** klein, kelch- bis mittelständig; Achse geschlossen bis gering hohl; Kammern klein bis mittelgroß, geschlossen; viele Kerne, mittelgroß, länglich, schwarzbraun, schlecht ausgebildet
- **Steinkranz im Fruchtlängsschnitt:** lang spindelförmig, mittelbreit, fein granuliert
- **Fleisch:** gelblich weiß, mittelfest, vollreif schmelzend, feinzellig, sehr saftig; säuerlich-süß, mittelstark gewürzt
- **Zuckergehalt:** 11,3–12,8° KMW; 55–62° Oechsle; 12,9–14,6° Brix

Birnen

Laschenbirne

Synonyme, Herkunft, Verbreitung

Herkunft unbekannt; bereits um 1900 in den Bezirken Vöcklabruck und Wels-Land existent und dort noch heute verstreut vorkommend

Baum

Wuchs: stark; Krone auf Sämling kugelig bis hoch kugelig

Sonstige Eigenschaften: robust, anspruchslos

Erntereife

Ende September

Verwendung

Most, Saft, Schnaps

Frucht

- **Fruchtmuster:** ca. 80-jähriger Hochstamm, Gemeinde Aichkirchen
- **Größe:** mittelgroß; 69–79 mm hoch, 58–63 mm breit, 103–126 g schwer
- **Form:** kegel- bis hoch kreiselförmig, stielseitig spitz zulaufend und oft gekrümmt, kelchbauchig, teils gering ungleichhälftig; Querschnitt rundlich bis unregelmäßig; Relief glatt, teils gering kelchrippig
- **Schale:** glatt, matt glänzend, dünn, mäßig zäh; Grundfarbe hellgrün bis gelblich grün, vollreif grünlich gelb; Deckfarbe hell orangerot bis hellrot, verwaschen, Deckungsgrad 10–40 %; Lentizellen zahlreich, klein, hellgrau bis hellbraun, markant hellgrün bis rot umhoft, stark auffällig; Berostung fehlend bis gering, kleinfleckig, hellbraun
- **Stielbucht:** fehlend
- **Stiel:** mittellang, 16–26 mm, mitteldick, holzig, am Ansatz fleischig, grün
- **Stielsitz:** über Fleischwulst in Frucht übergehend
- **Kelchbucht:** flach, eng bis mittelbreit, faltig bis gering gerippt, teils strahlig bis flächig hellbraun berostet; Rand glatt bis grobrippig
- **Kelch:** mittelgroß, offen; Blättchen aufrecht, kurz, gelblich grau, an der Basis oft getrennt
- **Kelchhöhle:** mittelgroß, schüsselförmig, teils trichterförmig mit sehr dünner Röhre
- **Kerngehäuse:** klein, kelchständig; Achse geschlossen bis gering hohl; Kammern klein, geschlossen; wenige Kerne, klein, oval, teils kurz zugespitzt, schwarzbraun, schlecht ausgebildet
- **Steinkranz im Fruchtlängsschnitt:** spindelförmig, mittelgrob granuliert
- **Fleisch:** hell gelblich weiß, mittelfest, grobzellig, sehr saftig; herb säuerlich-süß, ohne Würze
- **Zuckergehalt:** 11,9–13,0° KMW; 58–63° Oechsle; 13,6–14,8° Brix

Lehoferbirne

Verwechslersorte: Stieglbirne

Synonyme, Herkunft, Verbreitung

angeblich aus Kärnten und von dort um 1900 vom Bauern des Lehofergutes in Strengberg (Niederösterreich) mitgebracht; in Oberösterreich verstreut vorkommend, vor allem im Bezirk Steyr-Land

Baum

Wuchs: stark; Krone auf Sämling kugelig, später hoch kugelig

Sonstige Eigenschaften: gering schorfanfällig, sonst robust

Erntereife

Ende September bis Anfang Oktober

Verwendung

Most, Saft, Schnaps

Frucht

- **Fruchtmuster:** ca. 28-jähriger Hochstamm, Gemeinde Ansfelden
- **Größe:** klein; 51–57 mm hoch, 50–56 mm breit, 67–87 g schwer
- **Form:** kreisel- bis stumpfkreiselförmig, kelchseitig stärker abgeflacht, kelchbauchig, teils gering ungleichhälftig; Querschnitt rundlich; Relief glatt
- **Schale:** feinrau, trocken, partiell glatt und matt glänzend, mitteldick, mittelzäh; Grundfarbe hellgrün bis gelblich grün, vollreif grünlich gelb; Deckfarbe fehlend; Lentizellen zahlreich, klein, grau bis graubraun, teils grünlich umhoft, meist von größeren Rostpunkten überlagert; Berostung mittelstark bis stark, punktförmig, netzartig, flächig bis kleinfleckig, graubraun bis zimtbraun
- **Stielbucht:** teils fehlend, teils flach und eng; Rand teils wulstig
- **Stiel:** mittellang bis lang, 34–43 mm, dünn, holzig, braun
- **Stielsitz:** aufsitzend; in Stielbucht eingesteckt; oft mit seitlicher Fleischwulst
- **Kelchbucht:** flach, mittelbreit, flächig zimtbraun berostet; Rand glatt
- **Kelch:** groß, offen; Blättchen aufliegend bis aufrecht, kurz bis mittellang, hellgrau, an der Basis vereint
- **Kelchhöhle:** mittelgroß, schüsselförmig
- **Kerngehäuse:** klein, kelchständig; Achse geschlossen bis gering hohl; Kammern klein bis mittelgroß, geschlossen; viele Kerne, mittelgroß, länglich oval, oft seitennasig, schwarzbraun, gut ausgebildet
- **Steinkranz im Fruchtlängsschnitt:** spindelförmig, schmal, mittelgrob granuliert
- **Fleisch:** hell gelblich weiß, fest, bald weich, grob- bis mittelfeinzellig, sehr saftig; herb säuerlich-süß, gering gewürzt
- **Zuckergehalt:** 13,4–14,8° KMW; 65–72° Oechsle; 15,3–16,9° Brix

Leidlbirne

Verwechslersorte: Euratsfelder Mostbirne

Synonyme, Herkunft, Verbreitung

wahrscheinlich Zufallssämling aus Oberösterreich, vor 1850 entstanden; früher in Oberösterreich häufig, jetzt verstreut vorkommend

Baum

Wuchs: mittelstark; Krone auf Sämling kugelig

Sonstige Eigenschaften: gering schorfanfällig, geringe Standortansprüche

Erntereife

Mitte bis Ende September

Verwendung

Most, Saft, Dörren, Schnaps

Frucht

- **Fruchtmuster:** ca. 20-jähriger Hochstamm, Gemeinde Bad Schallerbach
- **Größe:** sehr klein bis klein; 43–49 mm hoch, 45–50 mm breit, 42–56 g schwer
- **Form:** stumpfkreiselförmig, teils stumpfkegelförmig, kelchbauchig, teils gering ungleichhälftig; Querschnitt rund; Relief glatt
- **Schale:** teils rau und trocken, teils partiell glatt und matt glänzend; Grundfarbe grünlich gelb, bald hellgelb; Deckfarbe meist fehlend, teils gelborange bis selten hell orangerot, verwaschen, Deckungsgrad 0–30 %; Lentizellen zahlreich, klein, hellbraun, teils hellgrün bis gelborange oder rötlich umhoft, auffällig; Berostung gering bis mittelstark, punktförmig, kleinfleckig bis netzartig, zimtbraun
- **Stielbucht:** fehlend
- **Stiel:** mittellang bis lang, 26–41 mm, dünn, holzig, am Ansatz oft fleischig, braun
- **Stielsitz:** aufsitzend, von typisch stegartiger Fleischwulst zur Seite gedrückt
- **Kelchbucht:** flach, mittelbreit, meist flächig zimtbraun berostet; Rand glatt
- **Kelch:** mittelgroß, offen; Blättchen aufliegend, breit, an der Basis hell graubraun und vereint
- **Kelchhöhle:** mittelgroß, schüsselförmig bis trichterförmig mit dünner Röhre
- **Kerngehäuse:** mittelgroß, kelchständig; Achse geschlossen bis gering hohl; Kammern mittelgroß, geschlossen; Kerne mittelgroß, länglich, schwarz, schlecht ausgebildet
- **Steinkranz im Fruchtlängsschnitt:** kugel- bis breit spindelförmig, schmal, mittelfein granuliert
- **Fleisch:** gelblich weiß, mittelfest, grob- bis mittelfeinzellig, mäßig saftig; angenehm säuerlich-süß, wenig herb, mittelstark gewürzt
- **Zuckergehalt:** 12,3–14,0° KMW; 60–68° Oechsle; 14,1–16,0° Brix

Liegels Winterbutterbirne

Synonyme, Herkunft, Verbreitung

„Suprême Coloma“; „Kopertsche fürstliche Tafelbirne“; Böhmen vor 1770; in Oberösterreich verstreut vorkommend

Baum

Wuchs: stark; Krone auf Sämling breit pyramidal bis kugelig

Sonstige Eigenschaften: frostempfindlich, schorfanfällig; für wärmere Lagen

Erntereife

Anfang bis Mitte Oktober

Genussreife

November bis Dezember

Verwendung

Tafel, Küche

Frucht

- **Fruchtmuster:** ca. 10-jähriges Wandspalier auf Sämling, Gemeinde Braunau-Ranshofen
- **Größe:** mittelgroß; 65–74 mm hoch, 58–65 mm breit, 98–135 g schwer
- **Form:** eiförmig, teils stumpfkreiselförmig, mittel- bis schwach kelchbauchig, teils gering ungleichhälftig; Querschnitt rundlich; Relief glatt
- **Schale:** glatt, matt glänzend; Grundfarbe gelbgrün, vollreif grünlich gelb bis hellgelb; Deckfarbe fehlend; Lentizellen zahlreich, klein, hellgrau, grünlich umhoft, auffällig; Berostung meist fehlend, teils gering punktförmig bis kleinfleckig, graubraun
- **Stielbucht:** flach bis mitteltief, eng, teils mit seitlicher Fleischwulst; teils gering fleckig graubraun berostet; Rand glatt bis wulstig
- **Stiel:** mittellang, 20–26 mm, dünn bis mitteldick, holzig, meist hellgrün, seltener braun
- **Stielsitz:** in Stielbucht eingesteckt
- **Kelchbucht:** flach, mittelbreit; teils langstrahlig bis kleinfleckig graubraun berostet; Rand glatt
- **Kelch:** groß, offen; Blättchen aufliegend, kurz, schmal, grau, an der Basis vereint
- **Kelchhöhle:** klein, schüsselförmig
- **Kerngehäuse:** mittelgroß, mittel- bis gering kelchständig; Achse geschlossen; Kammern klein, geschlossen; Kerne mittelgroß, länglich oval, seitennasig, schwarzbraun, schlecht ausgebildet
- **Steinkranz im Fruchtlängsschnitt:** spindelförmig, mittelbreit, mittelfein granuliert
- **Fleisch:** gelblich weiß, weich, vollreif schmelzend, feinzellig, sehr saftig; mild säuerlich-süß, gering bis mittelstark gewürzt
- **Zuckergehalt:** 10,9–11,7° KMW; 53–57° Oechsle; 12,5–13,4° Brix

Liezener Honigbirne

Synonyme, Herkunft, Verbreitung

unbekannt; schon um 1900 in den Gärten von JOSEF FUCHS in Liezen kultiviert; wegen der Existenz vieler „Honigbirnen"nach der Standortgemeinde Liezen benannt; in Oberösterreich sehr selten vorkommend

Baum

Wuchs: mittelstark; Krone auf Sämling pyramidal

Sonstige Eigenschaften: etwas anfällig für Schorf

Erntereife

Ende September

Genussreife

ab Ernte 1 Woche

Verwendung

Tafel, Küche, Schnaps

Frucht

- **Fruchtmuster:** ca. 25-jähriger Hochstamm, Gemeinde Ansfelden
- **Größe:** mittelgroß; 64–78 mm hoch, 48–53 mm breit, 65–92 g schwer
- **Form:** flaschen- bis kegelförmig, stielwärts stark verjüngt bis zugespitzt, kelchbauchig, gleichhälftig; Querschnitt rund; Relief glatt
- **Schale:** feinrau, trocken; dünn bis mitteldick, mäßig zäh; Grundfarbe grünlich gelb, vollreif hellgelb; Deckfarbe fehlend; Lentizellen zahlreich, klein, hellgrau, zimtbraun umhoft, auffällig; Berostung stark, punktförmig bis kleinfleckig, graubrau bis zimtbraun
- **Stielbucht:** fehlend
- **Stiel:** mittellang, 25–31 mm, dünn bis mitteldick, holzig, braun
- **Stielsitz:** aufsitzend oder direkt in Frucht übergehend
- **Kelchbucht:** flach, mittelbreit, punktförmig bis flächig zimtbraun berostet; Rand glatt
- **Kelch:** mittelgroß, offen; Blättchen aufrecht, kurz, grau, an der Basis teils fleischig verdickt und vereint
- **Kelchhöhle:** klein, schüsselförmig
- **Kerngehäuse:** klein, kelchständig; Achse geschlossen; Kammern klein bis mittelgroß, geschlossen; viele Kerne, mittelgroß, oval bis länglich oval, braunschwarz, gut ausgebildet
- **Steinkranz im Fruchtlängsschnitt:** lang spindelförmig, schmal, mittelfein granuliert
- **Fleisch:** hell gelblich weiß, mittelfest bis weich, vollreif halb schmelzend, feinzellig, saftig; angenehm säuerlich-süß, gering gewürzt
- **Zuckergehalt:** 15,0–16,0° KMW; 73–78° Oechsle; 17,2–18,4° Brix

Luxemburger Birne

Verwechslersorte: Große Rommelterbirne

Synonyme, Herkunft, Verbreitung

Luxemburg; in Österreich ab ca. 1890 vermehrt; in Oberösterreich früher häufig, jetzt verstreut vorkommend

Baum

Wuchs: stark; Krone auf Sämling pyramidal, seltener kugelig

Sonstige Eigenschaften: schorfanfällig

Erntereife

Mitte Oktober

Verwendung

Most, Saft, Schnaps

Frucht

- **Fruchtmuster:** ca. 20-jähriger Hochstamm auf OHF333, Gemeinde Weilbach
- **Größe:** mittelgroß; 54–63 mm hoch, 62–74 mm breit, 120–189 g schwer
- **Form:** flach kugelig, mittelbauchig, teils etwas ungleichhälftig; Querschnitt rund; Relief glatt
- **Schale:** glatt, matt glänzend, mitteldick, mittelzäh; Grundfarbe grünlich gelb bis hellgelb; Deckfarbe oft fehlend, teils gelborange bis hell rotorange, verwaschen, Deckungsgrad 0–30 %; Lentizellen zahlreich, mittelgroß, hellbraun, grünlich bis rötlich umhoft, stark auffällig
- **Stielbucht:** flach, eng, teils fehlend; Rand glatt
- **Stiel:** mittellang, teils lang, 26–44 mm, mitteldick, holzig, braun
- **Stielsitz:** in Stielbucht eingesteckt, teils aufsitzend
- **Kelchbucht:** flach, mittelbreit; teils flächig zimtbraun berostet; Rand meist glatt
- **Kelch:** mittelgroß, offen; Blättchen aufrecht, kurz, grau, teils hornartig und fleischig verdickt, an der Basis teils getrennt
- **Kelchhöhle:** klein, schüsselförmig, teils trichterförmig mit dünner Röhre
- **Kerngehäuse:** klein, mittelständig; Achse gering hohl; Kammern klein bis mittelgroß, geschlossen; wenige Kerne, mittelgroß, länglich, schwarz, schlecht ausgebildet
- **Steinkranz im Fruchtlängsschnitt:** spindelförmig, mittelfein granuliert
- **Fleisch:** gelblich weiß, fest, bald teigig, grobzellig, sehr saftig; herb säuerlich-süß, ohne Würze
- **Zuckergehalt:** 15,0–16,5° KMW; 73–80° Oechsle; 17,2–18,8° Brix

Machländer Mostbirne

Synonyme, Herkunft, Verbreitung

wahrscheinlich Zufallssämling aus Oberösterreich, vor 1880 entstanden; vorwiegend im Machland (Bezirk Perg) verstreut vorkommend

Baum

Wuchs: stark; Krone auf Sämling kugelig, später hoch kugelig

Sonstige Eigenschaften: gering schorfanfällig, sonst robust

Erntereife

Anfang Oktober

Verwendung

Most, Saft, Schnaps, Dörren

Frucht

- **Fruchtmuster:** ca. 20-jähriger Hochstamm auf OHF333, Gemeinde Weilbach
- **Größe:** klein; 55–67 mm hoch, 48–57 mm breit, 60–96 g schwer
- **Form:** kreisel-bis stumpfkreiselförmig, kelchseitig abgeplattet, kelchbauchig, gleichhälftig; Querschnitt rund; Relief glatt
- **Schale:** glatt, matt glänzend, mitteldick, mittelzäh; Grundfarbe gelblich grün bis grünlich gelb, vollreif hellgelb; Deckfarbe braunrot bis rotorange, verwaschen bis marmoriert, Deckungsgrad 0–40 %; Lentizellen zahlreich, klein, graubraun, hellgrün bis rötlich umhoft, mäßig auffällig
- **Stielbucht:** meist fehlend, teils flach und eng; Rand teils einseitig wulstig
- **Stiel:** mittellang, seltener lang, 34–43 mm, dünn, holzig, am Ansatz teils fleischig, braun
- **Stielsitz:** aufsitzend, in Stielbucht eingesteckt, oft mit seitlicher Fleischwulst
- **Kelchbucht:** meist fehlend, teils flach, mittelbreit, flächig dunkelbraun berostet; Rand glatt
- **Kelch:** groß, offen; Blättchen aufrecht, kurz, teils hornartig, grau; an der Basis vereint, teils fleischig verdickt und getrennt
- **Kelchhöhle:** mittelgroß, schüsselförmig
- **Kerngehäuse:** klein, kelchständig; Achse meist geschlossen; Kammern klein bis mittelgroß, geschlossen; wenige Kerne, klein bis mittelgroß, länglich oval, schwarzbraun, gut ausgebildet
- **Steinkranz im Fruchtlängsschnitt:** spindelförmig, mittelbreit, mittelgrob granuliert
- **Fleisch:** gelblich weiß, fest, grobzellig, sehr saftig; herb säuerlich-süß, ohne Würze
- **Zuckergehalt:** 14,0–14,8° KMW; 68–72° Oechsle; 16,0–16,9° Brix

Madame Favre

Synonyme, Herkunft, Verbreitung

Frankreich; 1861 in Chalon-sur-Saône aus Kernen gezogen; in Oberösterreich verstreut vorkommend

Baum

Wuchs: mittelstark; Krone auf Sämling pyramidal
Sonstige Eigenschaften: relativ robust bis zu mittleren Höhenlagen

Erntereife

Ende September

Genussreife

Ende September bis Anfang Oktober

Verwendung

Tafel, Küche

Frucht

- **Fruchtmuster:** ca. 25-jähriger Hochstamm, Gemeinde Ansfelden
- **Größe:** mittelgroß; 71–85 mm hoch, 57–64 mm breit, 107–140 g schwer
- **Form:** stark variabel; kegel- bis breit stumpfkegelförmig, teils fast kugelig, kelchbauchig, meist gleichhälftig; Querschnitt rundlich; Relief glatt, vereinzelt flache Bauchfurche
- **Schale:** glatt, matt glänzend, dünn, mäßig zäh; Grundfarbe hellgrün, vollreif grünlich gelb; Deckfarbe meist fehlend; Lentizellen zahlreich, sehr klein, graubraun, grün umhoft, mäßig auffällig; Berostung fehlend bis gering, kleinfleckig bis punktförmig, grau- bis zimtbraun
- **Stielbucht:** fehlend
- **Stiel:** mittellang, 24–37 mm, mitteldick, teils knospig, oft fleischig, grün bis partiell braun
- **Stielsitz:** meist auf Fleischknopf aufsitzend, teils von Fleischwulst zur Seite gedrückt
- **Kelchbucht:** flach, mittelbreit; Rand glatt
- **Kelch:** mittelgroß, offen; Blättchen aufliegend, lang, lanzettlich, grau; an der Basis vereint
- **Kelchhöhle:** klein, schüsselförmig
- **Kerngehäuse:** klein, kelchständig; Achse geschlossen bis gering hohl; Kammern klein, geschlossen; wenige Kerne, klein, länglich oval, schwarz, sehr schlecht ausgebildet
- **Steinkranz im Fruchtlängsschnitt:** teils fehlend, teils lang spindelförmig, sehr fein granuliert
- **Fleisch:** gelblich weiß, mittelfest, bald weich, mittelfeinzellig, saftig; schwach säuerlich-süß, nicht bis gering gewürzt
- **Zuckergehalt:** 9,7–10,7° KMW; 47–52° Oechsle; 11,1–12,2° Brix

Madame Verté

Synonyme, Herkunft, Verbreitung

„Besi de Caen“, angeblich um 1810 in St. Josseten-Noode bei Brüssel aufgefunden; in Oberösterreich selten vorkommend

Baum

Wuchs: schwach bis mittelstark; Krone auf Sämling breit pyramidal

Sonstige Eigenschaften: gering schorfanfällig, benötigt wärmere Standorte

Erntereife

Mitte bis Ende Oktober

Genussreife

Dezember bis Jänner

Verwendung

Tafel, Küche

Frucht

- **Fruchtmuster:** ca. 20-jähriger Hochstamm, Gemeinde Lohnsburg
- **Größe:** mittelgroß; 59–67 mm hoch, 58–66 mm breit, 90–126 g schwer
- **Form:** stumpfkreiselförmig, kelchbauchig, teils ungleichhälftig; Querschnitt rund bis rundlich; Relief glatt, vereinzelt flache Bauchfurche
- **Schale:** rau bis feinrau, mitteldick, mittelzäh; Grundfarbe hellgrün, vollreif hellgelb; Deckfarbe meist fehlend; Lentizellen zahlreich, mittelgroße graubraune bis zimtbraune Rostpunkte; meist die ganze Frucht flächig bis punktförmig grau- bis zimtbraun berostet
- **Stielbucht:** flach bis mitteltief, eng bis mittelbreit; Rand oft einseitig wulstig
- **Stiel:** mittellang, 25–30 mm, mitteldick, holzig, braun
- **Stielsitz:** in Stielbucht eingesteckt, oft mit seitlicher Fleischwulst
- **Kelchbucht:** flach bis mitteltief, mittelbreit; Rand glatt
- **Kelch:** mittelgroß, offen; Blättchen aufrecht, kurz, grau bis hell graubraun; an der Basis meist vereint
- **Kelchhöhle:** mittelgroß, becherförmig, teils trichterförmig mit dünner kurzer Röhre
- **Kerngehäuse:** klein, kelchständig; Achse gering hohl; Kammern klein, geschlossen; viele Kerne, klein, länglich oval, schwarzbraun, seitennasig, gut ausgebildet
- **Steinkranz im Fruchtlängsschnitt:** breit spindelförmig, mittelbreit, fein granuliert
- **Fleisch:** gelblich weiß; zur Ernte fest, feinzellig, rübig; vollreif weich, halb schmelzend bis schmelzend, sehr saftig; einseitig süß, gering gewürzt
- **Zuckergehalt:** 15,2–16,0° KMW; 74–78° Oechsle; 17,4–18,4° Brix

Markgräfin

Synonyme, Herkunft, Verbreitung

„La Marquise", wahrscheinlich vor 1800 in Frankreich entstanden; in Oberösterreich selten vorkommend

Baum

Wuchs: stark; Krone auf Sämling breit pyramidal

Sonstige Eigenschaften: relativ robust gegenüber Krankheiten

Erntereife

Mitte Oktober

Genussreife

November bis Anfang Dezember

Verwendung

Tafel, Küche

Frucht

- **Fruchtmuster:** ca. 20-jähriger Hochstamm, Gemeinde Gallneukirchen
- **Größe:** mittelgroß; 67–80 mm hoch, 61–70 mm breit, 90–126 g schwer
- **Form:** sehr variabel: kurz stumpfkegelförmig, teils abgestumpft eiförmig, teils fassförmig, meist kelchbauchig, teils gering ungleichhälftig; Querschnitt rundlich; Relief glatt bis gering flachkantig
- **Schale:** teils feinrau, teils glatt und matt glänzend, mitteldick, mittelzäh, grießig; Grundfarbe grün, vollreif gelblich grün bis grünlich gelb; Deckfarbe fehlend; Lentizellen nicht auffällig; Berostung gering, teils mittelstark, kleinfleckig, netzartig, punktförmig, grau- bis zimtbraun
- **Stielbucht:** flach, eng; Rand wulstig
- **Stiel:** mittellang, 21–28 mm, mitteldick, holzig, braun
- **Stielsitz:** in Stielbucht eingesteckt, oft mit seitlicher Fleischwulst und von dieser zur Seite gedrückt
- **Kelchbucht:** mitteltief, mittelbreit; Rand glatt
- **Kelch:** groß, offen; Blättchen aufliegend, lang, schmal, dunkelgrau bis graubraun; an der Basis vereint
- **Kelchhöhle:** mittelgroß, schüsselförmig
- **Kerngehäuse:** mittelgroß, kelchständig; Achse geschlossen bis gering hohl; Kammern mittelgroß, geschlossen; viele Kerne, mittelgroß, länglich oval, schwarzbraun, schwach seitennasig, gut ausgebildet
- **Steinkranz im Fruchtlängsschnitt:** lang spindelförmig, mittelfein granuliert
- **Fleisch:** hell gelblich weiß; erntereif fest, feinzellig; vollreif weich, halb schmelzend bis schmelzend, sehr saftig; angenehm säuerlich-süß, gering gewürzt
- **Zuckergehalt:** 13,2–14,6° KMW; 64–71° Oechsle; 15,1–16,7° Brix

Marxenbirne

Verwechslersorten: Knollbirne, Grüne Winawitzbirne

Synonyme, Herkunft, Verbreitung

Herkunft unbekannt; in der Schweiz schon vor 1850 kultiviert; 1863 erstmals beschrieben; in Oberösterreich selten vorkommend

Baum

Wuchs: stark; Krone auf Sämling pyramidal

Sonstige Eigenschaften: sehr robust, geringe Ansprüche an den Standort

Erntereife

Anfang Oktober

Verwendung

Most, Saft, Schnaps

Frucht

- **Fruchtmuster:** ca. 10-jähriger Spindelbusch auf Quitte, Gemeinde Ohlsdorf
- **Größe:** mittelgroß; 65–74 mm hoch, 53–63 mm breit, 80–124 g schwer
- **Form:** glockenförmig, stielwärts eingezogen, mittelbauchig, teils ungleichhälftig; Querschnitt rundlich bis schwach eckig; Relief kelchrippig, teils etwas beulig
- **Schale:** glatt, matt glänzend, teils etwas rau und trocken, mitteldick, mittelzäh; Grundfarbe grün, vollreif gelblich grün bis grünlich gelb; Deckfarbe fehlend; Lentizellen zahlreich, klein, braun, erhaben, grünlich umhoft; Berostung gering, kleinfleckig bis punktförmig, graubraun
- **Stielbucht:** flach bis mitteltief, eng bis mittelbreit, seltener fehlend; Rand meist wulstig
- **Stiel:** mittellang, 23–35 mm, dünn, holzig, braun
- **Stielsitz:** in Stielbucht eingesteckt, oft mit seitlicher Fleischwulst
- **Kelchbucht:** mitteltief, eng bis mittelbreit, faltig bis gerippt; flächig bis strahlig, teils konzentrisch graubraun berostet; Rand grobrippig
- **Kelch:** groß, offen; Blättchen aufrecht, mittellang, grau bis dunkelgrau; an der Basis teils vereint, teils fleischig verdickt und getrennt
- **Kelchhöhle:** mittelgroß, schüsselförmig bis trichterförmig mit dünner kurzer Röhre
- **Kerngehäuse:** klein, kelchständig; Achse meist geschlossen; Kammern klein bis mittelgroß, geschlossen; viele Kerne, klein bis mittelgroß, länglich oval, schwarzbraun, gut ausgebildet
- **Steinkranz im Fruchtlängsschnitt:** spindelförmig, mittelbreit, mittelgrob granuliert
- **Fleisch:** hell grünlich weiß bis gelblich weiß, fest, grobzellig, saftig, herb säuerlich-süß, nicht gewürzt
- **Zuckergehalt:** 10,9–12,8° KMW; 53–62° Oechsle; 12,5–14,6° Brix

Metzer Bratbirne

Synonyme, Herkunft, Verbreitung

„Brunnenbirne“; Herkunft ungesichert; angeblich aus Metz (Frankreich); bereits vor 1900 in Süddeutschland, Schweiz und Österreich kultiviert; 1883 von FRIEDRICH LUCAS erstmals beschrieben; in Oberösterreich verstreut vorkommend

Baum

Wuchs: stark; Krone auf Sämling pyramidal
Sonstige Eigenschaften: robust, nicht für nasse Böden

Erntereife

Mitte bis Ende Oktober

Verwendung

Most, Saft, Schnaps

Frucht

- **Fruchtmuster:** ca. 26-jähriger Hochstamm, Gemeinde Ansfelden
- **Größe:** klein; 43–59 mm hoch, 40–51 mm breit, 39–72 g schwer
- **Form:** eiförmig bis kreiselförmig, mittelbauchig, teils gering ungleichhälftig; Querschnitt rundlich; Relief glatt
- **Schale:** feinrau, trocken, dick, mittelzäh; Grundfarbe kaum sichtbar, graugrün, vollreif grünlich gelb; Deckfarbe fehlend; Lentizellen zahlreich, mittelgroß, grau, teils erhaben, grünlich umhoft, auffällig; Berostung stark, kleinfleckig, punktförmig, netzartig, flächig, graubraun
- **Stielbucht:** teils fehlend, teils flach, eng; Rand häufig wulstig
- **Stiel:** lang, teils mittellang, 35–43 mm, dünn, holzig, braun
- **Stielsitz:** aufsitzend, häufig mit seitlicher Fleischwulst; teils in geringe Stielbucht eingesteckt
- **Kelchbucht:** flach, eng bis mittelbreit; Rand glatt
- **Kelch:** groß, offen; Blättchen aufliegend, mittellang, teils hornartig, schmal, grau; an der Basis teils fleischig und meist vereint
- **Kelchhöhle:** mittelgroß, schüsselförmig bis seltener trichterförmig mit dünner kurzer Röhre
- **Kerngehäuse:** mittelgroß, mittelständig; Achse meist geschlossen; Kammern mittelgroß, geschlossen; viele Kerne, mittelgroß, länglich oval, seitennasig, schwarzbraun, mittelgut ausgebildet
- **Steinkranz im Fruchtlängsschnitt:** spindelförmig, schmal, mittelfein granuliert
- **Fleisch:** gelblich weiß, fest, grobzellig, saftig, herb säuerlich-süß, ohne Würze
- **Zuckergehalt:** 14,0–15,6° KMW; 68–76° Oechsle; 16,0–17,9° Brix

Mollebusch

Synonyme, Herkunft, Verbreitung
Name vom französischen „mouillé“ (nass) und „bouche“ (Mund) abgeleitet; in Oberösterreich „Zuckerbirn“, „Gute Grobe“; Herkunft ungesichert; in Oberösterreich früher häufiger, jetzt selten vorkommend

Baum
Wuchs: stark; Krone auf Sämling pyramidal
Sonstige Eigenschaften: mittelstark schorfanfällig, für bessere Lagen

Erntereife
Anfang Oktober

Genussreife
Oktober

Verwendung
Küche, Tafel, Dörren

Frucht

- **Fruchtmuster:** ca. 28-jähriger Hochstamm, Gemeinde Ansfelden
- **Größe:** mittelgroß; 52–63 mm hoch, 62–68 mm breit, 116–166 g schwer
- **Form:** meist kugelig, seltener stumpfkreiselförmig, mittel- bis schwach kelchbauchig, oft ungleichhälftig; Querschnitt rundlich; Relief glatt
- **Schale:** rau; Grundfarbe grün, vollreif gelblich grün; Deckfarbe meist fehlend, selten hell orangebraun, verwaschen, Deckungsgrad 0–30 %; Lentizellen zahlreich, als große, hellbraune Rostpunkte auffällig; Berostung mittelstark, punktförmig bis kleinfleckig, hellbraun
- **Stielbucht:** flach, eng; flächig hellbraun berostet; Rand teils gering grobrippig
- **Stiel:** mittellang, seltener lang, 27–40 mm, mitteldick bis dick, holzig, teils fleischig, braun
- **Stielsitz:** in Stielbucht eingesteckt
- **Kelchbucht:** flach bis mitteltief, eng, flächig hellbraun berostet
- **Kelch:** mittelgroß, offen; Blättchen aufliegend, schmal, graubraun, an der Basis vereint
- **Kelchhöhle:** klein, schüsselförmig
- **Kerngehäuse:** klein, mittel- bis kelchständig; Achse geschlossen; Kammern klein bis mittelgroß, geschlossen; wenige Kerne, mittelgroß, länglich, schwarzbraun, gering seitennasig, mittelgut ausgebildet
- **Steinkranz im Fruchtlängsschnitt:** spindelförmig, mittelbreit, grob granuliert
- **Fleisch:** gelblich weiß, sehr fest, grobzellig, vollreif teils halb schmelzend, etwas grießig, mäßig saftig; säuerlich-süß, ohne Würze
- **Zuckergehalt:** 13,0–14,2° KMW; 63–69° Oechsle; 14,8–16,2° Brix

Nägelesbirne

Verwechslersorten: Herzogin Elsa, Gute Graue

Synonyme, Herkunft, Verbreitung

„Olivenbirne"; Herkunft unbekannt; vom Pomologen LUCAS bereits 1854 erwähnt; in Oberösterreich selten vorkommend

Baum

Wuchs: stark; Krone auf Sämling kugelig, später hoch kugelig

Sonstige Eigenschaften: robust, geringe Ansprüche an den Standort

Erntereife

Mitte bis Ende September

Verwendung

Dörren, Schnaps

Frucht

- **Fruchtmuster:** ca. 20-jähriger Hochstamm, Gemeinde Bad Schallerbach
- **Größe:** mittelgroß; 60–75 mm hoch, 55–66 mm breit, 87–125 g schwer
- **Form:** stumpfkreiselförmig, kelchbauchig, teils gering ungleichhälftig; Querschnitt rundlich; Relief glatt
- **Schale:** feinrau, trocken, teils partiell glatt und matt glänzend, mitteldick, zäh; Grundfarbe gelblich grün, seltener sichtbar; Deckfarbe fehlend; Lentizellen zahlreich, mittelgroße bis große, graubraune, teils grünlich umhofte Rostpunkte, stark auffällig; Berostung stark, flächig, punktförmig, graubraun
- **Stielbucht:** teils fehlend, teils flach eng, flächig graubraun berostet; Rand glatt bis wulstig
- **Stiel:** mittellang, seltener lang, 35–41 mm, mitteldick, holzig, dunkelbraun
- **Stielsitz:** in Stielbucht eingesteckt, seltener aufsitzend
- **Kelchbucht:** flach bis mitteltief, mittelbreit, flächig graubraun berostet; Rand meist glatt
- **Kelch:** groß, offen; Blättchen aufrecht, kurz, grau, hornartig; an der Basis meist fleischig verdickt und getrennt
- **Kelchhöhle:** mittelgroß, schüsselförmig
- **Kerngehäuse:** mittelgroß, kelchständig; Achse gering hohl; Kammern mittelgroß, geschlossen; viele Kerne, mittelgroß, länglich oval, seitennasig, schwarz, schlecht ausgebildet
- **Steinkranz im Fruchtlängsschnitt:** breit spindelförmig, mittelbreit, mittelfein granuliert
- **Fleisch:** gelblich weiß, fest, etwas grießig, bald braun und teigig, mittelfeinzellig, saftig, herb säuerlich-süß, ohne Würze
- **Zuckergehalt:** 11,5–13,0° KMW; 56–63° Oechsle; 13,2–14,8° Brix

Naglerbirne

Synonyme, Herkunft, Verbreitung

„Kaiserbirne" im Gebiet Großraming; Herkunft unbekannt; benannt nach einem Bauernhof in Großraming

Baum

Wuchs: stark; Krone auf Sämling pyramidal, später breit pyramidal

Sonstige Eigenschaften: robust, anspruchslos hinsichtlich Standort

Erntereife

Mitte bis Ende August

Genussreife

Mitte August bis Anfang September

Verwendung

Küche, Dörren, Tafel

Frucht

- **Fruchtmuster:** ca. 35-jähriger Hochstamm, Gemeinde Linz
- **Größe:** klein, seltener mittelgroß; 49–63 mm hoch, 50–62 mm breit, 62–101 g schwer
- **Form:** stumpfkreiselförmig, stielseitig stumpf zugespitzt, schwach kelchbauchig, oft ungleichhälftig; Querschnitt rundlich; Relief teils gering flachkantig, teils gering kelchrippig
- **Schale:** feinrau, partiell glatt und matt glänzend, dünn, mäßig zäh; Grundfarbe hell grünlich gelb bis hellgelb; Deckfarbe hell gelborange bis hell orangerot, verwaschen, Deckungsgrad 0–30 %; Lentizellen: klein, braun, auffällig; Berostung gering, seltener mittelstark, kleinfleckig, punktförmig bis flächig, grau- bis zimtbraun
- **Stielbucht:** fehlend
- **Stiel:** kurz, 14–19 mm, dick bis sehr dick, fleischig, braun
- **Stielsitz:** aufsitzend, teils mit seitlicher Wulst
- **Kelchbucht:** mitteltief, mittelbreit, faltig bis gerippt, flächig grau- bis zimtbraun berostet; Rand meist feinrippig
- **Kelch:** mittelgroß, offen; Blättchen aufliegend bis halb aufrecht, kurz, grau, meist fleischig, an der Basis meist vereint
- **Kelchhöhle:** klein bis mittelgroß, schüsselförmig
- **Kerngehäuse:** mittelgroß, meist schwach kelchständig; Achse geschlossen bis gering hohl; Kammern mittelgroß, geschlossen; viele Kerne, mittelgroß, oval, schwarz, gut ausgebildet
- **Steinkranz im Fruchtlängsschnitt:** spindelförmig, schmal, fein granuliert
- **Fleisch:** gelblich weiß; mittelfest, später weich und braun, feinzellig, saftig bis mäßig saftig; säuerlich-süß, schwach herb, ohne Würze
- **Zuckergehalt:** 13,4–14,8° KMW; 65–72° Oechsle; 15,3–16,9° Brix

Naglwitzbirne

Synonyme, Herkunft, Verbreitung

„Muskatellerl"; Herkunft unbekannt, in Oberösterreich vermutlich vor 1700 bereits vorhanden; nicht identisch mit „Nagowitzbirne"; in Oberösterreich häufig vorkommend

Baum

Wuchs: mittelstark; Krone auf Sämling pyramidal bis kugelig

Sonstige Eigenschaften: etwas schorfanfällig, sonst robust, auch für raue Lagen

Erntereife

Ende Juli bis Anfang August

Genussreife

Ende Juli bis Anfang August

Verwendung

Tafel, Küche

Frucht

- **Fruchtmuster:** ca. 30-jähriger Hochstamm, Gemeinde Steinerkirchen
- **Größe:** sehr klein; 48–55 mm hoch, 35–41 mm breit, 25–37 g schwer
- **Form:** kegelförmig, kelchbauchig, gleichhälftig; Querschnitt rund; Relief glatt
- **Schale:** glatt, matt glänzend; Grundfarbe hellgelb; Deckfarbe rot, verwaschen, teils gefleckt, selten diffus gestreift, Deckungsgrad 30–70 %; Lentizellen zahlreich, klein, hellgrau, teils rot umhoft, mäßig auffällig
- **Stielbucht:** fehlend
- **Stiel:** mittellang, seltener lang, 33–41 mm, dünn, holzig, hellbraun
- **Stielsitz:** aufsitzend mit oft seitlicher Wulst
- **Kelchbucht:** fehlend
- **Kelch:** groß, offen; Blättchen aufliegend, lang, schmal, dunkelgrau, an der Basis vereint
- **Kelchhöhle:** klein, schüsselförmig
- **Kerngehäuse:** klein, kelchständig; Achse meist geschlossen; Kammern klein, geschlossen; viele Kerne, klein, länglich, seitennasig, schwarz, schlecht ausgebildet
- **Steinkranz im Fruchtlängsschnitt:** lang spindelförmig, schmal, mittelfein granuliert
- **Fleisch:** hellgelblich, mittelfest, bald weich und teigig, mittelfeinzellig, teils grießig, mäßig saftig; mild süß, gering muskatartig gewürzt
- **Zuckergehalt:** 9,1–9,7° KMW; 44–47° Oechsle; 10,4–11,1° Brix

Birnen

Nagowitzbirne

Synonyme, Herkunft, Verbreitung

1533 wird in Oberösterreich eine „Näkhowitzpiern" genannt; möglicherweise aus Frankreich; in Oberösterreich jetzt eher selten vorkommend; nicht identisch mit „Naglwitzbirne"

Baum

Wuchs: mittelstark; Krone auf Sämling schmal pyramidal

Sonstige Eigenschaften: etwas schorfanfällig, sonst robust, auch für raue Lagen

Erntereife

Ende Juli bis Anfang August

Genussreife

Ende Juli bis Anfang August

Verwendung

Tafel, Küche, Schnaps

Frucht

- **Fruchtmuster:** ca. 15-jähriger Hochstamm, Gemeinde Lengau
- **Größe:** sehr klein; 48–55 mm hoch, 33–39 mm breit, 19–33 g schwer
- **Form:** lang kegelförmig, schmal flaschenförmig, stielwärts meist stärker eingezogen, kelchbauchig, teils ungleichhälftig; Querschnitt rundlich; Relief glatt bis gering kelchrippig
- **Schale:** glatt, matt glänzend; Grundfarbe hellgrün bis grünlich gelb, stark duftend; Deckfarbe fehlend; Lentizellen nicht auffällig
- **Stielbucht:** fehlend
- **Stiel:** mittellang, seltener lang, 28–41 mm, mitteldick, holzig, am Ansatz fleischig, hellgrün
- **Stielsitz:** direkt in Frucht übergehend, teils auf Fleischwulst aufsitzend
- **Kelchbucht:** teils fehlend, teils sehr flach, mittelbreit, faltig bis schwach gerippt; Rand teils gering grobrippig
- **Kelch:** groß, offen; Blättchen aufliegend, mittellang, schmal, grau, an der Basis vereint
- **Kelchhöhle:** klein, schüsselförmig
- **Kerngehäuse:** klein, kelchständig; Achse gering hohl; Kammern klein, geschlossen; viele Kerne, klein, oval, schwarz, schlecht ausgebildet
- **Steinkranz im Fruchtlängsschnitt:** kreisförmig bis breit spindelförmig, schmal, mittelgrob granuliert
- **Fleisch:** hell grünlich weiß, vollreif hell gelblich weiß, mittelfest, bald teigig, teils etwas grießig, mittelfeinzellig, mäßig saftig; mild süß, gering gewürzt
- **Zuckergehalt:** 14,0–15,0° KMW; 68–73° Oechsle; 16,0–17,2° Brix

Neue Poiteau

Synonyme, Herkunft, Verbreitung

„Nouveau Poiteau"; Belgien 1827; in Oberösterreich vereinzelt, aber zunehmend vorkommend

Baum

Wuchs: stark; Krone auf Sämling hoch pyramidal

Sonstige Eigenschaften: frosttolerant, schorfanfällig

Erntereife

Anfang bis Mitte Oktober

Genussreife

Mitte Oktober bis Mitte November

Verwendung

Tafel, Küche, Dörren

Frucht

- **Fruchtmuster:** ca. 80-jähriger Hochstamm, Gemeinde Gurten
- **Größe:** mittelgroß; 85–97 mm hoch, 61–69 mm breit, 143–194 g schwer
- **Form:** sehr variabel, hochgebaut, mittel- bis kelchbauchig, ungleichhälftig; Querschnitt unregelmäßig rund; Relief glatt, teils gering flachrippig bis beulig; vereinzelt vertikale Bauchfurche
- **Schale:** glatt, glänzend, teils rau und trocken; Grundfarbe grün; Deckfarbe meist fehlend, selten orangegelb, verwaschen, Deckungsgrad 0–30 %; Berostung mittelstark, punktförmig, kleinfleckig bis netzartig, braun
- **Stielbucht:** fehlend
- **Stiel:** mittellang, 20–39 mm, mitteldick, holzig, braun
- **Stielsitz:** aufsitzend, von Fleischwülsten umgeben und teils zur Seite gedrückt, braune Rostkappe
- **Kelchbucht:** mitteltief, eng, durch Fleischwülste (meist zwei) zusammengedrückt, flächig braun berostet
- **Kelch:** klein, meist halb offen, teils geschlossen; Blättchen aufrecht, kurz, grünbraun, an der Basis fleischig und getrennt
- **Kelchhöhle:** klein, stumpfkegelförmig
- **Kerngehäuse:** klein, mittel- bis kelchständig; Achse gering hohl; Kammern klein bis mittelgroß, geschlossen; viele Kerne, mittelgroß, länglich, schwarz, schlecht ausgebildet
- **Steinkranz im Fruchtlängsschnitt:** lang spindelförmig, schmal, mittelfein granuliert
- **Fleisch:** gelblich weiß, randnah grünlich weiß, mittelfest, vollreif schmelzend, feinzellig, saftig; säuerlich-süß, ohne Würze
- **Zuckergehalt:** 11,3–12,5° KMW; 55–61° Oechsle; 12,9–14,4° Brix

Nordhäuser Winterforellenbirne

Synonyme, Herkunft, Verbreitung

„Winterforelle"; alte Lokalsorte im Gebiet Nordhausen (Deutschland), Zufallssämling, um 1864 von der dortigen Baumschule FOEHR verbreitet; in Oberösterreich verstreut vorkommend

Baum

Wuchs: mittelstark; Krone auf Sämling schmal pyramidal
Sonstige Eigenschaften: etwas schorfanfällig, sonst robust; auch für raue Lagen

Erntereife

Mitte bis Ende Oktober

Genussreife

Jänner bis März

Verwendung

Tafel, Küche

Frucht

- **Fruchtmuster:** ca. 10-jähriger Spindelbusch auf Quitte, Gemeinde Ohlsdorf
- **Größe:** mittelgroß; 61–76 mm hoch, 62–70 mm breit, 121–166 g schwer
- **Form:** stumpfkreiselförmig, kelchbauchig, meist ungleichhälftig; Querschnitt rundlich; Relief glatt, oft vertikale Bauchfurche
- **Schale:** glatt, matt glänzend; Grundfarbe gelblich grün bis grünlich gelb, vollreif gelb; Deckfarbe braunrot bis orangerot, verwaschen bis deckend, Deckungsgrad 30–60 %; Lentizellen sehr klein, grünlich gelb bis rötlich umhoft, mäßig auffällig; Berostung gering, kleinfleckig, graubraun
- **Stielbucht:** teils fehlend; teils flach, eng, oft mit seitlicher Wulst; Rand meist wulstig
- **Stiel:** mittellang, 27–35 mm, dünn bis mitteldick, holzig, am Ansatz teils fleischig, hellgrün
- **Stielsitz:** aufsitzend; teils im minimale Stielbucht eingesteckt, von seitlicher Fleischwulst teils zur Seite gedrückt
- **Kelchbucht:** mitteltief bis flach, eng bis mittelbreit; Rand glatt
- **Kelch:** groß, offen; Blättchen aufrecht, mittellang, schmal, teils hornartig, dunkelgrau, an der Basis teils fleischig verdickt und getrennt
- **Kelchhöhle:** mittelgroß, schüsselförmig
- **Kerngehäuse:** mittelgroß, kelchständig; Achse geschlossen; Kammern mittelgroß, geschlossen; viele Kerne, mittelgroß, oval, teils kurz zugespitzt und seitennasig, schwarz, gut ausgebildet
- **Steinkranz im Fruchtlängsschnitt:** spindelförmig, schmal, mittelfein granuliert
- **Fleisch:** cremefarben bis hell gelblich weiß; genussreif weich, halb schmelzend, mittelfeinzellig, saftig; wenig süß, wenig Säure, ohne Würze
- **Zuckergehalt:** 9,7–10,9° KMW; 47–53° Oechsle; 11,1–12,5° Brix

Oberbrunnerbirne

Synonyme, Herkunft, Verbreitung
Herkunft unbekannt; wahrscheinlich Zufallssämling vor 1900 aus dem Innviertel; benannt nach der Ortschaft Oberbrunn der Gemeinde Pattigham; in Oberösterreich sehr selten vorkommend

Baum
Wuchs: stark; Krone auf Sämling hoch kugelig
Sonstige Eigenschaften: robust, anspruchslos hinsichtlich Standort

Erntereife
Mitte Oktober

Verwendung
Most, Saft, Schnaps, Dörren

Frucht

- **Fruchtmuster:** ca. 90-jähriger Hochstamm, Gemeinde Pattigham
- **Größe:** klein; 43–55 mm hoch, 50–59 mm breit, 62–103 g schwer
- **Form:** meist kugelig bis flach kugelig, mittelbauchig, teils gering ungleichhälftig; Querschnitt rund; Relief glatt
- **Schale:** feinrau, partiell glatt und matt glänzend, mitteldick, zäh; Grundfarbe hellgelb; Deckfarbe orange, orangerot bis braunrot, Deckungsgrad 0–40 %; Lentizellen: mittelgroße, grau- bis zimtbraune Rostpunkte, auffällig; Berostung mittelstark bis stark, sortentypisch netzartige grau- bis zimtbraune Rostfiguren, teils flächig bis punktförmig
- **Stielbucht:** flach, eng, flächig grau- bis zimtbraun berostet; Rand glatt bis wulstig
- **Stiel:** mittellang, 17–26 mm, dünn, holzig, braun
- **Stielsitz:** in Stielbucht eingesteckt, teils geringe seitliche Wulst
- **Kelchbucht:** flach, mittelbreit, flächig grau- bis zimtbraun berostet; Rand glatt
- **Kelch:** mittelgroß, offen; Blättchen aufliegend, teils aufrecht, mittellang, grau, seltener hornartig, an der Basis meist vereint
- **Kelchhöhle:** klein, schüsselförmig
- **Kerngehäuse:** klein, mittelständig; Achse meist geschlossen; Kammern klein bis mittelgroß, geschlossen; viele Kerne, mittelgroß bis klein, länglich oval, seitennasig, dunkelbraun, mittelgut ausgebildet
- **Steinkranz im Fruchtlängsschnitt:** spindelförmig, schmal, grob granuliert
- **Fleisch:** gelblich weiß; mittelfest, bald weich und braun, grobzellig, saftig; herb säuerlich-süß, ohne Würze
- **Zuckergehalt:** 10,7–11,9° KMW; 52–58° Oechsle; 12,2–13,6° Brix

Olivier de Serres

Verwechslersorten: Esperens Bergamotte, Edelcrassane

Synonyme, Herkunft, Verbreitung

1847 in der Baumschule BOISBUNEL in Rouen (Frankreich) aus Kernen von „Fortunée Superieure“ gezogen und nach dem Agronomen Olivier de Serres (1539–1619) benannt; in Oberösterreich selten vorkommend

Baum

Wuchs: mittelstark; Krone auf Sämling breit pyramidal bis breit kugelig

Sonstige Eigenschaften: höhere Standortansprüche

Erntereife

Mitte Oktober

Genussreife

Jänner bis März

Verwendung

Tafel, Küche

Frucht

- **Fruchtmuster:** ca. 10-jähriger Halbstamm, Gemeinde Naarn
- **Größe:** mittelgroß; 59–65 mm hoch, 70–77 mm breit, 137–194 g schwer
- **Form:** unregelmäßig flach kugelig, bergamotte-artig, kelch- bis mittelbauchig, oft ungleichhälftig; Querschnitt unregelmäßig rund bis schwach eckig; Relief flach kantig, kelchrippig, oft beulig, vereinzelt Bauchfurche
- **Schale:** feinrau, partiell glatt und matt glänzend, dick, zäh; Grundfarbe grün, vollreif grünlich gelb; Deckfarbe meist fehlend, sonnseitig teils gelborange, verwaschen, Deckungsgrad 0–20 %; Lentizellen: kleine, graubraune Rostpunkte, auffällig; Berostung mittelstark, punktförmig, kleinfleckig bis netzartig, graubraun
- **Stielbucht:** mitteltief bis tief, eng, durch Wülste teils eingeengt, flächig bis strahlig graubraun berostet; Rand glatt bis wulstig
- **Stiel:** mittellang, 22–31 mm, mitteldick bis dick, holzig, dunkelbraun
- **Stielsitz:** in Stielbucht eingesteckt
- **Kelchbucht:** tief, breit; flächig bis strahlig, teils konzentrisch graubraun berostet; Rand glatt bis grobrippig
- **Kelch:** mittelgroß, offen; Blättchen aufrecht, mittellang, grau, teils hornartig, an der Basis vereint bis teils getrennt
- **Kelchhöhle:** klein, schüsselförmig
- **Kerngehäuse:** klein, kelch- bis mittelständig; Achse geschlossen bis gering hohl; Kammern klein bis mittelgroß, geschlossen; viele Kerne, mittelgroß, länglich oval, gering seitennasig, braunschwarz, mittelgut bis schlecht ausgebildet
- **Steinkranz im Fruchtlängsschnitt:** spindelförmig, schmal, mittelgrob granuliert
- **Fleisch:** grünlich weiß bis gelblich weiß; mittelfest, grießig, feinzellig, vollreif schmelzend, sehr saftig; säuerlich-süß, gering bis mittelstark gewürzt
- **Zuckergehalt:** 12,3–13,8° KMW; 60–67° Oechsle; 14,1–15,8° Brix

Pastorenbirne

Verwechslersorte: Gräfin von Paris

Synonyme, Herkunft, Verbreitung

„Poire de Curé"; Frankreich, 1760 aufgefunden; in Oberösterreich früher häufig, jetzt verstreut vorkommend

Baum

Wuchs: stark; Krone auf Sämling pyramidal

Sonstige Eigenschaften: schorfanfällig; für bessere Lagen

Erntereife

Mitte bis Ende Oktober

Genussreife

November bis Dezember

Verwendung

Tafel, Küche, Dörren

Frucht

- **Fruchtmuster:** ca. 20-jähriger Hochstamm, Gemeinde Wartberg/Aist
- **Größe:** groß; 85–100 mm hoch, 56–66 mm breit, 118–169 g schwer
- **Form:** flaschen- bis lang kegelförmig, kelch- bis mittelbauchig, oft ungleichhälftig; Querschnitt rundlich bis unregelmäßig rund; Relief glatt, vereinzelt vertikale Bauchfurche
- **Schale:** glatt, matt glänzend, teils trocken, dick, zäh; Grundfarbe hellgrün, vollreif grünlich gelb bis hellgelb; Deckfarbe meist fehlend, selten gelborange, verwaschen, Deckungsgrad 0–30 %; Lentizellen zahlreich, klein, graubraun, grün umhoft, auffällig; Berostung mittelstark, punktförmig, kleinfleckig bis netzartig, graubraun, vereinzelt vertikaler Roststreifen
- **Stielbucht:** fehlend
- **Stiel:** mittellang, 28–38 mm, mitteldick, holzig, am Ansatz oft fleischig, grün, teils braun
- **Stielsitz:** aufsitzend mit seitlicher Fleischwulst, oft zur Seite gedrückt
- **Kelchbucht:** flach, eng bis mittelbreit, flächig bis netzartig graubraun berostet; Rand glatt
- **Kelch:** groß, offen; Blättchen aufliegend, schmal, lang, grau, an der Basis vereint
- **Kelchhöhle:** klein, schüssel- bis stumpfkegelförmig
- **Kerngehäuse:** klein, kelchständig; Achse gering hohl; Kammern klein bis mittelgroß, geschlossen; wenige Kerne, mittelgroß, länglich, braunschwarz, sehr schlecht ausgebildet
- **Steinkranz im Fruchtlängsschnitt:** lang spindelförmig, schmal, mittelfein granuliert
- **Fleisch:** zur Ernte grünlich weiß, fest, rübig, feinzellig; vollreif gelblich weiß, halbschmelzend, sehr saftig; säuerlich-süß, ohne Würze
- **Zuckergehalt:** 11,5–13,4° KMW; 56–65° Oechsle; 13,2–15,3° Brix

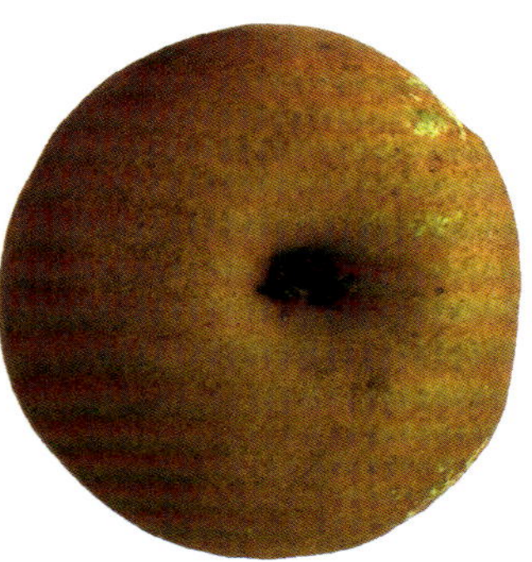

Paulsbirne

Synonyme, Herkunft, Verbreitung

Herkunft unbekannt, bereits vor 1850 in Deutschland existent; 1854 von LUCAS beschrieben; in Oberösterreich selten vorkommend

Baum

Wuchs: stark; Krone auf Sämling pyramidal

Sonstige Eigenschaften: robust, anspruchslos hinsichtlich Standort

Erntereife

Mitte bis Ende Oktober

Genussreife

Mitte Dezember bis Februar

Verwendung

Küche, Dörren, Saft, Most

Frucht

- **Fruchtmuster:** ca. 8-jähriger Halbstamm auf Sämling, Gemeinde Naarn
- **Größe:** groß bis sehr groß; 73–86 mm hoch, 76–89 mm breit, 209–311 g schwer
- **Form:** breit stumpfkreiselförmig, kelchbauchig, teils ungleichhälftig; Querschnitt rund bis rundlich; Relief glatt, teils vertikale Bauchfurchen
- **Schale:** feinrau bis rau, trocken, partiell matt glänzend, dick, zäh; Grundfarbe grün bis gelblich grün, vollreif grünlich gelb bis hellgelb; Deckfarbe braunrot bis dunkelrot, verwaschen bis deckend, Deckungsgrad 30–60 %; Lentizellen zahlreich, mittelgroß, hellgrau, auffällig; Berostung mittelstark, netzartig, flächig bis kleinfleckig, graubraun
- **Stielbucht:** mitteltief, eng, oft schiefachsig, flächig graubraun berostet; Rand wulstig
- **Stiel:** mittellang, seltener lang, 33–41 mm, mitteldick, holzig, am Ansatz teils fleischig, braun
- **Stielsitz:** in Stielbucht eingesteckt, von einseitiger Fleischwulst oft zur Seite gedrückt
- **Kelchbucht:** mitteltief, mittelbreit bis breit, flächig braun berostet; Rand glatt
- **Kelch:** groß, offen; Blättchen aufrecht, hornartig, kurz, grau, an der Basis oft fleischig und getrennt
- **Kelchhöhle:** mittelgroß, schüsselförmig
- **Kerngehäuse:** klein, kelchständig; Achse geschlossen bis gering hohl; Kammern klein bis mittelgroß, geschlossen; wenige Kerne, mittelgroß, länglich oval, zugespitzt, seitennasig, braunschwarz, meist schlecht ausgebildet
- **Steinkranz im Fruchtlängsschnitt:** spindelförmig, schmal, mittelgrob granuliert
- **Fleisch:** hell gelblich weiß, fest, mittelfein- bis grobzellig, sehr saftig; einseitig süß, wenig Säure und Gerbstoff, ohne Würze
- **Zuckergehalt:** 11,7–14,0° KMW; 57–68° Oechsle; 13,4–16,0° Brix

Pitmaston

Synonyme, Herkunft, Verbreitung

„Pitmaston Duchess"; 1841 von JOHN WILLIAMS in Pitmaston Manor bei Worcester (England) aus „Herzogin von Angouleme" x „Hardenponts Winterbutterbirne" gezüchtet; in Oberösterreich selten vorkommend

Baum

Wuchs: stark; Krone auf Sämling pyramidal bis breit pyramidal

Sonstige Eigenschaften: robust

Erntereife

Ende September

Genussreife

Ende September bis Mitte Oktober

Verwendung

Tafel, Küche

Frucht

- **Fruchtmuster:** ca. 14-jähriger Halbstamm auf Sämling, Gemeinde Braunau-Ranshofen
- **Größe:** groß bis sehr groß; 94–105 mm hoch, 68–76 mm breit, 196–260 g schwer
- **Form:** flaschenförmig bis lang stumpfkegelförmig, kelchbauchig, teils gering ungleichhälftig; Querschnitt rundlich; Relief gering kelchrippig
- **Schale:** glatt, matt glänzend, dünn, mittelzäh; Grundfarbe grün bis hellgrün, vollreif grünlich gelb bis hellgelb; Deckfarbe fehlend; Lentizellen nicht auffällig
- **Stielbucht:** teils fehlend, teils flach und eng, flächig dunkelbraun berostet (Rostkappe); Rand wulstig
- **Stiel:** mittellang, 28–35 mm, mitteldick, holzig, am Ansatz teils fleischig, braun
- **Stielsitz:** aufsitzend, teils in Stielbucht eingesteckt, teils schief angesetzt
- **Kelchbucht:** mitteltief, mittelbreit, oft flächig braun berostet; Rand schwach grobrippig
- **Kelch:** mittelgroß, halb offen; Blättchen aufrecht, mittellang, schmal, hell graubraun; an der Basis teils fleischig verdickt und getrennt
- **Kelchhöhle:** mittelgroß, schüsselförmig
- **Kerngehäuse:** klein bis mittelgroß, kelchständig; Achse gering hohl; Kammern klein bis mittelgroß, geschlossen; wenige Kerne, mittelgroß, länglich oval, zugespitzt, seitennasig, schwarzbraun, meist schlecht ausgebildet
- **Steinkranz im Fruchtlängsschnitt:** lang spindelförmig, schmal, sehr fein granuliert
- **Fleisch:** gelblich weiß, mittelfest, bald weich und schmelzend, feinzellig, sehr saftig; säuerlich-süß, sehr süß, ohne Würze
- **Zuckergehalt:** 16,0–17,1° KMW; 78–83° Oechsle; 18,4–19,5° Brix

Birnen

Präsident Drouard

Verwechslersorten: Alexander Lucas, Jeanne d'Arc

Synonyme, Herkunft, Verbreitung

Frankreich, seit 1870 im Handel; in Oberösterreich zunehmend in den Hausgärten

Baum

Wuchs: mittelstark; Krone auf Sämling pyramidal
Sonstige Eigenschaften: etwas schorfanfällig; für bessere Lagen

Erntereife

Mitte Oktober

Genussreife

November bis Dezember

Verwendung

Tafel, Küche, Dörren

Frucht

- **Fruchtmuster:** ca. 12-jähriges Spalier auf Quitte, Gemeinde Braunau-Ranshofen
- **Größe:** groß; 73–94 mm hoch, 68–77 mm breit, 182–267 g schwer
- **Form:** stumpfkegel- bis glockenförmig, kelchbauchig, teils ungleichhälftig; Querschnitt unregelmäßig rund; Relief glatt bis flach kantig, häufig gering kelchrippig
- **Schale:** glatt, matt glänzend, dünn, mäßig zäh; Grundfarbe grün bis gelblich grün, vollreif grünlich gelb; Deckfarbe fehlend; Lentizellen zahlreich, klein, graubraun, grün umhoft, auffällig; Berostung gering, punktförmig bis kleinfleckig, graubraun
- **Stielbucht:** mitteltief, eng bis mittelbreit, oft schief; Rand wulstig
- **Stiel:** mittellang, seltener lang, 32–43 mm, dick, holzig, braun
- **Stielsitz:** in Stielbucht eingesteckt
- **Kelchbucht:** tief, mittelbreit bis breit, schüsselförmig; Rand grobrippig
- **Kelch:** groß, offen; Blättchen aufrecht, lang, lanzettlich, grünlich grau, an der Basis getrennt
- **Kelchhöhle:** mittelgroß, schüsselförmig, teils kurz trichterförmig mit dünner Röhre
- **Kerngehäuse:** klein, kelchständig; Achse teils gering hohl; Kammern klein bis mittelgroß, geschlossen; wenige Kerne, mittelgroß, länglich, zugespitzt, seitennasig, schwarzbraun, mittelgut bis schlecht ausgebildet
- **Steinkranz im Fruchtlängsschnitt:** spindelförmig, schmal, mittelfein granuliert
- **Fleisch:** hell gelblich weiß, feinzellig, mittelfest, vollreif schmelzend, sehr saftig; säuerlich-süß, ohne Würze
- **Zuckergehalt:** 11,7–13,0° KMW; 57–63° Oechsle; 13,4–14,8° Brix

Prinzessin Marianne

Verwechslersorten: Boscs Flaschenbirne, Herzogin Elsa

Synonyme, Herkunft, Verbreitung

„Salisbury", Züchtung des belgischen Pomologen JEAN BAPTISTE VAN MONS um 1800; benannt nach einer niederländischen Prinzessin; in Oberösterreich verstreut vorkommend

Baum

Wuchs: stark bis mittelstark; Krone auf Sämling hoch pyramidal

Sonstige Eigenschaften: robust; anspruchslos hinsichtlich Standort

Erntereife

Mitte bis Ende September

Genussreife

Ende September bis Anfang Oktober

Verwendung

Tafel, Küche

Frucht

- **Fruchtmuster:** ca. 70-jähriger Hochstamm, Gemeinde Gallneukirchen
- **Größe:** mittelgroß; 67–86 mm hoch, 51–64 mm breit, 72–144 g schwer
- **Form:** flaschenförmig, birnförmig, kelchbauchig, teils ungleichhälftig; Querschnitt unregelmäßig rund; Relief stärker flach kantig, flach kelchrippig, kelchseitig teils kurze flache Bauchfurchen
- **Schale:** rau, trocken, partiell matt glänzend, dünn, mäßig zäh; Grundfarbe grünlich gelb; Deckfarbe meist fehlend, selten gelborange angehaucht, Deckungsgrad 0–30 %; Berostung stark, flächig bis punktförmig, zimtbraun
- **Stielbucht:** fehlend
- **Stiel:** mittellang, seltener lang, 38–46 mm, dünn, holzig, braun
- **Stielsitz:** meist über Wulst (Fleischring) in Frucht übergehend
- **Kelchbucht:** flach, eng, faltig bis flach gerippt; Rand grobrippig
- **Kelch:** mittelgroß, offen; Blättchen aufrecht, kurz, hellgrau, an der Basis teils getrennt
- **Kelchhöhle:** klein, schüsselförmig
- **Kerngehäuse:** klein, kelchständig; Achse teils gering hohl; Kammern klein bis mittelgroß, geschlossen; wenige Kerne, mittelgroß, länglich, schmal, schwarz, sehr schlecht ausgebildet
- **Steinkranz im Fruchtlängsschnitt:** lang spindelförmig, schmal, mittelfein granuliert
- **Fleisch:** gelblich weiß, feinzellig, vollreif schmelzend, saftig; mild säuerlich-süß, gering gewürzt
- **Zuckergehalt:** 13,2–14,4° KMW; 64–70° Oechsle; 15,2–16,5° Brix

Regelbirne

Synonyme, Herkunft, Verbreitung

„San-Règle“, „Sankt Regulusbirne“; bereits im Mittelalter in Frankreich und in der Schweiz existent; vom Schweizer Pomologen BERNARD VAUTHIER wiederentdeckt; in Oberösterreich ganz selten

Baum

Wuchs: mittelstark; Krone auf Sämling pyramidal
Sonstige Eigenschaften: krankheitstolerant, geringe Standortansprüche

Erntereife

Anfang bis Ende November

Genussreife

Jänner bis April

Verwendung

Küche, Dörren

Frucht

- **Fruchtmuster:** ca. 20-jähriger Hochstamm, Gemeinde Wartberg/Aist
- **Größe:** klein; 50–58 mm hoch, 53–59 mm breit, 73–101 g schwer
- **Form:** kreiselförmig, kelchbauchig, gering ungleichhälftig; Querschnitt rund; Relief glatt
- **Schale:** glatt, teils gering feinrau, matt glänzend, mitteldick, zäh; Grundfarbe hellgrün bis gelblich grün; Deckfarbe braunrot, punktförmig bis verwaschen, stielwärts teils diffus gestreift, Deckungsgrad 30–50 %; Lentizellen zahlreich, klein, hellgrau, rötlich umhoft, mäßig auffällig; Berostung gering, kleinfleckig bis punktförmig, graubraun
- **Stielbucht:** meist fehlend, selten flach, eng; Rand meist wulstig
- **Stiel:** lang, 41–49 mm, dünn bis mitteldick, holzig, braun
- **Stielsitz:** meist aufsitzend, selten in minimale Stielbucht eingesteckt, oft von seitlicher Wulst zur Seite gedrückt
- **Kelchbucht:** mitteltief, mittelbreit, schüsselförmig, zimtbraun strahlig berostet; Rand glatt
- **Kelch:** groß, offen; Blättchen aufliegend, lang, grau, an der Basis vereint
- **Kelchhöhle:** klein, schüsselförmig
- **Kerngehäuse:** klein, kelchständig; Achse gering hohl; Kammern klein, geschlossen; Kerne klein, länglich oval, seitennasig, schwarzbraun, mittelgut ausgebildet
- **Steinkranz im Fruchtlängsschnitt:** kurz spindelförmig, mittelgrob granuliert
- **Fleisch:** gelblich weiß bis hellgelb, fest, mittelfein- bis grobzellig, saftig; herb säuerlich-süß, ohne Würze
- **Zuckergehalt:** 14,6–16,3° KMW; 71–79° Oechsle; 16,7–18,6° Brix

Rieder Haferbirne

Synonyme, Herkunft, Verbreitung

„Haferbirne“, wahrscheinlich Zufallssämling aus dem Innviertel; im Umfeld von Ried/Innkreis noch Uraltbäume existent

Baum

Wuchs: mittelstark; Krone auf Sämling hoch kugelig

Sonstige Eigenschaften: robust; anspruchslos

Erntereife

Anfang bis Mitte Juli

Genussreife

Anfang bis Mitte Juli

Verwendung

Tafel, Schnaps

Frucht

- **Fruchtmuster:** ca. 15-jähriger Hochstamm, Gemeinde Lengau
- **Größe:** klein; 43–51 mm hoch, 44–48 mm breit, 44–56 g schwer
- **Form:** kreiselförmig, kelchseitig abgeplattet, kelchbauchig, teils gering ungleichhälftig; Querschnitt rund; Relief glatt
- **Schale:** glatt, teils matt glänzend, stark duftend; Grundfarbe gelblich grün bis grünlich gelb; Deckfarbe fehlend; Lentizellen nicht auffällig
- **Stielbucht:** meist fehlend, selten flach und eng, oft mit geringer seitlicher Wulst; Rand glatt bis gering wulstig
- **Stiel:** mittellang, seltener lang, 30–44 mm, mitteldick, holzig, am Ansatz oft fleischig, grünlich
- **Stielsitz:** aufsitzend, selten in minimale Stielbucht eingesteckt, oft geringe einseitige Fleischwulst
- **Kelchbucht:** teils fehlend, teils flach und breit; Rand glatt
- **Kelch:** groß, offen; Blättchen aufliegend, lang, lanzettlich, grau, an der Basis vereint
- **Kelchhöhle:** mittelgroß, schüsselförmig
- **Kerngehäuse:** mittelgroß, kelchständig; Achse teils gering hohl; Kammern mittelgroß, geschlossen; viele Kerne, mittelgroß, länglich oval, schwarz, seitennasig, mittelgut bis schlecht ausgebildet
- **Steinkranz im Fruchtlängsschnitt:** spindelförmig, mittelgrob granuliert
- **Fleisch:** gelblich weiß, mittelfeinzellig, weich, mäßig saftig; mild säuerlich-süß, wenig Säure, gering gewürzt
- **Zuckergehalt:** 12,5–13,6° KMW; 61–66° Oechsle; 14,4–15,5° Brix

Rosenhofbirne

Verwechslersorte: Gelbe Scheiblbirne

Synonyme, Herkunft, Verbreitung

Herkunft ungesichert; in Oberösterreich primär als Uraltbäume (150–200 Jahre alt) verstreut vorkommend

Baum

Wuchs: mittelstark bis stark; Krone auf Sämling kugelig, später hoch kugelig
Sonstige Eigenschaften: gering schorfanfällig

Erntereife

Ende September bis Anfang Oktober

Verwendung

Most, Saft, Schnaps

Frucht

- **Fruchtmuster:** ca. 130-jähriger Hochstamm, Gemeinde Ansfelden
- **Größe:** klein; 42–46 mm hoch, 48–53 mm breit, 53–66 g schwer
- **Form:** flach kugelig, mittelbauchig, gleichhälftig; Querschnitt rund; Relief glatt, seltener schwach kelchrippig
- **Schale:** glatt, matt glänzend, mitteldick, mittelzäh; Grundfarbe grünlich gelb bis hellgelb; Deckfarbe rotorange bis orangerot, verwaschen bis diffus gestreift, Deckungsgrad 10–40 %; Lentizellen zahlreich, klein, hellgrün bis rötlich umhoft, mäßig auffällig; Berostung gering, punktförmig bis kleinfleckig, braun
- **Stielbucht:** flach, eng; Rand glatt bis gering wulstig
- **Stiel:** mittellang, seltener lang, 30–44 mm, dünn bis mitteldick, holzig, hellgrün, astseitig braun
- **Stielsitz:** in Stielbucht eingesteckt, teils geringe einseitige Fleischwulst
- **Kelchbucht:** mitteltief, mittelbreit, gering faltig, meist flächig graubraun berostet; Rand glatt bis schwach grobrippig
- **Kelch:** groß, offen; Blättchen aufliegend, kurz bis mittellang, meist grau, an der Basis vereint
- **Kelchhöhle:** klein, schüsselförmig
- **Kerngehäuse:** klein, mittelständig; Achse teils gering hohl; Kammern klein, geschlossen; viele Kerne, klein, oval bis länglich oval, dunkelbraun, mittelgut bis schlecht ausgebildet
- **Steinkranz im Fruchtlängsschnitt:** kreis- bis breit spindelförmig, grob granuliert
- **Fleisch:** gelblich weiß, grobzellig, mittelfest, bald weich, sehr saftig; herb säuerlich-süß, gering gewürzt
- **Zuckergehalt:** 11,9–13,4° KMW; 58–65° Oechsle; 13,6–15,3° Brix

Rote Carisi

Synonyme, Herkunft, Verbreitung

„Carisi Rouge“; Frankreich vor 1900; in Oberösterreich selten vorkommend

Baum

Wuchs: stark; Krone auf Sämling kugelig, später hoch kugelig

Sonstige Eigenschaften: gering schorfanfällig

Erntereife

Ende September bis Anfang Oktober

Verwendung

Most, Saft, Schnaps

Frucht

- **Fruchtmuster:** ca. 20-jähriger Hochstamm auf OHF333, Gemeinde Weilbach
- **Größe:** mittelgroß, teils groß; 70–80 mm hoch, 61–68 mm breit, 123–160 g schwer
- **Form:** glockenförmig, kelchbauchig, oft ungleichhälftig; Querschnitt unregelmäßig rund; Relief glatt, teils schwach kelchrippig, gering beulig
- **Schale:** rau, partiell matt glänzend, mitteldick, zäh; Grundfarbe gelblich grün bis grünlich gelb; Deckfarbe orange bis orangerot, verwaschen, teils fehlend, Deckungsgrad 0–40 %; Lentizellen zahlreich, mittelgroß, braun, auffällig; Berostung mittelstark, punktförmig, netzartig, kleinfleckig, zimtbraun
- **Stielbucht:** flach bis mitteltief, eng, teils fehlend; Rand stärker wulstig
- **Stiel:** mittellang bis lang, 30–52 mm, mitteldick, teils knopfig, holzig, hellgrün, braun gesprenkelt
- **Stielsitz:** in Stielbucht eingesteckt, durch einseitige Fleischwulst oft zur Seite gedrückt; seltener aufsitzend
- **Kelchbucht:** mitteltief, teils tief, mittelbreit, oft faltig, meist flächig zimtbraun berostet; Rand glatt bis schwach grobrippig
- **Kelch:** mittelgroß, halb offen; Blättchen aufrecht, kurz, hornartig, meist hellgrau, an der Basis fleischig und getrennt
- **Kelchhöhle:** klein, schüsselförmig
- **Kerngehäuse:** klein, kelchständig; Achse gering hohl; Kammern klein, geschlossen; Kerne, klein, länglich, schwarz, sehr schlecht ausgebildet
- **Steinkranz im Fruchtlängsschnitt:** lang spindelförmig, mittelgrob granuliert
- **Fleisch:** gelblich weiß, grobzellig, mittelfest, grießig, saftig; herb säuerlich-süß, ohne Würze
- **Zuckergehalt:** 14,8–15,6° KMW; 72–76° Oechsle; 16,9–17,9° Brix

Rote Haindlbirne

Synonyme, Herkunft, Verbreitung

„Hoanlbirn"; 1913 fälschlich als „Rote Hanglbirne" bezeichnet; wahrscheinlich vor 1680 in Oberösterreich entstanden; in Oberösterreich früher häufig, jetzt seltener vorkommend

Baum

Wuchs: stark; Krone auf Sämling kugelig

Sonstige Eigenschaften: relativ robust; geringe Standortansprüche; Alter bis ca. 300 Jahre

Erntereife

Mitte bis Ende Oktober

Verwendung

Most, Saft, Dörren, Schnaps

Frucht

- **Fruchtmuster:** ca. 50-jähriger Hochstamm, Gemeinde Kremsmünster
- **Größe:** klein; 44–51 mm hoch, 52–56 mm breit, 64–77 g schwer
- **Form:** kugelig bis flach kugelig, mittelbauchig, gering ungleichhälftig; Querschnitt rundlich; Relief glatt
- **Schale:** glatt, matt glänzend; Grundfarbe gelblich grün, später grünlich gelb; Deckfarbe rot bis braunrot, verwaschen, teils deckend, Deckungsgrad 10–50 %; Lentizellen zahlreich, klein, hell graubraun, auffällig; Berostung gering, kleinfleckig bis punktförmig, graubraun
- **Stielbucht:** mitteltief, eng, meist strahlig graubraun berostet; Rand glatt, teils wulstig
- **Stiel:** kurz bis mittellang, 11–21 mm, dick, oft fleischig, teils holzig, braun
- **Stielsitz:** in Stielbucht eingesteckt
- **Kelchbucht:** mitteltief bis flach, breit, faltig; Rand meist glatt
- **Kelch:** mittelgroß, offen; Blättchen aufliegend, mittelgroß, grau, an der Basis vereint
- **Kelchhöhle:** mittelgroß, schüsselförmig bis trichterförmig mit kurzer dünner Röhre
- **Kerngehäuse:** klein, mittelständig; Achse teils gering hohl; Kammern klein, geschlossen; viele Kerne, klein, oval bis länglich oval, schwarz, schlecht bis mittelgut ausgebildet
- **Steinkranz im Fruchtlängsschnitt:** breit spindelförmig, mittelbreit, grob granuliert
- **Fleisch:** gelblich weiß, sehr fest, grobzellig, grießig saftig; herb säuerlich-süß, gering gewürzt
- **Zuckergehalt:** 16,0–17,5° KMW; 78–85° Oechsle; 18,4–20,0° Brix

Rote Kochbirne

Verwechslersorte: Rote Scheiblbirne

Synonyme, Herkunft, Verbreitung

Herkunft ungesichert, Ober- oder Niederösterreich vor 1800; nicht identisch mit „Rote Winterbirne" (Bezirke Eferding, Grieskirchen); in Oberösterreich jetzt selten vorkommend

Baum

Wuchs: stark; Krone auf Sämling säulenförmig bis schmal hochkugelig
Sonstige Eigenschaften: relativ robust; geringe Standortansprüche

Erntereife

Mitte bis Ende Oktober

Verwendung

Most, Schnaps, als Klärbirne (für Jungmoste)

Frucht

- **Fruchtmuster:** ca. 20-jähriger Hochstamm auf OHF333, Gemeinde Weilbach
- **Größe:** klein; 40–47 mm hoch, 45–52 mm breit, 45–69 g schwer
- **Form:** kugelig bis stumpfkreiselförmig, mittel- bis gering kelchbauchig, kelchseitig abgeplattet, teils gering ungleichhälftig; Querschnitt rund; Relief glatt
- **Schale:** glatt, matt glänzend; Grundfarbe gelblich grün, später grünlich gelb; Deckfarbe rot, verwaschen, teils deckend, Deckungsgrad 30–60 %; Lentizellen zahlreich, klein, grau, hellgrün bis breit rot umhoft, stark auffällig
- **Stielbucht:** flach, eng, durch einseitige Wulst oft eingeengt; Rand glatt, teils wulstig
- **Stiel:** mittellang, 28–36 mm, dünn, holzig, hellgrün, partiell braun gefleckt
- **Stielsitz:** in Stielbucht eingesteckt, oft mit seitlicher Wulst
- **Kelchbucht:** flach, breit, teils faltig; Rand glatt
- **Kelch:** mittelgroß, halb offen, teils geschlossen; Blättchen aufrecht, kurz, grau, fleischig verdickt, an der Basis teils getrennt
- **Kelchhöhle:** klein, schüsselförmig
- **Kerngehäuse: klein, mittelständig;** Achse teils gering hohl; Kammern klein, geschlossen; wenige Kerne, klein bis mittelgroß, oval bis länglich oval, schwarz, schlecht ausgebildet
- **Steinkranz im Fruchtlängsschnitt:** breit spindelförmig, mittelbreit, mittelgrob granuliert
- **Fleisch:** gelblich weiß, fest, grobzellig, grießig saftig, herb säuerlich-süß, sehr herb, ohne Würze
- **Zuckergehalt:** 14,8–15,8° KMW; 72–77° Oechsle; 16,9–18,1° Brix

Rote Landlbirne

Synonyme, Herkunft, Verbreitung

„Wachberger“, „Rotbirne“, „Tollbirne“; wahrscheinlich vor 1860 in Oberösterreich entstanden; in Oberösterreich häufig vorkommend

Baum

Wuchs: mittelstark; Krone auf Sämling kugelig, später hoch kugelig

Sonstige Eigenschaften: gering schorfanfällig, sonst relativ robust; geringe Standortansprüche

Erntereife

Anfang bis Mitte Oktober

Verwendung

Most, Saft, Schnaps

Frucht

- **Fruchtmuster:** ca. 120-jähriger Hochstamm, Gemeinde Kirchheim/Innkreis
- **Größe:** klein; 43–53 mm hoch, 47–52 mm breit, 50–68 g schwer
- **Form:** kreisel- bis stumpfkreiselförmig, kelchbauchig, teils gering ungleichhälftig; Querschnitt rund; Relief glatt
- **Schale:** glatt, matt glänzend, dünn bis mitteldick, mäßig zäh; Grundfarbe hellgelb; Deckfarbe leuchtend rot, verwaschen bis deckend, Deckungsgrad 30–60 %; Lentizellen zahlreich, klein, braun, oft rötlich umhoft, stark auffällig; Berostung gering, punktförmig bis kleinfleckig, zimtbraun
- **Stielbucht:** teils fehlend, teils flach, eng, teils gering flächig zimtbraun berostet; Rand meist wulstig
- **Stiel:** mittellang, 28–36 mm, dünn, holzig, braun
- **Stielsitz:** aufsitzend oder in Stielbucht eingesteckt, oft mit seitlicher Wulst
- **Kelchbucht:** mitteltief, teils flach, mittelbreit, schüsselförmig, flächig konzentrisch zimtbraun berostet; Rand meist glatt
- **Kelch:** groß, offen bis halb offen; Blättchen teils aufliegend, groß, grau, an der Basis vereint; teils aufrecht, kurz, fleischig verdickt, hornartig, an der Basis teils getrennt
- **Kelchhöhle:** klein, schüsselförmig
- **Kerngehäuse:** mittelgroß, kelchständig; Achse teils gering hohl; Kammern mittelgroß, geschlossen; viele Kerne, mittelgroß, oval bis länglich oval, schwarzbraun, mittelgut bis schlecht ausgebildet
- **Steinkranz im Fruchtlängsschnitt:** breit spindelförmig, schmal, mittelfein granuliert
- **Fleisch:** cremefarben bis gelblich weiß, fest, grobzellig, sehr saftig; herb säuerlich-süß, ohne Würze
- **Zuckergehalt:** 12,1–13,2° KMW; 59–64° Oechsle; 13,9–15,1° Brix

Rote Scheiblbirne

Verwechslersorte: Rote Kochbirne

Synonyme, Herkunft, Verbreitung

Herkunft unbekannt; wahrscheinlich Zufallssämling aus Niederösterreich vor 1880; in Oberösterreich selten vorkommend

Baum

Wuchs: stark; Krone auf Sämling pyramidal

Sonstige Eigenschaften: robust; anspruchslos hinsichtlich Standort

Erntereife

Mitte bis Ende Oktober

Verwendung

Most, Saft, Schnaps, als Klärbirne (für Jungmoste)

Frucht

- **Fruchtmuster:** ca. 20-jähriger Hochstamm auf OHF333, Gemeinde Weilbach
- **Größe:** klein; 46–55 mm hoch, 54–63 mm breit, 68–108 g schwer
- **Form:** flach kugelig, mittelbauchig, gleichhälftig; Querschnitt rundlich; Relief glatt
- **Schale:** glatt, matt glänzend, mitteldick, zäh; Grundfarbe grünlich gelb bis hellgelb; Deckfarbe rotorange bis orangerot, verwaschen bis diffus gestreift, Deckungsgrad 10–40 %; Lentizellen zahlreich, klein, graubraun, hellgrün bis rötlich umhoft, mäßig auffällig; Berostung gering, punktförmig bis kleinfleckig, graubraun
- **Stielbucht:** teils fehlend, teils flach, eng; Rand oft gering wulstig
- **Stiel:** mittellang, 26–33 mm, dünn, holzig, hellgrün, partiell braun
- **Stielsitz:** aufsitzend, teils in minimale Stielbucht eingesteckt, teils geringe einseitige Fleischwulst
- **Kelchbucht:** flach, mittelbreit, meist lang strahlig bis flächig graubraun berostet; Rand glatt
- **Kelch:** groß, offen; Blättchen aufliegend bis halb aufrecht, kurz, teils hornartig, grau, an der Basis vereint, teils fleischig und getrennt
- **Kelchhöhle:** klein, schüsselförmig
- **Kerngehäuse:** klein, mittelständig; Achse geschlossen; Kammern klein, geschlossen; viele Kerne, klein, oval, kurz zugespitzt, braunschwarz, gut ausgebildet
- **Steinkranz im Fruchtlängsschnitt:** breit spindelförmig, grob granuliert
- **Fleisch:** gelblich weiß, grobzellig, fest, grießig, saftig, herb säuerlich-süß, sehr herb, ohne Würze
- **Zuckergehalt:** 14,4–16,0° KMW; 70–78° Oechsle; 16,5–18,2° Brix

Birnen

Saint Rémy

Verwechslersorte: Großer Katzenkopf

Synonyme, Herkunft, Verbreitung

wahrscheinlich um 1850 in Saint Rémy (Belgien) entstanden; in Oberösterreich sehr selten

Baum

Wuchs: stark; Krone auf Sämling anfangs pyramidal, später hoch pyramidal

Sonstige Eigenschaften: gering schorfanfällig, sonst robust und anspruchslos, feuerbrandtolerant

Erntereife

Mitte bis Ende Oktober

Genussreife

Jänner bis Mai

Verwendung

Küche, Dörren

Frucht

- **Fruchtmuster:** ca. 20-jähriger Hochstamm, Gemeinde Lohnsburg
- **Größe:** groß bis sehr groß; 77–94 mm hoch, 72–91 mm breit, 212–367 g schwer
- **Form:** stumpfkreiselförmig, kelchbauchig, kelchseitig meist abgeplattet, gleichhälftig; Querschnitt rundlich; Relief glatt
- **Schale:** glatt, matt glänzend, dick, zäh; Grundfarbe gelbgrün, vollreif grünlich gelb; Deckfarbe braunrot bis rot, verwaschen bis gering deckend, Deckungsgrad 0–40 %; Lentizellen zahlreich, mittelgroß, graubraun, stark auffällig; Berostung gering, punktförmig, kleinfleckig, graubraun
- **Stielbucht:** flach, eng, teils flächig graubraun berostet; Rand glatt
- **Stiel:** mittellang, 30–37 mm, mitteldick, teils dick, oft knopfig, holzig, am Ansatz teils fleischig, braun
- **Stielsitz:** aufsitzend oder in Stielbucht eingesteckt, teils mit seitlicher Fleischwulst, teils zur Seite gedrückt
- **Kelchbucht:** flach, breit; Rand glatt
- **Kelch:** groß, offen; Blättchen aufrecht, kurz, fleischig verdickt, grau, an der Basis getrennt
- **Kelchhöhle:** mittelgroß, schüsselförmig
- **Kerngehäuse:** klein, kelchständig; Achse geschlossen bis gering hohl; Kammern klein, geschlossen; wenige Kerne, klein, länglich, schwarz, sehr schlecht ausgebildet
- **Steinkranz im Fruchtlängsschnitt:** lang spindelförmig, mittelbreit, eher grob granuliert
- **Fleisch:** zur Ernte hell grünlich weiß, später gelblich weiß, fest, grobzellig, fein grießig, saftig; schwach herb säuerlich-süß, ohne Würze
- **Zuckergehalt:** 10,3–12,3° KMW; 50–60° Oechsle; 11,8–14,1° Brix

Salzburger Birne

Verwechslersorte: Salzburger von Adlitz

Synonyme, Herkunft, Verbreitung

Herkunft ungesichert, vor 1700 entstanden; in Oberösterreichs Bauerngärten nur mehr selten anzutreffen

Baum

Wuchs: stark; Krone auf Sämling hoch pyramidal

Sonstige Eigenschaften: krankheitstolerant; geringe Standortansprüche

Erntereife

Mitte bis Ende August

Genussreife

Mitte bis Ende August

Verwendung

Tafel, Küche

Frucht

- **Fruchtmuster:** ca. 35-jähriger Hochstamm, Gemeinde Linz
- **Größe:** klein; 46–59 mm hoch, 49–60 mm breit, 56–99 g schwer
- **Form:** stumpfkreiselförmig, kelchbauchig, oft ungleichhälftig; Querschnitt meist rundlich; Relief glatt bis gering kelchrippig; teils breite Bauchfurche
- **Schale:** glatt, matt glänzend, mittelstark duftend; Grundfarbe gelblich grün, vollreif grünlich gelb; Deckfarbe braunrot, verwaschen bis deckend, Deckungsgrad 30–50 %; Lentizellen zahlreich, klein, hellbraun, grünlich bis rötlich umhoft, mäßig auffällig; Berostung gering bis mittelstark, kleinfleckig, punktförmig, teils flächig, hell braungrau
- **Stielbucht:** flach, eng, durch Wülste teils eingeengt, teils fehlend; oft flächig graubraun berostet; Rand meist wulstig
- **Stiel:** mittellang, seltener lang, 24–43 mm, mitteldick, holzig, braun
- **Stielsitz:** in Stielbucht eingesteckt, mit oft seitlichen Wülsten
- **Kelchbucht:** mitteltief, mittelbreit bis breit, oft gering gerippt, meist graubraun flächig berostet; Rand glatt bis grobrippig
- **Kelch:** mittelgroß, offen; Blättchen aufliegend, kurz, hell graubraun, teils hornartig, an der Basis vereint
- **Kelchhöhle:** klein, schüsselförmig
- **Kerngehäuse:** klein bis mittelgroß, kelchständig; Achse gering hohl; Kammern klein bis mittelgroß, geschlossen; viele Kerne, mittelgroß, länglich oval, teils seitennasig, schwarzbraun, gut ausgebildet
- **Steinkranz im Fruchtlängsschnitt:** kurz spindelförmig, grob granuliert
- **Fleisch:** gelblich weiß, mittelfest, bald weich und teigig, feinzellig, mäßig saftig; säuerlich-süß, gering gewürzt
- **Zuckergehalt:** 11,5–13,2° KMW; 56–64° Oechsle; 13,2–15,1° Brix

Salzburger von Adlitz

Verwechslersorten: Salzburger Birne, Rousselet de Reims

Synonyme, Herkunft, Verbreitung

Herkunft unbekannt, benannt nach dem Ort Adlitz, Gemeinde Marloffstein, (Deutschland); vor 1800 entstanden; erstmals von A. F. A. DIEL 1819 beschrieben; eventuell eine Mutante der Salzburger Birne; in Oberösterreich selten anzutreffen

Baum

Wuchs: stark; Krone auf Sämling hoch pyramidal
Sonstige Eigenschaften: robust, geringe Standortansprüche

Erntereife

Anfang September

Genussreife

Anfang bis Mitte September

Verwendung

Tafel, Küche

Frucht

- **Fruchtmuster:** ca. 10-jähriger Spindelbusch, Gemeinde Ohlsdorf
- **Größe:** klein; 44–54 mm hoch, 47–52 mm breit, 48–71 g schwer
- **Form:** stumpfkreiselförmig, kelchbauchig, oft gering ungleichhälftig; Querschnitt rundlich bis unregelmäßig rund; Relief glatt, seltener Bauchfurche
- **Schale:** glatt, matt glänzend; Grundfarbe gelblich grün bis grünlich gelb, vollreif hellgelb; Deckfarbe braunrot, verwaschen bis punktförmig, seltener diffus gestreift, Deckungsgrad 40–60 %; Lentizellen zahlreich, klein, graubraun, rot umhoft, stark auffällig; Berostung gering bis mittelstark, kleinfleckig, punktförmig, zimtbraun
- **Stielbucht:** flach, eng; Rand meist einseitig wulstig
- **Stiel:** mittellang bis lang, 36–45 mm, mitteldick, holzig, braun
- **Stielsitz:** in Stielbucht eingesteckt, mit oft seitlichen Wülsten
- **Kelchbucht:** mitteltief, mittelbreit; Rand glatt
- **Kelch:** mittelgroß, offen bis halb offen; Blättchen teils aufrecht, mittellang, Spitzen nach innen gekrümmt, fleischig verdickt, hellgrün, an der Basis getrennt; teils aufliegend, kurz, an der Basis vereint
- **Kelchhöhle:** klein, schüsselförmig
- **Kerngehäuse:** klein, kelchständig; Achse meist geschlossen; Kammern klein, geschlossen; viele Kerne, klein, länglich oval, teils seitennasig, schwarzbraun, gut ausgebildet
- **Steinkranz im Fruchtlängsschnitt:** spindelförmig, mittelgrob granuliert
- **Fleisch:** gelblich weiß; mittelfest, feinzellig; bald weich, teigig und braun; mäßig saftig, angenehm säuerlich-süß, gering gewürzt
- **Zuckergehalt:** 11,7–13,6° KMW; 57–66° Oechsle; 13,4–15,5° Brix

Schiedlberger Weinbirne

Verwechslersorte Wa(h)lsche Schnapsbirne

Synonyme, Herkunft, Verbreitung

„Weinbirne"; wegen der vielen Weinbirnen nach dem Hauptverbreitungsgebiet neu benannt; in Oberösterreich seit mindestens 1880 existent und heute verstreut vorkommend

Baum

Wuchs: stark; Krone auf Sämling hoch kugelig

Sonstige Eigenschaften: robust, geringe Standortansprüche

Erntereife

Ende September

Verwendung

Most, Saft, Schnaps

Frucht

- **Fruchtmuster:** ca. 30-jähriger Hochstamm, Gemeinde Ansfelden
- **Größe:** klein; 44–58 mm hoch, 49–56 mm breit, 60–91 g schwer
- **Form:** stumpfkreiselförmig, kelchbauchig, gleichhälftig; Querschnitt rund; Relief glatt
- **Schale:** glatt, teils feinrau, matt glänzend; Grundfarbe hell grünlich gelb, vollreif hellgelb; Deckfarbe meist fehlend, selten hellorange bis rotorange, verwaschen bis punktförmig, Deckungsgrad 0–20 %; Lentizellen zahlreich, klein bis mittelgroß, graubraun, stark auffällig; Berostung gering bis mittelstark, kleinfleckig, netzartig, punktförmig, graubraun bis zimtbraun
- **Stielbucht:** flach, eng, flächig bis kurzstrahlig zimtbraun berostet; Rand meist einseitig wulstig
- **Stiel:** mittellang, 23–27 mm, dünn bis mitteldick, holzig, braun
- **Stielsitz:** in Stielbucht eingesteckt, mit oft seitlicher Wulst
- **Kelchbucht:** flach, mittelbreit, flächig zimtbraun berostet; Rand glatt
- **Kelch:** mittelgroß, offen; Blättchen aufliegend, mittellang, grau, an der Basis vereint
- **Kelchhöhle:** klein, schüsselförmig, teils trichterförmig mit kurzer dünner Röhre
- **Kerngehäuse:** klein, kelchständig; Achse geschlossen bis gering hohl; Kammern klein, geschlossen; wenige Kerne, klein, oval, seitenmässig, schwarzbraun, mittelgut bis schlecht ausgebildet
- **Steinkranz im Fruchtlängsschnitt:** spindelförmig, mittelgrob granuliert
- **Fleisch:** gelblich weiß; mittelfest, grobzellig, sehr saftig, säuerlich-süß, wenig herb, mittelstark gewürzt
- **Zuckergehalt:** 15,0–16,5° KMW; 73–80° Oechsle; 17,2–18,8° Brix

Schmotzbirne

Synonyme, Herkunft, Verbreitung

„Langstinglbirne"; wahrscheinlich Zufallssämling aus Oberösterreich vor 1800; in Oberösterreich früher sehr häufig, jetzt verstreut vorkommend

Baum

Wuchs: mittelstark bis stark; Krone auf Sämling kugelig, später hoch kugelig

Sonstige Eigenschaften: robust, geringe Standortansprüche

Erntereife

Mitte September

Verwendung

Most, Saft, Schnaps

Frucht

- **Fruchtmuster:** ca. 170-jähriger Hochstamm, Gemeinde Steinbach/Attersee
- **Größe:** klein; 43–48 mm hoch, 41–46 mm breit, 40–45 g schwer
- **Form:** kugelig bis gering kreiselförmig, meist mittel- bis schwach kelchbauchig, teils gering ungleichhälftig; Querschnitt rund; Relief glatt
- **Schale:** glatt, matt glänzend; Grundfarbe gelblich grün bis grünlich gelb; Deckfarbe fehlend; Lentizellen zahlreich, sehr klein, graubraun, nicht bis mäßig auffällig; Berostung gering, kleinfleckig, graubraun
- **Stielbucht:** meist fehlend, selten flach, eng; Rand glatt bis seltener einseitig wulstig
- **Stiel:** lang, 45–53 mm, dünn, holzig, hellgrün
- **Stielsitz:** aufsitzend, selten in minimale Stielbucht eingesteckt
- **Kelchbucht:** meist fehlend, selten flach, breit; Rand glatt
- **Kelch:** groß, offen; Blättchen aufliegend, lang, grau, an der Basis vereint
- **Kelchhöhle:** klein, schüsselförmig
- **Kerngehäuse:** klein, meist mittelständig; Achse geschlossen bis gering hohl; Kammern klein bis mittelgroß, geschlossen; viele Kerne, mittelgroß, länglich oval, teils seitennasig, schwarzbraun, schlecht ausgebildet
- **Steinkranz im Fruchtlängsschnitt:** breit spindelförmig, mittelgrob granuliert
- **Fleisch:** gelblich weiß; mittelfest, grobzellig; bald weich, teigig und braun; sehr saftig, herb säuerlich-süß, ohne Würze
- **Zuckergehalt:** 11,5–12,8° KMW; 56–62° Oechsle; 13,2–14,6° Brix

Schweizer Wasserbirne

Synonyme, Herkunft, Verbreitung

wahrscheinlich Schweiz, vor 1800 entstanden; in Oberösterreich häufig vorkommend

Baum

Wuchs: stark; Krone auf Sämling kugelig, später hoch kugelig

Sonstige Eigenschaften: gering feuerbrandanfällig

Erntereife

Mitte bis Ende Oktober

Verwendung

Most, Saft, Dörren, Schnaps

Frucht

- **Fruchtmuster:** ca. 28-jähriger Hochstamm, Gemeinde Ansfelden
- **Größe:** klein, teils mittelgroß; 52–62 mm hoch, 54–64 mm breit, 81–126 g schwer
- **Form:** kugelig, kelchseitig stark abgeflacht, mittelbauchig, gering ungleichhälftig; Querschnitt rundlich; Relief glatt
- **Schale:** etwas rau, trocken, teils matt glänzend; Grundfarbe gelblich grün, später grünlich gelb; Deckfarbe rot, verwaschen, Deckungsgrad 20–60 %; Lentizellen zahlreich, mittelgroß, hell graubraun, grün bis rötlich umhoft, auffällig
- **Stielbucht:** teils fehlend; sonst flach, eng; teils gering flächig hellbraun berostet; Rand glatt
- **Stiel:** mittellang, 25–41 mm, mitteldick, holzig, braun
- **Stielsitz:** in Stielbucht eingesteckt
- **Kelchbucht:** mitteltief, breit, faltig, teils kleinfleckig hellbraun berostet; Rand meist glatt
- **Kelch:** groß, offen; Blättchen aufliegend bis aufrecht, groß, hell graubraun, an der Basis vereint; Spitzen grau, kurz zurückgebogen
- **Kelchhöhle:** mittelgroß, schüsselförmig
- **Kerngehäuse:** klein, mittelständig; Achse teils gering hohl; Kammern klein bis mittelgroß, geschlossen; wenige Kerne, mittelgroß, länglich, schwarz, schlecht ausgebildet
- **Steinkranz im Fruchtlängsschnitt:** spindelförmig, mittelbreit, grob granuliert
- **Fleisch:** gelblich weiß, fest, grobzellig, sehr saftig; herb säuerlich-süß, ohne Würze
- **Zuckergehalt:** 12,1–13,4° KMW; 59–65° Oechsle; 13,9–15,3° Brix

Birnen

Schweizerhose

Synonyme, Herkunft, Verbreitung
Frankreich vor 1675, angeblich Mutante von „Lange Grüne Herbstbirne“, Name von den gestreiften Hosen der Schweizer Garde im Vatikan; in Oberösterreich sehr selten vorkommend

Baum
Wuchs: schwach; Krone auf Sämling pyramidal; Jahrestriebe typisch hellbraun und grün gestreift
Sonstige Eigenschaften: für bessere Lagen

Erntereife
Mitte bis Ende Oktober

Genussreife
Dezember bis März

Verwendung
Küche, Dörren, Dekoration

Frucht

- **Fruchtmuster:** ca. 18-jähriger Hochstamm, Gemeinde Braunau-Ranshofen
- **Größe:** klein; 50–63 mm hoch, 43–50 mm breit, 61–90 g schwer
- **Form:** stark variabel, kreisel- bis eiförmig, teils tropfenförmig bis fast kugelig, mittel- bis gering kelchbauchig, oft ungleichhälftig; Querschnitt rundlich; Relief glatt
- **Schale:** glatt, teils trocken; Grundfarbe grün bis gelblich grün, abwechselnd bandartig grün und gelb gestreift; Deckfarbe meist fehlend, seltener gelborange bis orangerot, verwaschen bis bandartig gestreift, Deckungsgrad 0–20 %; Lentizellen zahlreich, sehr klein, hell graubraun, grünlich umhoft, nicht bis mäßig auffällig
- **Stielbucht:** fehlend
- **Stiel:** mittellang, seltener lang, 25–40 mm, dünn bis mitteldick, holzig, am Ansatz teils fleischig, braun
- **Stielsitz:** meist direkt in Frucht übergehend
- **Kelchbucht:** flach, eng, teils fehlend; teils flächig hellbraun berostet; Rand glatt
- **Kelch:** mittelgroß, offen; Blättchen aufliegend bis aufrecht, kurz, grau, an der Basis vereint
- **Kelchhöhle:** klein, stumpfkegelförmig, teils trichterförmig mit dünner Röhre
- **Kerngehäuse:** groß, kelchständig; Achse geschlossen bis gering hohl; Kammern groß, geschlossen; viele Kerne, groß, länglich oval, seitennasig, braun bis schwarzbraun, mittelgut bis schlecht ausgebildet
- **Steinkranz im Fruchtlängsschnitt:** kugel- bis spindelförmig, mittelbreit, mittelfein granuliert
- **Fleisch:** gelblich weiß, fest, feinzellig, mäßig saftig; süßlich, wenig Säure, ohne Würze
- **Zuckergehalt:** 10,1–11,1° KMW; 49–54° Oechsle; 11,5–12,7° Brix

Sieben ins Maul

Synonyme, Herkunft, Verbreitung

„Sept en gueule“, fälschlich „Kleine Muskatellerbirne“, „Poire de Chio“; wahrscheinlich Frankreich vor 1500; Österreichs kleinste Tafelbirne; in Oberösterreich sehr selten vorkommend

Baum

Wuchs: stark; Krone auf Sämling pyramidal bis später breit pyramidal

Sonstige Eigenschaften: meist stärker alternierend

Erntereife

Ende Juli bis Anfang August

Genussreife

Ende Juli bis Anfang August

Verwendung

Tafel, Küche

Frucht

- **Fruchtmuster:** ca. 20-jähriger Hochstamm, Gemeinde Gallneukirchen
- **Größe:** sehr klein; 21–26 mm hoch, 18–21 mm breit, 7–11 g schwer
- **Form:** kreiselförmig, stielwärts stark verjüngt, meist kelchbauchig, gleichhälftig; Querschnitt rund; Relief glatt
- **Schale:** glatt, matt glänzend, mitteldick, mittelzäh; Grundfarbe grünlich gelb bis hellgelb; Lentizellen nicht auffällig; Berostung gering, kelchseitig flächig graubraun
- **Stielbucht:** fehlend
- **Stiel:** mittellang, selten lang, 28–41 mm, dünn, holzig, am Ansatz fleischig, grünlich gelb, seltener braun
- **Stielsitz:** direkt in die Frucht übergehend
- **Kelchbucht:** fehlend
- **Kelch:** groß, offen; Blättchen meist aufliegend, teils aufrecht, mittellang, schmal, dunkelgrau, an der Basis vereint
- **Kelchhöhle:** klein, schüsselförmig, seltener trichterförmig mit dünner Röhre
- **Kerngehäuse:** klein, kelchständig; Achse meist geschlossen, teils gering hohl; Kammern klein, geschlossen; wenige Kerne, klein, länglich oval bis oval, bräunlich weiß, mittelgut bis schlecht ausgebildet
- **Steinkranz im Fruchtlängsschnitt:** kugelförmig, mittelbreit, grob granuliert
- **Fleisch:** gelblich weiß bis hellgelb, fest, mittelfein- bis grobzellig, mäßig saftig; süßlich, wenig Säure, gering bis mittelstark muskatartig gewürzt
- **Zuckergehalt:** 13,2–14,4° KMW; 64–70° Oechsle; 15,1–16,5° Brix

Simmerlbirne

Synonyme, Herkunft, Verbreitung

Herkunft unbekannt; wahrscheinlich vor 1870 im Raum Lengau (Bezirk Braunau/Inn) entstanden und dort noch heute verstreut vorkommend

Baum

Wuchs: stark; Krone auf Sämling pyramidal, später hoch pyramidal

Sonstige Eigenschaften: robust, anspruchslos hinsichtlich Standort

Erntereife

Anfang August

Genussreife

maximal 10 Tage haltbar

Verwendung

Tafel, Küche

Frucht

- **Fruchtmuster:** ca. 10-jähriger Hochstamm, Gemeinde Lengau
- **Größe:** klein, seltener mittelgroß; 60–66 mm hoch, 52–59 mm breit, 69–95 g schwer
- **Form:** kegel- bis stumpfkreiselförmig, teils schwach glockenförmig, meist kelchbauchig, gleichhälftig; Querschnitt rund bis rundlich; Relief glatt
- **Schale:** glatt, matt glänzend; Grundfarbe gelblich grün, vollreif grünlich gelb; Deckfarbe fehlend; Lentizellen zahlreich, klein, hellbraun, grünlich umhoft, auffällig; Berostung gering, punktförmig bis kleinfleckig, graubraun
- **Stielbucht:** fehlend
- **Stiel:** mittellang, selten lang, 25–41 mm, mitteldick, holzig, am Ansatz teils fleischig, braun
- **Stielsitz:** meist aufsitzend mit umgebender Fleischwulst
- **Kelchbucht:** flach, mittelbreit, teils fehlend; teils faltig, oft flächig graubraun berostet; Rand glatt
- **Kelch:** groß, offen; Blättchen aufrecht, kurz, grau, an der Basis vereint; teils hornartig und an der Basis getrennt
- **Kelchhöhle:** mittelgroß, stumpfkegelförmig, teils trichterförmig mit dünner Röhre
- **Kerngehäuse:** mittelgroß, kelchständig; Achse geschlossen; Kammern mittelgroß, geschlossen; viele Kerne, klein bis mittelgroß, oval, schwarz, häufig schlecht ausgebildet
- **Steinkranz im Fruchtlängsschnitt:** kugel- bis spindelförmig, mittelbreit, mittelgrob granuliert
- **Fleisch:** hell gelblich weiß, mittelfest, bald weich, mittelfeinzellig, mäßig saftig; mild säuerlich-süß, wenig Säure, ohne Würze
- **Zuckergehalt:** 10,7–11,9° KMW; 52–58° Oechsle; 12,2–13,6° Brix

Sixs Butterbirne

Verwechslersorte: Le Lectier

Synonyme, Herkunft, Verbreitung

„Beurré Six"; vom Gärtner SIX in Courtrai (heute Kortrijk, Belgien) um 1840 aus Kernen gezogen; in Oberösterreich selten vorkommend

Baum

Wuchs: stark; Krone auf Sämling pyramidal

Erntereife

Mitte bis Ende Oktober

Genussreife

November bis Dezember

Verwendung

Tafel, Küche

Frucht

- **Fruchtmuster:** ca. 10-jähriges Spalier auf Sämling, Gemeinde Gaspoltshofen
- **Größe:** groß; 76–84 mm hoch, 65–73 mm breit, 175–230 g schwer
- **Form:** kreiselförmig, breit birnförmig, kelchwärts stärker verjüngt, stielwärts stärker eingezogen und spitz zulaufend, meist mittelbauchig, teils ungleichhälftig; Querschnitt rundlich, teils schwach eckig; Relief glatt bis flach kantig, teils flach rippig 1/2–3/4
- **Schale:** glatt, glänzend; dünn, mäßig zäh; Grundfarbe grün, vollreif hellgrün; Deckfarbe fehlend; Lentizellen nicht auffällig
- **Stielbucht:** meist fehlend
- **Stiel:** lang, 42–53 mm, dünn bis mitteldick, holzig, am Ansatz teils fleischig, braun
- **Stielsitz:** aufsitzend, oft mit seitlicher Wulst und von dieser zur Seite gedrückt
- **Kelchbucht:** mitteltief, eng bis mittelbreit, gerippt; Rand stärker grobrippig
- **Kelch:** mittelgroß, meist halb offen, teils geschlossen; Blättchen aufrecht, mittellang, schmal, grau; an der Basis hellgrün und vereint, teils fleischig und getrennt
- **Kelchhöhle:** mittelgroß, schüsselförmig
- **Kerngehäuse:** klein, mittelständig; Achse meist gering hohl; Kammern klein bis mittelgroß, geschlossen; viele Kerne, mittelgroß, länglich oval, gering seitennasig, schwarz, mittelgut bis schlecht ausgebildet
- **Steinkranz im Fruchtlängsschnitt:** spindelförmig, mittelfein granuliert
- **Fleisch:** grünlich weiß bis gelblich weiß, feinzellig, vollreif schmelzend, sehr saftig; mild säuerlich-süß, gering gewürzt
- **Zuckergehalt:** 10,9–12,3° KMW; 53–60° Oechsle; 12,5–14,1° Brix

Sparbirne

Synonyme, Herkunft, Verbreitung

„Epargne", „Cuisse Madame"; Frankreich vor 1800; in Oberösterreich selten vorkommend

Baum

Wuchs: stark; Krone auf Sämling pyramidal

Sonstige Eigenschaften: etwas frostempfindlich, benötigt bessere Lagen

Erntereife

Mitte August

Genussreife

ab Ernte 2 Wochen

Verwendung

Tafel, Küche

Frucht

- **Fruchtmuster:** ca. 120-jähriger Hochstamm, Gemeinde Schlüßlberg
- **Größe:** mittelgroß; 64–90 mm hoch, 46–58 mm breit, 65–116 g schwer
- **Form:** stark variabel, flaschen- bis schmal kegelförmig, teils tropfenförmig, stielwärts meist spitz zulaufend, kelchbauchig, meist gleichhälftig; Querschnitt rund; Relief glatt, teils gering kelchrippig
- **Schale:** glatt, matt glänzend, mitteldick, mäßig zäh; Grundfarbe gelblich grün, vollreif hellgelb; Deckfarbe fehlend; Lentizellen zahlreich, sehr klein, hell graubraun, grünlich umhoft, nicht bis mäßig auffällig; Berostung gering, punktförmig, kleinfleckig, stielseitig meist flächig, graubraun
- **Stielbucht:** fehlend
- **Stiel:** lang bis sehr lang, 52–68 mm, oft stark gebogen, mitteldick, holzig, grün
- **Stielsitz:** aufsitzend, teils mit geringer einseitiger Fleischwulst
- **Kelchbucht:** teils fehlend, teils flach, mittelbreit, faltig bis geperlt; Rand gering grobrippig
- **Kelch:** groß, halb offen bis geschlossen; Blättchen aufrecht, mittellang, schmal, an der Basis hellgrün, fleischig und meist getrennt; Spitzen dunkelgrau
- **Kelchhöhle:** klein, stumpfkegelförmig
- **Kerngehäuse:** klein, kelchständig; Achse geschlossen; Kammern klein, geschlossen; wenige Kerne, klein, länglich oval, schwarzbraun, meist schlecht ausgebildet
- **Steinkranz im Fruchtlängsschnitt:** lang spindelförmig, mittelfein granuliert
- **Fleisch:** gelblich weiß, weich, feinzellig, halb schmelzend, saftig; mild säuerlich-süß, gering gewürzt
- **Zuckergehalt:** 11,3–13,0° KMW; 55–63° Oechsle; 12,9–14,8° Brix

Späte Schweizer Bergamotte

Synonyme, Herkunft, Verbreitung

„Bergamotte Suisse“; Frankreich oder Schweiz vor 1750; 1768 von H.L. DUHAMEL DU MONCEAU und 1792 von JOHANNES KRAFT beschrieben; in Oberösterreich sehr selten vorkommend

Baum

Wuchs: stark; Krone auf Sämling pyramidal, später hoch pyramidal

Sonstige Eigenschaften: robust, geringe Standortansprüche

Erntereife

Mitte bis Ende Oktober

Genussreife

Jänner bis April

Verwendung

Küche, Tafel

Frucht

- **Fruchtmuster:** ca. 10-jähriges Spalier auf Sämling, Gemeinde Gaspoltshofen
- **Größe:** mittelgroß; 58–68 mm hoch, 65–76 mm breit, 120–190 g schwer
- **Form:** flach kugelig, flach stumpfkreiselförmig, seltener kugelig, meist mittelbauchig, häufig ungleichhälftig; Querschnitt unregelmäßig rund; Relief flach kantig, kelchrippig bis rippig 2/3, teils gering beulig, teils Bauchfurche
- **Schale:** glatt, matt glänzend; Grundfarbe gelbgrün, bandartig gelb gestreift; Deckfarbe rotorange bis orangerot, teils bräunlich rot, verwaschen, Deckungsgrad 10–30 %; Lentizellen nicht auffällig
- **Stielbucht:** flach, eng; Rand glatt, häufig einseitig wulstig
- **Stiel:** mittellang, teils lang, 31–48 mm, dünn bis mitteldick, holzig, am Ansatz oft gering fleischig, braun
- **Stielsitz:** in Stielbucht eingesteckt, oft mit seitlicher Wulst
- **Kelchbucht:** mitteltief, breit, gerippt; Rand fein- bis grobrippig
- **Kelch:** groß, offen; Blättchen aufliegend, lang, grau, an der Basis vereint
- **Kelchhöhle:** mittelgroß, schüsselförmig
- **Kerngehäuse:** klein, mittelständig; Achse geschlossen bis gering hohl; Kammern klein bis mittelgroß, geschlossen; viele Kerne, mittelgroß, länglich oval, teils gering seitennasig, schwarzbraun, schlecht bis mittelgut ausgebildet
- **Steinkranz im Fruchtlängsschnitt:** rund bis breit spindelförmig, mittelfein granuliert
- **Fleisch:** gelblich weiß, fest, mittelfeinzellig, saftig; mild säuerlich-süß, wenig Säure, ohne Würze
- **Zuckergehalt:** 11,1–13,0° KMW; 54–63° Oechsle; 12,7–14,8° Brix

Speckbirne

Verwechslersorte: Owener Mostbirne

Synonyme, Herkunft, Verbreitung

„Steirische Weinmostbirne", „Steirische" im Innviertel, „Zitronengelbe" in Vorarlberg, „Oberösterreichische Weinbirne" in Deutschland; wahrscheinlich in Kärnten vor 1850 entstanden; in Oberösterreich sehr häufig, mindestens 2 Typen

Baum

Wuchs: stark; Krone auf Sämling pyramidal

Sonstige Eigenschaften: stark anfällig für Feuerbrand und Birnenverfall

Erntereife

Mitte bis Ende Oktober

Verwendung

Most, Saft, Dörren, Schnaps

Frucht

- **Fruchtmuster**: ca. 36-jähriger Hochstamm, Gemeinde Linz
- **Größe:** mittelgroß; 63–75 mm hoch, 63–72 mm breit, 121–178 g schwer
- **Form:** breit stumpfkreiselförmig bis breit stumpfkegelförmig, kelch- bis seltener schwach mittelbauchig, gering ungleichhälftig; Querschnitt rundlich; Relief glatt, teils schwach kelchrippig
- **Schale:** glatt, matt glänzend, dick, zäh; Grundfarbe gelblich grün, später grünlich gelb bis gelb; Deckfarbe fehlend; Lentizellen zahlreich, klein, braun, teils grün umhoft, auffällig; Berostung gering, punktförmig, kleinfleckig, braun
- **Stielbucht:** meist fehlend; sonst flach, eng; teils flächig braun berostet; Rand oft einseitig wulstig
- **Stiel:** mittellang, selten lang, 23–43 mm, mitteldick, holzig, grün
- **Stielsitz:** aufsitzend, teils in Stielbucht eingesteckt, teils einseitige Wulst
- **Kelchbucht:** mitteltief, mittelbreit, faltig, teils flächig braun berostet; Rand glatt, teils gering grobrippig
- **Kelch:** mittelgroß, offen; Blättchen aufrecht, groß, hornartig, oft fleischig, grünlich, an der Basis meist getrennt
- **Kelchhöhle:** mittelgroß, schüsselförmig
- **Kerngehäuse**: groß, meist kelchständig; Achse geschlossen bis gering hohl; Kammern mittelgroß, geschlossen; Kerne mittelgroß, länglich, zugespitzt, schwarz, schwach seitennasig, schlecht ausgebildet
- **Steinkranz im Fruchtlängsschnitt:** kurz spindelförmig, schmal, mittelgrob granuliert
- **Fleisch:** gelblich weiß, fest, grobzellig, sehr saftig; herb säuerlich-süß, ohne Würze
- **Zuckergehalt:** 12,5–16,0° KMW; 61–78° Oechsle; 14,4–18,4° Brix

Starkrimson

Verwechslersorte: Canal Red

Synonyme, Herkunft, Verbreitung

„Starkrimson Pear", „Breitenseer Birne"; Spontanmutante von „Clapps Liebling" in Missouri (USA) um 1950 aufgefunden; 1952 die Vermehrungsrechte an die Baumschule STARK BROTHERS übergeben; Name nach der Schalenfarbe „crimson" (purpur); in Oberösterreich selten bis verstreut vorkommend

Baum

Wuchs: stark; Krone auf Sämling pyramidal

Erntereife

Mitte bis Ende August

Genussreife

ab Ernte ca. 3 Wochen

Verwendung

Tafel, Küche

Frucht

- **Fruchtmuster:** ca. 10-jähriger Halbstamm auf Sämling, Gemeinde Gallneukirchen
- **Größe:** groß; 73–93 mm hoch, 62–69 mm breit, 134–178 g schwer
- **Form:** glockenförmig, kelchbauchig, meist gleichhälftig; Querschnitt rundlich bis seltener schwach eckig; Relief kelchrippig, oft rippig 1/3
- **Schale:** etwas uneben, matt glänzend, dünn hellblau bereift, ganzflächig purpurrot; Lentizellen zahlreich, klein, vertieft, hell graubraun, teils schwarzrot umhoft, mäßig auffällig
- **Stielbucht:** meist fehlend; sonst flach, eng; Rand oft einseitig wulstig
- **Stiel:** mittellang, 20–32 mm, dick, holzig, teils gering fleischig, braun
- **Stielsitz:** aufsitzend, teils in Stielbucht eingesteckt, teils durch einseitige Wulst zur Seite gedrückt
- **Kelchbucht:** flach, eng bis mittelbreit, faltig, geperlt bis gerippt; Rand grobrippig
- **Kelch:** mittelgroß, meist offen; Blättchen aufrecht, kurz, hornartig, fleischig, braun, an der Basis meist getrennt
- **Kelchhöhle:** mittelgroß, schüsselförmig
- **Kerngehäuse:** mittelgroß, kelchständig; Achse geschlossen; Kammern mittelgroß, geschlossen; viele Kerne, mittelgroß, länglich, schwarzbraun, meist schlecht ausgebildet
- **Steinkranz im Fruchtlängsschnitt:** lang spindelförmig, schmal, mittelfein granuliert
- **Fleisch:** cremefarben bis hell gelblich weiß, mittelfest, vollreif halb schmelzend, feinzellig, sehr saftig; angenehm säuerlich-süß, gering gewürzt
- **Zuckergehalt:** 12,3–14,2° KMW; 60–69° Oechsle; 14,1–16,2° Brix

Birnen

Staxroither Mostbirne

Synonyme, Herkunft, Verbreitung

wahrscheinlich Zufallssämling um 1800, nach dem Standort des Mutterbaumes in Staxroith, Gemeinde Mettmach, benannt

Baum

Wuchs: stark; Krone auf Sämling pyramidal, später hoch pyramidal

Sonstige Eigenschaften: robust, anspruchslos hinsichtlich Standort

Erntereife

Ende September

Verwendung

Most, Saft, Dörren, Schnaps

Frucht

- **Fruchtmuster:** ca. 200-jähriger Hochstamm, Gemeinde Mettmach
- **Größe:** klein; 46–55 mm hoch, 49–55 mm breit, 57–72 g schwer
- **Form:** fassförmig bis kugelig, seltener stumpfkreiselförmig, meist mittelbauchig, teils etwas ungleichhälftig; Querschnitt rund; Relief glatt
- **Schale:** glatt, matt glänzend; dünn, mäßig zäh; Grundfarbe gelblich grün; Deckfarbe fehlend; Lentizellen zahlreich, sehr klein, graubraun, grün umhoft, mäßig auffällig; Berostung gering, kleinfleckig, grau- bis zimtbraun
- **Stielbucht:** flach, seltener mitteltief, eng; Rand oft einseitig wulstig
- **Stiel:** lang bis sehr lang, 44–62 mm, dünn, holzig, grün bis braun
- **Stielsitz:** in Stielbucht eingesteckt, oft mit großer seitlicher Wulst
- **Kelchbucht:** teils fehlend, teils flach, mittelbreit, teils faltig, teils strahlig graubraun berostet; Rand meist glatt
- **Kelch:** groß, offen; Blättchen aufliegend, kurz, grau, an der Basis vereint
- **Kelchhöhle:** klein, schüsselförmig bis trichterförmig mit kurzer dünner Röhre
- **Kerngehäuse:** klein, mittelständig; Achse gering hohl; Kammern klein bis mittelgroß, geschlossen; viele Kerne, mittelgroß, länglich oval, braunschwarz, seitennasig, schlecht ausgebildet
- **Steinkranz im Fruchtlängsschnitt:** spindelförmig, grob granuliert
- **Fleisch:** gelblich weiß, später braun, fest, grobzellig, saftig; herb säuerlich-süß, ohne Würze
- **Zuckergehalt:** 11,7–13,4° KMW; 57–65° Oechsle; 13,4–15,3° Brix

Steyreggerbirne

Synonyme, Herkunft, Verbreitung

„Rote Lederbirne“ im Mühlviertel; Herkunft unbekannt; wahrscheinlich Zufallssämling aus Oberösterreich; vor 1850 entstanden und primär im unteren Mühlviertel stärker verbreitet; 1912 nach dem Ort Steyregg benannt

Baum

Wuchs: stark; Krone auf Sämling pyramidal, später hoch pyramidal

Sonstige Eigenschaften: gering schorfanfällig, sonst robust und anspruchslos

Erntereife

Mitte bis Ende Oktober

Verwendung

Most, Saft, Dörren, Schnaps

Frucht

- **Fruchtmuster:** ca. 30-jähriger Hochstamm, Gemeinde Ansfelden
- **Größe:** klein; 42–48 mm hoch, 44–56 mm breit, 52–82 g schwer
- **Form:** meist kugelig, seltener kreiselförmig, kelchseitig abgeplattet, mittel- bis schwach kelchbauchig, meist gleichhälftig; Querschnitt rund; Relief glatt
- **Schale:** glatt bis gering rau, glänzend; Grundfarbe gelblich grün, vollreif grünlich gelb bis gelb; Deckfarbe rot bis braunrot, verwaschen bis deckend, Deckungsgrad 30–60 %; Lentizellen zahlreich, mittelgroß, graubraun, auffällig; Berostung gering bis mittelstark, kleinfleckig bis punktförmig, graubraun
- **Stielbucht:** oft fehlend; teils flach, eng; Rand oft einseitig wulstig
- **Stiel:** mittellang, 19–29 mm, dünn, holzig, braun
- **Stielsitz:** aufsitzend, teils in Stielbucht eingesteckt, oft mit einseitiger Wulst
- **Kelchbucht:** flach, mittelbreit, oft flächig zimtbraun berostet; Rand glatt
- **Kelch:** groß, offen; Blättchen aufrecht, kurz, hellgrau bis grau, teils fleischig, an der Basis teils getrennt
- **Kelchhöhle:** mittelgroß, schüsselförmig
- **Kerngehäuse:** mittelgroß, mittelständig; Achse geschlossen; Kammern mittelgroß, geschlossen; viele Kerne, mittelgroß, länglich oval, braunschwarz, mittelgut bis schlecht ausgebildet
- **Steinkranz im Fruchtlängsschnitt:** kugelig bis breit spindelförmig, grob granuliert
- **Fleisch:** gelblich weiß, fest, grobzellig, grießig, sehr saftig; herb säuerlich-süß, ohne Würze
- **Zuckergehalt:** 13,8–16,3° KMW; 67–79° Oechsle; 15,8–18,6° Brix

Stöcklbirne

Synonyme, Herkunft, Verbreitung

Herkunft unbekannt; wahrscheinlich Zufallssämling aus dem Bezirk Kirchdorf/Krems, vor 1860 entstanden und in Oberösterreich verstreut vorkommend; 1989 erstmals beschrieben

Baum

Wuchs: stark; Krone auf Sämling pyramidal, später hoch pyramidal
Sonstige Eigenschaften: gering schorfanfällig, sonst robust und anspruchslos

Erntereife

Mitte Oktober

Verwendung

Most, Saft, Dörren, Schnaps

Frucht

- **Fruchtmuster:** ca. 24-jähriger Hochstamm, Gemeinde Ansfelden
- **Größe:** klein; 42–51 mm hoch, 51–56 mm breit, 61–71 g schwer
- **Form:** sehr variabel: breit stumpfkreiselförmig, seltener kugelig bis flach kugelig, mittel- bis schwach kelchbauchig, gering ungleichhälftig; Querschnitt rund; Relief glatt
- **Schale:** glatt, matt glänzend; Grundfarbe hellgelb; Deckfarbe fehlend; Lentizellen zahlreich, sehr klein, braun, wenig auffällig; Berostung gering, kleinfleckig, zimtbraun
- **Stielbucht:** flach, eng bis mittelbreit, teils fehlend; Rand oft einseitig wulstig
- **Stiel:** kurz bis mittellang, 14–25 mm, mitteldick bis dick, meist fleischig, braun
- **Stielsitz:** in Stielbucht eingesteckt mit teils einseitiger Wulst, teils aufsitzend
- **Kelchbucht:** flach, breit; Rand glatt
- **Kelch:** groß, offen; Blättchen aufliegend, mittellang, dunkelgrau, an der Basis vereint
- **Kelchhöhle:** mittelgroß, schüsselförmig bis trichterförmig mit kurzer dünner Röhre
- **Kerngehäuse:** klein, meist mittelständig; Achse gering hohl; Kammern klein, geschlossen; Kerne klein, länglich oval, zugespitzt, schwarzbraun, mittelgut ausgebildet
- **Steinkranz im Fruchtlängsschnitt:** kurz spindelförmig, grob granuliert
- **Fleisch:** gelblich weiß, fest, grobzellig, sehr saftig; herb säuerlich-süß, ohne Würze
- **Zuckergehalt:** 12,8–14,0° KMW; 62–68° Oechsle; 14,6–16,0° Brix

Süßbirne

Synonyme, Herkunft, Verbreitung

Herkunft unbekannt, vor 1850 entstanden; in Oberösterreich primär im Mühlviertel verstreut vorkommend

Baum

Wuchs: stark; Krone auf Sämling pyramidal

Sonstige Eigenschaften: robust, geringe Standortansprüche

Erntereife

Mitte bis Ende Oktober

Verwendung

Dörren, Schnaps

Frucht

- **Fruchtmuster:** ca. 130-jähriger Hochstamm, Gemeinde Wartberg/Aist
- **Größe:** klein; 46–52 mm hoch, 52–63 mm breit, 62–92 g schwer
- **Form:** flachkugelig, mittelbauchig, gering ungleichhälftig; Querschnitt rundlich; Relief glatt
- **Schale:** glatt, matt glänzend; Grundfarbe gelblich grün; Deckfarbe fehlend; Lentizellen zahlreich, mittelgroß, hell graubraun, grün umhoft, auffällig; Berostung gering, punktförmig, kleinfleckig, hellbraun
- **Stielbucht:** meist fehlend; sonst flach, eng; gering flächig hellbraun berostet; Rand glatt
- **Stiel:** mittellang, 21–35 mm, mitteldick, holzig, an der Basis teils fleischig, braun
- **Stielsitz:** aufsitzend, teils von Fleischwulst zur Seite gedrückt; teils in Stielbucht eingesteckt
- **Kelchbucht:** flach bis mitteltief, mittelbreit, faltig, teils kleinfleckig hellbraun berostet; Rand meist glatt
- **Kelch:** groß, offen; Blättchen aufliegend, groß, graubraun, an der Basis vereint, Spitzen grau
- **Kelchhöhle:** mittelgroß, schüsselförmig
- **Kerngehäuse:** mittelgroß, mittelständig; Achse gering hohl; Kammern mittelgroß, geschlossen; viele Kerne, mittelgroß, länglich oval, schwarz, mittelgut ausgebildet
- **Steinkranz im Fruchtlängsschnitt:** spindelförmig, mittelbreit, grob granuliert
- **Fleisch:** gelblich weiß, fest, mittelfeinzellig, saftig; säuerlich-süß, ohne Würze
- **Zuckergehalt:** 12,3–14,4° KMW; 60–70° Oechsle; [illegible]–16,5° Brix

Ulmer Butterbirne

Synonyme, Herkunft, Verbreitung

„Albecker Butterbirne"; in der Gegend von Ulm vor 1860 aufgefunden und 1868 als „Albecker Steigbirne" erstmals beschrieben; in Oberösterreich sehr selten vorkommend

Baum

Wuchs: stark; Krone auf Sämling kugelig, später hoch kugelig

Sonstige Eigenschaften: robust, geringe Standortansprüche, auch für höhere Lagen

Erntereife

Ende September

Genussreife

ab Ernte maximal 2 Wochen

Verwendung

Tafel, Küche

Frucht

- **Fruchtmuster:** ca. 10-jähriger Spindelbusch auf Quitte, Gemeinde Ohlsdorf
- **Größe:** klein; 45–52 mm hoch, 52–58 mm breit, 73–88 g schwer
- **Form:** meist kugelig, mittelbauchig, teils gering ungleichhälftig; Querschnitt rundlich: Relief glatt
- **Schale:** glatt, matt glänzend; Grundfarbe hellgelb; Deckfarbe rot, verwaschen, stielwärts teils diffus gestreift, Deckungsgrad 40–70 %; Lentizellen klein, graubraun, teils grünlich bis gelblich umhoft, mäßig auffällig; Berostung gering, kleinfleckig, punktförmig, graubraun
- **Stielbucht:** flach bis mitteltief, eng; Rand oft einseitig wulstig
- **Stiel:** lang bis sehr lang, 48–66 mm, dünn bis mitteldick, holzig, dunkelbraun
- **Stielsitz:** in Stielbucht eingesteckt, teils mit seitlicher Wulst
- **Kelchbucht:** flach, mittelbreit, teils flächig bis strahlig zimtbraun berostet; Rand glatt
- **Kelch:** groß, offen; Blättchen aufliegend, kurz, grau, an der Basis vereint
- **Kelchhöhle:** mittelgroß, schüsselförmig
- **Kerngehäuse:** mittelgroß, meist mittelständig; Achse geschlossen bis gering hohl; Kammern mittelgroß, geschlossen; viele Kerne, mittelgroß, länglich oval, zugespitzt, schwarz, gut ausgebildet
- **Steinkranz im Fruchtlängsschnitt:** breit spindelförmig, mittelfein granuliert
- **Fleisch:** gelblich weiß; schmelzend, feinzellig, sehr saftig; säuerlich-süß, gering bis mittelstark gewürzt
- **Zuckergehalt:** 12,3–13,6° KMW; 60–66° Oechsle; 14,1–15,5° Brix

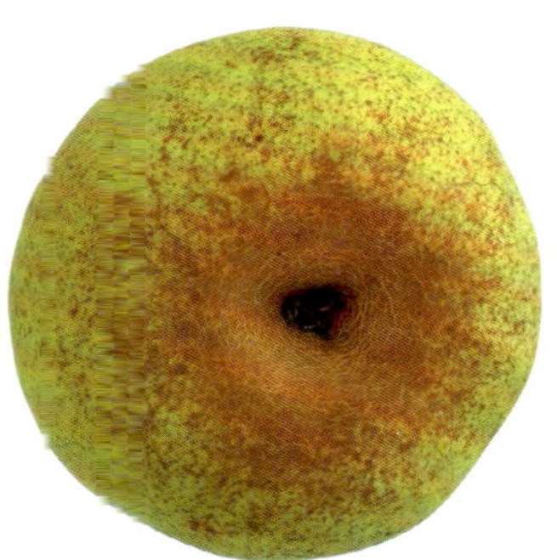

Vereinsdechantsbirne

Synonyme, Herkunft, Verbreitung
„Doyenné du Comice", um 1845 im Versuchsgarten des GARTENBAUVEREINS IN ANGERS (Frankreich) entstanden; in Oberösterreich verstreut vorkommend

Baum
Wuchs: mittelstark; Krone auf Sämling pyramidal
Sonstige Eigenschaften: benötigt wärmere Lagen

Erntereife
Mitte bis Ende Oktober

Genussreife
November bis Dezember

Verwendung
Tafel, Küche

Frucht

- **Fruchtmuster:** ca. 15-jähriges Spalier auf Quitte BA2[illegible], Gemeinde Ort/Innkreis
- **Größe:** groß; 88–96 mm hoch, 82–88 mm breit, 29[illegible]–330 g schwer
- **Form:** breit stumpfkreiselförmig, kelchbauchig, oft ungleichhälftig; Querschnitt rundlich bis unregelmäßig rund; Relief etwas beulig
- **Schale:** glatt, teils feinrau, matt glänzend; Grundfarbe gelblich grün, später grünlich gelb; Deckfarbe hellorange, orange- bis braunrot, verwaschen, Deckungsgrad 10–40 %; Lentizellen zahlreich, sehr klein, braun, grünlich umhoft, mäßig auffällig; Berostung gering bis mittelstark, kleinfleckig, netzartig, punktförmig, graubraun bis zimtbraun
- **Stielbucht:** mitteltief bis flach, eng, durch seitliche Wulst meist eingeengt; oft strahlig graubraun berostet; Rand oft einseitig wulstig
- **Stiel:** mittellang, 21–29 mm, dick, oft fleischig, braun
- **Stielsitz:** in Stielbucht eingesteckt, von seitlicher Wulst meist zur Seite gedrückt
- **Kelchbucht:** tief, mittelbreit, flächig konzentrisch zimtbraun berostet; Rand glatt, teils gering grobrippig
- **Kelch:** mittelgroß, halb offen; Blättchen aufrecht kurz, hornartig, oft fleischig, grau, an der Basis getrennt
- **Kelchhöhle:** klein, stumpfkegelförmig bis trichterförmig mit kurzer dünner Röhre
- **Kerngehäuse:** klein, kelchständig; Achse geschlossen bis gering hohl; Kammern mittelgroß, geschlossen; Kerne mittelgroß, länglich oval, braunschwarz, mittelgut ausgebildet
- **Steinkranz im Fruchtlängsschnitt:** spindelförmig, schmal, sehr fein granuliert
- **Fleisch:** gelblich weiß, feinzellig, mittelfest, vollreif schmelzend, sehr saftig; angenehm säuerlich-süß, gering gewürzt
- **Zuckergehalt:** 14,2–15,4° KMW; 69–75° Oechsle; 16[illegible]–17,6° Brix

Weilersche Mostbirne

Verwechslersorte: Wa(h)lsche Schnapsbirne

Synonyme, Herkunft, Verbreitung

Herkunft unbekannt; wahrscheinlich aus Weiler bei Sinsheim (Deutschland), in Oberösterreich seit mindestens 1890 existent, heute selten vorkommend

Baum

Wuchs: stark; Krone auf Sämling kugelig, später hoch kugelig

Sonstige Eigenschaften: robust und anspruchslos

Erntereife

Mitte bis Ende Oktober

Verwendung

Saft, Most, Schnaps

Frucht

- **Fruchtmuster:** ca. 110-jähriger Hochstamm, Gemeinde Ansfelden
- **Größe:** klein; 49–57 mm hoch, 47–54 mm breit, 58–84 g schwer
- **Form:** stumpfkreiselförmig bis breit eiförmig, teils kugelig, meist kelch- bis mittelbauchig, teils gering ungleichhälftig; Querschnitt rund; Relief glatt
- **Schale:** teils glatt, matt glänzend; teils feinrau, trocken; mitteldick, mittelzäh; Grundfarbe meist grünlich gelb, vollreif hellgelb; Deckfarbe meist fehlend, teils hell gelborange, verwaschen, Deckungsgrad 0–20 %; Lentizellen zahlreich, mittelgroße zimtfarbene Rostpunkte, stark auffällig; Berostung mittelstark, punktförmig, netzartig, kleinfleckig, zimtbraun
- **Stielbucht:** mitteltief, teils flach, eng; meist flächig zimtbraun berostet; Rand oft einseitig wulstig
- **Stiel:** mittellang, 29–40 mm, dünn, holzig, teils knospig, dunkelbraun
- **Stielsitz:** in Stielbucht eingesteckt mit teils seitlicher Wulst
- **Kelchbucht:** flach, seltener mitteltief, mittelbreit bis eng, teils gering faltig; meist flächig zimtbraun berostet; Rand glatt
- **Kelch:** mittelgroß, offen; Blättchen meist aufliegend, teils aufrecht, kurz, dunkelgrau, an der Basis vereint
- **Kelchhöhle:** klein, schüsselförmig
- **Kerngehäuse:** klein bis mittelgroß, meist kelch- bis mittelständig; Achse meist geschlossen; Kammern klein bis mittelgroß, geschlossen; viele Kerne, mittelgroß, länglich, schwach seitennasig, schwarz, mittelgut ausgebildet
- **Steinkranz im Fruchtlängsschnitt:** breit spindelförmig, grob granuliert
- **Fleisch:** hell gelblich weiß, mittelfest, grob- bis mittelfeinzellig, sehr saftig; säuerlich-süß, sehr süß, nur wenig herb, gering gewürzt
- **Zuckergehalt:** 15,0–16,5° KMW; 73–80° Oechsle; 17,2–18,8° Brix

Weiße Kochbirne

Verwechslersorten: Dorschbirne, Gemeine Kochbirne

Synonyme, Herkunft, Verbreitung

„Weiß-Kohbirn"; Herkunft unbekannt; wahrscheinlich Zufallssämling aus Oberösterreich, vor 1850 entstanden; einst beliebte Stammbildnersorte; in Oberösterreich früher sehr häufig, jetzt verstreut vorkommend

Baum

Wuchs: stark; Krone auf Sämling pyramidal, später hoch pyramidal

Sonstige Eigenschaften: robust, anspruchslos

Erntereife

Mitte September

Verwendung

Most, Saft, Dörren, Schnaps

Frucht

- **Fruchtmuster:** ca. 100-jähriger Hochstamm, Gemeinde Bad Schallerbach
- **Größe:** klein; 48–52 mm hoch, 52–60 mm breit, 52–74 g schwer
- **Form:** meist kugelig bis stumpfkreiselförmig, mittel- bis schwach kelchbauchig, teils ungleichhälftig; Querschnitt rund; Relief glatt
- **Schale:** glatt, matt glänzend, dick, zäh; Grundfarbe gelblich grün bis grünlich gelb, vollreif hellgelb; Deckfarbe fehlend; Lentizellen zahlreich, sehr klein, hellbraun, teils grün umhoft, nicht bis mäßig auffällig
- **Stielbucht:** teils fehlend; sonst flach, eng; teils gering braun berostet; Rand meist einseitig wulstig
- **Stiel:** mittellang, 24–32 mm, dünn, holzig, am Ansatz oft gering fleischig, meist braun
- **Stielsitz:** aufsitzend, teils in Stielbucht eingesteckt, von großer einseitiger Wulst oft zur Seite gedrückt
- **Kelchbucht:** flach, mittelbreit, meist flächig graubraun berostet; Rand glatt
- **Kelch:** mittelgroß, offen; Blättchen aufrecht, mittellang, teils fleischig, grau, an der Basis teils getrennt
- **Kelchhöhle:** mittelgroß, schüsselförmig
- **Kerngehäuse:** klein, mittel- bis schwach kelchständig; Achse geschlossen bis gering hohl; Kammern klein, geschlossen; Kerne klein, länglich oval, braunschwarz, mittelgut ausgebildet
- **Steinkranz im Fruchtlängsschnitt:** kurz spindelförmig, schmal, grob granuliert
- **Fleisch:** cremefarben, teils gelblich weiß, fest, grobzellig, sehr saftig; herb säuerlich-süß, ohne Würze
- **Zuckergehalt:** 12,3–14,0° KMW; 60–68° Oechsle; 14,1–16,0° Brix

Welsche Bratbirne

Verwechslersorte: Champagner Bratbirne

Synonyme, Herkunft, Verbreitung

„Bradlbirn"; Herkunft unbekannt, angeblich in Kärnten entstanden; 1823 erstmals beschrieben; in Oberösterreich verstreut vorkommend

Baum

Wuchs: stark; Krone auf Sämling pyramidal bis breit pyramidal

Sonstige Eigenschaften: gering schorfanfällig, sonst robust und anspruchslos

Erntereife

Ende September bis Anfang Oktober

Verwendung

Most, Saft, Dörren, Schnaps

Frucht

- **Fruchtmuster:** ca. 20-jähriger Hochstamm, Gemeinde Bad Schallerbach
- **Größe:** klein; 44–53 mm hoch, 56–62 mm breit, 78–106 g schwer
- **Form:** kugelig bis flach kugelig, mittel- bis gering kelchbauchig, oft gering ungleichhälftig; Querschnitt rund; Relief glatt
- **Schale:** glatt, matt glänzend, dick, zäh; Grundfarbe grün, später gelblich grün; Deckfarbe fehlend; Lentizellen zahlreich, sehr klein, braun, cremefarben umhoft, mäßig auffällig
- **Stielbucht:** flach, eng; Rand oft einseitig wulstig
- **Stiel:** kurz bis mittellang, 15–30 mm, dünn bis mitteldick, holzig, am Ansatz teils fleischig, braun
- **Stielsitz:** in minimale Stielbucht eingesteckt, oft mit einseitiger Wulst
- **Kelchbucht:** flach, mittelbreit, seltener flächig graubraun berostet; Rand glatt
- **Kelch:** groß, offen; Blättchen aufliegend, groß, oft lang, grau, an der Basis vereint
- **Kelchhöhle:** groß, schüsselförmig
- **Kerngehäuse:** groß, mittel- bis schwach kelchständig; Achse gering hohl; Kammern groß, geschlossen; Kerne groß, länglich oval, schwarzbraun, oft schlecht ausgebildet
- **Steinkranz im Fruchtlängsschnitt:** kugelig, grob granuliert
- **Fleisch:** gelblich weiß, bald braun werdend, fest, grobzellig, sehr saftig; herb säuerlich-süß, ohne Würze
- **Zuckergehalt:** 12,3–14,6° KMW; 60–71° Oechsle; 14,1–16,7° Brix

Wildling von Einsiedel

Synonyme, Herkunft, Verbreitung

Herkunft ungesichert; wahrscheinlich Deutschland vor 1700; in Oberösterreich verstreut vorkommend

Baum

Wuchs: stark; Krone auf Sämling pyramidal, später breit pyramidal

Sonstige Eigenschaften: robust, anspruchslos

Erntereife

Ende September bis Anfang Oktober

Verwendung

Most, Saft, Schnaps

Frucht

- **Fruchtmuster:** ca. 100-jähriger Hochstamm, Gemeinde St. Georgen am Walde
- **Größe:** sehr klein; 38–47 mm hoch, 38–44 mm breit, 28–40 g schwer
- **Form:** kreisel- bis stumpfkreiselförmig, kelchseitig abgeflacht, meist schwach kelch- bis seltener schwach mittelbauchig, oft ungleichhälftig; Querschnitt rund bis rundlich; Relief glatt
- **Schale:** rau, partiell glatt und matt glänzend, dick, zäh; Grundfarbe gelblich grün bis grünlich gelb, vollreif hellgelb; Deckfarbe fehlend; Lentizellen zahlreich, klein, braun, teils hellgrün umhoft, auffällig; Berostung mittelstark bis stark, netzartig, punktförmig, kleinfleckig bis flächig, grau- bis zimtbraun
- **Stielbucht:** teils fehlend; teils flach, eng; teils flächig braun berostet; Rand meist einseitig wulstig
- **Stiel:** sehr kurz, 5–11 mm, mitteldick bis dick, holzig, braun
- **Stielsitz:** teils aufsitzend, teils schief angesetzt, teils in Stielbucht eingesteckt, meist mit einseitiger Wulst
- **Kelchbucht:** flach, mittelbreit, meist flächig zimtbraun berostet; Rand glatt
- **Kelch:** mittelgroß, offen; Blättchen aufrecht, teils aufliegend, klein, grau, an der Basis vereint
- **Kelchhöhle:** mittelgroß, schüsselförmig
- **Kerngehäuse:** klein, kelch- bis gering mittelständig; Achse geschlossen; Kammern klein bis mittelgroß, geschlossen; viele Kerne mittelgroß, oval, schwarz, mittelgut bis schlecht ausgebildet
- **Steinkranz im Fruchtlängsschnitt:** kurz spindelförmig, mittelgrob granuliert
- **Fleisch:** gelblich weiß, fest, grobzellig, saftig; sehr herb, mild säuerlich-süß, ohne Würze
- **Zuckergehalt:** 12,3–14,2° KMW; 60–69° Oechsle; 14,[illegible]–16,2° Brix

Birnen

Williams Christbirne

Synonyme, Herkunft, Verbreitung

„Bon Chrétien Williams", „Bartlett"; in England vor 1770 aufgefunden; in Oberösterreich häufig vorkommend

Baum

Wuchs: mittelstark; Krone auf Sämling pyramidal

Sonstige Eigenschaften: schorf- und feuerbrandanfällig, für bessere Standorte

Erntereife

Mitte August bis Anfang September

Genussreife

Mitte August bis Anfang September

Verwendung

Tafel, Küche, Schnaps

Frucht

- **Fruchtmuster:** ca. 30-jähriger Halbstamm auf Sämling, Gemeinde St. Marienkirchen/Polsenz
- **Größe:** groß; 77–96 mm hoch, 63–70 mm breit, 135–185 g schwer
- **Form:** lang stumpfkegelförmig, kelch- bis seltener mittelbauchig, oft etwas ungleichhälftig; Querschnitt rundlich bis schwach eckig; Relief kelchrippig bis rippig 1/2, teils gering beulig
- **Schale:** glatt, matt glänzend, dünn, stark duftend, gering bitter; Grundfarbe grüngelb bis später hellgelb; Deckfarbe meist fehlend, teils gelborange, verwaschen, Deckungsgrad 0–50 %; Lentizellen zahlreich, klein, hellbraun, teils hellgrün umhoft, mäßig auffällig; Berostung gering, punktförmig bis kleinfleckig, zimtbraun
- **Stielbucht:** flach, eng; oft flächig zimtbraun berostet; Rand gering grobrippig
- **Stiel:** mittellang, 28–35 mm, mitteldick, holzig, braun
- **Stielsitz:** in Stielbucht eingesteckt, teils mit seitlicher Fleischwulst
- **Kelchbucht:** flach bis mitteltief, eng bis mittelbreit, faltig bis gerippt, meist flächig bis strahlig zimtbraun berostet; Rand stark grob- bis feinrippig
- **Kelch:** mittelgroß, halb offen bis geschlossen; Blättchen aufrecht, kurz, schmal, hellgrau, meist fleischig, an der Basis teils hellgelb und oft getrennt
- **Kelchhöhle:** mittelgroß, stumpfkegelförmig
- **Kerngehäuse:** mittelgroß, kelch- bis seltener mittelständig; Achse geschlossen; Kammern mittelgroß, geschlossen; viele Kerne, mittelgroß, länglich oval, seitennasig, schwarzbraun, mittelgut ausgebildet
- **Steinkranz im Fruchtlängsschnitt:** lang spindelförmig, schmal, fein granuliert
- **Fleisch:** gelblich weiß, mittelfest, feinzellig, saftig, vollreif schmelzend; mild säuerlich-süß, mittelstark gewürzt
- **Zuckergehalt:** 14,2–15,6° KMW; 69–76° Oechsle; 15,2–17,9° Brix

Winterdechantsbirne

Synonyme, Herkunft, Verbreitung

„Doyenné d'Hiver", „Grüne Winterherrenbirne"; angeblich um 1750 im Klostergarten der KAPUZINER IN LÖWEN (Louvain, Belgien) aufgefunden; in Oberösterreich selten vorkommend

Baum

Wuchs: mittelstark; Krone auf Sämling pyramidal bis breit pyramidal

Sonstige Eigenschaften: hohe Standortansprüche, schorfanfällig

Erntereife

Ende Oktober

Genussreife

Dezember bis März

Verwendung

Tafel, Küche

Frucht

- **Fruchtmuster:** ca. 10-jähriges Spalier auf Sämling, Gemeinde Gaspoltshofen
- **Größe:** groß; 80–90 mm hoch, 73–79 mm breit, 226–271 g schwer
- **Form:** fassförmig bis stumpfkegelförmig, mittel- bis seltener schwach kelchbauchig, teils ungleichhälftig; Querschnitt unregelmäßig rund bis rundlich; Relief glatt, teils schwach kelchrippig
- **Schale:** glatt, matt glänzend; Grundfarbe grün, vollreif grünlich gelb; Deckfarbe fehlend; Lentizellen zahlreich, sehr klein, hellgrau grün umhoft, mäßig auffällig
- **Stielbucht:** mitteltief bis tief, eng, oft schief, teils von einseitiger Wulst eingeengt; Rand oft einseitig wulstig
- **Stiel:** kurz bis mittellang, 16–23 mm, dick, astseitig stark knopfig, holzig bis gering fleischig, grün bis braungrau
- **Stielsitz:** in Stielbucht eingesteckt, von größerer seitlicher Wulst oft zur Seite gedrückt
- **Kelchbucht:** mitteltief bis tief, mittelbreit, faltig bis gerippt; Rand meist grobrippig
- **Kelch:** groß, meist geschlossen; Blättchen aufrecht, mittellang, fleischig, grünlich grau, an der Basis meist getrennt
- **Kelchhöhle:** mittelgroß, schüsselförmig
- **Kerngehäuse:** klein bis mittelgroß, mittelständig; Achse gering hohl; Kammern mittelgroß, geschlossen; Kerne mittelgroß, länglich oval, teils zugespitzt, braun, schwach seitennasig, gut ausgebildet
- **Steinkranz im Fruchtlängsschnitt:** lang spindelförmig, mittelfein granuliert
- **Fleisch:** gelblich weiß, zur Ernte fest und rübig, feinzellig; vollreif schmelzend, sehr saftig; mild säuerlich-süß, gering gewürzt
- **Zuckergehalt:** 14,0–15,2° KMW; 68–74° Oechsle; 15,0–17,4° Brix

Zwiebotzenbirne

Synonyme, Herkunft, Verbreitung

„Zweibutzenbirne"; 1673 erstmals „Zwypozenpiern" erwähnt; Herkunft ungesichert; in Oberösterreich früher häufig, jetzt seltener vorkommend

Baum

Wuchs: stark; Krone auf Sämling pyramidal

Sonstige Eigenschaften: gering schorfanfällig, sonst robust

Erntereife

Anfang bis Mitte August

Genussreife

Anfang bis Mitte August

Verwendung

Tafel, Küche, Schnaps

Frucht

- **Fruchtmuster:** 20-jähriger Hochstamm, Gemeinde Bad Schallerbach
- **Größe:** klein; 55–62 mm hoch, 56–63 mm breit, 89–109 g schwer
- **Form:** breit fassförmig, seltener breit stumpfkreiselförmig, mittelbauchig, meist gleichhälftig; Querschnitt rundlich; Relief glatt, teils gering kelchrippig
- **Schale:** glatt, matt glänzend, teils dünn weißlich bereift; Grundfarbe grün bis gelblich grün, vollreif hell grünlich gelb; Deckfarbe teils fehlend, teils gelborange bis orangerot, verwaschen, Deckungsgrad 0–50 %; Lentizellen zahlreich, klein, hellbraun, gering grün bis rötlich umhoft, auffällig; Berostung gering, punktförmig bis kleinfleckig, graubraun
- **Stielbucht:** teils fehlend, teils flach, eng; Rand glatt bis wulstig
- **Stiel:** lang, 42–61 mm, mitteldick, holzig, grün bis braun
- **Stielsitz:** aufsitzend, in Stielbucht eingesteckt, teils mit geringer seitlicher Fleischwulst
- **Kelchbucht:** teils fehlend, teils flach, eng, faltig bis gering gerippt; Kelch aufsitzend, elliptisch und mittig eingeschnürt; Rand gering grobrippig
- **Kelch:** groß, offen; Blättchen aufrecht bis aufliegend, schmal, graubraun, an der Basis teils getrennt
- **Kelchhöhle:** mittelgroß, schüsselförmig
- **Kerngehäuse:** klein, mittelständig; Achse geschlossen bis gering hohl; Kammern klein bis mittelgroß, geschlossen; sehr wenige Kerne, mittelgroß, länglich, schwarz, sehr schlecht ausgebildet
- **Steinkranz im Fruchtlängsschnitt:** spindelförmig, mittelbreit, mittelfein bis grob granuliert
- **Fleisch:** hell grünlich weiß, mittelfest, vollreif gelblich weiß, mittelfeinzellig, bald mürbe, mäßig saftig; mild säuerlich-süß, nicht bis gering gewürzt
- **Zuckergehalt:** 12,3–13,6° KMW; 60–66° Oechsle; 14,1–15,5° Brix

Nachfolgend werden heimische **Steinobstsorten** vorgestellt, die jedoch in geringerer Vielfalt vorkommen. Aus diesem Grund sind sowohl **Pflaumen** als auch **Kirschen, Marillen und Pfirsiche** in einer Griffleiste zusammengefasst.

PFLAUMEN

Anna Späth

Synonyme, Herkunft, Verbreitung
von FRANZ SPÄTH, Baumschulbesitzer in Berlin, um 1870 als Sämling aus Kadoszbeg in Ungarn erhalten und ab 1874 in den Handel gebracht; in Oberösterreich bereits selten geworden

Baum
Wuchs: stark; Krone auf Sämling breit kugelig bis später hoch kugelig

Erntereife
Ende September bis Anfang Oktober

Verwendung
Tafel, Küche

Frucht

- **Fruchtmuster:** ca. 13-jähriger Halbstamm auf St. Julien A, Gemeinde Ort/Innkreis
- **Größe:** groß, 43–48 mm hoch, 41–48 mm breit, 38–46 mm dick; 41–60 g schwer
- **Form:** rund bis breit oval, mittelbauchig, stiel- und stempelseitig abgeflacht, meist gleichhälftig; Querschnitt breit oval bis rundlich; Stempelpunkt klein, flach, hellbraun, am Rande eines flachen Grübchens aufsitzend; Bauchfurche sehr flach
- **Fruchthaut:** dünn bis mitteldick, etwas zäh, gering duftend, schwach säuerlich; Farbe dunkelpurpurrot bis schwarzblau, teils auch mit Brauntönen; dünn hellblau bereift; Lentizellen sehr zahlreich und sortentypisch, mittelgroß, hellbraun, stark auffällig
- **Stielbucht:** eng, flach; Rand glatt
- **Stiel:** kurz bis mittellang, 13–22 mm, mitteldick bis dünn, hellgrünlich, oft bräunlich gefleckt
- **Fleisch:** hell grünlich gelb bis hellgelb bzw. gelborange, heller geädert, mittelfest, sehr saftig, angenehm säuerlich-süß, mittelstark gewürzt; schlecht steinlösend
- **Zuckergehalt:** 17,5–18,9° KMW; 85–92° Oechsle; 20,0–21,6° Brix
- **Fruchtstein:** mittelgroß; Länge: 21,1–24,0 (ø 22,8) mm; Breite: 8,2–9,9 (ø 9,1) mm; Dicke: 14,5–16,0 (ø 15,5) mm
  - **Seitenansicht:** oval; stielseitig zugespitzt; stempelseitig abgerundet mit teils kleiner dornartiger Spitze; teils mit Mittelgrat; Oberfläche grob genoppt
  - **Vorderansicht:** schmal oval; Bauchwulst mittelbreit, mittelstark hervortretend, teils Löcher und Furchen
  - **Rückenansicht:** Rückenfurche mittelbreit; Ränder glatt, partiell gering eingekerbt

Blaue Krieche

Synonyme, Herkunft, Verbreitung

„Blaukria“; „Blaues Kriacherl“; Herkunft unbekannt; seit mindestens 1900 in Oberösterreich bekannt und verstreut vorkommend

Baum

Wuchs: stark; Krone pyramidal, später hoch kugelig

Erntereife

Anfang August

Verwendung

Schnaps

Frucht

- **Fruchtmuster:** ca. 24-jähriger Hochstamm auf St. Julien A, Gemeinde Ansfelden
- **Größe:** klein; 24,4–26,4 mm hoch; 23,6–27,3 mm breit; 24,3–26,2 mm dick; 9,0–11,6 g schwer
- **Form:** rund, mittelbauchig, gleichhälftig; Naht nicht auffällig; Stempelpunkt sehr klein, hellbraun, in minimalem flachem Grübchen
- **Fruchthaut:** dünn, mäßig zäh, säuerlich, etwas bitter, gering duftend; schwarzblau, mittelstark hellblau bis blau bereift
- **Stielbucht:** mitteltief, eng; Rand glatt
- **Stiel:** kurz, 11–13 mm, dünn, hellgrün, teils Rostflecken
- **Fleisch:** gelblich grün bis grünlich gelb; mittelfest, vollreif weich, saftig; mild säuerlich-süß, gering gewürzt; nicht steinlösend
- **Zuckergehalt:** 9,9–11,3° KMW; 48–55° Oechsle; 11,3–12,9° Brix
- **Fruchtstein:** sehr klein; Länge: 13,2–14,9 (ø 14,2) mm; Breite: 6,5–8,4 (ø 7,2) mm; Dicke: 9,9–11,3 (ø 10,5) mm
  - **Seitenansicht:** oval, stempelseitig oft mit kurzem „Dorn“ endend; stielseitig Fältchen; oft mit Mittelgrat; Oberfläche meist glatt bis teils gering genoppt
  - **Vorderansicht:** schmal oval, mittelbauchig; Bauchwulst breit, mittelstark hervortretend, seltener kurze Furchen und Löcher; Mittelkamm gering hervortretend
  - **Rückenansicht:** Rückenfurche meist komplett verwachsen

Bühler Frühzwetschke

Synonyme, Herkunft, Verbreitung
Zufallssämling, 1854 in Bühl-Kappelwindeck (Deutschland) entstanden; durch Kernaussaaten mehrere Typen existent; in Oberösterreich eher selten anzutreffen

Baum
Wuchs: mittelstark, Krone kugelig

Erntereife
Ende Juli bis Anfang August

Verwendung
Tafel, Küche, Schnaps

Frucht

- **Fruchtmuster:** ca. 12-jähriger Halbstamm auf St. Julien A, Gemeinde Ort/Innkreis
- **Größe:** mittelgroß; 33,2–34,8 mm hoch; 30,5–34,6 mm breit; 31,1–34,2 mm dick; 20,9–25,2 g schwer
- **Form:** oval bis länglich oval, stempelwärts oft stärker verjüngt, mittel- bis gering stielbauchig, teils gering ungleichhälftig; Naht teils gering ausgeprägt, nicht bis gering flach eingefurcht; Stempelpunkt klein, hellgrau bis hellbraun, in minimalem flachem Grübchen
- **Fruchthaut:** dünn, schwer abziehbar, mäßig zäh, säuerlich, gering duftend; dunkelrotblau bis blauschwarz, stark hellblau bereift
- **Stielbucht:** mitteltief, eng; Rand meist glatt
- **Stiel:** kurz, 14–18 mm, dünn, hellgrün
- **Fleisch:** grünlich gelb, vollreif gelborange bis bräunlich orange; mittelfest, saftig; süß-säuerlich, gering bis mittelstark gewürzt; gut steinlösend
- **Zuckergehalt:** 14,8–15,6° KMW; 72–76° Oechsle; 16,9–17,9° Brix
- **Fruchtstein:** klein bis mittelgroß; Länge: 17,5–19,9 (ø 18,6) mm; Breite: 7,7–8,9 (ø 8,3) mm; Dicke: 10,8–11,9 (ø 11,4) mm
  - **Seitenansicht:** schmal oval, stempelwärts stärker verjüngt und spitz zulaufend; Oberfläche stark genoppt
  - **Vorderansicht:** schmal oval, stielbauchig; Bauchwulst mittelbreit, flach bis gering heraustretend, wenige kurze Furchen und Löcher
  - **Rückenansicht:** Rückenfurche mittelbreit, dünne Mittelwand, Ränder teils gering eingekerbt

Chrudimer Zwetschke

Synonyme, Herkunft, Verbreitung
„Chrudimska", „Vankova"; Sämling von „Bezdekova", 1924 von JOSEF VANEK in Chrudim (Tschechien) gezogen; in Oberösterreich sehr selten vorkommend

Baum
Wuchs: mittelstark, Krone breit kugelig

Erntereife
Ende Juli

Verwendung
Tafel, Küche, Schnaps

Frucht

- **Fruchtmuster:** ca. 9-jähriger Halbstamm auf Sämling Hauszwetschke, Gemeinde Unterweitersdorf
- **Größe:** klein bis mittelgroß; 37,2–39,4 mm hoch; 26,9–29,4 mm breit; 27,4–31,2 mm dick; 16,3–19,3 g schwer
- **Form:** oval, mittelbauchig, kelchwärts stärker verjüngt; Naht gering auffällig, meist nicht eingefurcht; Stempelpunkt klein, grau bis hellbraun, aufsitzend oder in minimalem flachem Grübchen
- **Fruchthaut:** dünn, leicht abziehbar, mäßig zäh, gering duftend; blauschwarz, dünn hellblau bereift
- **Stielbucht:** mitteltief, eng, oval, teils schief; Rand nahtseitig gering eingesenkt
- **Stiel:** kurz, teils mittellang, 15–21 mm, mitteldick, hell grünlich gelb
- **Fleisch:** hellgelblich, mittelfest, mäßig saftig; säuerlich-süß, gering gewürzt; gut steinlösend
- **Zuckergehalt:** 10,3–11,5° KMW; 50–56° Oechsle; 11,8–13,2° Brix
- **Fruchtstein:** mittelgroß; Länge: 21,4–24,0 (ø 23,1) mm; Breite: 6,9–7,8 (ø 7,4) mm; Dicke: 11,6–13,3 (ø 12,7) mm
  - **Seitenansicht:** schmal oval bis oval; gegen Bauchwulst teils mittelstark vorgewölbt, stielseitig viele Fältchen; teils schwacher Mittelgrat; stempelseitig 1–2 starke Fältchen; Oberfläche glatt
  - **Vorderansicht:** schmal oval, mittelbauchig; Bauchwulst mittelbreit, flach, einige Furchen
  - **Rückenansicht:** Rückenfurche schmal; Ränder partiell gesägt

Ersinger Frühzwetschke

Synonyme, Herkunft, Verbreitung
Zufallssämling aus Ersingen (Deutschland) vor 1900; in Oberösterreich häufig vorkommend

Baum
Wuchs: stark; Krone kugelig

Erntereife
Mitte Juli

Verwendung
Tafel, Küche, Schnaps

Frucht

- **Fruchtmuster:** ca. 10-jähriger Halbstamm, Gemeinde Wartberg/Aist
- **Größe:** mittelgroß; 42,2–47,6 mm hoch; 34,9–38,6 mm breit; 35,8–40,1 mm dick; 30,8–40,9 g schwer
- **Form:** oval, mittelbauchig; Naht kaum auffällig, nicht eingefurcht; Stempelpunkt sehr klein, grau, meist aufsitzend
- **Fruchthaut:** mitteldick, leicht abziehbar, mäßig zäh, dunkelblauschwarz, stark hellblau bereift, stark duftend
- **Stielbucht:** oval, mitteltief, eng; Rand glatt
- **Stiel:** kurz, 14–19 mm, mitteldick, hellgrün
- **Fleisch:** orangegelb, weich, mäßig saftig bis saftig; säuerlich-süß, mittelstark gewürzt; gut steinlösend
- **Zuckergehalt:** 12,1–13,2° KMW; 59–64° Oechsle; 13,9–15,1° Brix
- **Fruchtstein:** mittelgroß; Länge: 21,4–24,2 (ø 22,8) mm; Breite: 7,7–8,8 (ø 8,1) mm; Dicke: 13,9–16,4 (ø 15,0) mm
  - **Seitenansicht:** oval; stielseitig mittelbreit ausgezogen mit ausgeprägten Fältchen; Oberfläche grob genoppt
  - **Vorderansicht:** schmal oval; Bauchwulst mittelbreit, flach, mit vielen Furchen und länglichen Löchern (Nadelstichtrichtern)
  - **Rückenansicht:** Rückenfurche mittelbreit, Ränder stark eingekerbt

Geißdutte

Synonyme, Herkunft, Verbreitung
Herkunft unbekannt; seit mindestens 70 Jahren existent; in Oberösterreich selten vorkommend

Baum
Wuchs: stark; Krone kugelig

Erntereife
Ende August

Verwendung
Tafel, Küche, Schnaps

Frucht

- **Fruchtmuster:** ca. 10-jähriger Halbstamm auf St. Julien A, Gemeinde Naarn
- **Größe:** mittelgroß; 43,8–50,1 mm hoch; 30,3–36,0 mm breit; 29,5–35,8 mm dick; 25,0–37,6 g schwer
- **Form:** länglich oval, mittelbauchig, gering bis mittelstark ungleichhälftig, teils stärker gekrümmt, rückenseitig oft stärker abgeflacht; Naht sehr dünn, teils schwach eingefurcht; Stempelpunkt sehr klein, grau, meist aufsitzend
- **Fruchthaut:** dünn bis mitteldick, schlecht bis mittelgut abziehbar, mäßig zäh, säuerlich, dünn weißlich bereift; Grundfarbe vollreif gelb bis orangegelb; Deckfarbe teils fehlend, teils dunkelrot bis weinrot, punktförmig bis kleinfleckig, Deckungsgrad 0–10 %; teils kleinfleckig graubraun berostet
- **Stielbucht:** teils fehlend, teils flach und eng; Rand glatt
- **Stiel:** kurz, 13–20 mm, dünn, hellgrün, teils braun gefleckt
- **Fleisch:** vollreif gelborange bis orange, weich, mäßig saftig; säuerlich-süß, mittelstark gewürzt; nicht ganz steinlösend
- **Zuckergehalt:** 12,8–30,9° KMW; 62–70° Oechsle; 14,6–16,5° Brix
- **Fruchtstein:** mittelgroß; Länge: 27,8–30,9 (ø 29,0) mm; Breite: 6,4–9,0 (ø 7,5) mm; Dicke: 11,9–14,7 (ø 13,2) mm
  - **Seitenansicht:** oval; meist einseitig stärker abgeflacht; stielseitig in schmale, teils etwas stumpfe und etwas schiefe Spitze auslaufend, mit ausgeprägten Fältchen; stempelseitig zugespitzt; Oberfläche fein genoppt
  - **Vorderansicht:** schmal oval; Bauchwulst mittelbreit, eher flach, mit einigen Furchen; Mittelkamm stielwärts gering bis mittelstark hervortretend
  - **Rückenansicht:** Rückenfurche schmal, teils partiell verwachsen, Ränder glatt bis partiell gering eingekerbt

Gelber Bidling

Synonyme, Herkunft, Verbreitung
Herkunft unbekannt; wahrscheinlich Oberösterreich vor 1850; wird traditionell aus Wurzelbrut oder Kernen gezogen; primär in den Bezirken Kirchdorf/Krems und Steyr-Land verstreut vorkommend

Baum
Wuchs: mittelstark, Krone breit kugelig

Erntereife
Anfang August

Verwendung
Tafel, Küche, Schnaps

Frucht

- **Fruchtmuster:** ca. 10-jähriger Halbstamm aus Wurzelbrut, Gemeinde Gallneukirchen
- **Größe:** mittelgroß; 36,7–39,3 mm hoch; 29,2–32,6 mm breit; 30,5–34,5 mm dick; 18,7–26,0 g schwer
- **Form:** oval, mittelbauchig, oft etwas ungleichhälftig; Naht oft rötlich, auffällig, teils minimal eingefurcht; Stempelpunkt klein, dunkelgrau, aufsitzend
- **Fruchthaut:** mitteldick, leicht abziehbar, mittelzäh, säuerlich, teils schwach bitter, mittelstark duftend; dünn weißlich bis minimal hellrosa bereift; Grundfarbe gelborange; Deckfarbe fehlend, teils purpurrot punktiert bis kleinfleckig; Deckungsgrad 0–10 %
- **Stielbucht:** flach bis mitteltief, eng, meist schief; Rand glatt
- **Stiel:** kurz bis mittellang, 16–23 mm, mitteldick, hell grünlich gelb
- **Fleisch:** gelborange bis orange, weich, mäßig saftig bis saftig; säuerlich-süß, mittelstark aprikosenartig gewürzt; gut steinlösend
- **Zuckergehalt:** 12,3–14,0° KMW; 60–68° Oechsle; 14,1–16,0° Brix
- **Fruchtstein:** mittelgroß; Länge: 21,4–22,7 (ø 22,0) mm; Breite: 7,3–8,3 (ø 7,7) mm; Dicke: 11,6–13,0 (ø 12,3) mm
  - **Seitenansicht:** oval, stielwärts stärker verjüngt; stempelseitig etwas zugespitzt; meist mit Mittelgrat; Oberfläche glatt; stempelseitig teils 1–2 waagrechte Fältchen
  - **Vorderansicht:** schmal oval, mitttelbauchig; Bauchwulst mittelbreit, eben bis gering hervortretend, seltener geringe Furchen
  - **Rückenansicht:** Rückenfurche schmal, partiell verwachsen; Ränder meist glatt

Pflaumen

Gelber Spenling

Synonyme, Herkunft, Verbreitung
Herkunft unbekannt; sehr alter großer Formenkreis mit vielen Typen; wurde und wird vereinzelt noch aus Wurzelbrut gezogen; in Oberösterreich bereits selten geworden

Baum
Wuchs: mittelstark, Krone breit kugelig

Erntereife
Anfang bis Mitte August

Verwendung
Tafel, Küche, Schnaps

Frucht

- **Fruchtmuster:** ca. 10-jähriger Halbstamm aus Wurzelbrut, Gemeinde Bad Schallerbach
- **Größe:** klein; 30,6–34,3 mm hoch; 22,0–25,7 mm breit; 21,7–25,6 mm dick; 9,7–12,9 g schwer
- **Form:** schmal oval, mittelbauchig, Querschnitt rund; Naht gering bis nicht auffällig, nur selten minimal und flach eingefurcht; Stempelpunkt sehr klein, braun, in minimalem Grübchen
- **Fruchthaut:** mitteldick, leicht abziehbar, mittelzäh, etwas bitter, sauer, sehr stark duftend; dünn weißlich bereift; Grundfarbe gelb bis orangegelb; Deckfarbe fehlend
- **Stielbucht:** mitteltief bis tief, eng; Rand glatt
- **Stiel:** kurz, 12–18 mm, mitteldick, hell grünlich gelb, braun gefleckt
- **Fleisch:** gelborange bis orange, weich, mäßig saftig; säuerlich-süß, stark gewürzt; nicht ganz steinlösend
- **Zuckergehalt:** 13,8–15,4° KMW; 67–75° Oechsle; 15,8–17,6° Brix
- **Fruchtstein:** klein; Länge: 19,0–24,1 (ø 21,7) mm; Breite: 4,9–7,7 (ø 6,2) mm; Dicke: 8,3–10,5 (ø 9,7) mm
  - **Seitenansicht:** schmal oval, teils einseitig abgeflacht, mittelbauchig, stiel- und stempelwärts stark verjüngt und spitz auslaufend; Oberfläche teils schwach und fein genoppt
  - **Vorderansicht:** schmal oval; Bauchwulst schmal, meist wenig erhöht, gering eingefurcht, Mittelkamm nur wenig hervortretend, Rand der Seitenfurche teils eingekerbt
  - **Rückenansicht:** Rückenfurche schmal, Ränder teils gering eingekerbt

Graf Althanns Reneklode

Synonyme, Herkunft, Verbreitung
„Althanns Reneklode"; um 1855 vom Schlossgärtner PROHASKA, Herrschaft Swoyschitz (heute Svojšice, Tschechien) des Grafen Michael Althann, aus dem Kern von „Große Grüne Reneklode" gezogen, erstmals 1871 beschrieben; in Oberösterreich häufiger anzutreffen

Baum
Wuchs: stark; Krone breitkugelig
Sonstige Eigenschaften: stärker anfällig für Fruchtmonilia

Erntereife
Mitte August

Verwendung
Tafel, Küche, Schnaps

Frucht

- **Fruchtmuster:** ca. 12-jähriger Halbstamm auf St. Julien A; Gemeinde Ort/Innkreis
- **Größe:** groß; 39,0–41,0 mm hoch; 44,1–48,9 mm breit; 40,2–43,6 mm dick; 44,8–53,5 g schwer
- **Form:** rund, teils flach rund, stiel- und stempelseitig meist stärker abgeflacht, mittelbauchig, teils gering ungleichhälftig; Naht ausgeprägt, flach und breit eingefurcht; Stempelpunkt mittelgroß, hellbraun, in breitem flachem Grübchen
- **Fruchthaut:** eher dick, gut abziehbar, mäßig zäh, säuerlich, gering duftend; dunkelpurpurrot, dünn hellblau bereift
- **Stielbucht:** tief, eng; Rand nahtseitig etwas eingesenkt
- **Stiel:** mittellang, 22–26 mm, dick, hellgrün, meist mit bräunlichen Rostflecken
- **Fleisch:** goldgelb bis gelborange, mittelfest, saftig; säuerlich-süß, gering bis mittelstark gewürzt; mittelgut steinlösend
- **Zuckergehalt:** 14,4–17,1° KMW; 70–83° Oechsle; 16,5–19,5° Brix
- **Fruchtstein:** mittelgroß; Länge: 17,8–21,0 (ø 19,9) mm; Breite: 8,1–9,3 (ø 8,6) mm; Dicke: 13,6–15,4 (ø 14,6) mm
  - **Seitenansicht:** breit oval bis rundlich, gegen Bauchwulst meist mittelstark eingesenkt, stielseitig starke Fältchen; Oberfläche fein genoppt
  - **Vorderansicht:** schmal oval; Bauchwulst breit, eher flach, viele Furchen, Mittelkamm vereinzelt mit tieferer einseitiger Furche scharf hervortretend
  - **Rückenansicht:** Rückenfurche mittelbreit, Ränder meist glatt

Große Grüne Reneklode

Synonyme, Herkunft, Verbreitung
Herkunft unbekannt; soll im 14. Jahrhundert in Syrien oder Armenien entstanden sein; kam um 1700 von Frankreich nach Mitteleuropa; in Oberösterreich häufiger anzutreffen

Baum
Wuchs: mittelstark, Krone kugelig

Erntereife
Mitte bis Ende August

Verwendung
Tafel, Küche, Schnaps

Frucht

- **Fruchtmuster:** ca. 20-jähriger Hochstamm, Gemeinde Wartberg/Aist
- **Größe:** mittelgroß; 33,2–34,8 mm hoch; 36,1–38,0 mm breit; 37,6–40,0 mm dick; 28,4–34,0 g schwer
- **Form:** rund, mittelbauchig, stiel- und stempelseitig abgeflacht, teils gering ungleichhälftig; Naht ausgeprägt, flach eingefurcht; Stempelpunkt klein, hellgrau bis hellbraun, in mittelgroßem flachem Grübchen
- **Fruchthaut:** mitteldick, mittelgut abziehbar, mittelzäh, säuerlich, gering duftend; Grundfarbe olivgrün, Deckfarbe orangerot, verwaschen, oft bräunlich rot gesprenkelt, Deckungsgrad 0–30 %; weißlich bereift; Berostung gering, meist kleinfleckig bis netzartig, grau
- **Stielbucht:** mitteltief, eng; Rand meist glatt
- **Stiel:** kurz bis mittellang, 15–21 mm, mitteldick, hellgrün, teils mit Rostflecken
- **Fleisch:** grünlich gelb bis gelborange; mittelfest, vollreif weich, saftig; sehr süß, stark gewürzt; mittelgut steinlösend
- **Zuckergehalt:** 16,9–17,9° KMW; 82–87° Oechsle; 19,3–20,5° Brix
- **Fruchtstein:** mittelgroß; Länge: 17,5–19,4 (ø 18,3) mm; Breite: 7,9–9,3 (ø 8,7) mm; Dicke: 13,5–14,3 (ø 13,9) mm
  - **Seitenansicht:** breit oval bis rundlich, mittelbauchig, Oberfläche gering genoppt
  - **Vorderansicht:** schmal oval, mittelbauchig; Bauchwulst mittelbreit, gering hervortretend, flache Furchen, Mittelkamm stielwärts etwas stärker hervortretend
  - **Rückenansicht:** Rückenfurche mittelbreit, mitteltief, Ränder meist glatt

Hanita

Synonyme, Herkunft, Verbreitung
um 1980 von Dr. WALTER HARTMANN (Universität Hohenheim) gezüchtet; Kreuzung „President" x „Auerbacher"; in Oberösterreich gering verbreitet

Baum
Wuchs: stark; Krone kugelig

Erntereife
Mitte August

Verwendung
Tafel, Küche, Schnaps

Frucht

- **Fruchtmuster:** ca. 10-jähriger Halbstamm auf St. Julien A, Gemeinde Braunau-Ranshofen
- **Größe:** mittelgroß; 39,7–43,5 mm hoch; 33,2–36,5 mm breit; 32,6–36,8 mm dick; 26,3–33,1 g schwer
- **Form:** oval, mittelbauchig, teils gering ungleichhälftig; Naht mäßig ausgeprägt, flach eingefurcht; Stempelpunkt klein, hellbraun, in geringem flachem Grübchen
- **Fruchthaut:** dünn, leicht abziehbar, mäßig zäh, säuerlich, gering duftend; schwarzblau bis blauschwarz, stark hellblau bereift
- **Stielbucht:** flach, seltener mitteltief, eng, oval; Rand teils gering wulstig, nahtseitig teils gering eingesenkt
- **Stiel:** kurz bis mittellang, 16–26 mm, dünn, hellgrün, teils braun gefleckt
- **Fleisch:** gelborange; mittelfest, mäßig saftig bis saftig; säuerlich-süß, mittelstark gewürzt; vollreif mittelgut steinlösend
- **Zuckergehalt:** 13,4–14,8° KMW; 65–72° Oechsle; 15,3–16,9° Brix
- **Fruchtstein:** klein bis mittelgroß; Länge: 21,7–24,3 (ø 23,1) mm; Breite: 8,2–9,4 (ø 8,9) mm; Dicke: 13,2–15,1 (ø 14,0) mm
  - **Seitenansicht:** oval, stielseitig starke Fältchen; Mittelgrat kurz bis mittellang, scharf; Oberfläche stark genoppt
  - **Vorderansicht:** schmal oval, stielbauchig; Bauchwulst breit, meist flach, Mittelkamm stielwärts gering und scharf hervortretend
  - **Rückenansicht:** Rückenfurche mittelbreit, Ränder teils gering eingekerbt

Hauszwetschke

Synonyme, Herkunft, Verbreitung
„Deutsche Zwetschke“, „Ungarische Zwetschke“ etc.; typenreiche Sorte unbekannter Herkunft; mindestens seit dem 16. Jahrhundert im deutschsprachigen Raum existent; Hauptsorte in Oberösterreich

Baum
Wuchs: mittelstark, Krone pyramidal bis später hoch kugelig

Erntereife
Anfang bis Mitte September

Verwendung
Tafel, Küche, Schnaps, Dörren

Frucht

- **Fruchtmuster:** ca. 15-jähriger Halbstamm auf St. Julien A, Gemeinde Ort/Innkreis
- **Größe:** mittelgroß; 39,4–44,1 mm hoch; 29,1–31,8 mm breit; 29,8–32,7 mm dick; 19,2–24,1 g schwer
- **Form:** länglich oval, mittelbauchig, häufig gering ungleichhälftig; Naht schwach ausgeprägt, nicht oder sehr flach eingefurcht; Stempelpunkt klein, grau bis hellbraun, in kleinem flachem Grübchen
- **Fruchthaut:** dünn, gut abziehbar, mäßig zäh, säuerlich-herb, gering duftend; dunkelpurpurrot bis blauschwarz, stark hellblau bereift
- **Stielbucht:** flach, eng; Rand glatt
- **Stiel:** mittellang, 19–24 mm, mitteldick, hell grünlich gelb, teils bräunliche Rostpunkte
- **Fleisch:** vollreif gelborange bis bräunlich orange, mittelfest bis fest, saftig; säuerlich-süß, etwas herb, stark gewürzt; gut steinlösend
- **Zuckergehalt:** 15,6–17,3° KMW; 76–84° Oechsle; 17,9–19,8° Brix
- **Fruchtstein:** mittelgroß, teils klein; Länge: 20,5–22,2 (ø 21,2) mm; Breite: 6,7–7,3 (ø 7,0) mm; Dicke: 11,1–12,3 (ø 11,8) mm
  - **Seitenansicht:** schmal oval bis bogenförmig, gegen den Rücken abgeflacht; stiel- und stempelseitig zugespitzt; Stielansatz teils schmal ausgezogen und teils gering gegen den Rücken gedreht, ausgeprägte Fältchen; gegen den Bauchwulst hin gering eingesenkt; Oberfläche mittelgrob genoppt
  - **Vorderansicht:** schmal oval, stielbauchig; Bauchwulst mittelbreit, mittelstark heraustretend, Mittelkamm stielwärts teils stärker hervortretend
  - **Rückenansicht:** Rückenfurche mittelbreit, Ränder teils gering eingekerbt

Italienische Zwetschke

Synonyme, Herkunft, Verbreitung
typenreich: „Fellenberg", „Elbetaler Zwetschke" etc.; wahrscheinlich Zufallssämling aus der Lombardei vor 1800; um 1823 vom Schweizer Kaufmann FELLENBERG nach Deutschland gebracht; in Oberösterreich sehr häufig anzutreffen

Baum
Wuchs: mittelstark, Krone breit kugelig

Erntereife
Ende August bis Anfang September

Verwendung
Tafel, Küche, Schnaps, Dörren

Frucht

- **Fruchtmuster:** ca. 28-jähriger Hochstamm auf St. Julien A, Gemeinde Ansfelden
- **Größe:** mittelgroß; 45,4–52,1 mm hoch; 37,1–40,6 mm breit; 33,2–39,6 mm dick; 32,6–42,8 g schwer
- **Form:** oval, stielnahe nahtseitig oft stärker abgeflacht, mittelbauchig, teils gering ungleichhälftig; Naht ausgeprägt, flach eingefurcht; Stempelpunkt klein, grau, in kleinem flachem Grübchen
- **Fruchthaut:** dünn, gut abziehbar, mäßig zäh, säuerlich, mittelstark duftend; blauschwarz, stark hellblau bereift
- **Stielbucht:** flach, teils mitteltief, eng; Rand nahtseitig teils etwas eingesenkt
- **Stiel:** mittellang, 19–28 mm, mitteldick, hellgrün, teils bräunliche Rostpunkte
- **Fleisch:** gelborange, mittelfest, saftig; säuerlich-süß, mittelstark gewürzt; gut steinlösend
- **Zuckergehalt:** 13,8–15,6° KMW; 67–76° Oechsle; 15,8–17,9° Brix
- **Fruchtstein:** mittelgroß; Länge: 22,0–25,3 (ø 23,8) mm; Breite: 8,0–8,9 (ø 8,4) mm; Dicke: 13,4–15,1 (ø 14,1) mm
  - **Seitenansicht:** annähernd oval, rückenseitig abgeflacht; stielseitig zugespitzt bis ausgezogen und teils gegen Rücken hin etwas verzogen; seltener ein flacher Mittelgrat; Oberfläche mittelgrob genoppt
  - **Vorderansicht:** schmal oval; Bauchwulst breit, eben, Mittelkamm teils mittelstark und scharf hervortretend
  - **Rückenansicht:** Rückenfurche breit, Ränder meist glatt

Kirkes Pflaume

Synonyme, Herkunft, Verbreitung
Zufallssämling, Brompton (England) um 1810, ab 1830 von JOSEPH KIRKE verbreitet; 1841 erstmals beschrieben; in Oberösterreich verstreut anzutreffen

Baum
Wuchs: stark; Krone breit kugelig

Erntereife
Mitte August

Verwendung
Tafel, Küche, Schnaps

Frucht

- **Fruchtmuster:** ca. 15-jähriger Halbstamm auf St. Julien A, Gemeinde Ort/Innkreis
- **Größe:** groß; 41,0–46,8 mm hoch; 41,8–44,6 mm breit; 38,2–41,5 mm dick; 44,6–50,4 g schwer
- **Form:** rund, mittelbauchig, teils gering ungleichhälftig; Naht ausgeprägt, mittelbreit flach eingefurcht; Stempelpunkt klein, hellbraun, in mittelgroßem flachem Grübchen
- **Fruchthaut:** dünn, leicht abziehbar, mäßig zäh, säuerlich, gering duftend; dunkelpurpurrot, hellblau bereift
- **Stielbucht:** mitteltief bis flach, eng, oval, etwas schief; Rand naht- und rückenseitig teils gering eingesenkt
- **Stiel:** mittellang, 20–30 mm, dünn bis mitteldick, hellgrünlich, teils Rostflecken
- **Fleisch:** grünlich gelb bis gelborange; mittelfest, sehr saftig; säuerlich-süß, gering bis mittelstark gewürzt; gut steinlösend
- **Zuckergehalt:** 14,8–16,0° KMW; 72–78° Oechsle; 16,9–18,4° Brix
- **Fruchtstein:** mittelgroß, teils groß; Länge: 22,6–25,2 (ø 23,9) mm; Breite: 8,6–9,3 (ø 9,0) mm; Dicke: 16,9–18,4 (ø 17,6) mm
  - **Seitenansicht:** breit oval bis rundlich; gegen Bauchwulst hin teils stark eingesenkt, Stielansatz sehr kurz; Oberfläche stark genoppt
  - **Vorderansicht:** schmal oval; Bauchwulst mittelbreit, teils mittelstark heraustretend; Mittelkamm teils gering und scharf hervortretend
  - **Rückenansicht:** Rückenfurche mittelbreit, Ränder teils eingekerbt bis gesägt

Pflaumen

Königin Victoria

Synonyme, Herkunft, Verbreitung
„Queen Victoria Plum"; Zufallssämling aus der Grafschaft Sussex (England) um 1840; in Oberösterreich selten vorkommend

Baum
Wuchs: mittelstark, Krone breit kugelig

Erntereife
Anfang bis Mitte August

Verwendung
Tafel, Küche, Schnaps

Frucht

- **Fruchtmuster:** ca. 15-jähriger Hochstamm auf St. Julien A, Gemeinde Braunau-Ranshofen
- **Größe:** groß, teils mittelgroß; 43,1–46,9 mm hoch; 35,0–41,1 mm breit; 31,5–41,9 mm dick; 29,7–44,4 g schwer
- **Form:** breit oval bis oval, mittelbauchig, teils ungleichhälftig; Naht ausgeprägt, flach bzw. seltener mitteltief eingefurcht; Stempelpunkt klein, grau, in geringem flachem Grübchen
- **Fruchthaut:** dünn, leicht abziehbar, mäßig zäh, säuerlich, mittelstark duftend; hellrot bis rot, dünn hellblau bereift
- **Stielbucht:** mitteltief, eng, oval; Rand nahtseitig teils gering eingesenkt
- **Stiel:** kurz bis mittellang, 16–22 mm, dünn bis mitteldick, hell grünlich gelb
- **Fleisch:** hellorange bis orange, weich, mäßig saftig; mild säuerlich-süß, gering gewürzt; gut steinlösend
- **Zuckergehalt:** 10,7–12,1° KMW; 52–59° Oechsle; 12,2–13,9° Brix
- **Fruchtstein:** mittelgroß bis groß; Länge: 22,7–26,5 (ø 24,3) mm; Breite: 8,2–9,1 (ø 8,4) mm; Dicke: 15,7–17,7 (ø 16,9) mm
  - **Seitenansicht:** oval; teils schief verzogen; stempelseitig 1–2 Fältchen; Oberfläche fein genoppt
  - **Vorderansicht:** schmal oval, Bauchwulst mittelbreit, wenige Löcher; Mittelkamm stielwärts teils mittelstark und scharf hervortretend
  - **Rückenansicht:** Rückenfurche mittelbreit, Ränder glatt bis gering eingekerbt

Pflaumen

Mirabelle von Nancy

Synonyme, Herkunft, Verbreitung
„Mirabelle de Nancy“, „Nancymirabelle“; schon vor 1500 in Frankreich kultiviert; in Oberösterreich relativ häufig anzutreffen

Baum
Wuchs: mittelstark, Krone kugelig bis breit kugelig

Erntereife
Anfang August

Verwendung
Tafel, Küche, Schnaps

Frucht

- **Fruchtmuster:** ca. 15-jähriger Halbstamm auf St. Julien A, Gemeinde Ort/Innkreis
- **Größe:** sehr klein; 25,7–28,4 mm hoch; 23,7–26,5 mm breit; 23,3–25,9 mm dick; 9,1–11,9 g schwer
- **Form:** rund bis schwach hochrund, mittelbauchig; Naht mäßig bis nicht auffällig; Stempelpunkt klein, hellbraun, in minimalem flachem Grübchen
- **Fruchthaut:** dünn, leicht abziehbar, mäßig zäh, stark duftend; dünn weißlich bis seltener schwach hellblau bereift; Grundfarbe gelb bis orangegelb, Deckfarbe purpurrot bis violett verwaschen, teils punktiert bis kleinfleckig; Deckungsgrad 0–50 %
- **Stielbucht:** flach bis mitteltief, eng; Rand glatt
- **Stiel:** kurz, 16–19 mm, dünn, hell gelblich grün, partiell teils rötlich gefleckt
- **Fleisch:** hellorange, weich, mäßig saftig; einseitig sehr süß, stark gewürzt; meist mittelgut steinlösend
- **Zuckergehalt:** 17,5–19,1° KMW; 85–93° Oechsle; 20,0–21,9° Brix
- **Fruchtstein:** sehr klein; Länge: 12,1–14,0 (ø 13,0) mm; Breite: 5,7–6,4 (ø 6,0) mm; Dicke: 9,2–10,3 (ø 9,8) mm
  - **Seitenansicht:** oval bis breit oval, stielseitig mit ausgeprägten Fältchen; Oberfläche meist glatt, seltener schwach genoppt
  - **Vorderansicht:** schmal oval, mittelbauchig; Bauchwulst mittelbreit, nur gering hervortretend, kaum Furchen, vereinzelt Löcher
  - **Rückenansicht:** Rückenfurche sehr schmal und flach, Ränder meist glatt, nur vereinzelt gering eingekerbt

Ontario-Pflaume

Synonyme, Herkunft, Verbreitung
um 1874 von M. ELLWANGER und A. BARRY in Rochester (New York, USA) gezogen; in Oberösterreich verstreut vorkommend

Baum
Wuchs: stark; Krone kugelig

Erntereif
Ende Juli bis Anfang August

Verwendung
Tafel, Küche, Schnaps

Frucht

- **Fruchtmuster:** ca. 15-jähriger Halbstamm auf St. Julien A, Gemeinde Ort/Innkreis
- **Größe:** groß; 39,0–43,3 mm hoch; 38,5–41,6 mm breit; 38,9–44,7 mm dick; 36,5–47,6 g schwer
- **Form:** rund, mittelbauchig, teils gering ungleichhälftig; Naht gering ausgeprägt, flach und breit eingefurcht; Stempelpunkt klein, hellbraun, in kleinem flachem Grübchen
- **Fruchthaut:** dünn, mäßig zäh, säuerlich, gering duftend; gelblich grün bis grünlich gelb, dünn weißlich bereift
- **Stielbucht:** mitteltief bis tief, eng; Rand nahtseitig teils gering eingekerbt
- **Stiel:** kurz bis mittellang, 17–25 mm, mitteldick, hellgrün
- **Fleisch:** hellgelb; mittelfest, vollreif weich, saftig; mild säuerlich-süß, gering gewürzt; schlecht steinlösend
- **Zuckergehalt:** 11,7–13,2° KMW; 57–64° Oechsle; 13,4–15,1° Brix
- **Fruchtstein:** mittelgroß; Länge: 19,1–22,2 (ø 20,6) mm; Breite: 8,5–10,1 (ø 9,4) mm; Dicke: 15,3–16,7 (ø 16,0) mm
  - **Seitenansicht:** breit oval bis rundlich, teils etwas schief verzogen; scharfer Mittelgrat, Oberfläche fein genoppt
  - **Vorderansicht:** oval; Bauchwulst breit, häufig Löcher und kurze Furchen; Mittelkamm seltener stielseitig etwas scharf hervortretend
  - **Rückenansicht:** Rückenfurche mittelbreit, Ränder glatt bis seltener gering eingekerbt

Ouillins Reneklode

Synonyme, Herkunft, Verbreitung
„Reine Claude d'Ouillins"; „Ouillins Golden Gage"; Frankreich um 1800; in Oberösterreich relativ häufig anzutreffen

Baum
Wuchs: stark; Krone breit kugelig

Erntereife
Anfang August

Verwendung
Tafel, Küche, Schnaps

Frucht

- **Fruchtmuster:** ca. 15-jähriger Halbstamm auf St. Julien A, Gemeinde Ort/Innkreis
- **Größe:** groß; 39,9–44,5 mm hoch; 33,9–43,9 mm breit; 39,9–45,2 mm dick; 38,8–53,3 g schwer
- **Form:** rund, seltener breit oval, stempelseitig oft abgeflacht, mittelbauchig, teils gering ungleichhälftig; Naht gering auffällig, teils gering und flach eingefurcht; Stempelpunkt klein, grau, teils in geringem flachem Grübchen
- **Fruchthaut:** dünn, leicht abziehbar, mäßig zäh, sauer, mittelstark duftend; dünn weißlich bereift; Grundfarbe grünlich gelb bis gelb; Deckfarbe oft fehlend, teils orange bis rosa verwaschen, vereinzelt purpurrot punktiert bis kleinfleckig; Deckungsgrad 0–20 %
- **Stielbucht:** mitteltief, eng; Rand teils nahtseitig gering eingesenkt
- **Stiel:** kurz bis mittellang, 18–25 mm, mitteldick, hell grünlich gelb, teils mit Rostpunkten
- **Fleisch:** hellgelblich, weich, mäßig saftig bis saftig; mild säuerlich-süß, gering gewürzt, teils fade; schlecht steinlösend
- **Zuckergehalt:** 11,9–13,6° KMW; 58–66° Oechsle; 13,6–15,5° Brix
- **Fruchtstein:** groß; Länge: 19,8–22,1 (ø 21,3) mm; Breite: 9,1–11,0 (ø 10,1) mm; Dicke: 15,4–16,2 (ø 15,8) mm
  - **Seitenansicht:** breit oval bis rundlich, mittelbauchig, oft mit Mittelgrat; Oberfläche fein genoppt
  - **Vorderansicht:** schmal oval; Bauchwulst mittelbreit bis breit, teils eben, teils gering heraustretend, teils mehrere Furchen und vereinzelte Löcher, teils Mittelkamm stempelwärts scharf hervortretend
  - **Rückenansicht:** Rückenfurche breit, Ränder glatt

Pitestean

Synonyme, Herkunft, Verbreitung
Züchter RIFG Pitesti, Rumänien; in Oberösterreich sehr selten in Hausgärten bzw. Plantagen vorkommend

Baum
Wuchs: mittelstark, Krone breit ausladend; spät blühend
Sonstige Eigenschaften: nicht selbstfruchtbar

Erntereife
Ende Juli

Verwendung
Tafel, Küche, Schnaps

Frucht

- **Fruchtmuster:** ca. 8-jähriger Halbstamm, Gemeinde Wartberg/Aist
- **Größe:** groß; 51,9–56,8 mm hoch; 37,6–41,4 mm breit; 42,1–47,9 mm dick; 47,1–58,0 g schwer
- **Form:** oval, mittelbauchig; Naht gering auffällig, gekrümmt, teils gering und flach eingefurcht; Stempelpunkt mittelgroß, grau, aufsitzend oder in minimalem flachem Grübchen
- **Fruchthaut:** dünn, leicht abziehbar, mäßig zäh, gering duftend; blauschwarz, mittelstark hellblau bereift
- **Stielbucht:** oval, mitteltief, eng; Rand nahtseitig teils gering eingesenkt
- **Stiel:** kurz, 16–20 mm, mitteldick, hellgrün bis hell grünlich gelb
- **Fleisch:** hellgelblich, mittelfest, mäßig saftig; mild säuerlich-süß, nicht bis gering gewürzt; gut steinlösend
- **Zuckergehalt:** 10,3–11,7° KMW; 50–57° Oechsle; 11,8–13,4° Brix
- **Fruchtstein:** groß; Länge: 29,4–31,6 (ø 30,6) mm; Breite: 8,1–9,2 (ø 8,7) mm; Dicke: 15,9–16,8 (ø 16,4) mm
  - **Seitenansicht:** schmal oval, stempelseitig etwas spitz zulaufend; Stielansatz mittelbreit; stielseitig ausgeprägte Fältchen; Oberfläche mittelgrob genoppt
  - **Vorderansicht:** länglich oval, mittelbauchig; Bauchwulst mittelbreit, häufig Furchen und längliche Löcher; Mittelkamm stielwärts teils gering hervortretend
  - **Rückenansicht:** Rückenfurche mittelbreit, Ränder teils gesägt

Pflaumen

Roßpauken

Synonyme, Herkunft, Verbreitung
alte oberösterreichische Lokalsorte; Name steht für mehrere unterschiedliche Sorten; nicht zu verwechseln mit „Roßwampen" (im Innviertel meist identisch mit „Schöne von Löwen"); heute bereits selten in Oberösterreichs Streuobstgärten anzutreffen

Baum
Wuchs: stark; Krone kugelig

Erntereife
Anfang bis Mitte August

Verwendung
Tafel, Küche, Schnaps

Frucht

- **Fruchtmuster:** ca. 27-jähriger Hochstamm auf St. Julien A, Gemeinde Ansfelden
- **Größe:** klein bis mittelgroß; 31,6–36,9 mm hoch; 33,5–38,1 mm breit; 31,3–36,9 mm dick; 23,1–30,6 g schwer
- **Form:** rund, mittelbauchig; Naht stark auffällig, meist ausgeprägt mitteltief eingefurcht; Stempelpunkt klein, grau bis hellbraun, in geringem flachem Grübchen
- **Fruchthaut:** dünn, leicht abziehbar, mäßig zäh, sauer, gering duftend; schwarzblau, stark hellblau bereift
- **Stielbucht:** meist mitteltief, eng; Rand nahtseitig meist gering eingesenkt
- **Stiel:** kurz, teils mittellang, 13–22 mm, dünn bis mitteldick, hell grünlich gelb, teils mit Rostpunkten
- **Fleisch:** grünlich gelb, vollreif hellgelblich, weich, mäßig saftig; säuerlich-süß, gering gewürzt; schlecht steinlösend
- **Zuckergehalt:** 15,8–17,1° KMW; 77–83° Oechsle; 18,1–19,5° Brix
- **Fruchtstein:** klein; Länge: 13,3–16,2 (ø 15,0) mm; Breite: 7,2–7,9 (ø 7,6) mm; Dicke: 11,5–13,5 (ø 12,6) mm
  - **Seitenansicht:** breit oval, teils rundlich, stielseitig abgestumpft, häufig mit Mittelgrat; Oberfläche meist glatt
  - **Vorderansicht:** schmal oval; Bauchwulst mittelbreit, gering bis mittelstark hervortretend, vereinzelt Löcher, Mittelkamm stielwärts teils scharf hervortretend
  - **Rückenansicht:** Rückenfurche schmal, Ränder glatt

Pflaumen

Rote Krieche

Synonyme, Herkunft, Verbreitung
„Rotkria“; „Rotes Kriacherl“; wahrscheinlich lokaler Zufallssämling, bereits vor 1900 existent; in den Bezirken Eferding und Grieskirchen weiter verbreitet und meist aus Wurzelausläufern vermehrt; auch gerne als Unterlage für Tafelpflaumen verwendet

Baum
Wuchs: stark; Krone pyramidal, später hoch pyramidal bis hoch kugelig

Erntereife
Anfang bis Mitte August

Verwendung
Schnaps

Frucht

- **Fruchtmuster:** ca. 20-jähriger Halbstamm aus Wurzelausläufer, Gemeinde Bad Schallerbach
- **Größe:** klein; 24,0–26,6 mm hoch; 24,6–26,9 mm breit; 23,9–25,7 mm dick; 8,6–11,1 g schwer
- **Form:** rund, mittelbauchig, gleichhälftig; Naht meist mäßig auffällig, teils flach eingefurcht; Stempelpunkt klein, hellbraun, in geringem flachem Grübchen
- **Fruchthaut:** dick, zäh, mittelstark duftend; purpurrot, mittelstark hellblau bereift
- **Stielbucht:** mitteltief, eng, oval
- **Stiel:** kurz, 10–15 mm, dünn, hellgrün, teils Rostflecken
- **Fleisch:** orangegelb bis vollreif bräunlich orange; weich, saftig; süß-sauer, nicht bis gering gewürzt; nicht steinlösend
- **Zuckergehalt:** 16,3–17,9° KMW; 79–87° Oechsle; 18,6–20,5° Brix
- **Fruchtstein:** klein; Länge: 15,0–17,7 (ø 15,8) mm; Breite: 7,2–7,7 (ø 7,4) mm; Dicke: 10,4–11,9 (ø 11,2) mm
  - **Seitenansicht:** oval, rückenseitig teils etwas abgeflacht; stielwärts häufig etwas schief verzogen; stempelseitig etwas zugespitzt; Oberfläche meist mittelfein genoppt
  - **Vorderansicht:** schmal oval; Bauchwulst mittelbreit, gering heraustretend, Mittelkamm stielwärts teils gering hervortretend
  - **Rückenansicht:** Rückenfurche schmal, Ränder oft partiell gesägt

Roter Spenling

Synonyme, Herkunft, Verbreitung

Herkunft unbekannt, in Oberösterreich jetzt schon extrem selten und gefährdet; nicht identisch mit „Roter Spänling" in Tirol; wurde und wird oft aus Wurzelbrut vermehrt und auch gerne als Unterlage verwendet

Baum

Wuchs: mittelstark, Krone pyramidal, später hoch pyramidal bis hoch kugelig; Sommertriebe dunkelviolett und behaart; mehrjährige Triebe teils bedornt

Erntereife

Anfang bis Mitte August

Verwendung

Küche, Schnaps

Frucht

- **Fruchtmuster:** ca. 10-jähriger Halbstamm aus Wurzelausläufer, Gemeinde Bad Schallerbach
- **Größe:** klein, 30–33 mm hoch, 23–25 mm breit, 21–24 mm dick; 8–12 g schwer
- **Form:** länglich oval, mittelbauchig, gleichhälftig; Querschnitt meist rundlich; Stempelpunkt klein, grau, in flachem Grübchen sitzend
- **Fruchthaut:** dünn, leicht abziehbar, säuerlich, mitte stark duftend, dünn hellblau bereift; Farbe hellrot bis rot; Lentizellen zahlreich, sehr klein, dunkelpurpur, nicht auffällig
- **Stielbucht:** eng, flach
- **Stiel:** mittellang, 22–30 mm, sehr dünn, hellgrünlich
- **Fleisch:** gelborange, mittelfest, saftig bis mäßig saftig, angenehm säuerlich-süß, mittelstark gewürzt; vollreif meist steinlösend
- **Zuckergehalt:** 16,4–17,5° KMW; 80–85° Oechsle; 18,3–20,0° Brix
- **Fruchtstein:** klein; Länge: 19,6–20,9 (ø 20,2) mm; Breite: 5,6–6,1 (ø 5,8) mm; Dicke: 9,6–10,3 (ø 10,0) mm
  - **Seitenansicht:** schmal länglich oval, an beiden Enden zugespitzt; Stielansatz teils gering zum Rücken gedreht; Oberfläche fein genoppt
  - **Vorderansicht:** sehr schmal; Bauchwulst mittelbreit, meist eben, Mittelkamm stielwärts teils etwas scharf hervortretend
  - **Rückenansicht:** Rückenfurche schmal, Ränder glatt bis gering eingekerbt

Schöne von Löwen

Synonyme, Herkunft, Verbreitung

„Belle de Louvain"; Herkunft unbekannt; 1849 erstmals beschrieben; von Belgien aus verbreitet; in Oberösterreich als „Rosswampen" und fälschlich als „Rosspauken" teils relativ häufig anzutreffen

Baum

Wuchs: stark; Krone breit kugelig

Sonstige Eigenschaften: stärker anfällig für Fruchtmonilia

Erntereife

Anfang August

Verwendung

Tafel, Küche, Schnaps

Frucht

- **Fruchtmuster:** ca. 9-jähriger Halbstamm auf Sämling Hauszwetschke, Gemeinde Unterweitersdorf
- **Größe:** groß, teils sehr groß; 52,6–56,3 mm hoch; 41,7–47,5 mm breit; 41,3–46,7 mm dick; 51,5–68,8 g schwer
- **Form:** oval, stielwärts etwas stärker verjüngt, mittelbauchig, teils ungleichhälftig; Naht ausgeprägt, flach eingefurcht; Stempelpunkt klein, grau bis hellbraun, in geringem flachem Grübchen
- **Fruchthaut:** dünn, leicht abziehbar, mäßig zäh, säuerlich, mittelstark duftend; schwarzblau, dünn hellblau bereift
- **Stielbucht:** flach, eng, oval, oft schief, mit meist typisch schmaler ringförmiger Wulst; Rand nahtseitig teils gering eingesenkt
- **Stiel:** mittellang, 19–26 mm, dünn bis mitteldick, hell grünlich gelb, teils Rostflecken
- **Fleisch:** hellorange, heller geädert; stein- und hautnahe oft rötlich geädert bis gefleckt; weich, saftig; mild säuerlich-süß, gering gewürzt; vollreif mittelgut steinlösend
- **Zuckergehalt:** 10,9–12,6° KMW; 53–61° Oechsle; 12,5–14,4° Brix
- **Fruchtstein:** groß; Länge: 27,8–30,9 (ø 29,8) mm; Breite: 9,9–11,2 (ø 10,6) mm; Dicke: 16,7–19,2 (ø 17,8) mm
  - **Seitenansicht:** schmal oval bis oval; stielwärts stärker verjüngt, stielseitig häufig breit ausgezogen mit stark ausgeprägten Fältchen; stempelnahe 1–3 schräge Fältchen; Oberfläche mittelstark genoppt, Rand zum Rücken meist gelöchert
  - **Vorderansicht:** schmal oval; Bauchwulst mittelbreit, gering bis mittelstark heraustretend, häufig mit Löchern, wenige flache Furchen, Mittelkamm teils gering scharf hervortretend
  - **Rückenansicht:** Rückenfurche mittelbreit, Ränder oft gelöchert bis eingekerbt

The Czar

Synonyme, Herkunft, Verbreitung
„Czar“; England um 1870; Kreuzung „Prinz Engelbert“ x „Rivers Early Prolific“

Baum
Wuchs: mittelstark, Krone hoch pyramidal

Erntereife
Ende Juli bis Anfang August

Verwendung
Tafel, Küche, Schnaps

Frucht

- **Fruchtmuster:** ca. 15-jähriger Halbstamm auf St. Julien A, Gemeinde Ort/Innkreis
- **Größe:** mittelgroß; 34,7–39,6 mm hoch; 33,9–38,4 mm breit; 33,9–36,6 mm dick; 23,3–31,3 g schwer
- **Form:** rund bis breit oval, mittelbauchig; Naht kaum auffällig; teils minimal flach eingefurcht; Stempelpunkt klein, grau, aufsitzend, teils in geringem flachem Grübchen
- **Fruchthaut:** dünn, leicht abziehbar, mäßig zäh, sauer, mittelstark duftend; dunkelpurpurrot bis schwarzblau, hellblau bis blau bereift
- **Stielbucht:** tief, eng bis mittelbreit; Rand nahtseitig teils stärker eingesenkt
- **Stiel:** kurz, 14–18 mm, mitteldick, hell grünlich gelb
- **Fleisch:** hellgelblich bis gelborange, mittelfest, mäßig saftig; süß-säuerlich, mittelstark gewürzt; gut steinlösend
- **Zuckergehalt:** 13,4–14,0° KMW; 63–68° Oechsle; 14,8–16,0° Brix
- **Fruchtstein:** klein bis mittelgroß; Länge: 17,7–19,7 (ø 18,8) mm; Breite: 8,0–10,8 (ø 9,3) mm; Dicke: 12,2–14,1 (ø 13,0) mm
  - **Seitenansicht:** oval; stempelseitig teils etwas zugespitzt; scharfer Mittelgrat; Oberfläche glatt, teils fein löchrig
  - **Vorderansicht:** oval, stielbauchig, stempelwärts spitz zulaufend; Bauchwulst breit, meist eben bis schwach heraustretend, flache Furchen; Mittelkamm selten gering hervortretend
  - **Rückenansicht:** Rückenfurche schmal, Ränder glatt

Tipala®

Synonyme, Herkunft, Verbreitung
„Goldzwetschke"; 1981 Züchtung von Dr. WALTER HARTMANN, Universität Hohenheim; in Oberösterreich verstreut vorkommend

Baum
Wuchs: mittelstark; Krone auf St. Julien A kugelig

Erntereife
Ende Juli

Verwendung
Tafel, Küche, Schnaps

Frucht

- **Fruchtmuster:** ca. 5-jähriger Viertelstamm auf St. Julien A, Gemeinde Wartberg/Aist
- **Größe:** mittelgroß; 45,9–53,9 mm hoch; 29,4–36,7 mm breit; 33,1–38,9 mm dick; 24,2–39,3 g schwer
- **Form:** schmal oval, stielwärts flaschenhalsartig verjüngt bis gering zugespitzt, meist mittelbauchig; Naht kaum auffällig, nicht eingefurcht; Stempelpunkt sehr klein, grau, meist aufsitzend
- **Fruchthaut:** dünn, leicht abziehbar, mäßig zäh, dünn weißlich bereift, mittelstark duftend; Grundfarbe orangegelb bis gelborange; Deckfarbe hellrot, verwaschen, darüber rot punktiert bis kleinfleckig; Deckungsgrad 20–70 %
- **Stielbucht:** schief, flach, eng; Rand teils nahtseitig gering eingesenkt
- **Stiel:** mittellang, 21–30 mm, dünn, hell grünlich gelb
- **Fleisch:** orangegelb, weich, mäßig saftig; mild säuerlich-süß, gering gewürzt; gut steinlösend
- **Zuckergehalt:** 10,7–12,3° KMW; 52–60° Oechsle; 12,2–14,1° Brix
- **Fruchtstein:** mittelgroß bis groß; Länge: 27,3–34,8 (ø 30,0) mm; Breite: 6,9–8,8 (ø 7,9) mm; Dicke: 13,5–17,0 (ø 15,1) mm
  - **Seitenansicht:** länglich oval, an beiden Enden zugespitzt; stielseitig mittellang bis lang und schmal ausgezogen, ausgeprägte Fältchen; häufig mit Mittelgrat; stempelseitig teils 1–2 Fältchen; Oberfläche fein genoppt
  - **Vorderansicht:** schmal oval, oft einseitig abgeflacht; Bauchwulst mittelbreit, etwas heraustretend, teils schmale kurze Furchen, Mittelkamm seltener gering hervortretend
  - **Rückenansicht:** Rückenfurche schmal, Ränder meist glatt

Violette Dattelzwetschke

Synonyme, Herkunft, Verbreitung
Herkunft unbekannt; in der Literatur verschiedene Sorten unter diesem Namen beschrieben; in Oberösterreich extrem selten in Haus- bzw. Streuobstgärten vorkommend

Baum
Wuchs: mittelstark, Krone kugelig

Erntereife
Mitte Juli

Verwendung
Tafel, Küche, Schnaps

Frucht

- **Fruchtmuster:** ca. 10-jähriger Halbstamm auf Sämling Hauszwetschke, Gemeinde Unterweitersdorf
- **Größe:** klein bis mittelgroß; 45,0–48,5 mm hoch; 24,3–27,3 mm breit; 23,4–26,8 mm dick; 13,5–19,1 g schwer
- **Form:** schmal oval, mittelbauchig, stielwärts stärker verjüngt und teils eingezogen; Naht gering auffällig, teils gering flach eingefurcht; Stempelpunkt klein, grau, aufsitzend oder in minimalem flachem Grübchen
- **Fruchthaut:** dünn, leicht abziehbar, mäßig zäh, gering duftend; dunkelpurpurrot, mittelstark hellblau bereift
- **Stielbucht:** mitteltief, eng; Rand oft faltig
- **Stiel:** kurz, teils mittellang, 13–22 mm, mitteldick, hell grünlich gelb
- **Fleisch:** hell gelblich weiß bis hellgelblich, mittelfest, mäßig saftig; säuerlich-süß, gering gewürzt; schlecht steinlösend
- **Zuckergehalt:** 11,1–13,0° KMW; 54–63° Oechsle; 12,7–14,8° Brix
- **Fruchtstein:** mittelgroß, teils groß; Länge: 27,1–30,2 (ø 29,0) mm; Breite: 5,7–6,4 (ø 6,1) mm; Dicke: 10,3–11,5 (ø 11,0) mm
  - **Seitenansicht:** bogenförmig bis schmal länglich oval, an beiden Enden zugespitzt, rückenseitig stark abgeflacht; Oberfläche glatt bis fein genoppt
  - **Vorderansicht:** sehr schmal; Bauchwulst breit, flach, flache Furchen
  - **Rückenansicht:** Rückenfurche schmal, flach, Ränder teils partiell gesägt bis eingekerbt

KIRSCHEN

Burlat

Synonyme, Herkunft, Verbreitung
„Bigarreau Burlat"; 1915 in Frankreich aufgefunden; in Oberösterreichs Intensivobstbau heute häufig, sonst sehr selten vorkommend

Baum
Blüte: mittelfrüh
Wuchs: mittelstark bis stark; Krone auf Sämling kugelig, im Alter hoch kugelig

Erntereife
1.–2. Kirschwoche; 4. Mai- bis 1. Juniwoche

Verwendung
Tafel, Saft, Küche, Schnaps

Frucht

- **Fruchtmuster:** ca. 10-jährige Spindel auf Gisela 5, Gemeinde Scharten
- **Größe:** groß; 22,8–24,6 mm hoch; 26,3–27,7 mm breit; 21,8–23,1 mm dick; 8,1–9,0 g schwer
- **Form:** breit herzförmig bis nierenförmig; bauchseitig abgeflacht mit flacher Bauchfurche; rückenseitig ausgeprägte breite Bauchfurche; gering stielbauchig; Bauchnaht dünn, mäßig auffällig; Stempelpunkt klein, grau, in gering flachem bis mitteltiefem Grübchen
- **Fruchthaut:** glatt, glänzend, dünn, weich, rot bis dunkelrot
- **Stielbucht:** mitteltief, mittelbreit; bauchseitig gering eingesenkt
- **Stiel:** mittellang bis lang, 32–40 mm, dünn, hellgrün
- **Fleisch:** dunkelrot, heller rot strahlig geädert, mittelfest bis weich, saftig; Saft gering bis mittelstark rötlich färbend; einseitig sehr süß, wenig Säure, nicht oder gering gewürzt
- **Zuckergehalt:** 14,8–16,0° KMW; 72–78° Oechsle; 16,9–18,4° Brix
- **Fruchtstein:** mittelgroß; Länge: 10,4–12,1 (ø 11,6) mm; Breite: 6,4–7,2 (ø 6,8) mm; Dicke: 8,1–9,8 (ø 9,0) mm
  - **Seitenansicht:** länglich oval, stielseitiges Häkchen deutlich ausgeprägt; stielseitig markante Falten nahe der Bauchwulst
  - **Vorderansicht:** Bauchwulst mittelbreit, mittig oft eingefurcht; Seitenkanten gerade, stempelwärts häufig höher

Dönissens Gelbe Knorpelkirsche

Synonyme, Herkunft, Verbreitung
vermutlich aus Guben an der Neiße (Deutschland) um 1800; in Oberösterreich verstreut vorkommend

Baum
Blüte: spät
Wuchs: auf Sämling stark; Krone kugelig, im Alter hoch kugelig

Erntereife
4.–5. Kirschwoche; 3.–4. Juniwoche

Verwendung
Tafel, Saft, Küche, Schnaps

Frucht

- **Fruchtmuster:** ca. 10-jähriger Halbstamm auf Sämling, Gemeinde Wartberg/Aist
- **Größe:** mittelgroß; 18,8–20,6 mm hoch; 21,0–24,0 mm breit; 17,3–19,4 mm dick; 4,7–5,8 g schwer
- **Form:** rundlich bis breit herzförmig; mittelbauchig; Bauchnaht sehr dünn, nicht bis mäßig auffällig; Stempelpunkt klein, hellgrau, in minimalem flachem Grübchen
- **Fruchthaut:** glatt, glänzend; hellgelb
- **Stielbucht:** mitteltief bis flach, mittelbreit; Rand bauch- und rückenseitig gering eingesenkt
- **Stiel:** lang, 42–52 mm, dünn, hellgrün
- **Fleisch:** gelblich weiß; mittelfest; saftig; einseitig süß bis säuerlich-süß, nicht bis gering gewürzt
- **Zuckergehalt:** 13,4–15,4° KMW; 65–75° Oechsle; 15,3–17,6° Brix
- **Fruchtstein:** klein bis mittelgroß; Länge: 9,8–10,8 (ø 10,3) mm; Breite: 6,7–7,9 (ø 7,3) mm; Dicke: 8,6–9,9 (ø 9,4) mm
  - **Seitenansicht:** rundlich, teils oval-rundlich, stielseitiges Häkchen ausgeprägt
  - **Vorderansicht:** Bauchwulst mittelbreit, seltener breit; Mittelkamm teils stielseitig hervortretend

Fromms Herzkirsche

Synonyme, Herkunft, Verbreitung
aus Guben an der Neiße (Deutschland): nach Gartenbesitzer FROMM benannter Zufallssämling um 1900; in Oberösterreichs Haus- und Bauerngärten selten vorkommend

Baum
Blüte: mittelfrüh
Wuchs: auf Sämling stark; Krone hoch kugelig

Erntereife
3.–4. Kirschwoche; 2.–3. Juniwoche

Verwendung
Tafel, Saft, Küche, Schnaps

Frucht

- **Fruchtmuster:** ca. 67-jähriger Hochstamm auf Sämling, Gemeinde Linz-Ebelsberg
- **Größe:** klein bis mittelgroß; 19,2–20,8 mm hoch; 20,6–22,6 mm breit; 17,7–19,7 mm dick; 4,1–5,5 g schwer
- **Form:** herzförmig; in Seitenansicht breit oval, gering stielbauchig; bauchseitig wenig auffällige dünne Naht auf flacher breiter Wulst; rückenseitig teils flache Furche; Stempelpunkt klein, grau bis hellbraun, in flachem Grübchen
- **Fruchthaut:** glatt, teils minimal beulig; dunkelrot bis schwarzrot
- **Stielbucht:** tief bis mitteltief, mittelbreit; Rand bauch- und rückenseitig gering eingesenkt
- **Stiel:** mittellang, 30–41 mm, dünn, hellgrün
- **Fleisch:** dunkelrot, heller geädert; mittelfest bis weich; saftig; Saft gering färbend; säuerlich-süß, gering gewürzt
- **Zuckergehalt:** 15,2–16,5° KMW; 74–80° Oechsle; 17,4–18,8° Brix
- **Fruchtstein:** mittelgroß; Länge: 11,0–12,0 (ø 11,5) mm; Breite: 7,1–8,4 (ø 7,7) mm; Dicke: 9,2–10,5 (ø 9,8) mm
  - **Seitenansicht:** asymmetrisch oval; stempelwärts meist stärker verjüngt; stielseitiges Häkchen gering ausgeprägt
  - **Vorderansicht:** stielbauchig; Bauchwulst eher schmal, gering hervortretend; Mittelkamm stielwärts etwas stärker hervortretend

Früheste der Mark

Synonyme, Herkunft, Verbreitung

„Maikirsche"; Herkunft unsicher; schon vor 1900 in Deutschland bekannt; in Oberösterreich früher weiter verbreitet, jetzt selten vorkommend

Baum

Blüte: früh

Wuchs: auf Sämling mittelstark; Krone kugelig, im Alter hoch kugelig

Erntereife

1. Kirschwoche; 4. Maiwoche

Verwendung

Tafel, Saft, Küche, Schnaps

Frucht

- **Fruchtmuster:** ca. 10-jähriger Viertelstamm auf Sämling, Gemeinde Gallneukirchen
- **Größe:** klein bis mittelgroß; 17,8–19,7 mm hoch; 19,4–21,4 mm breit; 16,7–18,4 mm dick; 3,6–4,8 g schwer
- **Form:** breit rund bis rund, mittelbauchig; Bauchnaht wenig bis nicht auffällig, teils flach eingefurcht und einseitig von Wulst umgeben; rückenseitig teils flache breite Furche; Stempelpunkt mittelgroß, hellgrau bis hellbraun, in meist tiefem Grübchen
- **Fruchthaut:** glatt, glänzend, dünn, weich, rot bis dunkelrot
- **Stielbucht:** mitteltief bis tief, mittelbreit; bauchseitig gering eingesenkt
- **Stiel:** mittellang, 37–48 mm, dünn, grün
- **Fleisch:** dunkelrot, strahlig geädert, weich, saftig; Saft gering bis mittelstark färbend; säuerlich, wenig süß, nicht bis gering gewürzt; vollreif mittelgut steinlösend
- **Zuckergehalt:** 11,3–12,3° KMW; 55–60° Oechsle; 12,9–14,1° Brix
- **Fruchtstein:** klein bis mittelgroß; Länge: 9,7–10,7 (ø 10,2) mm; Breite: 6,0–7,0 (ø 6,7) mm; Dicke: 8,3–9,4 (ø 8,9) mm
  - **Seitenansicht:** breit oval, teils rundlich; stielseitig teils abgeflacht; Häkchen fehlend bis sehr klein; entlang der Seitenkanten ausgeprägte Rillen
  - **Vorderansicht:** Bauchwulst mittelbreit, teils breit, gering heraustretend, Seitenkanten teils scharf

Große Germersdorfer

Synonyme, Herkunft, Verbreitung
aus Germersdorf (bis 1945 Deutschland, heute Jaromirowice in Polen) vor 1900; in Oberösterreich wenig verbreitet

Baum
Blüte: mittelspät
Wuchs: auf Sämling stark; Krone kugelig, im Alter breit kugelig

Erntereife
4.–5. Kirschwoche; 3.–4. Juniwoche

Verwendung
Tafel, Saft, Küche, Schnaps

Frucht

- **Fruchtmuster:** ca. 50-jähriger Hochstamm auf Sämling, Gemeinde Scharten
- **Größe:** groß; 22,6–26,6 mm hoch; 25,0–28,9 mm breit; 21,7–25,5 mm dick; 7,3–11,0 g schwer
- **Form:** breit herzförmig; in Seitenansicht breit oval; gering stielbauchig; bauchseitig gering abgeflacht; rückenseitig flache, mittelbreite Furche; Bauchnaht dünn, mäßig auffällig; Stempelpunkt klein, hellgrau, in minimalem flachem Grübchen
- **Fruchthaut:** glatt, glänzend; dunkelbraunrot
- **Stielbucht:** mitteltief bis tief, mittelbreit
- **Stiel:** mittellang bis lang, 46–56 mm, dünn, hellgrün; astwärts und am Stielansatz teils rötlich
- **Fleisch:** rot bis purpurrot; mittelfest; sehr saftig; Saft purpurrot färbend; säuerlich-süß, mittelstark gewürzt
- **Zuckergehalt:** 13,2–14,4° KMW; 64–70° Oechsle; 15,1–16,5° Brix
- **Fruchtstein:** mittelgroß; Länge: 10,0–12,5 (ø 11,4) mm; Breite: 7,3–8,7 (ø 7,7) mm; Dicke: 9,3–10,4 (ø 9,6) mm
  - **Seitenansicht:** stielbauchig, unregelmäßig breit oval, stempelseitig teils gering zugespitzt; stielseitiges Häkchen mäßig ausgeprägt
  - **Vorderansicht:** Bauchwulst mittelbreit, seltener breit, mittig teils gering eingefurcht; Mittelkamm teils stempelseitig etwas hervortretend

Große Prinzessinkirsche

Synonyme, Herkunft, Verbreitung

„Napoleons Knorpelkirsche"; wahrscheinlich Holland, vor 1800; in Oberösterreichs Streuobst- und Hausgärten relativ häufig vorkommend

Baum

Blüte: früh bis mittelfrüh

Wuchs: auf Sämling mittelstark bis stark; Krone kugelig, im Alter hoch kugelig; mittelstarke Neigung zu Fruchtmonilia

Erntereife

4.–5. Kirschwoche; 3.–4. Juniwoche

Verwendung

Tafel, Saft, Küche, Schnaps

Frucht

- **Fruchtmuster:** ca. 40-jähriger Hochstamm auf Sämling, Gemeinde Schwertberg
- **Größe:** mittelgroß, teils groß; 21,0–24,0 mm hoch; 20,5–27,3 mm breit; 20,3–24,4 mm dick; 6,4–9,8 g schwer
- **Form:** rundlich bis breit herzförmig, stiel- bis mittelbauchig; bauch- und rückenseitig gering abgeflacht; in Seitenansicht schmal oval; Bauchnaht dünn bis mittelbreit, mäßig bis sehr auffällig; Stempelpunkt klein, hellgrau, aufsitzend bis flach vertieft
- **Fruchthaut:** glatt, glänzend, dünn, weich; Grundfarbe hell gelblich; Deckfarbe hellrot, orangerot bis dunkelrot, verwaschen, teils diffus punktförmig, gefleckt, teils deckend; Deckungsgrad 60–80 %
- **Stielbucht:** mitteltief bis flach, eng bis mittelbreit; Rand bauchseitig gering eingesenkt
- **Stiel:** mittellang, 38–56 mm, mitteldick bis dünn, hellgrün
- **Fleisch:** hell gelblich weiß, am Rand teils rosa, mittelfest, sehr saftig; Saft nicht färbend; mittelgut steinlösend; säuerlich-süß, mittelstark gewürzt
- **Zuckergehalt:** 16,5–18,1° KMW; 80–88° Oechsle; 18,8–20,7° Brix
- **Fruchtstein:** mittelgroß; Länge: 9,7–10,8 (ø 10,4) mm; Breite: 7,4–8,0 (ø 7,6) mm; Dicke: 8,7–9,5 (ø 9,1) mm
  - **Seitenansicht:** unregelmäßig länglich oval, teils rundlich oval; stempelseitig oft gering zugespitzt; stielseitiges Häkchen deutlich ausgeprägt
  - **Vorderansicht:** Bauchwulst mittelbreit; Seitenkanten stempelseitig teils spitz zulaufend

Hedelfinger

Synonyme, Herkunft, Verbreitung
„Hedelfinger Riesenkirsche“; Hedelfingen bei Stuttgart (Deutschland) um 1850; mehrere Typen existent; in Österreich relativ weit verbreitet

Baum
Blüte: mittelfrüh
Wuchs: stark; Krone auf Sämling kugelig, im Alter breit kugelig

Erntereife
4.–5. Kirschwoche; 3.–4. Juniwoche

Verwendung
Tafel, Saft, Küche, Schnaps

Frucht

- **Fruchtmuster:** ca. 60-jähriger Hochstamm auf Sämling, Gemeinde Scharten
- **Größe:** mittelgroß; 22,6–24,1 mm hoch; 23,0–24,4 mm breit; 20,6–22,3 mm dick; 6,8–8,0 g schwer
- **Form:** rundlich; in Seitenansicht breit oval; mittel bis gering stielbauchig; bauchseitig abgeflacht; Bauchnaht dünn, nicht bis mäßig auffällig; Stempelpunkt klein, hellgrau, in minimalem flachem Grübchen
- **Fruchthaut:** glatt, glänzend; dunkelbraunrot, teils schwarzrot
- **Stielbucht:** mitteltief, eng; Rand bauchseitig gering eingesenkt
- **Stiel:** mittellang, 42–51 mm, dünn, hellgrün; am Stielansatz oft rötlich
- **Fleisch:** rot bis purpurrot, steinnahe dunkler rot; mittelfest; saftig bis sehr saftig; Saft purpurrot färbend; säuerlich-süß, gering gewürzt
- **Zuckergehalt:** 15,2–16,7° KMW; 74–81° Oechsle; 17,4–19,1° Brix
- **Fruchtstein:** mittelgroß; Länge: 10,7–11,7 (ø 11,2) mm; Breite: 6,3–6,8 (ø 6,6) mm; Dicke: 8,2–9,0 (ø 8,6) mm
  - **Seitenansicht:** länglich oval, stielseitiges Häkchen nur mäßig ausgeprägt
  - **Vorderansicht:** Bauchwulst mittelbreit; Seitenkanten stempelwärts sackartig verbreitert; Mittelkamm teils gering hervortretend

Karneol

Synonyme, Herkunft, Verbreitung
Dresden-Pillnitz (Deutschland); Kreuzung „Köröser Weichsel" x „Schattenmorelle"; seit 1990 im Handel; in Oberösterreichs Plantagen gering verbreitet

Baum
Blüte: mittelspät
Wuchs: auf Sämling mittelstark; Krone kugelig

Erntereife
6. Kirschwoche; 1. Juliwoche

Verwendung
Tafel, Saft, Küche, Schnaps

Frucht

- **Fruchtmuster:** ca. 10-jähriger Spindelbusch auf Gisela 5, Gemeinde Ort/Innkreis
- **Größe:** mittelgroß; 17,6–20,9 mm hoch; 20,4–24,7 mm breit; 18,4–21,6 mm dick; 5,3–7,0 g schwer
- **Form:** rund, teils flach rund; mittel bis gering stielbauchig; bauchseitig abgeflacht; Bauchnaht sehr dünn, selten flach eingefurcht, nicht bis mäßig auffällig; Stempelpunkt klein, grau, in flachem Grübchen
- **Fruchthaut:** glatt, glänzend; dunkelrot bis rotbraun
- **Stielbucht:** flach, mittelbreit; Rand bauch- und rückenseitig gering eingesenkt
- **Stiel:** kurz bis mittellang, 27–39 mm, dünn, hellgrün, teils 1–2 Stielblättchen
- **Fleisch:** rot bis dunkelrot; weich; sehr saftig; Saft blutrot mittelstark färbend; süßsauer, mittelstark gewürzt
- **Zuckergehalt:** 13,4–15,2° KMW; 65–74° Oechsle; 15,3–17,4° Brix
- **Fruchtstein:** mittelgroß; Länge: 9,6–10,8 (ø 10,5) mm; Breite: 7,0–8,0 (ø 7,5) mm; Dicke: 9,1–10,0 (ø 9,5) mm
  - **Seitenansicht:** breit oval bis rundlich; stielseitiges Häkchen stark ausgeprägt; stielseitig häufig Fältchen
  - **Vorderansicht:** Bauchwulst mittelbreit, gering stielbauchig; Mittelwulst über ganze Länge geteilt (eingefurcht)

Kochs Verbesserte Ostheimer Weichsel

Synonyme, Herkunft, Verbreitung
Herkunft ungesichert; bereits um 1800 in Ostheim vor der Rhön kultiviert; durch Kernauslesen typenreiches Sortengemisch; in Oberösterreich seit Jahrzehnten aus Wurzelbrut vermehrt und verstreut vorkommend

Baum
Blüte: mittelspät
Wuchs: mittelstark; Krone kugelig

Erntereife
4. Kirschwoche; 3. Juniwoche

Verwendung
Tafel, Saft, Küche, Schnaps

Frucht

- **Fruchtmuster:** ca. 28-jähriger Halbstamm aus Wurzelbrut, Gemeinde Wartberg/Aist
- **Größe:** klein bis mittelgroß; 19,1–21,8 mm hoch; 24,1–26,7 mm breit; 21,8–24,0 mm dick; 6,7–8,2 g schwer
- **Form:** flach rund, teils rund; mittelbauchig; bauch- und teils auch rückenseitig gering abgeflacht; Bauchnaht sehr dünn, mäßig auffällig; Stempelpunkt klein, grau, in flachem Grübchen
- **Fruchthaut:** glatt, matt glänzend bis glänzend; dunkelbraunrot bis schwarzrot
- **Stielbucht:** flach bis mitteltief, eng
- **Stiel:** mittellang bis lang, 35–53 mm, dünn, hellgrün
- **Fleisch:** dunkelpurpurrot; weich; sehr saftig; Saft stark purpurrot färbend; süßsauer, mittelstark gewürzt
- **Zuckergehalt:** 13,2–14,8° KMW; 64–72° Oechsle; 15,1–16,9° Brix
- **Fruchtstein:** klein bis mittelgroß; Länge: 9,0–10,9 (ø 9,8) mm; Breite: 6,7–8,2 (ø 7,7) mm; Dicke: 8,8–10,2 (ø 9,6) mm
  - **Seitenansicht:** unregelmäßig rundlich bis seltener rundlich-oval; stielseitiges Häkchen deutlich ausgebildet; gegen Bauchwulst zu etwas eingefurcht
  - **Vorderansicht:** Bauchwulst breit bis mittelbreit, oval, teils mittelstark hervortretend, stielwärts teils über halbe Länge dünn eingefurcht

Kirschen

Kordia

Synonyme, Herkunft, Verbreitung

„Techlo“; Tschechien; um 1960 in Těchlovice aufgefunden; seit ca. 1982 im Handel; in Oberösterreichs Plantagen seit einigen Jahren verbreitet

Baum

Blüte: mittelspät

Wuchs: auf Sämling stark; Krone kugelig, im Alter hoch kugelig

Erntereife

5. Kirschwoche; 4. Juniwoche

Verwendung

Tafel, Saft, Küche, Schnaps

Frucht

- **Fruchtmuster:** ca. 10-jährige Spindel auf Gisela 5, Gemeinde Scharten
- **Größe:** sehr groß; 27,3–30,4 mm hoch; 28,0–31,9 mm breit; 24,5–26,2 mm dick; 11,3–15,6 g schwer
- **Form:** breit herzförmig; in Seitenansicht breit oval; stielbauchig; bauchseitig und rückenseitig gering abgeflacht; rückenseitig ausgeprägte flache mittelbreite Furche; Bauchnaht dünn, teils etwas flach eingefurcht, mäßig auffällig; Stempelpunkt klein, grau, in flachem Grübchen
- **Fruchthaut:** glatt, glänzend; schwarzrot bis schwarz
- **Stielbucht:** tief, breit; Rand bauch- und rückenseitig mittelstark eingesenkt
- **Stiel:** mittellang, 42–53 mm, dünn, hellgrün
- **Fleisch:** dunkelrot; fest, knorpelig; saftig; Saft stark schwarzblau färbend; säuerlich-süß, mittelstark gewürzt
- **Zuckergehalt:** 14,0–16,3° KMW; 68–79° Oechsle; 16,0–18,6° Brix
- **Fruchtstein:** groß; Länge: 12,0–13,9 (ø 12,6) mm; Breite: 7,0–7,8 (ø 7,3) mm; Dicke: 8,7–9,7 (ø 9,3) mm
  - **Seitenansicht:** länglich oval; stempelseitig oft stumpf zugespitzt; häufig Fältchen; stielseitiges Häkchen fehlend bis mäßig ausgeprägt
  - **Vorderansicht:** Bauchwulst mittelbreit, stempelwärts teils sackartig verbreitert; Mittelkamm stielseitig schwach hervortretend

Köröser Weichsel

Synonyme, Herkunft, Verbreitung
„Pándy Üvegmeggy"; Nagykőrös (Ungarn); in Oberösterreich früher weit verbreitet, jetzt eher selten

Baum
Blüte: mittelspät
Wuchs: auf Sämling mittelstark; Krone kugelig

Erntereife
4.–5. Kirschwoche; 3.–4. Juniwoche

Verwendung
Tafel, Saft, Küche, Schnaps

Frucht

- **Fruchtmuster:** ca. 10-jährige Spindel auf Gisela 5, Gemeinde Ort/Innkreis
- **Größe:** mittelgroß; 18,2–20,6 mm hoch; 22,1–24,3 mm breit; 19,6–20,9 mm dick; 5,4–6,5 g schwer
- **Form:** flach rund bis rund; mittelbauchig; bauchseitig abgeflacht; Bauchnaht sehr dünn, nicht bis mäßig auffällig; Stempelpunkt klein, grau, in flachem Grübchen
- **Fruchthaut:** glatt, glänzend; dunkelrot bis dunkelbraunrot
- **Stielbucht:** flach, mittelweit; Rand bauch- und rückenseitig gering eingesenkt
- **Stiel:** mittellang, 49–56 mm, dünn, hellgrün, 2–5 Stielblättchen
- **Fleisch:** rot bis dunkelrot; weich; saftig; Saft gering rosa färbend; ausgeprägt süßsauer, etwas bitter, mittelstark gewürzt
- **Zuckergehalt:** 15,8–16,9° KMW; 77–82° Oechsle; 18,1–19,3° Brix
- **Fruchtstein:** mittelgroß; Länge: 9,9–11,4 (ø 10,5) mm; Breite: 7,0–8,3 (ø 7,5) mm; Dicke: 8,5–10,1 (ø 9,2) mm
  - **Seitenansicht:** unregelmäßig oval bis rundlich-oval; stielseitiges Häkchen deutlich ausgebildet; stielseitig teils Fältchen; gegen Bauchwulst zu etwas eingefurcht
  - **Vorderansicht:** Bauchwulst mittelbreit, schmal oval, gering stielbauchig; Mittelwulst über ganze Länge teils dünn geteilt, seltener stempelseitig sackartig erweitert

Regina

Synonyme, Herkunft, Verbreitung
Deutschland; Kreuzung „Schneiders Späte Knorpelkirsche“ x „Rube“; seit ca. 1977 im Handel; in Oberösterreichs Plantagen und Hausgärten verbreitet

Baum
Blüte: sehr spät
Wuchs: auf Sämling mittelstark; Krone kugelig, im Alter hoch kugelig

Erntereife
7. Kirschwoche; 2. Juliwoche

Verwendung
Tafel, Saft, Küche, Schnaps

Frucht

- **Fruchtmuster:** ca. 15-jähriger Halbstamm auf Gisela 5, Gemeinde Gallneukirchen
- **Größe:** groß; 23,0–26,7 mm hoch; 24,6–27,5 mm breit; 22,4–25,1 mm dick; 7,0–9,5 g schwer
- **Form:** rundlich bis herzförmig, teils nierenförmig; in Seitenansicht breit oval; mittel bis gering stielbauchig; bauchseitig abgeflacht; rückenseitig flache Furche; Bauchnaht dünn, teils gering eingefurcht, mäßig auffällig; Stempelpunkt klein, grau, in flachem Grübchen
- **Fruchthaut:** glatt, teils minimal beulig (Lentizellen eingesenkt), glänzend; dunkelbraunrot bis schwarzrot
- **Stielbucht:** tief bis mitteltief, mittelbreit; Rand bauch- und rückenseitig mittelstark eingesenkt
- **Stiel:** mittellang; 43–58 mm, dünn, hellgrün, am Ansatz rötlich
- **Fleisch:** dunkelrot; mittelfest bis fest, knorpelig; sehr saftig; Saft stark schwarzblau färbend; einseitig sehr süß, säurearm, gering bis mittelstark gewürzt
- **Zuckergehalt:** 17,9–18,9° KMW; 87–92° Oechsle; 20,5–21,6° Brix
- **Fruchtstein:** mittelgroß; Länge: 10,2–12,7 (ø 11,4) mm; Breite: 6,9–8,2 (ø 7,5) mm; Dicke: 8,9–10,2 (ø 9,5) mm
  - **Seitenansicht:** länglich oval bis oval; stempelseitig teils stumpf zugespitzt; stielseitiges Häkchen deutlich ausgeprägt
  - **Vorderansicht:** Bauchwulst mittelbreit, stempelwärts teils einseitig verbreitert; Mittelkamm stielwärts etwas stärker hervortretend

Kirschen

Schartner Pfelzer

Synonyme, Herkunft, Verbreitung

„Pfelzer“; Herkunft unbekannt; vermutlich vor 1900 als Zufallssämling in Scharten und Umgebung entstanden und dort heute lokal verbreitet

Baum

Blüte: mittelspät

Wuchs: stark; Krone kugelig, im Alter hoch kugelig

Erntereife

5.–6. Kirschwoche; 4. Juni- bis 1. Juliwoche

Verwendung

Tafel, Saft, Küche, Schnaps

Frucht

- **Fruchtmuster:** ca. 80-jähriger Hochstamm, Gemeinde Scharten
- **Größe:** mittelgroß bis groß; 20,4–23,5 mm hoch; 20,7–25,8 mm breit; 19,1–24,1 mm dick; 5,5–8,8 g schwer
- **Form:** breit herzförmig; in Seitenansicht breit oval bis oval; stielbauchig; bauchseitig abgeflacht und teils flach eingefurcht; Bauchnaht dünn, gering eingefurcht, nur mäßig auffällig, teils mit markanter Wulst unterhalb der Stielbucht; Stempelpunkt klein, hellgrau, in kleinem flachem Grübchen
- **Fruchthaut:** glatt, glänzend; teils schwach bitter; schwarzrot bis rotschwarz
- **Stielbucht:** tief, mittelbreit, bauch- und rückenseitig gering eingesenkt
- **Stiel:** lang, 42–59 mm, dünn, hellgrün; sonnseitig und am Stielansatz teils schwach rötlich
- **Fleisch:** dunkelrot bis purpurrot, mittelfest, saftig; Saft purpurrot färbend; säuerlich-süß, mittelstark gewürzt
- **Zuckergehalt:** 16,9–19,3° KMW; 82–94° Oechsle; 19,3–22,1° Brix
- **Fruchtstein:** mittelgroß bis groß; Länge: 11,4–12,6 (ø 12,1) mm; Breite: 7,3–8,5 (ø 8,1) mm; Dicke: 9,2–10,2 (ø 9,8) mm
    - **Seitenansicht:** oval bis länglich oval, teils schmal oval; stielseitiges Häkchen meist mäßig ausgebildet
    - **Vorderansicht:** Bauchwulst mittelbreit, nur gering hervortretend, meist mittig eingefurcht; meist scharfe Seitenkanten

Schartner Rainkirsche

Synonyme, Herkunft, Verbreitung
eigentlich „Reinkirsche“, wegen der besonderen Eignung für Kirschenstrudel in der „Rein“ (rechteckige Brat- und Backform); „Reikersch“; Herkunft unbekannt; vermutlich vor 1900 als Zufallssämling in Scharten und Umgebung entstanden und dort lokal verbreitet; mehrere Typen existent; 1914 von JOSEF LÖSCHNIG erstmals beschrieben

Baum
Blüte: mittelfrüh
Wuchs: mittelstark bis stark; Krone kugelig, im Alter hoch kugelig

Erntereife
3. Kirschwoche; 2. Juniwoche

Verwendung
Tafel, Saft, Küche, Schnaps

Frucht

- **Fruchtmuster:** ca. 70-jähriger Hochstamm auf Sämling, Gemeinde Scharten
- **Größe:** klein; 17,2–18,5 mm hoch; 19,2–20,7 mm breit; 16,0–17,8 mm dick; 3,5–4,4 g schwer
- **Form:** rundlich; in Seitenansicht breit oval; stielbauchig; bauchseitig abgeflacht; rückenseitig mit breiter flacher Furche; Bauchnaht dünn, nicht bis mäßig auffällig; Stempelpunkt sehr klein, hellgrau, in kleinem flachem Grübchen
- **Fruchthaut:** glatt, glänzend; teils schwach bitter; schwarz
- **Stielbucht:** mitteltief, mittelbreit
- **Stiel:** mittellang, 33–49 mm, dünn, hellgrün; sonnseitig und am Stielansatz oft rötlich
- **Fleisch:** schwarzrot, weich, sehr saftig; Saft dunkelviolett färbend; säuerlich-süß, gering gewürzt
- **Zuckergehalt:** 16,9–18,5° KMW; 82–90° Oechsle; 19,3–21,2° Brix
- **Fruchtstein:** klein; Länge: 9,2–9,9 (ø 9,5) mm; Breite: 6,7–7,4 (ø 7,1) mm; Dicke: 8,2–9,1 (ø 8,6) mm
  - **Seitenansicht:** rundlich bis breit oval; stielseitiges Häkchen meist fehlend bis minimal ausgebildet
  - **Vorderansicht:** sehr variabel; Bauchwulst mittelbreit, stempelwärts teils sackartig verbreitert, teils mittig partiell eingefurcht; Seitenkanten oft parallel; teils Mittelkamm schwach hervortretend

Kirschen

Schattenmorelle

Synonyme, Herkunft, Verbreitung
„Chatel Morel", „Lothkirsche"; Herkunft ungesichert, wahrscheinlich Frankreich; typenreiche Population; in Oberösterreich gering verbreitet

Baum
Blüte: mittelspät
Wuchs: mittelstark; Krone kugelig

Reifezeit
5. Kirschwoche; 4. Juniwoche

Verwendung
Tafel, Saft, Küche, Schnaps

Frucht

- **Fruchtmuster:** ca. 30-jähriger Hochstamm auf Sämling, Gemeinde Perg
- **Größe:** groß; 20,1–22,1 mm hoch; 25,4–27,6 mm breit; 21,9–24,0 mm dick; 7,3–9,0 g schwer
- **Form:** Vorderansicht: flach rund, mittelbauchig; Bauchnaht sehr dünn, nicht bis mäßig auffällig; Rückenansicht: oft breite flache Furche; Seitenansicht: rundlich bis schwach oval, bauch- und rückenseitig abgeflacht; Stempelpunkt klein bis mittelgroß, hellbraun, in flachem Grübchen
- **Fruchthaut:** glatt, matt glänzend, dünn, weich, säuerlich, vollreif dunkelbraunrot bis schwarzrot
- **Stielbucht:** mitteltief, teils flach, mittelbreit
- **Stiel:** mittellang, 29–41 mm, dünn, teils mitteldick, grün
- **Fleisch:** dunkelrot; weich; sehr saftig; Saft mittelstark färbend; ausgeprägt süß-sauer, mittelstark gewürzt
- **Zuckergehalt:** 14,0–16,0° KMW; 68–78° Oechsle; 16,0–18,4° Brix
- **Fruchtstein:** mittelgroß; Länge: 10,4–11,8 (ø 11,1) mm; Breite: 8,3–9,6 (ø 8,9) mm; Dicke: 9,6–10,8 (ø 10,3) mm
  - **Seitenansicht:** unsymmetrisch breit oval bis rundlich, mittelbauchig; stielseitiges Häkchen deutlich ausgebildet; stielseitig teils Fältchen
  - **Vorderansicht:** oval, gering stielbauchig; Bauchwulst mittelbreit, flach, mittig meist eingefurcht; Rückennaht oft scharfkantig

Schneiders Späte Knorpelkirsche

Synonyme, Herkunft, Verbreitung
aus Guben an der Neiße (heute zwischen Deutschland und Polen geteilte Stadt) um 1850; in Oberösterreich wenig verbreitet

Baum
Blüte: mittelspät
Wuchs: auf Sämling stark; Krone kugelig, im Alter hoch kugelig

Erntereife
4.–5. Kirschwoche; 3.–4. Juniwoche

Verwendung
Tafel, Saft, Küche, Schnaps

Frucht

- **Fruchtmuster:** ca. 40-jähriger Hochstamm auf Sämling, Gemeinde Leonding
- **Größe:** groß; 23,7–26,8 mm hoch; 22,9–26,2 mm breit; 19,8–22,6 mm dick; 6,8–8,8 g schwer
- **Form:** breit herzförmig; in Seitenansicht breit oval; gering stielbauchig; bauchseitig abgeflacht; rückenseitig flache Furche; Bauchnaht dünn, nicht bis mäßig auffällig; Stempelpunkt klein, hellgrau, aufsitzend, teils in minimalem flachem Grübchen
- **Fruchthaut:** glatt, glänzend; dunkelbraunrot
- **Stielbucht:** tief bis mitteltief, mittelbreit
- **Stiel:** mittellang, 31–46 mm, dünn, hellgrün, teils partiell rötlich
- **Fleisch:** hellrot bis rot; fest, knorpelig; sehr saftig; Saft gering hellrot färbend; säuerlich-süß, gering bis mittelstark gewürzt
- **Zuckergehalt:** 13,0–15,2° KMW; 63–74° Oechsle; 14,8–17,4° Brix
- **Fruchtstein:** mittelgroß; Länge: 10,5–12,7 (ø 11,6) mm; Breite: 6,3–7,4 (ø 6,9) mm; Dicke: 8,2–9,2 (ø 8,8) mm
  - **Seitenansicht:** unregelmäßig oval, stielseitiges Häkchen teils mäßig ausgeprägt
  - **Vorderansicht:** Bauchwulst mittelbreit; Mittelkamm etwas hervortretend

MARILLEN

Bergeron

Synonyme, Herkunft, Verbreitung
„Gabrielle Bergeron"; angeblich um 1920 in Saint-Cyr-au-Mont'Or (Frankreich) aufgefundener Zufallssämling; in Oberösterreich verstreut vorkommend

Baum
Blüte: mittelspät
Wuchs: mittelstark

Erntereife
Anfang August

Verwendung
Tafel, Küche, Schnaps

Frucht

- **Fruchtmuster:** ca. 6-jährige Spindel auf WaVit, Gemeinde Niederneukirchen
- **Größe:** groß; 46,1–56,4 mm hoch; 43,5–53,6 mm breit; 48,6–55,8 mm dick; 62,1–92,6 g schwer
- **Form:** Vorderseite: breit oval, stempelwärts etwas stärker verjüngt, mittel- bis stielbauchig, oft etwas ungleichhälftig; Naht gering eingefurcht; Stempelpunkt sehr klein, grau, teils weichdornig, aufsitzend
- **Fruchthaut:** gering wollig, samtig, mitteldick, mittelzäh, schlecht abziehbar, säuerlich, stark duftend; Grundfarbe gelborange bis orange; Deckfarbe rot, verwaschen, teils kleinfleckig bis punktförmig, Deckungsgrad 40–60 %
- **Stielbucht:** mitteltief, mittelbreit; Rand nahtseitig gering bis mittelstark eingesenkt
- **Fleisch:** orange, mittelfest, sehr saftig; süß-säuerlich, mittelstark gewürzt; gut steinlösend
- **Zuckergehalt:** 12,3–14,2° KMW; 60–69° Oechsle; 14,1–16,2° Brix
- **Fruchtstein:** mittelgroß; Länge: 21,0–25,9 (ø 24,3) mm; Breite: 10,4–13,1 (ø 11,0) mm; Dicke: 16,4–19,1 (ø 18,1) mm
  - **Seitenansicht:** oval; stempelseitig etwas zugespitzt; Oberfläche glatt
  - **Vorderansicht:** Bauchwulst mittelbreit, mittelstark mit scharfem Mittelkamm hervortretend, geringe Seitenrillen

Dürkheimer Goldaprikose

Synonyme, Herkunft, Verbreitung
„Dürkheimer Marille“; Bad Dürkheim (Deutschland) um 1940; in Oberösterreich selten in Hausgärten vorkommend, meist als Wandspalier

Baum
Blüte: mittelfrüh
Wuchs: stark

Erntereife
Mitte Juli

Verwendung
Tafel, Küche, Schnaps

Frucht

- **Fruchtmuster:** ca. 25-jähriger Viertelstamm, Wandspalier, Gemeinde Ohlsdorf
- **Größe:** mittelgroß, seltener groß; 43,6–51,5 mm hoch; 41,5–50,1 mm breit; 46,2–53,8 mm dick; 64,0–79,5 g schwer
- **Form:** Vorderseite: abgestumpft konisch bis breit oval, stempelwärts etwas stärker verjüngt, teils gering ungleichhälftig, meist stielbauchig; Naht flach eingefurcht; Stempelpunkt sehr klein, grau, auf minimalem Wulst aufsitzend
- **Fruchthaut:** gering wollig, samtig, dick, zäh, leicht abziehbar, säuerlich, stark duftend; Grundfarbe gelborange; Deckfarbe rosa bis rot, kleinfleckig bis diffus punktförmig, partiell verwaschen, Deckungsgrad 0–30 %
- **Stielbucht:** mitteltief bis tief, eng; Rand nahtseitig mittelstark bis gering eingesenkt bis eingekerbt
- **Fleisch:** orange, mittelfest, saftig; süß-säuerlich, stark gewürzt; gut steinlösend
- **Zuckergehalt:** 14,0–15,6° KMW; 68–76° Oechsle; 16,0–17,9° Brix
- **Fruchtstein:** mittelgroß; Länge: 25,3–29,5 (ø 27,4) mm; Breite: 11,3–12,7 (ø 12,0) mm; Dicke: 19,9–23,8 (ø 22,0) mm
  - **Seitenansicht:** oval, stielseitig etwas zugespitzt; teils von Seitenkanten ausgehend scharfe Fältchen; Oberfläche fein genoppt
  - **Vorderansicht:** stielbauchig; Bauchwulst mittelbreit, oft gefurcht, mittelstark hervortretend; Seitenrillen flach, teils fehlend

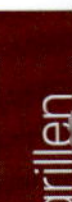

Goldrich

Synonyme, Herkunft, Verbreitung
„Sungiant"; WASHINGTON STATE UNIVERSITY (USA) 1954; Kreuzung „Sunglo" x „Perfection"; in Oberösterreich primär in Plantagen; seltener in Hausgärten vorkommend, meist als Wandspalier, nicht selbstfruchtbar

Baum
Blüte: früh
Wuchs: stark

Erntereife
Mitte bis Ende Juli

Verwendung
Tafel, Küche

Frucht

- **Fruchtmuster:** ca. 10-jährige Spindel auf WaVit, Gemeinde Scharten
- **Größe:** sehr groß; 54,5–60,5 mm hoch; 48,7–53,9 mm breit; 50,6–57,4 mm dick; 83,1–102,6 g schwer
- **Form:** Vorderseite: länglich oval, teils gering ungleichhälftig, meist mittelbauchig; Naht mäßig eingefurcht; Stempelpunkt sehr klein, grau, aufsitzend
- **Fruchthaut:** gering wollig, samtig, dick, zäh, leicht abziehbar, mittelstark duftend; Grundfarbe gelborange bis orange; Deckfarbe fehlend oder teils hell orangerot verwaschen, Deckungsgrad 0–10 %
- **Stielbucht:** tief bis mitteltief, eng; Rand nahtseitig gering eingesenkt
- **Fleisch:** orange, weich, saftig; mild süß-säuerlich, gering gewürzt; gut steinlösend
- **Zuckergehalt:** 11,5–12,6° KMW; 56–61° Oechsle; 13,2–14,4° Brix
- **Fruchtstein:** groß; Länge: 29,7–37,4 (ø 32,4) mm; Breite: 12,3–14,7 (ø 13,6) mm; Dicke: 22,0–25,8 (ø 23,6) mm
  - **Seitenansicht:** oval; stempelwärts stärker verjüngt und stempelseitig zugespitzt; stielseitig deutliche Fältchen; von den Seitenkanten ausgehend häufig scharfe Grate; Oberfläche fein genoppt
  - **Vorderansicht:** Bauchwulst mittelbreit, mittelstark mit scharfem Mittelkamm hervortretend, flache Seitenrillen

Hargrand

Synonyme, Herkunft, Verbreitung

1979 Züchtung von RICHARD LEYNE, Harrow (Ontario, Kanada); in Oberösterreich selten vorkommend

Baum

Blüte: mittelspät

Wuchs: mittelstark

Erntereife

Anfang bis Mitte August

Verwendung

Tafel, Küche, Schnaps

Frucht

- **Fruchtmuster:** ca. 15-jähriges Wandspalier, Gemeinde Leonding
- **Größe:** groß; 49,8–56,3 mm hoch; 49,4–53,4 mm breit; 51,0–56,5 mm dick; 72,0–94,2 g schwer
- **Form:** Vorderseite: breit oval bis rundlich, meist schwach stielbauchig, häufig gering bis mittelstark ungleichhälftig; ausgeprägte mittelstark eingefurchte Bauchnaht; Stempelpunkt klein, grau, meist in kleinem Grübchen
- **Fruchthaut:** glatt bis sehr gering wollig, samtig, mitteldick, mittelzäh, schlecht abziehbar, säuerlich, mittelstark duftend; Grundfarbe orangegelb bis hellorange, Deckfarbe fehlend
- **Stielbucht:** tief, mittelbreit; Rand nahtseitig mittelstark eingesenkt
- **Fleisch:** gelborange bis orange, mittelfest, saftig; süß-säuerlich, mittelstark gewürzt; sehr gut steinlösend
- **Zuckergehalt:** 12,5–14,0° KMW; 61–68° Oechsle; 14,4–16,0° Brix
- **Fruchtstein:** mittelgroß; Länge: 26,0–29,8 (ø 27,2) mm; Breite: 11,0–12,4 (ø 11,7) mm; Dicke: 20,1–23,2 (ø 21,2) mm
  - **Seitenansicht:** oval; stempelseitig etwas zugespitzt; Oberfläche glatt
  - **Vorderansicht:** Bauchwulst mittelbreit, gefurcht, mittelstark mit scharfem Mittelkamm hervortretend, flache Seitenrillen

Leskora

Synonyme, Herkunft, Verbreitung
Züchtung der GARTENBAUFAKULTÄT LEDNICE (Tschechien); seit 1991 im Handel; in Oberösterreich selten in Hausgärten und Plantagen vorkommend

Baum
Blüte: mittelspät
Wuchs: mittelstark; dicht, steil nach oben

Erntereife
Ende Juni

Verwendung
Tafel, Saft, Küche, Schnaps

Frucht

- **Fruchtmuster:** ca. 11-jähriger Viertelstamm als Wandspalier, Gemeinde Luftenberg
- **Größe:** klein; 37,3–38,6 mm hoch; 30,7–33,7 mm breit; 32,1–35,2 mm dick; 19,8–25,0 g schwer
- **Form:** Vorderansicht: oval, hochgebaut, teils gering ungleichhälftig, mittelbauchig, stempelpunktseitig teils zugespitzt; Naht ausgeprägt; Stempelpunkt klein, grau, teils auf Wulst aufsitzend, teils weichdornig
- **Fruchthaut:** samtig, mitteldick, mittelzäh, leicht abziehbar, säuerlich, stark duftend; Grundfarbe orange; Deckfarbe rot bis dunkelrot, verwaschen, teils diffus punktförmig, Deckungsgrad 30–50 %
- **Stielbucht:** mitteltief, eng; Rand nahtseitig gering eingekerbt
- **Fleisch:** rotorange, weich, saftig bis mäßig saftig; säuerlich-süß, stark gewürzt; gut steinlösend
- **Zuckergehalt:** 12,1–13,6° KMW; 59–66° Oechsle; 13,9–15,5° Brix
- **Fruchtstein:** klein; Länge: 20,8–24,1 (ø 23,1) mm; Breite: 9,3–12,4 (ø 10,2) mm; Dicke: 15,5–18,5 (ø 16,9) mm
  - **Seitenansicht:** oval; stempelseitig zugespitzt; stielseitig und von flachen Seitenkanten ausgehend scharfe Fältchen; Oberfläche glatt
  - **Vorderansicht:** stärker bauchig; Bauchwulst sehr breit, gering bis mittelstark hervortretend, teils Löcher; Seitenrillen flach bis fehlend

Nancy Aprikose

Synonyme, Herkunft, Verbreitung
Frankreich vor 1800; 1755 erstmals beschrieben; in Oberösterreich verstreut als Wandspalier vorkommend

Baum
Blüte: mittelfrüh
Wuchs: stark

Erntereife
Anfang bis Mitte Juli

Verwendung
Tafel, Küche, Schnaps

Frucht

- **Fruchtmuster:** ca. 10-jähriger Viertelstamm auf St. Julien A, Gemeinde Ort/Innkreis
- **Größe:** groß; 46,1–56,4 mm hoch; 43,5–53,6 mm breit; 48,6–55,8 mm dick; 62,1–92,6 g schwer
- **Form:** Vorderseite: meist breit oval, stempelwärts etwas stärker verjüngt, mittel- bis stielbauchig; Naht gering eingefurcht; Stempelpunkt sehr klein, grau, teils weichdornig, aufsitzend
- **Fruchthaut:** gering wollig, samtig, mitteldick, mittelzäh, schlecht abziehbar, säuerlich, stark duftend; Grundfarbe gelborange bis orange; Deckfarbe rot, verwaschen, teils kleinfleckig bis punktförmig; Deckungsgrad 40–60 %
- **Stielbucht:** mitteltief, mittelbreit; Rand nahtseitig gering bis mittelstark eingesenkt
- **Fleisch:** orange, mittelfest, sehr saftig; süß-säuerlich, mittelstark gewürzt; gut steinlösend
- **Zuckergehalt:** 12,3–14,2° KMW; 60–69° Oechsle; 14,1–16,2° Brix
- **Fruchtstein:** mittelgroß bis groß; Länge: 30,0–36,0 (ø 32,8) mm; Breite: 10,9–13,2 (ø 12,1) mm; Dicke: 22,4–27,5 (ø 24,6) mm
  - **Seitenansicht:** oval bis breit oval; ungleichhälftig; stielseitig scharfe Fältchen; Seitenkanten scharf; Oberfläche fein genoppt
  - **Vorderansicht:** Bauchwulst schmal bis mittelbreit, stark mit scharfem Mittelkamm hervortretend, flache Seitenrillen

Orangered

Synonyme, Herkunft, Verbreitung
Kreuzung „Lasgerdi Mashhad“ x „NJA2“; Züchter: LEON F. HOUGH, New Jersey (USA); in Oberösterreich primär in Plantagen; selten in Hausgärten vorkommend, meist als Wandspalier, nicht selbstfruchtbar

Baum
Blüte: früh
Wuchs: stark

Erntereife
Anfang bis Mitte Juli

Verwendung
Tafel, Küche

Frucht

- **Fruchtmuster:** ca. 10-jährige Spindel auf WaVit, Gemeinde Scharten
- **Größe:** groß; 46,2–52,6 mm hoch; 46,4–51,1 mm breit; 48,7–53,2 mm dick; 59,0–79,5 g schwer
- **Form:** Seitenansicht: rund; Vorderansicht: breit oval, meist gering stielbauchig; Naht mäßig eingefurcht; Stempelpunkt klein, dunkelgrau, meist weichdornig auf schmaler Wulst aufsitzend
- **Fruchthaut:** gering wollig, samtig, mitteldick, mittelzäh, schlecht abziehbar, mittelstark duftend; Grundfarbe gelborange bis orange; Deckfarbe purpurrot verwaschen bis gefleckt, Deckungsgrad 10–50 %
- **Stielbucht:** tief bis mitteltief, eng; Rand meist glatt, nahtseitig teils gering eingesenkt
- **Fleisch:** orange, mittelfest, saftig bis mäßig saftig; mild süß-säuerlich, mittelstark gewürzt; gut steinlösend
- **Zuckergehalt:** 10,3–11,5° KMW; 50–56° Oechsle; 11,8–13,2° Brix
- **Fruchtstein:** mittelgroß; Länge: 24,9–28,6 (ø 26,7) mm; Breite: 11,4–14,2 (ø 12,2) mm; Dicke: 19,2–22,0 (ø 20,7) mm
  - **Seitenansicht:** oval; stempelwärts stärker verjüngt und spitz zulaufend; stielseitig teils scharfe Fältchen; Seitenkanten meist sehr flach; Oberfläche glatt bis fein genoppt
  - **Vorderansicht:** stielbauchig; Bauchwulst mittelbreit, mittelstark mit scharfem Mittelkamm hervortretend, flache Seitenrillen

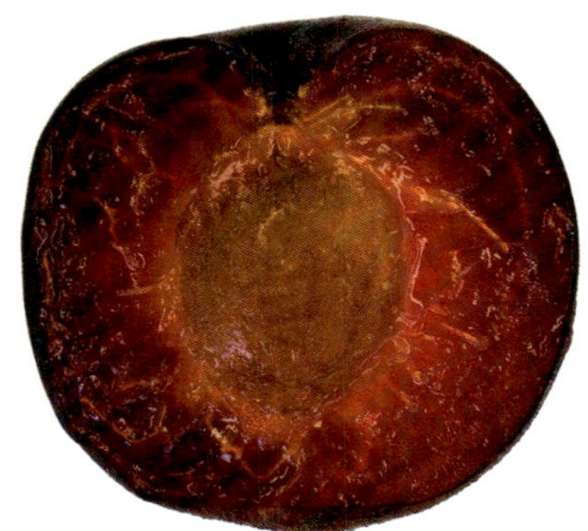

Schwarze Alexandriner Marille

Synonyme, Herkunft, Verbreitung
Herkunft unbekannt; vor 1800 bereits beschrieben; Bastard zwischen Marille und Kirschpflaume; botanische Rarität; in Österreich ganz selten vorkommend

Baum
Blüte: spät
Wuchs: mittelstark; eher kirschpflaumenartig

Erntereife
Mitte bis Ende Juli

Verwendung
Küche, Schnaps, Tafel

Frucht

- **Fruchtmuster:** ca. 10-jähriger Viertelstamm, Gemeinde Unterweitersdorf
- **Größe:** klein bis mittelgroß; 29,3–33,2 mm hoch; 30,4–34,1 mm breit; 32,1–35,4 mm dick; 19,8–23,7 g schwer
- **Form:** rund, stielseitig abgeflacht, mittelbauchig, gleichhälftig; Naht nicht eingefurcht, nicht bis mäßig auffällig; Stempelpunkt klein, grau, in minimalem Grübchen
- **Fruchthaut:** gering wollig, samtig, weich, dünn, leicht abziehbar, sauer, etwas bitter, mäßig zäh; purpurschwarz
- **Stielbucht:** flach, mittelbreit bis eng; Rand glatt
- **Fleisch:** blutrot, weich, sehr saftig; mild süß-säuerlich, teils etwas bitter, gering pflaumenartig gewürzt; nicht steinlösend
- **Zuckergehalt:** 12,8–14,4° KMW; 62–70° Oechsle; 14,6–16,5° Brix
- **Fruchtstein:** klein; Länge: 16,5–18,5 (ø 17,6) mm; Breite: 8,9–11,6 (ø 9,8) mm; Dicke: 13,3–15,4 (ø 14,7) mm
  - **Seitenansicht:** breit oval bis rundlich, stielseitig oft etwas zugespitzt; Oberfläche glatt bis fein genoppt
  - **Vorderansicht:** stärker bauchig; Bauchwulst breit, gering hervortretend, teils kurze Furchen und wenige Löcher, stielseitig teils gering heraustretender scharfer Mittelkamm

Tsunami ®

Synonyme, Herkunft, Verbreitung
Frankreich; Züchter: ESCANDE; in österreichischen Plantagen selten vorkommend

Baum
Blüte: früh
Wuchs: mittelstark

Erntereife
Mitte Juni

Verwendung
Tafel, Küche, Schnaps

Frucht

- **Fruchtmuster:** ca. 6-jährige Spindel auf WaVit, Gemeinde Niederneukirchen
- **Größe:** mittelgroß, teils groß; 46,3–51,2 mm hoch; 41,9–50,1 mm breit; 44,7–51,5 mm dick; 52,0–73,8 g schwer
- **Form:** Seitenansicht: breit oval, etwas hochgebaut, mittel bis gering stielbauchig, teils schwach beulig; Vorderansicht: oval, mittelbauchig; Bauchnaht gering bis stielwärts stärker eingefurcht; Stempelpunkt klein, dunkelgrau, schmal, erhaben, weich dornartig
- **Fruchthaut:** sehr gering behaart, mitteldick, mittelzäh, leicht abziehbar, säuerlich, mittelstark duftend; Grundfarbe orange; Deckfarbe rot bis dunkelrot, verwaschen bis deckend, Deckungsgrad 30–70 %
- **Stielbucht:** tief, eng; Rand bauchseitig mittelstark bis stark eingesenkt, teils eingekerbt
- **Fleisch:** orange, mittelfest, sehr saftig; säuerlich-süß, mittelstark gewürzt; gut steinlösend
- **Zuckergehalt**: 12,3–14,0° KMW; 60–68° Oechsle; 14,1–16,0° Brix
- **Fruchtstein:** mittelgroß; Länge: 26,8–31,7 (ø 28,4) mm; Breite: 9,4–11,9 (ø 10,4) mm; Dicke: 18,3–20,8 (ø 19,6) mm
  - **Vorderansicht:** Bauchwulst schmal, mittelstark mit etwas scharfem Mittelkamm hervortretend; flache Seitenrillen
  - **Seitenansicht:** oval; stempelwärts stark verjüngt und spitz zulaufend; von Seitenkante ausgehend scharfe Fältchen; Oberfläche glatt bis fein genoppt

Ungarische Beste

Synonyme, Herkunft, Verbreitung
„Magyar Kajszi"; in Ungarn um 1868 aufgefunden; viele Selektionstypen existent; Hauptsorte in Oberösterreich, meist als Wandspalier

Baum
Blüte: mittelfrüh
Wuchs: mittelstark

Erntereife
Mitte bis Ende Juli

Verwendung
Tafel, Küche, Schnaps, Dörren

Frucht

- **Fruchtmuster:** ca. 8-jähriger Viertelstamm auf St. Julien A, Gemeinde Ort/Innkreis
- **Größe:** mittelgroß, selten groß; 43,3–48,4 mm hoch; 42,0–47,2 mm breit; 44,6–50,8 mm dick; 54,0–60,7 g schwer
- **Form:** Vorderseite: oval, teils abgestumpft konisch, stempelwärts etwas stärker verjüngt, teils gering ungleichhälftig, gering stielbauchig; Naht mäßig ausgeprägt; Stempelpunkt klein, grau, aufsitzend
- **Fruchthaut:** gering wollig, samtig, mitteldick, mittelzäh, leicht abziehbar, säuerlich-süß, stark duftend; Grundfarbe gelborange bis orange; Deckfarbe rot bis dunkelrot, verwaschen, teils kleinfleckig bis diffus punktförmig, Deckungsgrad 20–60 %
- **Stielbucht:** mitteltief, eng; Rand nahtseitig gering bis mittelstark eingekerbt
- **Fleisch:** orange, mittelfest, saftig; säuerlich-süß, stark gewürzt; gut steinlösend
- **Zuckergehalt:** 15,6–16,9° KMW; 76–82° Oechsle; 17,9–19,3° Brix
- **Fruchtstein:** mittelgroß; Länge: 24,1–29,0 (ø 26,4) mm; Breite: 10,5–11,9 (ø 11,2) mm; Dicke: 19,3–24,9 (ø 22,0) mm
  - **Vorderansicht:** Bauchwulst mittelbreit, mittelstark mit etwas scharfem Mittelkamm hervortretend; flache Seitenrillen
  - **Seitenansicht:** oval bis breit oval; stempelseitig etwas zugespitzt; Oberfläche sehr fein genoppt

PFIRSICHE

Dixired

Synonyme, Herkunft, Verbreitung
Züchtung des USDA Fort Valley, Georgia (USA); Sämling von „Halehaven“, 1939 selektiert, ab 1945 im Handel; in Oberösterreich seit einigen Jahren in Plantagen vorkommend

Baum
Blüte: mittelspät
Wuchs: mittelstark

Erntereife
Mitte bis Ende Juli

Verwendung
Tafel, Küche

Frucht

- **Fruchtmuster:** ca. 6-jährige Spindel auf Adisoto, Gemeinde Niederneukirchen
- **Größe:** groß; 56,8–64,5 mm hoch; 61,6–65,8 mm breit; 62,0–67,4 mm dick; 118,1–151,9 g schwer
- **Form:** Seitenansicht: rund; Vorderansicht: rund; Naht auffällig, teils flach eingefurcht; Stempelpunkt klein, grau bis hellbraun, meist in flachem Grübchen, seltener auf kleiner Wulst aufsitzend
- **Fruchthaut:** fein filzig behaart, dick, zäh, gut abziehbar, stark duftend; Grundfarbe gelborange; Deckfarbe rot verwaschen, darüber dunkelbraunrot diffus gestreift, geflammt bis gefleckt; Deckungsgrad 60–90 %
- **Stielbucht:** tief, mittelbreit; naht- und rückenseitig mittelstark eingesenkt
- **Fleisch:** gelb, weich, sehr saftig; mild säuerlich-süß, mittelstark gewürzt; mittelgut steinlösend
- **Zuckergehalt:** 9,7–11,1° KMW; 47–54° Oechsle; 11,1–12,7° Brix
- **Fruchtstein:** mittelgroß; Länge: 31,0–34,9 (ø 33,8) mm; Breite: 17,1–19,2 (ø 17,9) mm; Dicke: 22,8–25,3 (ø 24,4) mm
  - **Seitenansicht:** oval; stempelseitig mit gering ausgezogener Spitze; Oberfläche mittelstark gefurcht bis gelocht
  - **Vorderansicht:** mittel- bis gering stempelbauchig; Bauchwulst schmal, mehrfach scharf gefurcht, mittelstark hervortretend
  - **Rückenansicht:** Ränder der Rückenfurche partiell gesägt

Eiserner Kanzler

Synonyme, Herkunft, Verbreitung

„Chancelier de Fer"; in Oberösterreich selten in Hausgärten vorkommend; „Kerngeher-Sorte" (Sorte, bei der der Baum aus einem Kern gezogen werden kann; die Früchte stimmen in wesentlichen Eigenschaften mit denen des Mutterbaumes überein; dies geschieht entweder bei Selbstbefruchtung oder bei Fremdbefruchtung mit dominanter Vererbung von wesentlichen Fruchtmerkmalen)

Baum

Blüte: mittelspät

Wuchs: stark

Erntereife

Mitte bis Ende August

Verwendung

Tafel, Küche

Frucht

- **Fruchtmuster:** ca. 15-jähriger Viertelstamm als Wandspalier, Gemeinde Helfenberg
- **Größe:** mittelgroß; 52,0–55,4 mm hoch; 51,1–57,3 mm breit; 53,4–57,8 mm dick; 74,3–102,0 g schwer
- **Form:** Seitenansicht: rund; Vorderansicht: breit oval, teils gering ungleichhälftig; Naht auffällig, mäßig bis seltener mittelstark eingefurcht; Stempelpunkt sehr klein, grau, meist auf schmaler Wulst in mitteltiefem Grübchen aufsitzend
- **Fruchthaut:** sehr stark wollig, dick, zäh, schlecht abziehbar, mittelstark duftend; Grundfarbe hell gelblich weiß bis vollreif hellgelblich; Deckfarbe rot bis braunrot verwaschen, sonnseitig teils deckend, Deckungsgrad 30–70 %
- **Stielbucht:** tief, eng; nahtseitig gering eingesenkt
- **Fleisch:** hell gelblich weiß, weich, sehr saftig; mild säuerlich-süß, gering bis mittelstark gewürzt; mittelgut steinlösend
- **Zuckergehalt:** 9,9–11,3° KMW; 48–55° Oechsle; 11,3–12,9° Brix
- **Fruchtstein:** mittelgroß; Länge: 31,5–35,0 (ø 33,5) mm; Breite: 17,4–19,8 (ø 18,5) mm; Dicke: 23,9–26,8 (ø 25,6) mm
  - **Seitenansicht:** breit oval; stempelseitig mit mittelstark ausgezogener Spitze; Oberfläche mittelstark gelocht bis gefurcht
  - **Vorderansicht:** mittelbauchig; Bauchwulst mittelbreit bis schmal, mehrfach gefurcht, mittelstark hervortretend
  - **Rückenansicht:** Ränder der Rückenfurche stark gesägt

Flamingo

Synonyme, Herkunft, Verbreitung
Kreuzung „Cresthaven“ x „Burbank July Elberta“, Tschechien 1991; in Oberösterreich selten in Hausgärten vorkommend

Baum
Blüte: mittelspät; frosthart
Wuchs: mittelstark bis stark

Erntereife
Anfang bis Mitte August

Verwendung
Tafel, Küche

Frucht

- **Fruchtmuster:** ca. 12-jähriger Viertelstamm, Gemeinde Wartberg/Aist
- **Größe:** mittelgroß; 51,1–56,5 mm hoch; 51,6–55,6 mm breit; 55,0–59,1 mm dick; 81,7–100,7 g schwer
- **Form:** Seitenansicht: rund; Vorderansicht: breit oval, teils gering ungleichhälftig; Naht mäßig und flach eingefurcht; Stempelpunkt sehr klein, grau bis hellbraun, meist auf minimaler Wulst in flachem bis mitteltiefem Grübchen aufsitzend
- **Fruchthaut:** gering bis mittelstark filzig behaart, mitteldick, mittelzäh, mittelgut abziehbar, stark duftend; Grundfarbe orange bis gelborange; Deckfarbe braunrot verwaschen, sonnseitig teils dunkelrotbraun deckend, Deckungsgrad 40–70 %
- **Stielbucht:** mitteltief bis tief, eng; naht- und teils rückenseitig mittelstark eingesenkt
- **Fleisch:** orange, steinnahe rot, weich, sehr saftig; angenehm säuerlich-süß, mittelstark gewürzt; gut steinlösend
- **Zuckergehalt:** 10,5–11,7° KMW; 51–57° Oechsle; 12,0–13,4° Brix
- **Fruchtstein:** mittelgroß; Länge: 29,9–34,2 (ø 32,5) mm; Breite: 16,5–18,9 (ø 17,8) mm; Dicke: 24,1–25,4 (ø 24,9) mm
  - **Seitenansicht:** oval, oft schief verzogen, ungleichhälftig; stempelseitig mit gering ausgezogener Spitze und oft einseitig stark eingezogen; Oberfläche stark gefurcht bis gelocht
  - **Vorderansicht:** stempel- bis mittelbauchig; Bauchwulst schmal, mehrfach gefurcht, mittelstark bis stark hervortretend
  - **Rückenansicht:** Ränder der Rückenfurche teils gesägt

Proskauer

Synonyme, Herkunft, Verbreitung
Zufallssämling am pomologischen Institut PROSKAU 1871 (damals Deutschland, heute Proszkow in Polen); in Oberösterreich selten in Hausgärten vorkommend; „Kerngeher-Sorte“ (siehe „Eiserner Kanzler“)

Baum
Blüte: mittelspät
Wuchs: mittelstark

Erntereife
Mitte bis Ende August

Verwendung
Tafel, Küche

Frucht

- **Fruchtmuster:** ca. 15-jähriger Viertelstamm, Gemeinde Linz
- **Größe:** mittelgroß bis groß; 63,7–72,1 mm hoch; 63,1–70,6 mm breit; 64,7–68,4 mm dick; 126,0–170,4 g schwer
- **Form:** Seitenansicht: breit oval bis rundlich, unregelmäßig; Vorderansicht: breit oval, meist mittelstark ungleichhälftig, stempelseitig teils kurz zitzenartig auslaufend; Naht ausgeprägt, teils einseitig von heraustretender schmaler Wulst begleitet, gering bis teils mittelstark eingefurcht; Stempelpunkt sehr klein, teils hartdornig, dunkelgrau, oft auf Fleischnippel aufsitzend
- **Fruchthaut:** etwas wollig, mitteldick, mittelzäh, mittelgut abziehbar, stark duftend; Grundfarbe cremefarben bis hell gelblich weiß; Deckfarbe rot bis braunrot verwaschen bis gefleckt, Deckungsgrad 50–80 %
- **Stielbucht:** tief bis mitteltief, eng; naht- und rückenseitig mittelstark eingesenkt
- **Fleisch:** hell gelblich weiß bis cremefarben, steinnahe rot, weich, mäßig saftig; angenehm säuerlich-süß, mittelstark gewürzt; gut steinlösend
- **Zuckergehalt:** 11,5–12,6° KMW; 56–61° Oechsle; 13,2–14,4° Brix
- **Fruchtstein:** mittelgroß, teils groß; Länge: 33,6–42,2 (ø 38,4) mm; Breite: 17,0–20,5 (ø 18,2) mm; Dicke: 22,4–25,4 (ø 24,5) mm
  - **Seitenansicht:** oval; stempelseitig mit mittelstark ausgezogener scharfer Spitze; Oberfläche stark gelocht bis gefurcht
  - **Vorderansicht:** stempelbauchig, oft ungleichhälftig; Bauchwulst mittelbreit bis schmal, mehrfach scharf gefurcht, mittelstark hervortretend
  - **Rückenansicht:** Rückenfurche meist schmal, tief und mit scharfen Rändern stärker hervortretend

Redhaven

Synonyme, Herkunft, Verbreitung
USA 1930; Kreuzung „Halehaven“ x „Kalhaven“; in Oberösterreich selten in Plantagen vorkommend

Baum
Blüte: mittelspät, teils spät
Wuchs: stark

Erntereife
Mitte August

Verwendung
Tafel, Küche

Frucht

- **Fruchtmuster:** ca. 7-jähriger Viertelstamm auf Zwetschkensämling, Gemeinde Luftenberg
- **Größe:** groß; 60,4–69,3 mm hoch; 61,9–71,2 mm breit; 63,4–72,1 mm dick; 133,5–162,9 g schwer
- **Form:** Seitenansicht: rund; Vorderansicht: rund; Naht auffällig, gering bis stempelwärts teils stärker eingefurcht; Stempelpunkt klein bis mittelgroß, grau, teils hellbraun, meist auf geringer Wulst am Ende der Bauchfurche aufsitzend
- **Fruchthaut:** samtig, sehr kurz behaart, dick, zäh, gut abziehbar, mittelstark duftend; Grundfarbe hell orangegelb; Deckfarbe orangerot bis dunkelbraunrot verwaschen bis marmoriert, teils diffus gestreift bis geflammt, Deckungsgrad 50–80 %
- **Stielbucht:** mitteltief, eng; nahtseitig gering bis mittelstark eingesenkt
- **Fleisch:** orangegelb bis gelborange, weich, sehr saftig; mild säuerlich-süß, gering gewürzt; gut steinlösend
- **Zuckergehalt:** 10,5–11,7° KMW; 51–57° Oechsle; 12,0–13,4° Brix
- **Fruchtstein:** mittelgroß bis groß; Länge: 35,0–40,6 (ø 37,7) mm; Breite: 18,4–20,7 (ø 19,5) mm; Dicke: 23,9–27,6 (ø 25,3) mm
  - **Seitenansicht:** oval; stempelseitig mit ausgezogener Spitze; Oberfläche mittelstark gelocht bis gefurcht
  - **Vorderansicht:** mittelbauchig; Bauchwulst mittelbreit bis schmal, mehrfach scharf gefurcht, mittelstark hervortretend
  - **Rückenansicht:** Ränder der Rückenfurche partiell gesägt

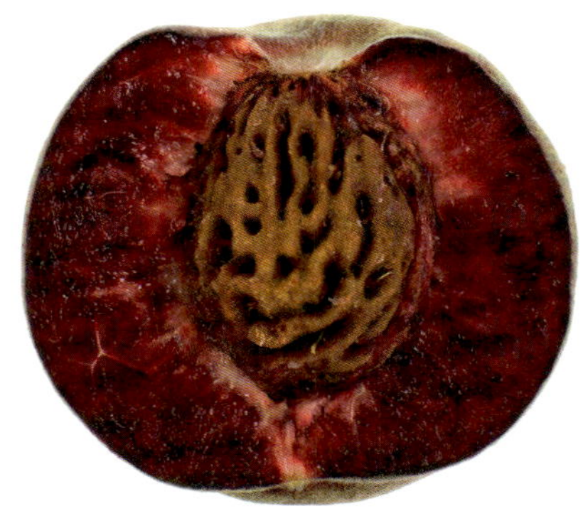

Roter Weinbergpfirsich

Synonyme, Herkunft, Verbreitung

„Blutpfirsich“; Herkunft unbekannt; altes typenreiches selbstfruchtbares Sortengemisch aus den Weinbaugebieten Deutschlands; in Oberösterreich verstreut vorkommend

Baum

Blüte: früh

Wuchs: mittelstark

Erntereife

Ende September bis Anfang Oktober

Verwendung

Tafel, Küche

Frucht

- **Fruchtmuster:** ca. 15-jähriger Halbstamm auf Zwetschkensämling, Gemeinde Gallneukirchen
- **Größe:** mittelgroß; 44,7–49,6 mm hoch; 46,4–52,5 mm breit; 47,0–53,5 mm dick; 52,6–76,4 g schwer
- **Form:** Seitenansicht: rund; Vorderansicht: rundlich; Naht wenig auffällig, meist flach bis stiel- und stempelseitig etwas stärker eingefurcht; Stempelpunkt mittelgroß, grau, meist auf geringer Wulst am Ende der Bauchfurche aufsitzend
- **Fruchthaut:** stark filzig und „fusselbildend“ grau behaart, mitteldick, zäh, schlecht bis mittelgut abziehbar; dunkelbraunrot bis purpurrot
- **Stielbucht:** tief, eng; naht- und rückenseitig gering bis mittelstark eingesenkt
- **Fleisch:** dunkelrot bis dunkelpurpurrot, weich, sehr saftig; mild süß-säuerlich, schwach bitter, mittelstark gewürzt; gut steinlösend
- **Zuckergehalt:** 12,5–13,6° KMW; 61–66° Oechsle; 14,4–15,5° Brix
- **Fruchtstein:** mittelgroß; Länge: 29,3–33,1 (ø 30,9) mm; Breite: 16,9–19,3 (ø 18,3) mm; Dicke: 22,7–25,7 (ø 24,1) mm
  - **Seitenansicht:** oval; stempelseitig mit ausgezogener scharfer Spitze; Oberfläche mittelstark gefurcht und gelocht
  - **Vorderansicht:** mittelbauchig; Bauchwulst mittelbreit bis schmal, mittelstark hervortretend, unregelmäßig flach und kurz gefurcht
  - **Rückenansicht:** Ränder der Rückenfurche stark wulstartig, teils durch Kerben unterbrochen

Pfirsiche

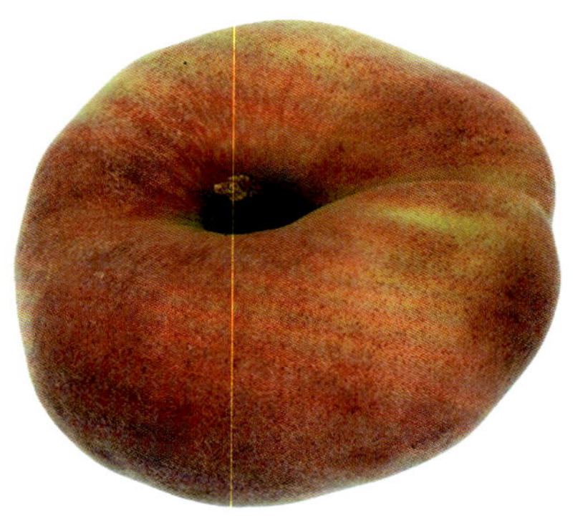

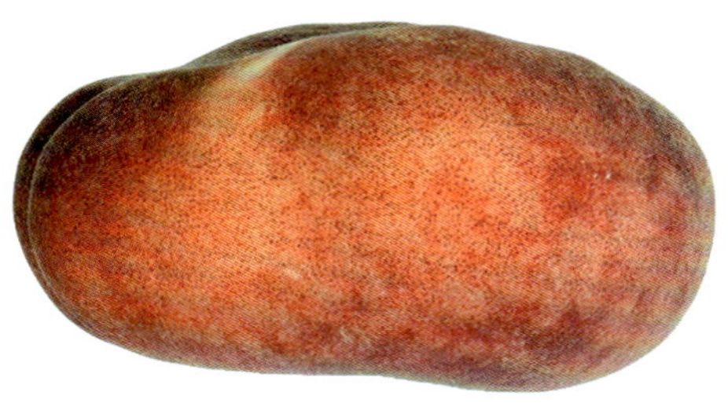

Ufo 4®

Synonyme, Herkunft, Verbreitung

Züchtungsinstitut CRA Rom (Italien); Kreuzung „Maybelle“ x „Stark Saturn“; Typ 4 von insgesamt 5 Selektionstypen; Name bezieht sich auf die flache Form der Früchte analog zur Form von Ufos; in Oberösterreich primär in Plantagen vorkommend

Baum

Blüte: mittelspät, teils spät

Wuchs: mittelstark bis stark

Anmerkungen: Früchte ohne Ausdünnung (Blüte, Frucht) nur mittelgroß, sonst groß

Erntereife

Mitte Juli

Verwendung

Tafel, Küche

Frucht

- **Fruchtmuster:** ca. 6-jährige Spindel auf Adisoto, Gemeinde Niederneukirchen
- **Größe:** mittelgroß; 35,3–43,3 mm hoch; 64,3–72,7 mm breit; 68,1–76,0 mm dick; 66,0–89,1 g schwer
- **Form:** plattrund, meist stärker ungleichhälftig, stempelseitig oft breit und mitteltief eingedellt; Naht ausgeprägt, meist flach bis mitteltief eingefurcht; Stempelpunkt groß, braun bis braunschwarz, in tiefem und engem Grübchen
- **Fruchthaut:** gering filzig behaart, dünn bis mitteldick, mäßig zäh, meist schlecht abziehbar; Grundfarbe grünlich weiß, vollreif gelblich weiß; Deckfarbe rosa bis dunkelrot, verwaschen bis deckend, Deckungsgrad 50–80 %
- **Stielbucht:** tief, breit, oval; nahtseitig tief eingesenkt bis eingekerbt
- **Fleisch:** cremefarben bis gelblich weiß, teils partiell rötlich geädert, fest bis mittelfest, mäßig saftig; mild säuerlich-süß, gering gewürzt; mittelgut steinlösend
- **Zuckergehalt:** 10,3–12,3° KMW; 50–60° Oechsle; 11,8–14,1° Brix
- **Fruchtstein:** klein; Länge: 12,5–15,5 (ø 14,0) mm; Breite: 16,2–19,5 (ø 17,8) mm; Dicke: 18,3–25,5 (ø 21,3) mm
  - **Seitenansicht:** plattrund; Oberfläche mittelstark gefurcht und gelocht
  - **Vorderansicht:** rundlich, mittelbauchig; Bauchwulst breit, stark hervortretend, unregelmäßig und mittelstark gefurcht, oft mit mitteltiefer bis tiefer Mittelfurche
  - **Rückenansicht:** Rückenfurche mittelbreit und sehr tief, Ränder meist stark gekerbt

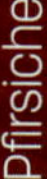

Sortenindex

Literaturverzeichnis

Bernkopf, S.: Ergebnisse von Untersuchungen über botanisch-pomologische sowie chemisch-physikalische Merkmale von Apfel- und Birnenlandsorten oberösterreichischer Herkunft; Dissertation, Universität für Bodenkultur, Wien 1989

Bernkopf, S.: Von Rosenäpfeln und Landlbirnen, Trauner Verlag, Linz 2011

Bernkopf, S., Keppel, H., Novak, R.: Neue alte Obstsorten, Club Niederösterreich, 6. Auflage, Wien 2013

Braun-Lüllemann, A., Bannier, H.-J.: Alte Süßkirschensorten, Hohengandern-Bielefeld 2010

Eneroth, O.: Handbok i Svensk pomologi, Nordstedt och söner, Stockholm 1877

Fischer, M.: Farbatlas Obstsorten, 2. Auflage, Verlag Ulmer, Stuttgart 2003

Grill, D., Heppel, H.: Alte Apfel- und Birnensorten für den Streuobstbau, Verlag Stocker, Graz 2005

Handlechner, G., Schmidthaler, M.: Äpfel und Birnen, Schätze der Streuobstwiesen; Tourismusverband Moststraße, 2019

Hartmann, W.: Farbatlas Alte Obstsorten, 5. Auflage, Verlag Ulmer, 2015

Hedrick, U. P.: The plums of New York, Albany, New York 1911

Hohberg, W. H.: Georgica – Unterricht von Landgütern und adelicher Wirthschafft auf dem Lande, Der erste Theil; Nürnberg 1687

Jahn, F., Lucas, E., Oberdieck, J.: Illustriertes Handbuch der Obstkunde, Band 1–8, 1859–1875; Band 1–3: Verlag Ebner und Seufert, Stuttgart; Band 4–6: Verlag Dorn, Ravensburg; Band 7–8, Verlag Eugen Ulmer, Stuttgart

Kraft, J.: Pomona Austriaca, Verlag Rudolf Gräffer, Wien 1792

Kessler, H., Schaer, E.: Apfelsorten der Schweiz; Buchverlag Verbandsdruckerei AG, Bern 1947

Kessler, H.: Birnensorten der Schweiz, Bern 1947

Körber-Grohne, U.: Pflaumen – Kirschpflaumen – Schlehen, Verlag Theiss, Stuttgart 1996

Kröling, K.: Zwetschen, Pflaumen, Renekloden, Mirabellen; Pomologenverein e. V. 2011

Lauche, W.: Illustriertes Handbuch der Obstkunde – Ergänzungsband, Verlag Paul Parey, Berlin 1883

Löschnig, J., Müller, H. M., Pfeiffer, H.: Empfehlenswerte Obstsorten, Verlag W. Frick, Wien 1912–1925

Löschnig, J.: et al.: Die Mostbirnen, Verlag Sperl, Wien 1913

Löschnig, J.: Oberösterreichische Kirschensorten, Der Obstzüchter, S. 210, Wien 2014

Mathieu, C.: Nomenclator Pomologicus, Verlag Parey, Berlin 1889

Mühl, F.: Alte und neue Apfelsorten, Bayerischer Landesverband für Gartenbau und Landespflege, 6. Auflage, München 2007

Schaer, E.: Pflaumen- und Zwetschgensorten der Schweiz, Buchverlag Verbandsdruckerei AG, Bern 1952

Schmidberger, J.: Leichtfaßlicher Unterricht von der Erziehung der Obstbäume, Verlag C. Haslinger, Linz 1824

Werneck, H. L.: Die wurzel- und kernechten Stammformen der Pflaumen in Oberösterreich, Naturkundliches Jahrbuch der Stadt Linz, S. 7–129, Linz 1961

Wimmer, W.: Sortenbestimmung alter und neuer Apfelsorten, Eigenverlag W. Wimmer, Pfarrkirchen 2013